SolidWorks 2016 中文版

机械设计
从入门到精通

赵罘 杨晓晋 赵楠 编著

U0378987

人民邮电出版社

北京

图书在版编目（ＣＩＰ）数据

SolidWorks 2016中文版机械设计从入门到精通 / 赵罘，杨晓晋，赵楠编著. -- 北京：人民邮电出版社，2016.5（2023.1重印）
ISBN 978-7-115-41967-5

Ⅰ. ①S… Ⅱ. ①赵… ②杨… ③赵… Ⅲ. ①机械设计－计算机辅助设计－应用软件 Ⅳ. ①TH122

中国版本图书馆CIP数据核字（2016）第061131号

内 容 提 要

SolidWorks 是世界上第一套专门基于 Windows 系统开发的三维 CAD 软件，该软件以参数化特征造型为基础，具有功能强大、易学、易用等特点。

本书系统地介绍了 SolidWorks 2016 中文版软件在草图绘制、三维建模、装配体设计、工程图设计和仿真分析等方面的功能。本书每章的前半部分介绍软件的基础知识，后半部分利用内容较全面的范例介绍具体的操作步骤，引领读者一步步完成模型的创建，使读者能够快速而深入地理解 SolidWorks 软件中一些抽象的概念和功能。

本书可作为广大工程技术人员的 SolidWorks 自学教程和参考书籍，也可作为大专院校计算机辅助设计课程的指导教材。本书所附光盘包含书中的实例文件、操作视频录像文件和每章的 PPT 演示文件。

◆ 编　著　赵　罘　杨晓晋　赵　楠
　　责任编辑　俞　彬
　　执行编辑　胡俊英
　　责任印制　焦志炜

◆ 人民邮电出版社出版发行　　北京市丰台区成寿寺路 11 号
　　邮编　100164　　电子邮件　315@ptpress.com.cn
　　网址　https://www.ptpress.com.cn
　　涿州市京南印刷厂印刷

◆ 开本：787×1092　1/16　　　　彩插：2
　　印张：35.75　　　　　　　　2016 年 5 月第 1 版
　　字数：939 千字　　　　　　　2023 年 1 月河北第 26 次印刷

定价：99.80 元（附光盘）

读者服务热线：(010)81055410　印装质量热线：(010)81055316
反盗版热线：(010)81055315

前　言

SolidWorks 公司是一家专业从事三维机械设计、工程分析、产品数据管理软件研发和销售的国际性公司，其产品 SolidWorks 是世界上第一套基于 Windows 系统开发的三维 CAD 软件，它有一套完整的 3D MCAD 产品设计解决方案，即在一个软件包中为产品设计团队提供了所有必要的机械设计、验证、运动模拟、数据管理和交流工具。该软件以参数化特征造型为基础，具有功能强大、易学、易用等特点，是当前最优秀的三维 CAD 软件之一。

本书重点介绍了 SolidWorks 2016 的各种基本功能和操作方法。每章的前半部分为功能知识点的介绍，章节最后以综合性应用实例对本章的知识点进行具体应用，可以帮助读者提高实际操作能力并巩固所学知识。在具体的介绍过程中，本书采用通俗易懂、由浅入深的方法讲解 SolidWorks 2016 的基本内容和操作步骤，各章节既相对独立又前后关联。全书解说翔实，图文并茂，建议读者在学习的过程中结合软件从头到尾、循序渐进地学习。本书主要内容如下。

（1）软件基础：讲解软件的基本功能、操作方法和常用模块的功用。

（2）草图绘制：讲解草图的绘制和修改方法。

（3）实体建模：讲解基于草图的三维特征建模命令。

（4）实体特征编辑：讲解基于实体的三维特征建模命令。

（5）曲面建模：讲解曲线和曲面的建立过程。

（6）钣金建模：讲解钣金的建模步骤。

（7）焊件建模：讲解焊件的建模步骤。

（8）模具设计：讲解模具设计的基本方法。

（9）装配体设计：讲解装配体的具体设计方法和步骤。

（10）动画制作：讲解动画制作的基本方法。

（11）线路设计：讲解线路设计的基本方法。

（12）工程图设计：讲解装配图和零件图的设计。

（13）系列零件表：讲解生成配置的基本方法。

（14）仿真分析：讲解有限元分析、流体分析、公差分析、数控加工分析和注塑模分析。

（15）标准零件库：讲解标准件库的使用。

（16）特征识别：讲解三维模型的特征识别方法。

（17）二次开发：讲解二次开发的基本方法。

（18）渲染输出：讲解图片渲染的基本方法。

本书随书配送多媒体学习光盘，包含全书各个章节所用的模型文件，每章范例操作过程的视频讲解 AVI 文件，包含每章知识要点、供教学使用的 PPT 文件。

配套光盘中还附带官方 SolidWorks 功能简介录像以及重要产品的白皮书，为广大用户选择 SolidWorks 产品提供一定的参考。

本书适合 SolidWorks 的初、中级用户阅读，可以作为理工科高等院校相关专业的学生用书和 CAD 专业课程实训教材、技术培训教材，也可供工业企业的产品开发和技术部门人员自学。

本书由赵罘、杨晓晋、赵楠编著，参加编写工作的还有于鹏程、郑玉彬、龚堰珏、刘玥、张剑峰、张艳婷、刘玢、刘良宝、于勇、肖科峰、孙士超、王荃、张世龙、薛美容、李娜、王梦雨。

本书在编写过程中得到国内 SolidWorks 代理商的技术支持，大中国区技术总监胡其登先生对本书提出了许多建设性的意见并提供了技术资料，借此机会对他们的帮助表示衷心感谢。

笔者力求展现给读者尽可能多的 SolidWorks 强大功能，希望本书对读者掌握 SolidWorks 软件有所帮助。由于作者水平所限，疏漏之处在所难免，欢迎广大读者批评指正，来信请发往：zhaoffu@163.com。

赵　罘

2016 年 3 月 15 日

目　　录

第1章　认识 SolidWorks ⋯⋯⋯⋯⋯1

1.1　SolidWorks 概述⋯⋯⋯⋯⋯⋯⋯2
　　1.1.1　软件的背景⋯⋯⋯⋯⋯⋯2
　　1.1.2　软件的主要特点⋯⋯⋯⋯2
　　1.1.3　启动 SolidWorks ⋯⋯⋯⋯3
　　1.1.4　界面功能介绍⋯⋯⋯⋯⋯3
　　1.1.5　FeatureManager 设计树⋯9
1.2　SolidWorks 的文件操作⋯⋯⋯10
　　1.2.1　新建文件⋯⋯⋯⋯⋯⋯⋯10
　　1.2.2　打开文件⋯⋯⋯⋯⋯⋯⋯11
　　1.2.3　保存文件⋯⋯⋯⋯⋯⋯⋯13
1.3　常用工具命令⋯⋯⋯⋯⋯⋯⋯14
　　1.3.1　【标准】工具栏⋯⋯⋯⋯14
　　1.3.2　【特征】工具栏⋯⋯⋯⋯14
　　1.3.3　【草图】工具栏⋯⋯⋯⋯16
　　1.3.4　【装配体】工具栏⋯⋯⋯17
　　1.3.5　【尺寸/几何关系】工具栏⋯17
　　1.3.6　【工程图】工具栏⋯⋯⋯18
　　1.3.7　【视图】工具栏⋯⋯⋯⋯18
　　1.3.8　插件工具栏⋯⋯⋯⋯⋯⋯19
1.4　操作环境设置⋯⋯⋯⋯⋯⋯⋯20
　　1.4.1　工具栏的设置⋯⋯⋯⋯⋯20
　　1.4.2　鼠标常用方法⋯⋯⋯⋯⋯22
1.5　参考坐标系⋯⋯⋯⋯⋯⋯⋯⋯22
　　1.5.1　原点⋯⋯⋯⋯⋯⋯⋯⋯⋯22
　　1.5.2　参考坐标系的属性设置⋯22
　　1.5.3　修改和显示参考坐标系⋯23
1.6　参考基准轴⋯⋯⋯⋯⋯⋯⋯⋯23
　　1.6.1　临时轴⋯⋯⋯⋯⋯⋯⋯⋯23
　　1.6.2　参考基准轴的属性设置⋯24
　　1.6.3　显示参考基准轴⋯⋯⋯⋯25
1.7　参考基准面⋯⋯⋯⋯⋯⋯⋯⋯25

1.8　参考点⋯⋯⋯⋯⋯⋯⋯⋯⋯⋯26
1.9　SolidWorks 2016 新增功能概述⋯⋯26
　　1.9.1　显示界面新功能⋯⋯⋯⋯26
　　1.9.2　草图绘制新功能⋯⋯⋯⋯28
　　1.9.3　零件和特征新功能⋯⋯⋯29
　　1.9.4　曲面新功能⋯⋯⋯⋯⋯⋯34
　　1.9.5　装配体新功能⋯⋯⋯⋯⋯35
1.10　范例⋯⋯⋯⋯⋯⋯⋯⋯⋯⋯36
　　1.10.1　生成参考坐标系⋯⋯⋯36
　　1.10.2　生成参考基准轴⋯⋯⋯37
　　1.10.3　生成参考基准面⋯⋯⋯38
　　1.10.4　生成配合参考⋯⋯⋯⋯38
　　1.10.5　生成网格系统⋯⋯⋯⋯39
　　1.10.6　生成活动剖切面⋯⋯⋯40

第2章　草图绘制 ⋯⋯⋯⋯⋯⋯42

2.1　基础知识⋯⋯⋯⋯⋯⋯⋯⋯⋯43
　　2.1.1　进入草图绘制状态⋯⋯⋯43
　　2.1.2　退出草图状态⋯⋯⋯⋯⋯43
　　2.1.3　指针⋯⋯⋯⋯⋯⋯⋯⋯⋯45
2.2　草图命令⋯⋯⋯⋯⋯⋯⋯⋯⋯45
　　2.2.1　绘制点⋯⋯⋯⋯⋯⋯⋯⋯45
　　2.2.2　绘制直线⋯⋯⋯⋯⋯⋯⋯46
　　2.2.3　绘制中心线⋯⋯⋯⋯⋯⋯47
　　2.2.4　绘制圆⋯⋯⋯⋯⋯⋯⋯⋯47
　　2.2.5　绘制圆弧⋯⋯⋯⋯⋯⋯⋯49
　　2.2.6　绘制矩形⋯⋯⋯⋯⋯⋯⋯51
　　2.2.7　绘制多边形⋯⋯⋯⋯⋯⋯51
　　2.2.8　绘制椭圆与部分椭圆⋯⋯52
　　2.2.9　绘制抛物线⋯⋯⋯⋯⋯⋯53
　　2.2.10　绘制草图文字⋯⋯⋯⋯54
2.3　草图编辑⋯⋯⋯⋯⋯⋯⋯⋯⋯55
　　2.3.1　绘制圆角⋯⋯⋯⋯⋯⋯⋯55

2.3.2　绘制倒角 ························ 56
2.3.3　转折线 ·························· 57
2.3.4　剪裁草图实体 ··············· 58
2.3.5　延伸草图实体 ··············· 59
2.3.6　分割草图实体 ··············· 59
2.3.7　镜向草图实体 ··············· 60
2.3.8　线性阵列草图实体 ········· 61
2.3.9　圆周阵列草图实体 ········· 63
2.3.10　等距实体 ···················· 64
2.3.11　转换实体引用 ·············· 65

2.4　3D 草图 ···························· 66
2.4.1　空间控标 ····················· 66
2.4.2　3D 直线 ······················ 66
2.4.3　3D 点 ························· 67
2.4.4　3D 样条曲线 ················· 68
2.4.5　3D 草图尺寸类型 ··········· 69

2.5　尺寸标注 ·························· 70
2.5.1　线性尺寸 ····················· 70
2.5.2　角度尺寸 ····················· 70
2.5.3　圆形尺寸 ····················· 71
2.5.4　修改尺寸 ····················· 71

2.6　几何关系 ·························· 71
2.6.1　添加几何关系 ··············· 72
2.6.2　显示/删除几何关系 ········· 73

2.7　复合草图实例操作 ·············· 73
2.7.1　进入草图绘制状态 ········· 73
2.7.2　绘制草图基本图形 ········· 73
2.7.3　绘制圆弧和样条曲线 ······ 75
2.7.4　绘制矩形 ····················· 77
2.7.5　生成文字及改变字体 ······ 79
2.7.6　绘制基准面 ·················· 82
2.7.7　绘制草图基本图形 ········· 82
2.7.8　绘制圆及改变实体 ········· 84
2.7.9　绘制槽口、圆锥和抛物线 ··· 88

第 3 章　实体建模 ·················· 92

3.1　拉伸凸台/基体特征 ············· 93
3.1.1　拉伸凸台/基体特征的属性设置 ··· 93
3.1.2　生成拉伸凸台/基体特征的
　　　　操作方法 ··················· 94

3.2　拉伸切除特征 ···················· 95
3.2.1　拉伸切除特征的属性设置 ··· 95
3.2.2　生成拉伸切除特征的操作方法 ·· 96

3.3　旋转凸台/基体特征 ············· 96
3.3.1　旋转凸台/基体特征的属性
　　　　设置 ······················· 96
3.3.2　生成旋转凸台/基体特征的
　　　　操作方法 ··················· 97

3.4　扫描特征 ·························· 98
3.4.1　扫描特征的属性设置 ······ 98
3.4.2　生成扫描特征操作方法 ··· 100

3.5　放样特征 ························· 100
3.5.1　放样特征的属性设置 ····· 101
3.5.2　生成放样特征的操作方法 ·· 102

3.6　筋特征 ···························· 103
3.6.1　筋特征的属性设置 ········ 103
3.6.2　生成筋特征的操作方法 ··· 104

3.7　孔特征 ···························· 105
3.7.1　孔特征的属性设置 ········ 105
3.7.2　生成孔特征的操作方法 ··· 107

3.8　范例 ······························· 109
3.8.1　生成把手部分 ············· 109
3.8.2　生成其余部分 ············· 113

第 4 章　实体特征编辑 ··········· 117

4.1　圆角特征 ························· 118
4.1.1　圆角特征属性管理器 ····· 118
4.1.2　生成圆角特征的操作方法 ·· 122

4.2　倒角特征 ························· 124
4.2.1　倒角特征属性管理器 ····· 124
4.2.2　生成倒角特征的操作方法 ·· 124

4.3　抽壳特征 ························· 125
4.3.1　抽壳特征属性管理器 ····· 125
4.3.2　生成抽壳特征的操作方法 ·· 126

4.4　特征阵列 ························· 127
4.4.1　特征线性阵列 ············· 127
4.4.2　特征圆周阵列 ············· 129

4.4.3　表格驱动的阵列 …………… 131
4.4.4　草图驱动的阵列 …………… 132
4.4.5　曲线驱动的阵列 …………… 133
4.4.6　填充阵列 ………………… 134
4.5　镜向 ………………………… 139
4.5.1　镜向特征的属性设置 ……… 139
4.5.2　生成镜向特征的操作方法 … 139
4.6　压凹特征 …………………… 139
4.6.1　压凹特征的属性设置 ……… 140
4.6.2　生成压凹特征的操作方法 … 140
4.7　圆顶特征 …………………… 141
4.7.1　圆顶特征的属性设置 ……… 141
4.7.2　生成圆顶特征的操作方法 … 141
4.8　变形特征 …………………… 141
4.8.1　变形特征的属性设置 ……… 142
4.8.2　生成变形特征的操作方法 … 144
4.9　弯曲特征 …………………… 145
4.9.1　弯曲特征的属性设置 ……… 145
4.9.2　生成弯曲特征的操作方法 … 147
4.10　边界凸台/基体特征 ………… 148
4.10.1　边界凸台/基体特征的属性
　　　　设置 ……………………… 148
4.10.2　生成边界凸台/基体特征的
　　　　操作方法 ………………… 149
4.11　拔模特征 …………………… 150
4.11.1　拔模特征的属性设置 …… 150
4.11.2　生成拔模特征的操作方法 … 152
4.12　范例 ………………………… 152
4.12.1　建立基础部分 …………… 153
4.12.2　建立其余部分 …………… 155

第5章　曲线与曲面设计 ………… 163

5.1　生成曲线 …………………… 164
5.1.1　分割线 …………………… 164
5.1.2　投影曲线 ………………… 168
5.1.3　组合曲线 ………………… 171
5.1.4　通过 xyz 点的曲线 ……… 171

5.1.5　通过参考点的曲线 ………… 173
5.1.6　螺旋线和涡状线 …………… 174
5.2　生成曲面 …………………… 178
5.2.1　拉伸曲面 ………………… 179
5.2.2　旋转曲面 ………………… 182
5.2.3　扫描曲面 ………………… 184
5.2.4　放样曲面 ………………… 186
5.3　编辑曲面 …………………… 189
5.3.1　等距曲面 ………………… 189
5.3.2　延展曲面 ………………… 190
5.3.3　圆角曲面 ………………… 191
5.3.4　填充曲面 ………………… 192
5.3.5　中面 ……………………… 194
5.3.6　延伸曲面 ………………… 195
5.3.7　剪裁曲面 ………………… 197
5.3.8　替换面 …………………… 198
5.3.9　删除面 …………………… 199
5.4　范例 ………………………… 201
5.4.1　生成轮毂部分 …………… 201
5.4.2　生成叶片部分 …………… 202

第6章　钣金设计 ………………… 209

6.1　基础知识 …………………… 210
6.1.1　折弯系数 ………………… 210
6.1.2　K 因子 …………………… 210
6.1.3　折弯扣除 ………………… 210
6.2　生成钣金特征 ……………… 211
6.2.1　基体法兰 ………………… 211
6.2.2　边线法兰 ………………… 212
6.2.3　斜接法兰 ………………… 215
6.2.4　绘制的折弯 ……………… 216
6.2.5　断裂边角 ………………… 217
6.2.6　褶边 ……………………… 218
6.2.7　转折 ……………………… 220
6.2.8　闭合角 …………………… 222
6.3　编辑钣金特征 ……………… 223
6.3.1　折叠 ……………………… 223
6.3.2　展开 ……………………… 224
6.3.3　放样折弯 ………………… 225

6.3.4 切口 ·············· 227

6.4 范例 ·················· 227

　　6.4.1 生成基础部分 ······ 227

　　6.4.2 生成辅助部分 ······ 232

第7章 焊件设计 ·········· 239

7.1 结构构件 ·············· 240

7.2 剪裁/延伸 ·············· 241

7.3 圆角焊缝 ·············· 243

7.4 子焊件 ················ 245

7.5 自定义焊件轮廓 ········ 245

7.6 自定义属性 ············ 245

7.7 范例 ·················· 246

　　7.7.1 生成一侧桁架 ······ 247

　　7.7.2 生成其他部分 ······ 255

第8章 模具设计 ·········· 264

8.1 模具设计 ·············· 265

　　8.1.1 基础知识 ·········· 265

　　8.1.2 拔模分析功能 ······ 265

　　8.1.3 底切分析功能 ······ 266

　　8.1.4 分型线功能 ········ 267

　　8.1.5 关闭曲面功能 ······ 267

　　8.1.6 分型面功能 ········ 268

　　8.1.7 模具设计的一般步骤 · 268

8.2 范例 ·················· 269

　　8.2.1 打开模型 ·········· 269

　　8.2.2 插入装配凸台 ······ 269

　　8.2.3 检查拔模 ·········· 272

　　8.2.4 添加拔模 ·········· 273

　　8.2.5 添加缩放比例 ······ 274

　　8.2.6 生成分型线 ········ 274

　　8.2.7 创建分型面 ········ 276

　　8.2.8 准备切削分割 ······ 277

　　8.2.9 应用切削分割 ······ 277

　　8.2.10 将型心移离型腔 ···· 279

　　8.2.11 生成切削装配体 ···· 280

第9章 装配体设计 ········ 284

9.1 装配体概述 ············ 285

　　9.1.1 插入零部件 ········ 285

　　9.1.2 建立装配体的方法 ··· 285

9.2 建立配合 ·············· 286

　　9.2.1 配合概述 ·········· 286

　　9.2.2 【配合】属性管理器 · 286

　　9.2.3 【配合】属性管理器

　　　　　【分析】标签 ······ 288

　　9.2.4 最佳配合方法 ······ 289

9.3 干涉检查 ·············· 289

　　9.3.1 菜单命令启动 ······ 290

　　9.3.2 属性管理器选项说明 · 291

　　9.3.3 干涉检查的操作方法 · 292

9.4 装配体统计 ············ 293

　　9.4.1 装配体统计的信息 ··· 293

　　9.4.2 生成装配体统计的操作方法 · 294

9.5 装配体中零部件的压缩状态 · 294

　　9.5.1 压缩状态的种类 ···· 294

　　9.5.2 压缩零件的方法 ···· 295

9.6 爆炸视图 ·············· 296

　　9.6.1 爆炸视图命令启动 ··· 296

　　9.6.2 属性管理器选项说明 · 297

　　9.6.3 生成爆炸视图的操作方法 · 297

9.7 轴测剖视图 ············ 298

　　9.7.1 菜单命令启动 ······ 299

　　9.7.2 属性管理器选项说明 · 299

　　9.7.3 生成轴测剖视图的操作方法 · 299

9.8 范例 ·················· 301

　　9.8.1 插入零件 ·········· 301

　　9.8.2 设置配合 ·········· 303

　　9.8.3 模拟运动 ·········· 306

第10章 动画设计 ········· 309

10.1 运动算例简介 ········· 310

　　10.1.1 时间线 ·········· 310

　　10.1.2 键码点和键码属性 · 311

10.2 装配体爆炸动画 ······· 312

10.3 旋转动画 ············· 313

10.4 视像属性动画 ········· 315

10.5　距离或者角度配合动画 ············ 316

10.6　物理模拟动画 ····················· 317

　　10.6.1　引力 ····················· 318

　　10.6.2　线性马达和旋转马达 ······· 319

　　10.6.3　线性弹簧 ················· 321

10.7　产品介绍动画制作范例 ·········· 323

　　10.7.1　设置相机和布景 ·········· 324

　　10.7.2　设置零部件外观 ·········· 326

　　10.7.3　制作动画 ················· 327

　　10.7.4　更改零部件透明度 ········ 331

　　10.7.5　播放动画 ················· 333

第 11 章　线路设计 ·············· 334

11.1　线路模块（Routing）概述 ······ 335

　　11.1.1　激活 SolidWorks Routing ···· 335

　　11.1.2　步路模板 ················· 335

　　11.1.3　配合参考 ················· 336

　　11.1.4　使用连接点 ·············· 336

　　11.1.5　维护库文件 ·············· 336

11.2　连接点和线路点 ················· 337

　　11.2.1　线路点（RoutePoint） ····· 337

　　11.2.2　连接点 ··················· 338

11.3　管筒线路设计范例 ··············· 338

　　11.3.1　创建第一条电力管筒线路 ··· 339

　　11.3.2　创建第二条电力管筒线路 ··· 343

　　11.3.3　创建其余电力管筒线路 ···· 348

　　11.3.4　保存装配体及线路装配体 ·· 348

11.4　管道线路设计范例 ··············· 349

　　11.4.1　创建第一条管道线路 ······ 349

　　11.4.2　创建第二条管道线路 ······ 354

第 12 章　工程图设计 ·········· 360

12.1　基本设置 ························· 361

　　12.1.1　图纸格式的设置 ·········· 361

　　12.1.2　线型设置 ················· 362

　　12.1.3　图层设置 ················· 363

　　12.1.4　激活图纸 ················· 365

　　12.1.5　删除图纸 ················· 365

12.2　建立视图 ························· 366

　　12.2.1　标准三视图 ·············· 366

　　12.2.2　投影视图 ················· 367

　　12.2.3　剖面视图 ················· 368

　　12.2.4　辅助视图 ················· 370

　　12.2.5　剪裁视图 ················· 372

　　12.2.6　局部视图 ················· 373

　　12.2.7　旋转剖视图 ·············· 374

　　12.2.8　断裂视图 ················· 375

12.3　标注尺寸 ························· 377

　　12.3.1　绘制草图尺寸 ············ 377

　　12.3.2　添加尺寸标注的操作方法 ··· 378

12.4　添加注释 ························· 379

　　12.4.1　注释的属性设置 ·········· 379

　　12.4.2　添加注释的操作方法 ······ 382

12.5　泵体零件图范例 ················· 383

　　12.5.1　建立工程图前准备工作 ······ 383

　　12.5.2　插入视图 ················· 385

　　12.5.3　绘制剖面图 ·············· 386

　　12.5.4　绘制剖切视图 ············ 388

　　12.5.5　标注零件图尺寸 ·········· 389

　　12.5.6　标注零件图的粗糙度 ······ 394

　　12.5.7　加注注释文字 ············ 395

　　12.5.8　保存 ····················· 395

12.6　定滑轮装配图范例 ··············· 396

　　12.6.1　设置图纸格式 ············ 396

　　12.6.2　添加主视图 ·············· 397

　　12.6.3　添加左视图和俯视图 ······ 398

　　12.6.4　添加各视图中心线 ········ 399

　　12.6.5　添加断开的剖视图 ········ 399

　　12.6.6　标注尺寸 ················· 403

　　12.6.7　添加零件序号 ············ 407

　　12.6.8　添加技术要求 ············ 409

　　12.6.9　添加材料明细表 ·········· 409

第 13 章　配置与系列零件表 ···· 414

13.1　配置项目 ························· 415

　　13.1.1　零件的配置项目 ·········· 415

　　13.1.2　装配体的配置项目 ········· 415

13.2 设置配置 ·············416
　13.2.1 手动生成配置 ·······416
　13.2.2 激活配置 ··········417
　13.2.3 编辑配置 ··········417
　13.2.4 删除配置 ··········418
13.3 零件设计表 ···········418
　13.3.1 插入设计表 ········418
　13.3.2 插入外部 Microsoft Excel 文件
　　　　 为设计表 ··········420
　13.3.3 编辑设计表 ········420
　13.3.4 保存设计表 ········420
13.4 套筒系列零件范例 ······421
　13.4.1 创建表格 ··········421
　13.4.2 插入设计表 ········422

第 14 章　仿真分析 ·········425

14.1 公差分析（TolAnalyst）·····426
　14.1.1 测量目标面 ········426
　14.1.2 装配体顺序 ········426
　14.1.3 装配体约束 ········427
　14.1.4 分析结果 ··········428
　14.1.5 公差分析范例 ······428
14.2 有限元分析（SimulationXpress）·····432
　14.2.1 添加夹具 ··········433
　14.2.2 施加载荷 ··········434
　14.2.3 定义材质 ··········435
　14.2.4 运行分析 ··········436
　14.2.5 查看结果 ··········436
　14.2.6 有限元分析范例 ·····437
14.3 流体分析（FloXpress）·····442
　14.3.1 检查几何体 ········442
　14.3.2 选择流体 ··········443
　14.3.3 设定边界条件 ······443
　14.3.4 求解模型 ··········444
　14.3.5 查看结果 ··········444
　14.3.6 流体分析范例 ······444
14.4 数控加工分析（DFMXpress）·····448
　14.4.1 规则说明 ··········448
　14.4.2 配置规则 ··········449

14.4.3 数控加工分析范例 ·····450
14.5 注塑模分析（Plastics）·····451
　14.5.1 SolidWorks Plastics 简介 ·····451
　14.5.2 SolidWorks Plastics 组成 ·····452
　14.5.3 注塑模分析实例 ·····452

第 15 章　标准零件库 ·······467

15.1 SolidWorks Toolbox 概述 ·····468
　15.1.1 Toolbox 概述 ······468
　15.1.2 SolidWorks Toolbox 管理 ·····468
　15.1.3 安装 Toolbox ······469
　15.1.4 配置 Toolbox ······469
　15.1.5 生成零件 ··········471
　15.1.6 将零件添加到装配体 ·····471
　15.1.7 管理员操纵 Toolbox ·····471
　15.1.8 能够自动调整大小的 Toolbox
　　　　 零部件（智能零件）·····472
15.2 凹槽 ················473
　15.2.1 生成凹槽 ··········473
　15.2.2 O-环凹槽属性设置 ·····474
　15.2.3 固定环凹槽属性设置 ·····475
15.3 凸轮 ················475
　15.3.1 生成凸轮 ··········476
　15.3.2 凸轮属性的设置 ·····476
　15.3.3 凸轮运动的设置 ·····479
　15.3.4 凸轮生成的设置 ·····480
　15.3.5 收藏凸轮 ··········483
15.4 其他工具 ············484
　15.4.1 钢梁计算器 ········484
　15.4.2 轴承计算器 ········485
　15.4.3 结构钢 ············487
15.5 智能零件范例 ·········488
　15.5.1 设置配合参考 ······488
　15.5.2 添加配置 ··········489
　15.5.3 制作智能零部件 ·····493
　15.5.4 应用智能零部件 ·····495

第 16 章　特征识别 ·········498

16.1 FeatureWorks 选项设置 ·····499

16.1.1　FeatureWorks 选项 ·············499
16.1.2　特征识别的步骤 ···············500
16.1.3　中级阶段属性管理器 ··········501

16.2　FeatureWorks 识别类型 ············501
16.2.1　自动/交互的特征识别 ········502
16.2.2　交互特征识别类型 ············502
16.2.3　逐步识别 ·························506

16.3　识别不同实体 ·······················506
16.3.1　放样特征识别 ···················506
16.3.2　阵列特征识别 ···················507
16.3.3　扫描特征识别 ···················509

16.4　诊断错误信息 ·······················509
16.4.1　拉伸的错误诊断 ···············509
16.4.2　旋转的错误诊断 ···············511
16.4.3　倒角的错误诊断 ···············511
16.4.4　圆角的错误诊断 ···············513

16.5　减速器箱体特征识别范例 ·········513
16.5.1　识别特征前的准备工作 ·······514
16.5.2　交互特征识别 ···················516

第 17 章　二次开发 ·············523

17.1　SolidWorks 二次开发概述 ·········524
17.1.1　SolidWorks 二次开发体系 ···524
17.1.2　Solidworks 的二次开发接口 ···525
17.1.3　SolidWorks API 函数 ·········525
17.1.4　SolidWorks 二次开发方法 ···525

17.1.5　SolidWorks 二次开发工具 ·····526
17.2　减速器建模二次开发范例 ···········526
17.2.1　建立基础模型 ···················526
17.2.2　VB.NET 二次开发界面 ········527
17.2.3　VB.NET 应用程序代码 ·········530

第 18 章　渲染输出 ·············534

18.1　布景 ···································535
18.2　光源 ···································536
18.2.1　线光源 ···························536
18.2.2　点光源 ···························537
18.2.3　聚光源 ···························538

18.3　外观 ···································538
18.4　贴图 ···································540
18.5　输出图像 ······························541
18.5.1　PhotoView 整合预览 ·········541
18.5.2　PhotoView 预览窗口 ·········542
18.5.3　PhotoView 选项 ···············543

18.6　渲染实例 ······························544
18.6.1　打开文件 ·························544
18.6.2　设置模型外观 ···················546
18.6.3　设置模型贴图 ···················548
18.6.4　设置外部环境 ···················550
18.6.5　设置光源与照相机 ············550
18.6.6　输出图像 ·························556

第1章
认识 SolidWorks

本章主要介绍 SolidWorks 2016 中文版的基础知识，包括软件的背景、特点、常用的名词解释、文件的基本操作、常用的命令栏和工具栏、操作环境的设置以及参考几何体的使用方法。对于基本操作命令的掌握直接关系到软件使用的效率，也是以后学习的基础。

重点与难点

- 文件操作
- 常用工具命令
- 操作环境设置
- 参考几何体的使用方法

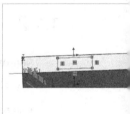
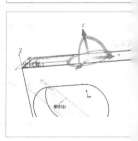

1.1 SolidWorks 概述

本章首先对 SolidWorks 的背景及其主要设计特点进行简单介绍，让读者对该软件有个大致的认识。

1.1.1 软件的背景

20 世纪 90 年代初，国际微型计算机（简称微机）市场发生了根本性的变化，微机性能大幅提高，而价格一路下滑，微机卓越的性能足以运行三维 CAD 软件。为了开发世界空白的基于微机平台的三维 CAD 系统，1993 年 PTC 公司的技术副总裁与 CV 公司的副总裁成立了 SolidWorks公司，并于 1995 年成功推出了 SolidWorks 软件。在 SolidWorks 软件的促动下，1998 年开始，国内外也陆续推出了 CAD 相关软件；原来运行在 UNIX 操作系统的工作站 CAD 软件，也从 1999年开始被移植到 Windows 操作系统中。

SolidWorks 采用的是智能化的参变量式设计理念以及微软 Windows 图形化用户界面，具有卓越的几何造型和分析功能，它操作灵活，运行速度快，设计过程简单、便捷，被业界称为 "三维机械设计方案的领先者"，受到广大用户的青睐，在机械制图和结构设计领域已经成为三维 CAD 设计的主流软件。利用 SolidWorks，设计师和工程师们可以更有效地为产品建模以及模拟整个工程系统，加速产品的设计和生产周期，从而完成更加富有创意的产品制造。

1.1.2 软件的主要特点

SolidWorks 是一款参变量式 CAD 设计软件。所谓参变量式设计，是将零件尺寸的设计用参数描述，并在设计修改的过程中通过修改参数的数值改变零件的外形。

SolidWorks 在 3D 设计中的特点如下。
- SolidWorks 提供了一整套完整的动态界面和鼠标拖动控制。
- 用 SolidWorks 资源管理器可以方便地管理 CAD 文件。
- 配置管理是 SolidWorks 软件体系结构中非常独特的一部分，它涉及零件设计、装配设计和工程图。
- 通过 eDrawings 方便地共享 CAD 文件。
- 从三维模型中自动产生工程图，包括视图、尺寸和标注。
- RealView 图形显示模式：以高清晰度直观显示设计和进行交流。
- 钣金设计工具：可以使用折叠、折弯、法兰、切口、标签、斜接、放样的折弯、绘制的折弯、褶边等工具从头创建钣金零件。
- 焊件设计：绘制框架的布局草图并选择焊件轮廓，SolidWorks 将自动生成 3D 焊件设计。
- 模具设计工具：使用 SolidWorks 时，可以导入 IGES、STEP、Parasolid®、ACIS®和其他格式的零件几何体来开始进行模具设计。
- 装配体建模：当创建装配体时，可以通过选取各个曲面、边线、曲线和顶点来配合零部件；创建零部件间的机械关系；进行干涉、碰撞和孔对齐检查。

- 仿真装配体运动：只需单击和拖动零部件，即可检查装配体运动情况是否正常以及是否存在碰撞。
- 材料明细表：可以基于设计自动生成完整的材料明细表（BOM），从而节约大量的时间。
- 零件验证：SolidWorks Simulation 工具能帮助新用户和专家确保其设计具有耐用性、安全性和可制造性。
- 标准零件库：通过 SolidWorks Toolbox、SolidWorks Design ClipArt 和 3D ContentCentral，可以即时访问标准零件库。
- 照片级渲染：使用 PhotoView 360 来根据 SolidWorks 3D 模型进行演示或虚拟及材质研究。
- 步路系统：可使用 SolidWorks Routing 自动处理和加速管筒、管道、电力电缆、缆束和电力导管的设计过程。

1.1.3　启动 SolidWorks

启动 SolidWorks 2016 有以下两种方式。

1）双击桌面的快捷方式图标 。

2）单击【开始菜单】|【所有程序】|【SolidWorks 2016】图标。

启动后的 SolidWorks 2016 界面如图 1-1 所示。

图 1-1　SolidWorks 2016 启动界面

1.1.4　界面功能介绍

SolidWorks 2016 用户界面包括菜单栏、工具栏、管理区域、图形区域、任务窗格以及状态栏。

菜单栏包含了所有 SolidWorks 命令，工具栏可根据文件类型（零件、装配体、工程图）来调整、放置并设定其显示状态，而 SolidWorks 窗口底部的状态栏则可以提供设计人员正执行的有关功能的信息，操作界面如图 1-2 所示。

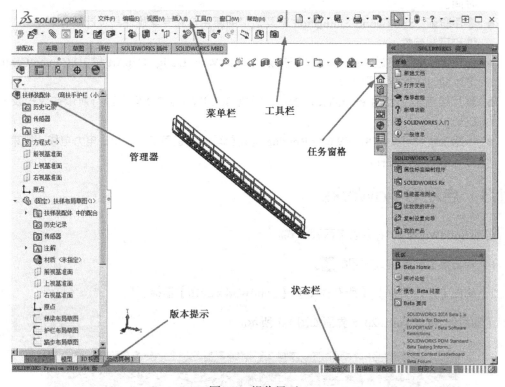

图 1-2　操作界面

1．菜单栏

菜单栏显示在界面的最上方，如图 1-3 所示，其中最关键的功能集中在【插入】与【工具】菜单中。

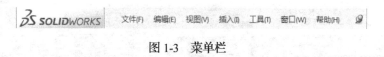

图 1-3　菜单栏

对应于不同的工作环境，SolidWorks 中相应的菜单以及其中的选项会有所不同。当进行一定任务操作时，不起作用的菜单命令会临时变灰，此时将无法应用该菜单命令。以【窗口】菜单为例，单击【窗口】|【视口】|【四视图】命令，如图 1-4 所示，此时视图切换为多视口查看模型，如图 1-5 所示。

2．工具栏

SolidWorks 2016 工具栏包括标准主工具栏和自定义工具栏两部分。其中【前导视图】工具栏以固定工具栏的形式显示在绘图区域的正中上方，如图 1-6 所示。

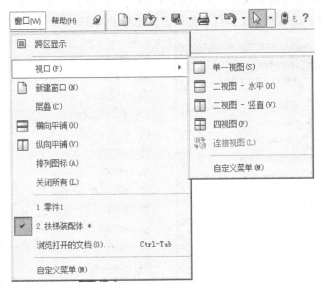

图 1-4 多视口选择

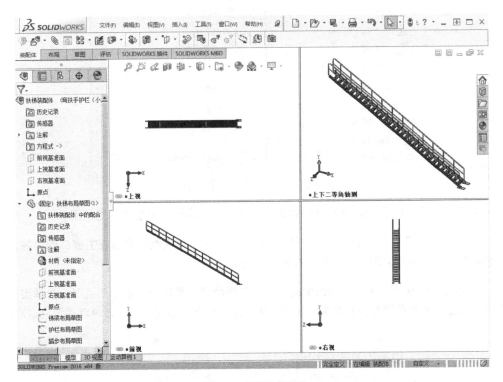

图 1-5 四视口视图

图 1-6 【前导视图】工具栏

1）自定义工具栏的启用方法为：单击菜单栏中的【视图】|【工具栏】命令，或者在视图工具栏中单击鼠标右键，将显示【工具栏】菜单项，如图1-7所示。

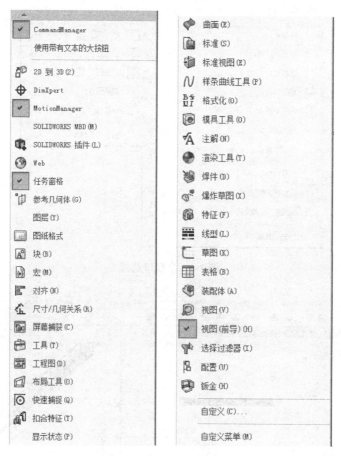

图1-7 【工具栏】菜单项

从图1-7中可以看到，SolidWorks 2016提供了多种工具栏，方便软件的使用。

打开某个工具栏（例如【参考几何体】工具栏），它有可能默认排放在主窗口的边缘，可以拖动它到图形区域中成为浮动工具栏，如图1-8所示。

在使用工具栏或是工具栏中的命令时，当指针移动到工具栏中的图标附近时，会弹出一个窗口来显示该工具的名称及相应的功能，如图1-9所示，显示一段时间后，该内容提示会自动消失。

图1-8 【参考几何体】工具栏

图1-9 消息提示

2）CommandManager（命令管理器）是一个上下文相关工具栏，它可以根据要使用的工具栏进行动态更新，默认情况下，它根据文档类型嵌入相应的工具栏。CommandManager下面有4个不同的选项卡：【特征】【草图】【评估】和【Dim Xpert】，如图1-10所示。

图 1-10 【CommandManager】工具栏

- 【特征】、【草图】选项卡提供【特征】、【草图】的有关命令。
- 【评估】选项卡提供测量、检查、分析等命令或在【插件】选择框中选择有关插件。
- 【DimXpert】选项卡提供有关尺寸、公差等方面的命令。

3. 状态栏

状态栏位于图形区域底部,提供关于当前正在窗口中编辑的内容的状态以及指针位置坐标、草图状态等信息,如图 1-11 所示。

图 1-11 状态栏

状态栏中典型的信息如下。
- 重建模型图标 : 表示在更改了草图或零件而需要重建模型时,重建模型符号会显示在状态栏中。
- 草图状态:在编辑草图过程中,状态栏会出现完全定义、过定义、欠定义、没有找到解、发现无效的解等 5 种状态。在零件完成之前,最好完全定义草图。
- 快速提示帮助图标 : 它会根据 SolidWorks 的当前模式给出提示和选项,很方便快捷,对于初学者来说很有用。

4. 管理区域

在文件窗口的左侧为 SolidWorks 文件的管理区域,也称为左侧区域,如图 1-12 所示。

管理区域包括 特征管理器(FeatureManager)设计树、 属性管理器(PropertyManager)、 配置管理器(ConfigurationManager)、 标注专家管理器(DimXpertManager)和 外观管理器(Display-Manager)。

图 1-12 管理区域

单击管理区域顶部的标签可以在应用程序之间进行切换,单击管理区域右侧的箭头 可以展开【显示窗格】,如图 1-13 所示。

5. 确认角落

确认角落位于视图窗口的右上角,如图 1-14 所示。利用确认角落可以接受或取消相应的草图绘制和特征操作。
- 当进行草图绘制时,可以单击确认角落里的 【退出草图】图标来结束并接受草图绘制,也可以单击 【删除草图】图标来放弃草图的更改。
- 当进行特征造型时,可以单击确认角落里的 【退出草图】图标来结束并接受特征造型,也可以单击 【删除草图】图标来放弃特征造型操作。

图 1-13　展开【显示窗格】

图 1-14　确认角落

6. 任务窗格

图形区域右侧的任务窗格是与管理 SolidWorks 文件有关的一个工作窗口，任务窗格带有【SolidWorks 资源】、【设计库】和【文件探索器】等标签，如图 1-15 所示。通过任务窗格，用户可以查找和使用 SolidWorks 文件。

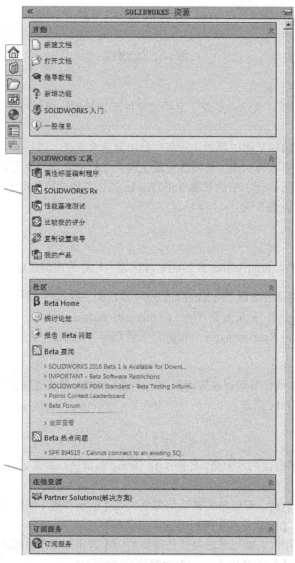

图 1-15　任务窗格

1.1.5 FeatureManager 设计树

FeatureManager 设计树位于 SolidWorks 窗口的左侧，是 SolidWorks 软件窗口中比较常用的部分，如图 1-16 所示。它提供了激活的零件、装配体或工程图的大纲视图，从而可以很方便地查看模型或装配体的构造情况，或者查看工程图中的不同图纸和视图。

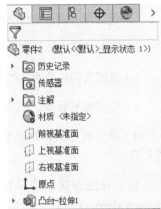

图 1-16　FeatureManager 设计树

FeatureManager 设计树用来组织和记录模型中的各个要素及要素之间的参数信息和相互关系，以及模型、特征和零件之间的约束关系等，几乎包含了所有设计信息。

FeatureManager 设计树的功能主要有以下的几种。

1）以名称来选择模型中的项目：可以通过在模型中选择其名称来选择特征、草图、基准面及基准轴。SolidWorks 在这一项中很多功能与 Windows 系统类似，如在选择的同时按住 Shift 键，可以选取多个连续项目；在选择的同时按住 Ctrl 键，可以选取非连续项目。

2）确认和更改特征的生成顺序：在 FeatureManager 设计树中通过拖动项目可以重新调整特征的生成顺序，这将更改重建模型时特征重建的顺序。

3）双击特征的名称可以显示特征的尺寸。

4）如要更改项目的名称，可以在名称上缓慢单击两次以选择该名称，然后输入新的名称。

5）在装配零件时，压缩和解除压缩零件特征和装配体零部件是很常用的。同样，如要选择多个特征，请在选择的时候按住 Ctrl 键。

6）用右键单击清单中的特征，然后选择父子关系，以便查看父子关系。

7）单击右键，在树显示里还可显示如下项目：特征说明、零部件说明、零部件配置名称、零部件配置说明等。

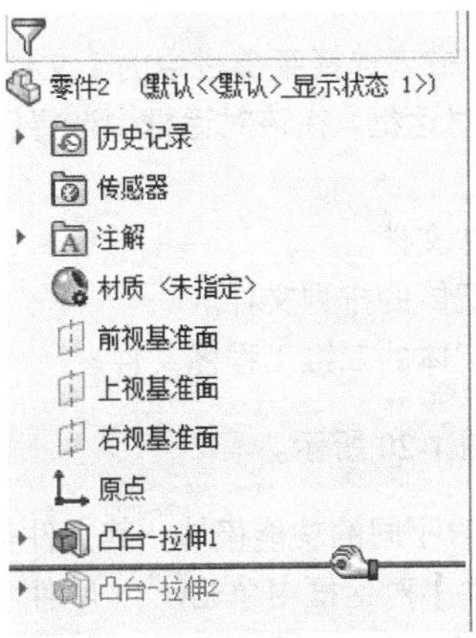

8）将文件夹添加到 FeatureManager 设计树中。

FeatureManager 设计树提供下列文件夹和工具。

1）使用退回控制棒暂时将模型退回到早期状态，如图 1-17 所示。

可使用 FeatureManager 退回控制棒来临时退回到早期状态或吸收的特征，往前推进，回退到以前的状态。当模型处于退回控制状态时，可以增加新的特征或编辑已有的特征。

2）通过用右键单击方程式文件夹 ∑ 并选择所需操作来添加新的方程式，编辑或删除方程式（当将第一个方程式添加到零件或

图 1-17　拖动退回控制棒

装配体时，方程式文件夹出现）。

3）通过用右键单击注解文件夹  来控制尺寸和注解的显示。

4）记录设计日志并添加附加件到设计活页夹文件夹 。

5）通过用右键单击材质图标 来添加或修改应用到零件的材质。

6）查阅文档在实体文件夹 中所包含的所有实体。

7）查阅文档在曲面实体文件夹 中所包含的所有曲面实体。

8）查阅基准面 、基准轴 以及插入的零件的草图 。

9）添加自己的自定义文件夹，并将特征拖动到文件夹以减小【FeatureManager 设计树】的长度。

10）在图形区域中从弹出的 FeatureManager 设计树查阅并进行操作，而左窗格中有 PropertyManager 出现。

11）通过选择左侧窗格顶部的标签，可以在 【FeatureManager 设计树】、 【PropertyManager】、 【ConfigurationManager】、 【DimXpertManager】及 【DisplayManager】标签之间切换，如图 1-18 所示。

12）若想切换 FeatureManager 设计树的显示状态，按 F9 或单击视图、FeatureManager 设计树区域，此方法在全屏模式中尤其有用。

图 1-18　切换标签

13）在图形区域选择一个实体、面或者点，右键单击，在弹出的菜单中选择【保存选择】，特征树中将生成一个【选择集】文件夹，该文件夹中包含用户选择的要素。

1.2　SolidWorks 的文件操作

1.2.1　新建文件

在 SolidWorks 的主窗口中单击窗口左上角的 （新建）图标，或者选择菜单栏中的【文件】|【新建】命令，即可弹出如图 1-19 所示的【新建 SolidWorks 文件】对话框，在该对话框中选择 【零件】按钮，即可得到 SolidWorks 2016 典型用户界面。
- 【零件】按钮：双击该按钮，可以生成单一的三维零部件文件。
- 【装配体】按钮：双击该按钮，可以生成零件或其他装配体的排列文件。
- 【工程图】按钮：双击该按钮，可以生成属于零件或装配体的二维工程图文件。

单击 高级 按钮，此时的【新建 SolidWorks 文件】对话框如图 1-20 所示。

SolidWorks 软件可分为零件、装配体以及工程图 3 个模块，针对不同的功能模块，其文件类型各不相同，如果准备编辑零件文件，请在【新建 SolidWorks 文件】对话框中单击 （零件）按钮，再单击【确定】按钮，即可打开一张空白的零件图文件，后续存盘时，系统默认的扩展名为列表中的.sldprt。

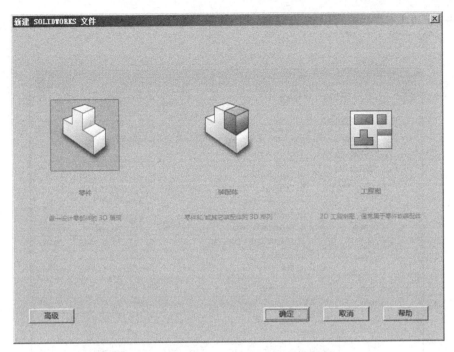

图 1-19　【新建 SolidWorks 文件】对话框

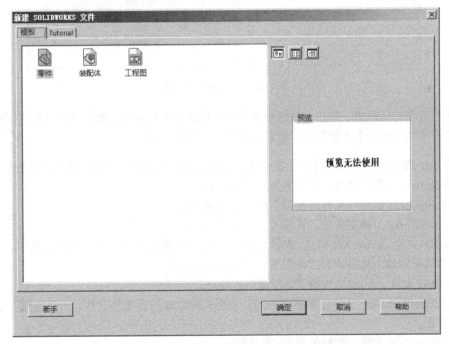

图 1-20　【新建 SolidWorks 文件】对话框

1.2.2　打开文件

单击【新建 SolidWorks 文件】对话框中的【零件】图标，可以打开一张空白的零件图文件，

或者单击【标准】工具栏中的【打开】按钮，打开已经存在的文件并对其进行编辑操作，如图 1-21 所示。

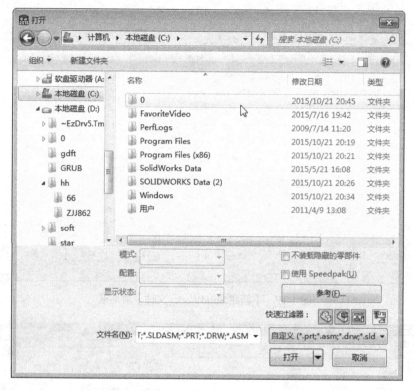

图 1-21　【打开】对话框

在【打开】对话框里，系统会默认使用前一次读取的文件格式，如果想要打开不同格式的文件，请打开【文件类型】下拉列表，然后选取适当的文件类型即可。

对于 SolidWorks 软件可以读取的文件格式以及允许的数据转换方式，综合归类如下。

- SolidWorks 零件文件，扩展名为.prt 或.sldprt。
- SolidWorks 组合件文件，扩展名为.asm 或 sldasm。
- SolidWorks 工程图文件，扩展名为.drw 或.slddrw。
- DXF 文件，AutoCAD 格式，包括 DXF3D 文件，扩展名为.dxf。在工程图文件中，AutoCAD 格式可以输入几何体到工程图纸或工程图纸模板中。
- DWG 文件，AutoCAD 格式，扩展名为.dwg。
- AdobeIllustrator 文件，扩展名为.ai。此格式可以输入到零件文件，但不能输入到装配体草图。
- LibFeatPart 文件，扩展名为.lfp 或.sldlfp。
- IGES 文件，护展名为.igs。可以输入 IGES 文件中的 3D 曲面作为 SolidWorks 3D 草图实体。
- StepAP203/214 文件，扩展名为.step 及.stp。SolidWorks 支持 STEPAP214 文件的实体、面及曲线颜色转换。

- ACIS 文件，扩展名为.sat。
- VDAFS 文件，扩展名为.vda。VDAFS 是曲面几何交换的中间文件格式，VDAFS 零件文件可转换为 SolidWorks 零件文件。
- VRML 文件，扩展名为.wrl。VRML 文件可在 Internet 上显示 3D 图像。
- Parasolid 文件，扩展名为.x_t、.x_b、.xmt_txt 或.xmt_bin。
- Pro/ENGINEER 文件，扩展名为.prt、.xpr 或.asm、.xas。SolidWorks 支持 Pro/ENGINEER17 到 2001 的版本以及 Wildfire 版本 1 和 2。
- UnigraphicsII 文件，扩展名为.Prt。SolidWorks 支持 UnigraphicsII10 及以上版本输入零件和装配体。

1.2.3　保存文件

单击【标准】工具栏中的 ![保存图标]【保存】按钮，或者选择菜单栏中的【文件】|【保存】命令，在弹出的对话框中输入要保存的文件名以及设置文件保存的路径，便可以将当前文件保存。也可选择【另存为】选项，弹出【另存为】对话框如图 1-22 所示。在【另存为】对话框中更改将要保存的文件路径后，单击【保存】按钮即可将创建好的文件保存在指定的文件夹中。

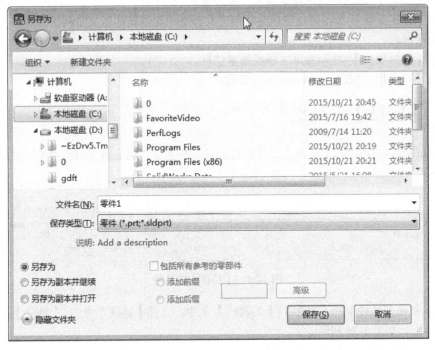

图 1-22　【另存为】对话框

【另存为】对话框参数设置说明如下。

- 【保存类型】：在下拉列表中选择一种文件的保存格式，包括以另一文件格式保存。
- 【Description】：在该选项后面的文本框中可以输入对文件提供模型的说明。

1.3 常用工具命令

1.3.1 【标准】工具栏

【标准】工具栏位于主窗口正上方，如图 1-23 所示。

各按钮含义如下。

图 1-23 【标准】工具栏

- 【新建】：单击可打开【新建 SolidWorks 文件】对话框，从而建立一个空白图文件。
- 【打开】：单击可在【打开】对话框中打开磁盘驱动器中已有的图文件。
- 【保存】：单击可将目前编辑中的工作视图按原先读取的文件名称存盘，如果工作视图是新建的文件，则系统会自动启动另存新文件功能。
- 【打印】：单击可将指定范围内的图文资料送往打印机，执行打印出图功能或打印到文件功能。
- 【撤销】：单击可以撤销本次或者上次的操作，返回未执行该项命令前的状态，可重复返回多次。
- 【选择】：单击可进入选取像素对象的模式。
- 【重建模型】：单击可以使系统依照图文数据库里最新的图文资料更新屏幕上显示的模型图形。
- 【文件属性】：显示激活文档的摘要信息。
- 【选项】：更改 SolidWorks 选项设定。

1.3.2 【特征】工具栏

在 SolidWorks 2016 中，【特征】工具栏直接显示在主窗口的上方，以选项卡的方式存在，如图 1-24 所示。

图 1-24 【特征】工具栏

也可以单击菜单栏中的【视图】|【工具栏】命令，选择【特征】命令，【特征】工具栏将悬浮在主窗口上，如图 1-25 所示。

图 1-25 悬浮【特征】工具栏

各按钮含义如下。

- 【拉伸凸台/基体】：以一个或两个方向拉伸或绘制的草图轮廓生成一个实体。
- 【旋转凸台/基体】：单击可将用户选取的草图轮廓图形绕着用户指定的旋转中心轴形成 3D 模型。
- 【扫描】：单击可以沿开环或闭合路径通过扫描闭合轮廓来生成实体模型。
- 【放样凸台/基体】：单击可以在两个或多个轮廓之间添加材质来生成实体特征。
- 【边界凸台/基体】：以两个方向在轮廓间添加材料以生成实体特征。
- 【拉伸切除】：单击将工作图文件里原先的 3D 模型扣除草图轮廓图形绕着指定的旋转中心轴成长形成的 3D 模型，保留残余剩下的 3D 模型区域。
- 【旋转切除】：单击可通过绕轴心旋转绘制的轮廓来切除实体模型。
- 【扫描切除】：沿开环或闭合路径通过扫描轮廓来切除实体模型。
- 【放样切割】：在两个或多个轮廓之间通过移除材质来切除实体模型。
- 【边界切除】：通过以两个方向在轮廓之间移除材料来切除实体模型。
- 【圆角】：沿实体或曲面特征中的一条或多条边线生成圆形内部或外部面。
- 【倒角】：单击可以沿边线、一串切边或顶点生成一倾斜的边线。
- 【筋】：单击可对工作图文件里的 3D 模型按照用户指定的断面图形加入一个筋材特征。
- 【抽壳】：通过单击该工具按钮，可对工作图文件里的 3D 实体模型加入平均厚度薄壳特征。
- 【拔模】：单击可对工作图文件里的 3D 模型的某个曲面或是平面加入拔模倾斜面。
- 【异型孔向导】：单击可以利用预先定义的剖面插入孔。
- 【线性阵列】：单击可以对一个或两个线性方向阵列得到特征、面以及实体等。
- 【圆周阵列】：单击可以绕轴心阵列得到特征、面以及实体等。
- 【包覆】：将草图轮廓闭合到面上。
- 【圆顶】：添加一个或多个圆顶到所选平面或非平面。
- 【镜像】：单击可以绕面或者基准面镜像特征、面以及实体等。
- 【参考几何体】：单击 ▾ 可以弹出【参考几何体】命令组，如图 1-26 所示。再根据需要选择不同的基准，然后在设定的基准上插入草图来编辑或更改零件图。
- 【曲线】：单击 ▾ 可以弹出【曲线】命令组，如图 1-27 所示。

图 1-26　【参考几何体】命令组

图 1-27　【曲线】命令组

- 【Instant3D】：启用拖动控标、尺寸及草图来动态修改特征。

1.3.3 【草图】工具栏

和【特征】工具栏一样，【草图】工具栏也有两种形式，如图 1-28 所示。

图 1-28 【草图】工具栏的两种形式

各按钮含义如下。

- 〔【草图绘制】：在任何默认基准面或自己设定的基准上，单击该工具按钮，可以在特定的面上生成草图。
- 〔【3D 草图】：单击可以在工作基准面上或在 3D 空间的任意点生成 3D 草图实体。
- 〔【智能尺寸】：为一个或多个所选实体生成尺寸。
- ╱【直线】：单击并依序指定线段图形的起点以及终点位置，可在工作图文件里生成一条绘制的直线。
- □【边角矩形】：单击并依序指定矩形图形的两个对角点位置，可在工作图文件里生成一个矩形。
- ⊙【圆】：单击并用左键指定圆形的圆心位置后拖动鼠标指针，可在工作图文件里生成一个圆。
- ⌒【圆心/起/终点圆弧】：单击并依序指定圆弧图形的圆心点、半径、起点以及终点位置，可在工作图文件里生成一个圆弧。
- ⊙【多边形】：生成边数在 3 和 40 之间的等边多边形，可在绘制多边形后更改边数。
- N【样条曲线】：单击并依序指定曲线图形的每个"经过点"位置，可在工作图文件里生成一条不规则曲线。
- ⌒【绘制圆角】：在交叉点切圆两个草图实体之角，从而生成切线弧。
- □【点】：将鼠标指针移到屏幕绘图区里所需要的位置，单击鼠标左键，即可在工作图文件里生成一个星点。
- ▦【基准面】：单击可插入基准面到 3D 草图。
- A【文字】：可在面、边线及草图实体上绘制文字。
- ✄【剪裁实体】：单击可以剪裁一直线、圆弧、椭圆、圆、样条曲线或中心线，直到它与另一直线、圆弧、圆、椭圆、样条曲线或中心线的相交处。
- ▣【转换实体引用】：单击就可以将模型中的所选边线转换为草图实体。
- 〔【等距实体】：单击可以通过一定距离等距面、边线、曲线或草图实体来添加草图实体。
- ▷◁【镜像实体】：单击可将工作窗口里被选取的 2D 像素对称于某个中心线草图图形，进行镜像操作。
- ▒【线性草图阵列】：使用想阵列的草图实体中的单元或模型边线生成线性草图阵列。
- ⌐【移动实体】：单击可移动一个或多个草图实体。

- ⌊⌉【显示/删除几何关系】：在草图实体之间添加重合、相切、同轴、水平、竖直等几何关系，亦可删除。
- ⌐【修复草图】：能够找出草图错误，有些情况下还可以修复这些错误。

1.3.4 【装配体】工具栏

【装配体】工具栏如图 1-29 所示，可用于控制零部件的管理、移动以及配合。

- 📷【插入零部件】：单击可用来插入零部件、现有零件/装配体。
- ◎【配合】：单击可指定装配中任两个或多个零件的配合。
- 🔠【线性零部件阵列】：可以以一个或两个方向在装配体中生成零部件线性阵列。
- 📷【智能扣件】：单击该按钮后，将自动给装配体添加扣件（螺栓和螺钉）。
- 📷【移动零部件】：单击可通过拖动来使零部件在设定的自由度内移动。
- 📷【显示隐藏的零部件】：可以切换零部件的隐藏和显示状态，并随后在图形区域中选择隐藏的零部件以使其显示。
- 📷【装配体特征】：生成各种装配体特征，如图 1-30 所示。

图 1-29 【装配体】工具栏

图 1-30 装配体特征

- 📷【新建运动算例】：新建一个装配体模型运动的图形模拟。
- 📷【材料明细表】：新建一个材料明细表。
- 📷【爆炸视图】：单击可以生成和编辑装配体的爆炸视图。
- 📷【干涉检查】：单击该按钮后，可以检查装配体中是否有干涉的情况。
- 📷【间隙验证】：使用间隙验证可以检查装配体中所选零部件之间的间隙。
- 📷【孔对齐】：检查装配体中是否存在未对齐的孔。
- 📷【装配体直观】：按自定义属性直观装配体零部件。
- 📷【性能评估】：分析装配体的性能，并会建议采取一些可行的操作来改进性能。当操作大型、复杂的装配体时，这种做法会很有用。

1.3.5 【尺寸／几何关系】工具栏

【尺寸/几何关系】工具栏用于提供标注尺寸和添加及删除几何关系，如图 1-31 所示。

各按钮含义如下。

-  【职能尺寸】：单击可以给草图实体、其他对象或是几何图形标注尺寸。

- 【水平尺寸】：单击可在两个实体之间指定水平尺寸、水平方向以当前草图的方向。

- 【竖直尺寸】：单击可在两点之间生成竖直尺寸，而竖直方向则由当前草图的方向定义。

图 1-31　【尺寸/几何关系】工具栏

- 【基准尺寸】：属于参考尺寸，不能更改其数值或者使用其数值来驱动模型。

- 【尺寸链】：为一组在工程图中或草图中从零坐标测量的尺寸，不能更改其数值或者使用其数值来驱动模型。

- 【水平尺寸链】：在激活的工程图或草图上单击该按钮，可以生成水平尺寸链。

- 【竖直尺寸链】：单击可以在工程图或草图中生成竖直尺寸链。

- 【倒角尺寸】：单击可以在工程图中给倒角标注尺寸。

- 【添加几何关系】：单击该按钮，系统会打开【添加几何关系】PropertyManager 设计树，供用户对工作图文件里的 2D 草图图形附加新的几何限制条件。

- 【显示/删除几何关系】：单击该按钮，系统会打开【显示／删除几何关系】Property-Manager 设计树，列出并可供用户删除 2D 草图图形已有的几何限制条件。

1.3.6　【工程图】工具栏

【工程图】工具栏如图 1-32 所示。

图 1-32　【工程图】工具栏

各按钮含义如下。

- 【模型视图】：单击可将一模型视图插入到工程图文件中。

- 【投影视图】：单击可从任何正交视图插入投影视图。

- 【辅助视图】：类似于投影视图，不同的是，它可以垂直于现有视图中的参考边线来展开视图。

- 【剖面视图】：单击可以用一条剖切线来分割父视图，在工程图中生成一个剖面视图。

- 【局部视图】：单击可用来显示一个视图的某个部分（通常是以放大比例显示）。

- 【标准三视图】：单击可以为所显示的零件或装配体生成 3 个相关的默认正交视图。

- 【断开的剖视图】：单击可通过绘制一轮廓在工程视图上生成断开的剖视图。

- 【断裂视图】：单击可将工程图视图用较大比例显示在较小的工程图纸上。

- 【剪裁视图】：通过隐藏除了所定义区域之外的所有内容来集中到工程图视图的某部分。

- 【交替位置视图】：通过在不同位置显示可以表示装配体零部件的运动范围。

1.3.7　【视图】工具栏

【视图】工具栏如图 1-33 所示。

各按钮含义如下。

● 【整屏显示全图】：单击可将目前工作窗口中的 3D 模型图形以及相关的图文资料以可能的最大显示比例,全部纳入绘图区的图形显示区域之内。

图 1-33 【视图】工具栏

● 【局部放大】：单击该工具按钮后,按住鼠标左键不放,可将指定的矩形范围内的图文资料放大后显示在整个绘图范围内。

● 【上一视图】：单击可以显示上一视图。

● 【3D 工程图视图】：在工程图中显示三维结构。

● 【剖面视图】：先在工作图文件里单击某个参考平面,再单击该工具按钮,即可对工作图文件里的 3D 模型图表产生一个瞬时性质的剖面视图。

● 【视图定向】：更改当前视图定向或视窗数。

● 【带边线上色】：单击该工具按钮,SolidWorks 软件会以带边线上色模式显示工作图文件里的 3D 模型图形。

● 【隐藏/显示项目】：在图形区域中更改项目的显示状态。

● 【编辑外观】：在模型中编辑实体的外观,可将颜色、材料外观和透明度应用到零件和装配体零部件。

● 【应用布景】：循环使用或应用特定的布景。

● 【视图设定】：切换各种视图设定,例如 RealView、阴影及透视图。

1.3.8 插件工具栏

要显示插件工具栏,单击【工具】|【插件】命令,即打开【插件】对话框,如图 1-34 所示,勾选需要打开的插件功能前面的复选框,即可打开相应插件工具。

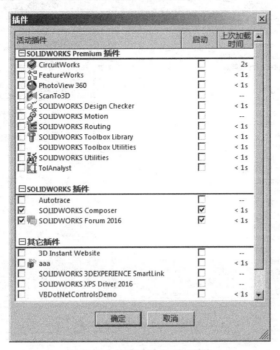

图 1-34 【插件】对话框

1.4 操作环境设置

SolidWorks 的功能十分强大,但是它的所有功能不可能都——罗列在界面上供用户调用,这就需要在特定的情况下,通过调整操作设置来满足用户设计的需求。

1.4.1 工具栏的设置

工具栏里包含了所有菜单命令的快捷方式,通过使用工具栏,可以大大提高 SolidWorks 的设计效率。合理利用自定义工具栏设置,既可以使操作方便快捷,又不会使操作界面过于复杂。SolidWorks 的一大特色就是提供了所有可以自己定义的工具栏按钮。

1. 自定义工具栏

用户可根据文件类型(零件、装配体或工程图)来放置工具栏并设定其显示状态,即可选择想显示的工具栏并清除想隐藏的工具栏。

自定义设置操作如下。

1)单击菜单栏中的【工具】|【自定义】命令,或者在工具栏区域单击鼠标右键,在弹出的菜单中选择【自定义】命令,系统弹出【自定义】对话框,如图 1-35 所示。

图 1-35 【自定义】对话框

2）在【工具栏】选项卡下，勾选想显示的工具栏的复选框，同时取消选择想隐藏的工具栏复选框。

3）如果显示的工具栏位置不理想，可以将指针指向工具栏上按钮之间空白的地方，然后拖动工具栏到想要的位置。例如将工具栏拖到 SolidWorks 窗口的边缘，工具栏就会自动定位在该边缘。

2. 自定义命令

1）单击菜单栏中的【工具】|【自定义】命令，或者在工具栏区域单击鼠标右键，在弹出的菜单中选择【自定义】命令，系统弹出【自定义】对话框，单击【命令】标签，打开【命令】选项卡，如图 1-36 所示。

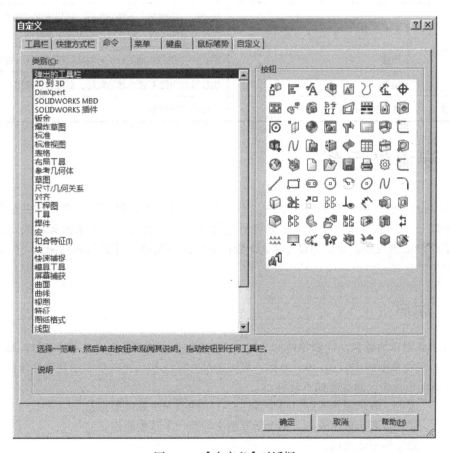

图 1-36 【自定义】对话框

2）在【类别】一栏中选择要改变的工具栏，对工具栏中的按钮进行重新安排。

3）对工具栏中的工具按钮移动操作为：在【命令】栏中找到需要的命令，单击要使用的命令按钮图标，将其拖放到工具栏上的新位置，从而实现重新安排工具栏上的按钮的目的。

4）对工具栏中的工具按钮删除操作设置为：单击要删除的按钮并将其从工具栏拖动放回图形区域中即可。

1.4.2　鼠标常用方法

鼠标在 SolidWorks 软件中的应用频率非常高，可以用其实现平移、缩放、旋转、绘制几何图元以及创建特征等操作。基于 SolidWorks 系统的特点，建议读者使用三键滚轮鼠标，在设计时可以有效地提高设计效率。表 1-1 列出了三键滚轮鼠标的使用方法。

表 1-1　　　　　　　　　　　　三键滚轮鼠标的使用方法

鼠标按键	作　　用	操 作 说 明
左键	用于选择菜单命令以及实体对象工具按钮和绘制几何图元等	直接单击鼠标左键
滚轮（中键）	放大或缩小	按 Shift+中键并上下移动鼠标，可以放大或缩小视图；直接滚动滚轮中键，同样可以放大或缩小视图
	平移	按 Ctrl+中键并移动鼠标，可将模型按鼠标移动的方向平移
	旋转	按住鼠标中键不放并移动鼠标，即可旋转模型
右键	弹出快捷菜单	直接单击鼠标右键

1.5　参考坐标系

SolidWorks 使用带原点的坐标系统。当用户选择基准面或者打开一个草图并选择某一面时，将生成一个新的原点，与基准面或者所选面对齐。原点可以用作草图实体的定位点，并有助于定向轴心透视图。原点有助于 CAD 数据的输入与输出、计算机辅助制造、质量特征的计算等。

1.5.1　原点

零件原点显示为蓝色，代表零件的（0，0，0）坐标。当草图处于激活状态时，草图原点显示为红色，代表草图的（0，0，0）坐标。可以将尺寸标注和几何关系添加到零件原点中，但不能添加到草图原点中。原点有如下几种。

- ↳：蓝色，表示零件原点，每个零件文件中均有一个零件原点。
- ↳：红色，表示草图原点，每个新草图中均有一个草图原点。
- ⤧：表示装配体原点。
- ⟁：表示零件和装配体文件中的视图引导。

1.5.2　参考坐标系的属性设置

单击【参考几何体】工具栏中的⟁（坐标系）按钮（或者选择【插入】|【参考几何体】|【坐标系】菜单命令），在 PropertyManager 中弹出【坐标系】属性管理器，如图 1-37 所示。

1）♁（原点）：定义原点。单击其选择框，在图形区域中选择零件或者装配体中的一个顶点、点、中点或者默认的原点。

2）【X 轴】、【Y 轴】、【Z 轴】：定义各轴。单击其选择框，在图形区域中按照以下方法之一定义所选轴的方向。

- 单击顶点、点或者中点，则轴与所选点对齐。
- 单击线性边线或者草图直线，则轴与所选的边线或者直线平行。
- 单击非线性边线或者草图实体，则轴与选择的实体上所选位置对齐。
- 单击平面，则轴与所选面的垂直方向对齐。

3）☑【反转轴方向】：单击可反转轴的方向。

图 1-37 【坐标系】属性管理器

1.5.3 修改和显示参考坐标系

1. 将参考坐标系平移到新的位置

在【FeatureManager 设计树】中，用鼠标右键单击已生成的坐标系的图标，在弹出的菜单中选择【编辑特征】命令，在【PropertyManager】中弹出【坐标系】属性管理器，在【选择】选项组中单击♁（原点）选择框，在图形区域中单击想将原点平移到的点或者顶点处，单击✔（确定）按钮，原点被移动到指定的位置上。

2. 切换参考坐标系的显示

要切换坐标系的显示，可以选择【视图】|【隐藏 / 显示】|【坐标系】菜单命令，菜单命令左侧的图标下沉，表示坐标系可见。

1.6 参考基准轴

参考基准轴的用途较多，在生成草图几何体或者圆周阵列时常使用参考基准轴，概括起来为以下 3 项。

1）基准轴可以作为圆柱体、圆孔、回转体的中心线。

2）作为参考轴，辅助生成圆周阵列等特征。

3）将基准轴作为同轴度特征的参考轴。

1.6.1 临时轴

每一个圆柱和圆锥面都有一条轴线。临时轴是由模型中的圆锥和圆柱隐含生成的，临时轴常被设置为基准轴。

可以设置隐藏或者显示所有临时轴。选择【视图】|【隐藏/显示】|【临时轴】菜单命令，此时菜单命令左侧的图标下沉（如图1-38所示），表示临时轴可见。

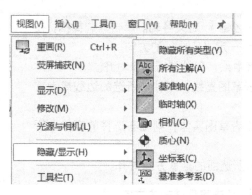

图1-38 选择【临时轴】菜单命令

1.6.2 参考基准轴的属性设置

单击【参考几何体】工具栏中的 <span>（基准轴）按钮或者选择【插入】|【参考几何体】|【基准轴】菜单命令，在【PropertyManager】中弹出【基准轴】属性管理器，如图1-39所示。

图1-39 【基准轴】属性管理器

在【选择】选项组中进行选择以生成不同类型的基准轴，有如下5个选项。
- （一直线/边线/轴）：选择一条草图直线或者边线作为基准轴。
- （两平面）：选择两个平面，利用两个面的交叉线作为基准轴。
- （两点/顶点）：选择两个顶点、两个点或者中点之间的连线作为基准轴。
- （圆柱/圆锥面）：选择一个圆柱或者圆锥面，利用其轴线作为基准轴。
- （点和面/基准面）：选择一个平面，然后选择一个顶点，由此所生成的轴通过所选择的顶点垂直于所选的平面。

1.6.3　显示参考基准轴

选择【视图】|【隐藏/显示】|【基准轴】菜单命令，可以看到菜单命令左侧的图标下沉，如图 1-40 所示，表示基准轴可见（再次选择该命令，该图标恢复即为关闭基准轴的显示）。

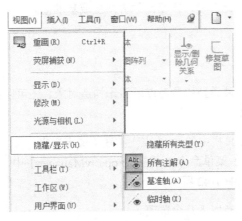

图 1-40　选择【基准轴】菜单命令

1.7　参考基准面

在【FeatureManager 设计树】中默认提供前视、上视以及右视基准面，除了默认的基准面外，可以生成参考基准面。

在 SolidWorks 中，参考基准面的用途很多，总结为以下几项。

- 作为草图绘制平面。
- 作为视图定向参考。
- 作为装配时零件相互配合的参考面。
- 作为尺寸标注的参考。
- 作为模型生成剖面视图的参考面。
- 作为拔模特征的参考面。

参考基准面的属性设置方法为：单击【参考几何体】工具栏中的（基准面）按钮（或者选择【插入】|【参考几何体】|【基准面】菜单命令），在【PropertyManager】中弹出【基准面】属性管理器，如图 1-41 所示。

在【第一参考】选项组中，选择需要生成的基准面类型及项目。主要有如下几个选项。

- （平行）：通过模型的表面生成一个基准面。
- （重合）：通过一个点、线和面生成基准面。

图 1-41　【基准面】属性管理器

- ⊥（垂直）：可以生成垂直于一条边线、轴线或者平面的基准面。
- ⊿（两面夹角）：通过一条边线（或者轴线、草图线等）与一个面（或者基准面）以一定夹角生成基准面。
- ⊿（等距距离）：在平行于一个面（或者基准面）的指定距离生成等距基准面。首先选择一个平面（或者基准面），然后设置距离数值。
- 【反转等距】：勾选此选项，在相反的方向生成基准面。

1.8　参考点

SolidWorks 可以生成多种类型的参考点以用作构造对象，还可以在彼此间已指定距离分割的曲线上生成指定数量的参考点。

单击【参考几何体】工具栏中的 ▫（点）按钮（或者选择【插入】|【参考几何体】|【点】菜单命令），在【PropertyManager】中弹出【点】属性管理器，如图 1-42 所示。

在【选择】选项组中，有以下几个选项。

- ▣（参考实体）：在图形区域中选择用以生成点的实体。
- ⊙（圆弧中心）：按照选中的圆弧中心来生成点。
- ▣（面中心）：按照选中的面中心来生成点。
- ✕（交叉点）：按照交叉的点来生成点。
- ⚓（投影）：按照投影的点来生成点。
- ∕（在点上）：在某个点上生成点。
- ⚒（沿曲线距离或多个参考点）：可以沿边线、曲线或者草图线段生成一组参考点，输入距离或者百分比数值即可。

图 1-42　【点】属性管理器

1.9　SolidWorks 2016 新增功能概述

1.9.1　显示界面新功能

1. 可展开 PropertyManager（属性管理器）选择框

在 SolidWorks 2016 版本之前，属性管理器的选择框仅显示固定的 6 行，当有多个被选择项时，必须通过滚动条才能看到全部的选项。在 SolidWorks 2016 版本中，属性管理器的选择框能通过鼠标双击滚动条或拖动选择框的底部边线来进行展开。要令选择框中完整显示全部选项，右键单击选择框并在弹出的快捷菜单中单击【自动调整大小】，或者双击控标或选择框的底部边线即可，如图 1-43 所示。

2. 改进的高分辨率屏幕缩放

SolidWorks 2016 版本软件支持高分辨率以及在具有高操作系统缩放系数（250%+）的情况。当用户设置 Windows 的显示设置来提高缩放系数时，SolidWorks 用户界面将变大以适应更高的像

素密度显示。在对话框、PropertyManager（属性管理器）和 FeatureManager（特征管理器）设计
树中，SolidWorks 软件将以相应的分辨率显示按钮和图标以适应调整大小之后的文本。

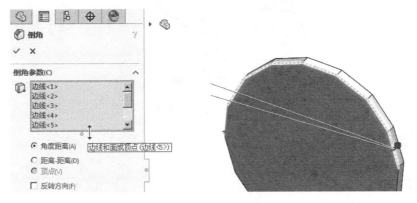

图 1-43　可展开的输入框

对于工具栏，用户可通过执行以下操作之一来选择显示小、中
或大按钮。

图 1-44　自定义图标大小

- 单击【标准】工具栏【选项】按钮右侧的下拉按钮，在下
  拉菜单中选择【按钮大小】选项，然后选择按钮大小。
- 单击【工具】|【自定义】菜单命令，弹出【自定义】对话
  框，在【工具栏】选项卡中选择图标大小，如图 1-44 所示。

3.　更直观的三重轴

重新设计的三重轴更加方便和直观，可以使用户在 3D 环境中更容易地使用控标来控制模型
方向。新设计的三重轴如图 1-45 所示。

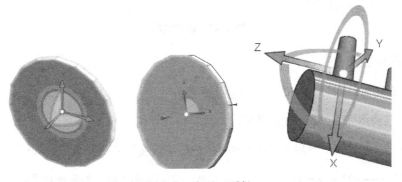

图 1-45　新的三重轴

4.　参考的可视化工具

在 FeatureManager（特征管理器）设计树中，当用户将鼠标指针悬停在某个特征上时，软件
将显示图形箭头来表示各特征之间的复杂关系，蓝色箭头显示父级关系，红色箭头显示子级关系，
如图 1-46 所示。

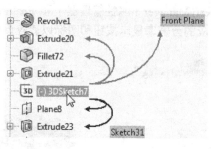

图 1-46 参考可视化

1.9.2 草图绘制新功能

1. 线段工具

用户可使用线段工具在圆弧和圆中创建长度相等的线段。在打开的圆弧或圆草图中,选择【工具】|【草图工具】|【线段】菜单命令,在 ▦【PropertyManager】(属性管理器)中的【线段参数】下,选择【圆弧1】草图,在【个数】中输入【7】,如图 1-47 所示,将自动生成均分线段。

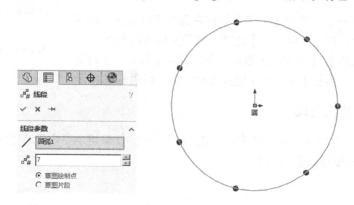

图 1-47 建立线段

2. 编辑草图点

用户可使用线段工具更改已经创建的草图点数。

1)打开已使用线段工具分割的草图,如图 1-48 所示。

2)右键单击线段点,然后单击弹出菜单中的【编辑线段端点】,如图 1-49 所示。

3)在【PropertyManager】(属性管理器)中,编辑线段个数,然后单击【确定】按钮,将使用指定线段更新草图。

3. 样条线的样式样条线支持

在 SolidWorks 2016 版本之前,用户只能使用样条线工具创建贝塞尔曲线,而将样条线转换为样式样条线时,将产生许多难以处理的无法使用的点。在 SolidWorks 2016 版本中,用户可使用样式样条线工具创建具有 3º 、5º 或 7º 的 B 样条线,并可通过操作曲线角度来调整曲线的光顺度，如图 1-50 所示。

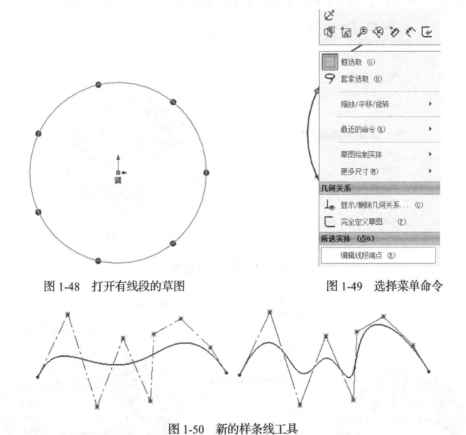

图 1-48　打开有线段的草图　　　　　图 1-49　选择菜单命令

图 1-50　新的样条线工具

1.9.3　零件和特征新功能

1. 扫描新功能

在 SolidWorks 2016 版本中，所有扫描特征的工作流程和界面均得到改进。控件、组框和选项经过重新排列和更新以适应这些增强功能，包括创建双向扫描、在两种类型的轮廓（草图轮廓和圆形轮廓）之间进行选择等。具体操作步骤如下。

1）打开实体零件，如图 1-51 所示。

2）选择【插入】|【切除】|【扫描】菜单命令，在属性管理器中的【轮廓和路径】选项组下，选择椭圆草图为轮廓，选择边线为路径，如图 1-52 所示。

3）单击【确定】按钮，切除-扫描特征将自动生成，如图 1-53 所示。

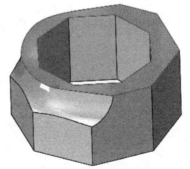

图 1-51　打开实体模型

4）选择【插入】|【凸台/基体】|【扫描】菜单命令，在属性管理器中的【轮廓和路径】选项组中，选择【圆形轮廓】，设置直径为【10.00mm】，选择模型的一条边线为路径，如图 1-54 所示。

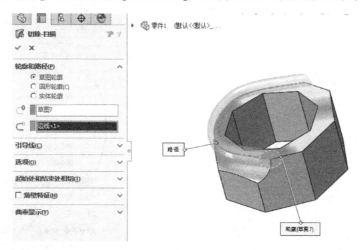

图 1-52　设置扫描参数

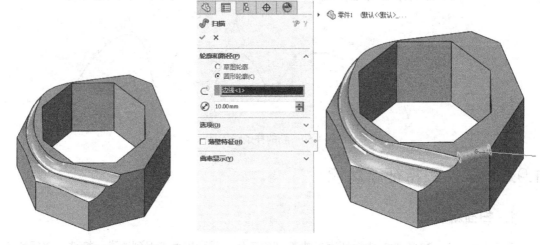

图 1-53　生成切除-扫描特征　　　　　图 1-54　设置扫描参数

5）单击【确定】按钮，扫描特征将自动生成，如图 1-55 所示。

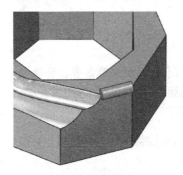

图 1-55　生成扫描特征

2. 曲率连续边线圆角

在 SolidWorks 2016 版本之前，此选项只能用于面圆角。

1）打开一个具有边线的零件，如图 1-56 所示。

2）选择【插入】|【特征】|【圆角/圆化】菜单命令。在【PropertyManager】（属性管理器）中的【圆角项目】下，选择两条边线；在【圆角参数】中，下拉列表中选择【对称】选项，将半径设为【10.00mm】，在【轮廓】中，选择【曲率连续】，如图 1-57 所示。

3）单击【确定】按钮，生成曲率连续边线圆角，如图 1-58 所示。

图 1-56　打开实体模型

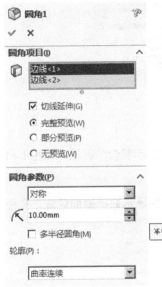

图 1-57　设置圆角参数

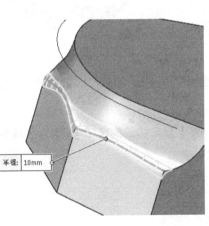

图 1-58　生成圆角

3. 使用相交工具移除区域

在 SolidWorks 2016 版本中，用户可以使用相交工具来移除多实体当中的某些部分。具体操作步骤如下。

图 1-59　打开多实体零件

1）打开一个多实体零件，如图 1-59 所示。

2）选择【插入】|【特征】|【相交】菜单命令。在【PropertyManager】（属性管理器）中，在【选择】选项组中选择两个实体，选择【创建两者】选项，然后单击【相交】按钮。在【要排除的区域】中将自动分割成不同区域。将鼠标指针悬停在【区域 2】上，在图形区域

中将突出显示相应管道，如图 1-60 所示。

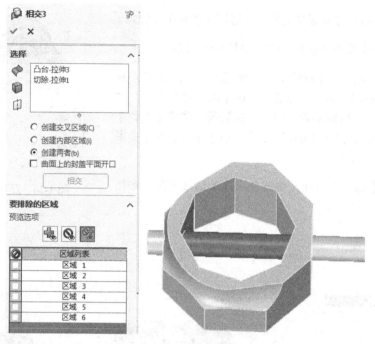

图 1-60　设置相交参数

3）在【预览选项】中，单击 ▦ 【显示包含的区域】，图形区域将显示包含的区域，如图 1-61 所示。

4）在【预览选项】中，单击 ◉ 【显示排除的区域】，图形区域将显示被排除的区域，如图 1-62 所示。

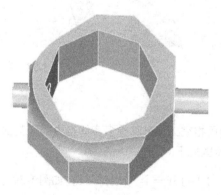

图 1-61　显示包含的区域　　　　　图 1-62　显示排除的区域

5）在【预览选项】中，单击 ▦ 【显示包含和排除的区域】，图形区域将显示包含和被排除的区域，如图 1-63 所示。

6）单击【反选】按钮后，绘图区域的颜色将相互置换，如图 1-64 所示。

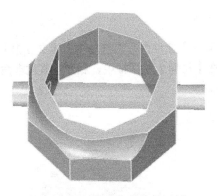

图 1-63　显示包含和排除的区域

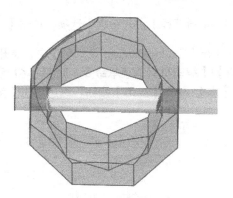

图 1-64　反选显示

4. 测量内部体积

在 SolidWorks 2016 版本中，用户可使用相交工具来测量模型的内部体积。具体操作步骤如下。

1）打开一个多实体零件，如图 1-65 所示。

2）选择【插入】|【特征】|【相交】菜单命令。在【PropertyManager】（属性管理器）中，在【选择】选项组中选择两个实体，选择【创建两者】选项，然后单击【相交】按钮。在【要排除的区域】中将自动分割成不同区域，如图 1-66 所示。

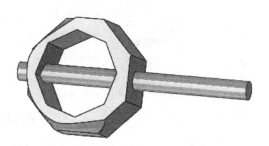

图 1-65　打开多实体零件

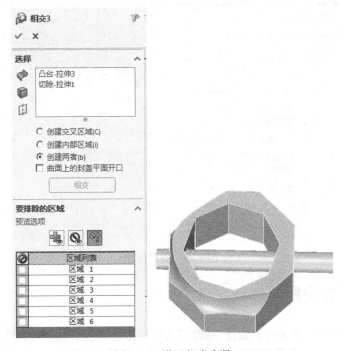

图 1-66　设置相交参数

3）取消选择【合并结果】选项，单击【确定】按钮。

4）在【FeatureManager 设计树】中，展开 📦【实体】文件夹，右键单击【相交 3[2]】，选择【材料】|【编辑材料】菜单命令，如图 1-67 所示。在【材料】对话框中，展开【其他非金属】，选择【水】。单击【应用】按钮，然后单击【关闭】按钮。

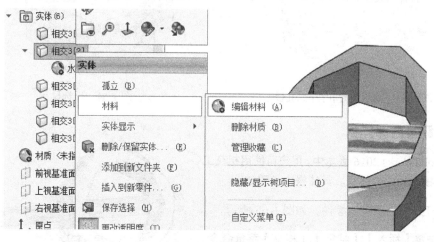

图 1-67　编辑材料

5）在【CommandManager】(命令管理器)中的【评估】选项卡上，单击【质量属性】按钮，弹出的【质量属性】对话框中将显示计算的体积，如图 1-68 所示。

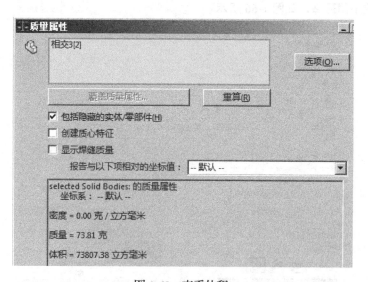

图 1-68　查看体积

1.9.4　曲面新功能

在 SolidWorks 2016 版本中，曲面平铺工具提供了更多的控件和更多的可平铺的曲面类型。用户可平铺任何面、曲面或具有内部几何图形的面和曲面集。具体操作步骤如下。

1）在打开的零件中，选择【插入】|【曲面】|【展平】菜单命令，将显示【展平】属性管理器，在图形区域中选择曲面，如图 1-69 所示。

2）选择顶点，将出现展平曲面的预览，如图 1-70 所示。

图 1-69 打开曲面零件

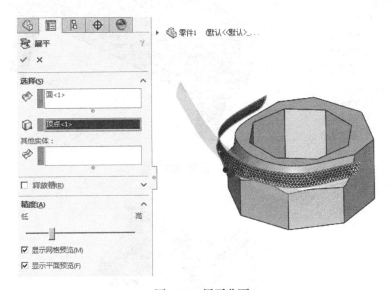

图 1-70 展平曲面

1.9.5 装配体新功能

在 SolidWorks 2016 版本中，用户可镜像装配体特征。具体操作步骤如下。

图 1-71 打开装配体模型

1）打开装配体文件，此文件中有拉伸切除的装配体特征，如图 1-71 所示。

2）选择【插入】|【装配体特征】|【镜向】菜单命令。

3）在【PropertyManager】中，对于【镜向面/基准面】选项，选择【右视基准面】；在【要镜向的特征】选项中选择【切除-拉伸 1】特征，如图 1-72 所示。

4）单击【确定】按钮，生成装配体特征的镜向特征，如图 1-73 所示。

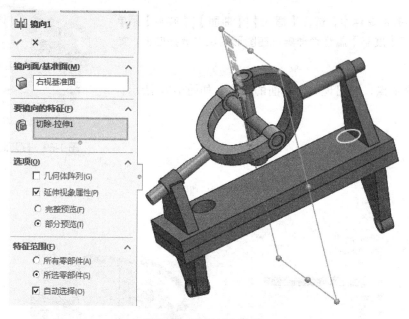

图 1-72　设置镜向参数

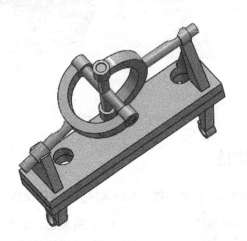

图 1-73　生成装配体镜向特征

1.10　范例

下面结合现有模型，介绍生成参考几何体的具体方法。

1.10.1　生成参考坐标系

1）启动中文版 SolidWorks 软件，单击【标准】工具栏中的 【打开】按钮，弹出【打开】对话框，在配套光盘中选择【第 1 章/范例文件/1.SLDPRT】，单击【打开】按钮，在图形区域中显示出模型，如图 1-74 所示。

2）生成坐标系。单击【参考几何体】工具栏中的 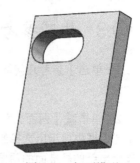【坐标系】按钮，在属性管理器中弹出【坐标系】的属性设置。

3）定义原点。在图形区域中单击模型上方的一个顶点，则点的名称显示在【原点】选择框中。

4）定义各轴。单击【X 轴】、【Y 轴】、【Z 轴】选择框，在图形区域中选择线性边线，指示所选轴的方向与所选的边线平行，单击【Z 轴】下的【反转 Z 轴方向】按钮，反转轴的方向，如图1-75 所示，单击【确定】按钮，生成坐标系 1。

图 1-74　打开模型

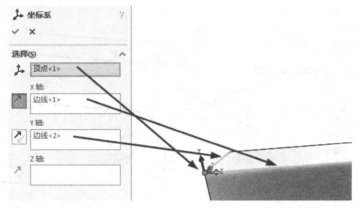

图 1-75　生成坐标系

1.10.2　生成参考基准轴

1）单击【参考几何体】工具栏中的 【基准轴】按钮，在属性管理器中弹出【基准轴】的属性设置。

2）单击【圆柱/圆锥面】按钮，选择模型的曲面，检查【参考实体】选择框中列出的项目，如图 1-76 所示，单击【确定】按钮，生成基准轴 1。

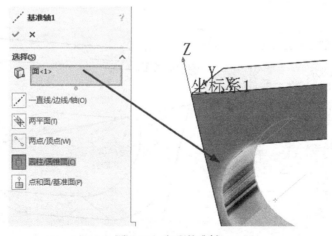

图 1-76　生成基准轴

1.10.3　生成参考基准面

1）单击【参考几何体】工具栏中的 ⬚【基准面】按钮，在属性管理器中弹出【基准面】的属性设置。

2）单击 ⬚【两面夹角】按钮，在图形区域中选择模型的右侧面及其上边线，在 ⬚【参考实体】选择框中显示出选择的项目名称，设置【角度】为【45.00 度】，如图 1-77 所示，在图形区域中显示出新的基准面的预览，单击 ✅【确定】按钮，生成基准面 1。

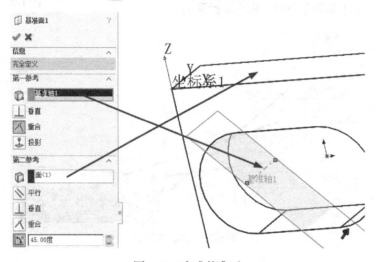

图 1-77　生成基准面

1.10.4　生成配合参考

1）单击【插入】|【参考几何体】|【配合参考】菜单命令。

2）弹出【配合参考】属性管理器，在【主要参考实体】选项组中选择圆柱面，如图 1-78 所示。

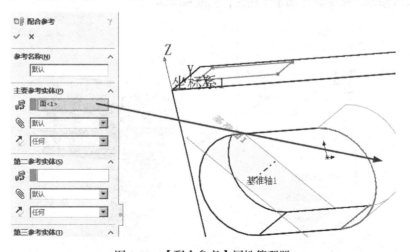

图 1-78　【配合参考】属性管理器

3）单击 ✅【确定】按钮，生成一个配合参考，在【FeatureManager 设计树】中显示有一个配合参考，如图 1-79 所示。

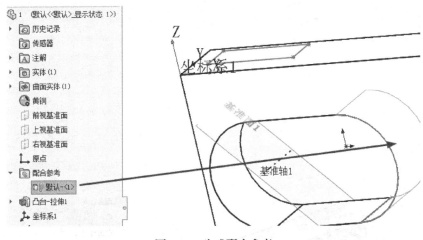

图 1-79　生成配合参考

1.10.5　生成网格系统

1）单击前视基准面，选择【插入】|【参考几何体】|【网格系统】菜单命令。

2）在模型的上表面绘制一个草图，如图 1-80 所示。

3）单击 按钮，退出绘图状态，弹出【网格系统】属性管理器。将 【层数】设为【3】， 【高度】设为【100.00mm】，如图 1-81 所示。

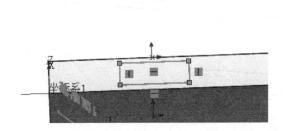

图 1-80　绘制草图

图 1-81　【网格系统】属性管理器

4）单击 ✅【确定】按钮，生成一个网格系统，如图 1-82 所示。

5）在【FeatureManager 设计树】中显示一个网格系统，该文件夹中包含了每一个层次的草图和内容，如图 1-83 所示。

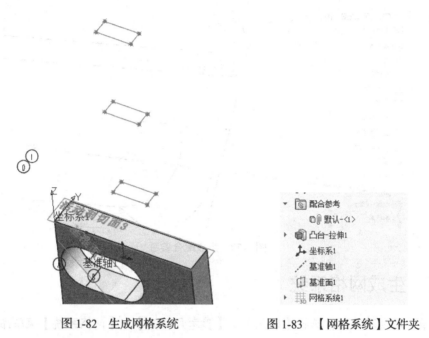

图 1-82　生成网格系统　　　　　　　　图 1-83　【网格系统】文件夹

1.10.6　生成活动剖切面

1）单击【插入】|【参考几何体】|【活动剖切面】菜单命令，系统提示选择一个基准面作为初始基准面，在设计树中选择【上视基准面】。

2）在零件中出现三重轴，拖动三重轴的控标，可以动态生成模型的剖面，如图 1-84 所示。

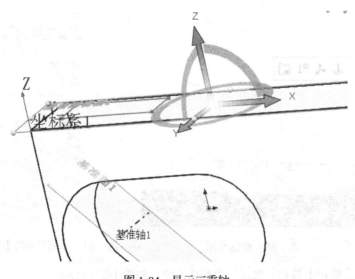

图 1-84　显示三重轴

3）【活动剖切面】文件夹将显示在【FeatureManager 设计树】中，其中存储了所有活动剖切面的信息，如图 1-85 所示。

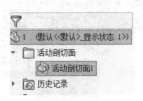

图 1-85　增加【活动剖切面】文件夹

4）单击绘图区的空白区域，活动剖切面即会被取消激活且该平面的控标消失，基准面三重轴也会消失，如图 1-86 所示。

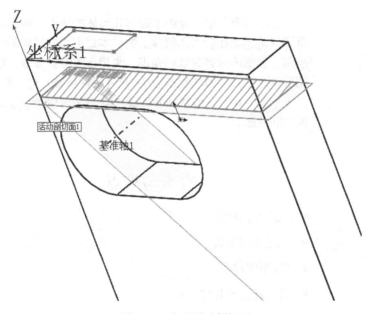

图 1-86　生成活动剖切面

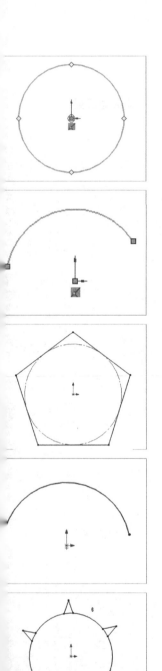

第 2 章
草图绘制

　　在前面章节中，介绍了参考几何体的使用，本章的草图就是建立在参考几何体上的。本章主要介绍草图的绘制，包括的内容有基础知识、常用草图绘制命令、草图编辑命令、3D 草图绘制命令、尺寸标注以及几何关系。二维草图是建立三维特征的基础，3D 草图可以建立复杂的空间曲面。

重点与难点

- 二维草图建立
- 二维草图编辑
- 3D 草图建立
- 尺寸标注及几何关系

2.1 基础知识

在使用草图绘制命令前，首先要了解草图绘制的基本概念，以更好地掌握草图绘制和草图编辑的方法。本节主要介绍草图的基本操作，认识草图绘制工具栏，熟悉绘制草图时鼠标指针的显示状态。

2.1.1 进入草图绘制状态

草图必须绘制在平面上，这个平面既可以是基准面，也可以是三维模型上的平面。初始进入草图绘制状态时，系统默认有 3 个基准面：前视基准面、右视基准面和上视基准面，如图 2-1 所示。由于没有其他平面，因此零件的初始草图绘制是从系统默认的基准面开始的。

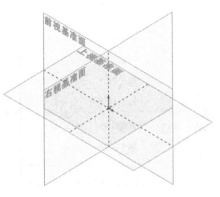

图 2-2 所示为常用的【草图】工具栏，工具栏中有绘制草图命令按钮、编辑草图命令按钮及其他草图命令按钮。

绘制草图既可以先指定绘制草图所在的平面，也可

图 2-1 系统默认的基准面

以先选择草图绘制实体，具体根据实际情况灵活运用。进入草图绘制状态的操作方法如下。

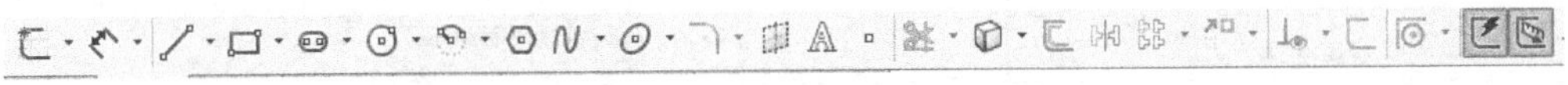

图 2-2 【草图】工具栏

1）在【FeatureManager 设计树】中选择要绘制草图的基准面，即前视基准面、右视基准面和上视基准面中的一个面。

2）单击【标准视图】工具栏中的 ↧ （正视于）按钮，使基准面旋转到正视于绘图者方向。

3）单击【草图】工具栏上的 ⬚ （草图绘制）按钮，或者单击【草图】工具栏上要绘制的草图实体，进入草图绘制状态。

2.1.2 退出草图状态

零件是由多个特征组成的，有些特征需要由一个草图生成，有些需要由多个草图生成，如扫描实体、放样实体等。因此草图绘制后，即可立即建立特征，也可以退出草图绘制状态再绘制其他草图然后再建立特征。退出草图绘制状态的方法主要有以下几种，下面将分别介绍，在实际使用中要灵活运用。

（1）菜单方式

草图绘制后，选择【插入】|【退出草图】菜单命令，如图 2-3 所示，退出草图绘制状态。

（2）工具栏命令按钮方式

单击选择【草图】工具栏上的 ↩（退出草图）按钮，或者单击选择【标准】工具栏上的 ⑧（重建模型）按钮，退出草图绘制状态。

（3）右键快捷菜单方式

在绘图区域单击鼠标右键，系统弹出图 2-4 所示的快捷菜单，在其中用鼠标左键选择【退出草图】选项，退出草图绘制状态。

图 2-3　菜单方式退出草图绘制状态

图 2-4　快捷菜单方式退出草图绘制状态

（4）绘图区域退出图标方式

在进入草图绘制状态的过程中，在绘图区域右上角会出现图 2-5 所示的草图提示图标。单击 ↩ 图标，确认绘制的草图并退出草图绘制状态。

图 2-5　草图提示图标

2.1.3　指针

在 SolidWorks 中，绘制草图实体或者编辑草图实体时，指针会根据所选择的命令在绘图时变为相应的图标。而且 SolidWorks 软件提供了自动判断绘图位置的功能，在执行命令时，自动寻找端点、中心点、圆心、交点、中点以及在其上任意点，这样提高了鼠标定位的准确性和快速性，提高了绘制图形的效率。

执行不同命令时，指针会在不同草图实体及特征实体上显示不同的类型，指针既可以在草图实体上形成，也可以在特征实体上形成。在特征实体上的指针，只能在绘图平面的实体边缘产生。

下面为常见的指针类型：
- （点）指针：执行绘制点命令时指针的显示。
- （线）指针：执行绘制直线或者中心线命令时指针的显示。
- （圆弧）指针：执行绘制圆弧命令时指针的显示。
- （圆）指针：执行绘制圆命令时指针的显示。
- （椭圆）指针：执行绘制椭圆命令时指针的显示。
- （抛物线）指针：执行绘制抛物线命令时指针的显示
- （样条曲线）指针：执行绘制样条曲线命令时指针的显示。
- （矩形）指针：执行绘制矩形命令时指针的显示。
- （多边形）指针：执行绘制多边形命令时指针的显示。
- （草图文字）指针：执行绘制草图文字命令时指针的显示。
- （剪裁草图实体）指针：执行剪裁草图实体命令时指针的显示。
- （延伸草图实体）指针：执行延伸草图实体命令时指针的显示。
- （分割草图实体）指针：执行命令时指针的显示。
- （标注尺寸）指针：执行标注尺寸命令时指针的显示。
- （圆周阵列草图）指针：执行圆周阵列草图命令时指针的显示。
- （线性阵列草图）指针：执行线性阵列命令时指针的显示。

2.2　草图命令

2.2.1　绘制点

点在模型中只起参考作用，不影响三维建模的外形，执行点命令后，在绘图区域中的任何位置都可以绘制点。

1. 属性设置

单击【草图】工具栏上 （点）按钮，或选择【工具】|【草图绘制实体】|【点】菜单命令，打开的【点】属性管理器如图 2-6 所示。下面具体介绍一下各参数的设置。

1）【现有几何关系】选项组
- 【几何关系】：显示草图绘制过程中自动推理或使用添加几何关系命令手工生成的几何关系，当在列表中选择一几何关系时，在图形区域中的标注被高亮显示。

● ⓘ【信息】：显示所选草图实体的状态，通常有欠定义、完全定义等。

2）【添加几何关系】选项组

列表中显示的是可以添加的几何关系，单击需要的选项即可添加。点常用的几何关系为固定几何关系。

3）【参数】选项组

● °x：在后面的框中输入点的 X 坐标。

● °Y：在后面的框中输入点的 Y 坐标。

2. 绘制点命令的操作方法

1）选择合适的基准面，利用前面介绍的命令进入草图绘制状态。

2）选择【工具】|【草图绘制实体】|【点】菜单命令，或者单击【草图】工具栏上的 ▫（点）按钮，指针变为 ◈（点）图标。

3）在绘图区域需要绘制点的位置单击，确认绘制点的位置，此时绘制点命令继续处于激活位置，可以继续绘制点。

4）单击鼠标右键，在弹出的图 2-7 所示的快捷菜单中选择【选择】选项，或者单击选择【草图】工具栏上的 ⟲（退出草图）按钮，退出草图绘制状态。

图 2-6　【点】属性管理器

图 2-7　右键快捷菜单

2.2.2　绘制直线

单击【草图】工具栏上 ╱（直线）按钮，或选择【工具】|【草图绘制实体】|【直线】菜单命令，打开的【插入线条】属性管理器如图 2-8 所示。

下面具体介绍一下各参数的设置。

46

（1）【方向】选项组

- 【按绘制原样】：以鼠标指定的点绘制直线，选择该选项绘制直线时，指针附近出现任意直线图标符号＼。
- 【水平】：以指定的长度在水平方向绘制直线，选择该选项绘制直线时，指针附近出现水平直线图标符号■。
- 【竖直】：以指定的长度在竖直方向绘制直线，选择该选项绘制直线时，指针附近出现竖直直线图标符号▮。
- 【角度】：以指定角度和长度方式绘制直线，选择该选项绘制直线时，指针附近出现角度直线图标符号＼。

（2）【选项】选项组

- 【作为构造线】：绘制为构造线。
- 【无限长度】：绘制无限长度的直线。

直线通常有两种绘制方式，即拖动式和单击式。拖动式是在绘制直线的起点按住左键开始拖动鼠标，直到直线终点放开；单击式是在绘制直线的起点单击，然后在直线终点单击。

图 2-8　【插入线条】属性管理器

2.2.3　绘制中心线

单击【草图】工具栏上 ⁄（中心线）按钮，或选择【工具】|【草图绘制实体】|【中心线】菜单命令，打开【插入线条】属性管理器。中心线的各参数的设置与直线相同，只是在【选项】选项组中将默认勾选【作为构造线】选项。

绘制中心线命令的操作方法如下。

1）在草图绘制状态下，选择【工具】|【草图绘制实体】|【中心线】菜单命令，或者单击【草图】工具栏上的 ⁄（中心线）按钮，绘制中心线。

2）在绘图区域单击确定中心线的起点 1，然后移动鼠标指针到图中合适的位置，图中的中心线为竖直直线，当指针附近出现符号▮时，即表示绘制竖直中心线，单击确定中心线的终点 2。

3）在绘图区域单击鼠标右键，单击快捷菜单中的【选择】选项，退出中心线的绘制。

2.2.4　绘制圆

单击【草图】工具栏上 ⊙（圆）按钮，或选择【工具】|【草图绘制实体】|【圆】菜单命令，打开【圆】属性管理器。圆的绘制方式有中心圆和周边圆两种，当以某一种方式绘制圆以后，【圆】属性管理器如图 2-9 所示。

1. 属性设置

下面具体介绍一下各参数的设置。

（1）【圆类型】选项组

- 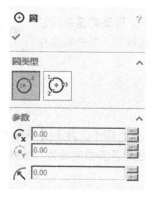（此处为圆类型按钮）：绘制基于中心的圆。
- ：绘制基于周边的圆。

（2）【参数】选项组

【参数】选项组可以参考直线进行设置。

2. 绘制中心圆的操作方法

1）在草图绘制状态下，选择【工具】|【草图绘制实体】|【圆】菜单命令，或者单击【草图】工具栏上的 （圆）按钮，开始绘制圆。

2）在【圆类型】选项组中，单击选择 （圆）按钮，在绘图区域中合适的位置单击确定圆的圆心，如图 2-10 所示。

图 2-9　【圆】属性管理器

图 2-10　绘制圆心

3）移动鼠标拖出一个圆，然后单击，确定圆的半径，如图 2-11 所示。

4）单击【圆】属性管理器中的 【确定】按钮，完成圆的绘制，结果如图 2-12 所示。

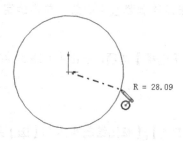

图 2-11　绘制圆的半径

图 2-12　绘制的圆

3. 绘制周边圆的操作方法

1）在草图绘制状态下，选择【工具】|【草图绘制实体】|【周边圆】菜单命令，或者单击【草图】工具栏上的 （周边圆）按钮，开始绘制圆。

2）在【圆类型】选项组中，单击选择 （周边圆）按钮，在绘图区域中合适的位置单击确定圆上一点，如图 2-13 所示。

3）拖动鼠标指针到绘图区域中合适的位置，单击确定周边上的另一点，如图 2-14 所示。

4）继续拖动鼠标指针到绘图区域中合适的位置，单击确定周边上的第三点，如图 2-15 所示。

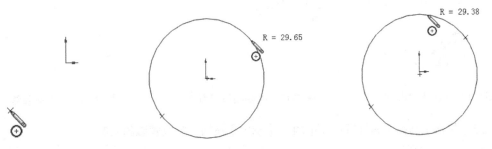

图 2-13 绘制周边圆上一点　　　图 2-14 绘制周边圆的第二点　　　图 2-15 绘制周边圆的第三点

5）单击【圆】属性管理器中的 ✅【确定】按钮，完成圆的绘制。

2.2.5 绘制圆弧

单击【草图】工具栏上的 （圆心/起/终点画弧）按钮、 （切线弧）按钮或 （3 点圆弧）按钮，或选择【工具】|【草图绘制实体】|【圆心/起/终点画弧】、【切线弧】或【三点圆弧】菜单命令，打开【圆弧】属性管理器，如图 2-16 所示。

1. 属性设置

下面具体介绍一下各参数的设置。

（1）【圆弧类型】选项组

● ：基于圆心/起/终点画弧方式绘制圆弧。

● ：基于切线弧方式绘制圆弧。

● ：基于 3 点圆弧方式绘制圆弧。

（2）【参数】选项组

【参数】选项组可以参考前面介绍的方式进行设置。

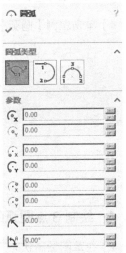

图 2-16 【圆弧】属性管理器

2. 绘制圆心/起/终点画弧的操作方法

1）在草图绘制状态下，选择【工具】|【草图绘制实体】|【圆心/起/终点画弧】菜单命令，或者单击【草图】工具栏上的 （圆心/起/终点画弧）按钮，开始绘制圆弧。

2）在绘图区域单击，确定圆弧的圆心，如图 2-17 所示。

3）在绘图区域合适的位置单击，确定圆弧的起点，如图 2-18 所示。

4）在绘图区域合适的位置单击，确定圆弧的终点，如图 2-19 所示。

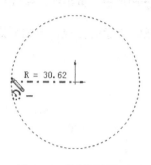

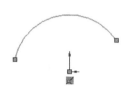

图 2-17　绘制圆弧圆心　　　　图 2-18　绘制圆弧起点　　　　图 2-19　绘制圆弧终点

5）单击【圆弧】属性管理器中的 ✅【确定】按钮，完成圆弧的绘制。

3. 绘制切线弧的操作方法

1）在草图绘制状态下，选择【工具】|【草图绘制实体】|【切线弧】菜单命令，或者单击【草图】工具栏上的 （切线弧）按钮，开始绘制切线弧，此时指针变为 形状。

2）在已经存在草图实体的端点处单击，本例以选择图 2-20 中直线的右端为切线弧的起点。

3）拖动鼠标指针到绘图区域中合适的位置确定切线弧的终点，单击确认。

4）单击左侧【圆弧】属性管理器中的 ✅【确定】按钮，完成切线弧的绘制。

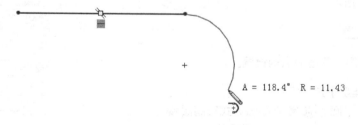

图 2-20　绘制切线弧

4. 绘制 3 点圆弧的操作方法

1）在草图绘制状态下，选择【工具】|【草图绘制实体】|【3 点圆弧】菜单命令，或者单击【草图】工具栏上的 （3 点圆弧）按钮，开始绘制圆弧，此时指针变为 形状。

2）在绘图区域单击，确定圆弧的起点，如图 2-21 所示。

3）拖动鼠标指针到绘图区域中合适的位置，单击确认圆弧终点的位置，如图 2-22 所示。

图 2-21　绘制
圆弧的起点

4）拖动鼠标指针到绘图区域中合适的位置，单击确认圆弧中点的位置，如图 2-23 所示。

5）单击【圆弧】属性管理器中的 ✔【确定】按钮，完成 3 点圆弧的绘制。

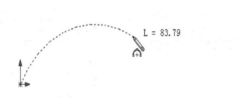

图 2-22　绘制圆弧的终点

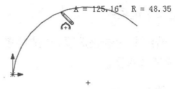

图 2-23　绘制圆弧的中点

2.2.6　绘制矩形

单击【草图】工具栏上 ▯（边角矩形）按钮，或选择【工具】|【草图绘制实体】|【边角矩形】菜单命令，打开【矩形】属性管理器，如图 2-24 所示。矩形类型有 5 种，分别是：边角矩形、中心矩形、3 点边角矩形、3 点中心矩形和平行四边形。

1. 属性设置

（1）【矩形类型】选项组

- ▯：用于绘制标准矩形草图。
- ▢：绘制一个包括中心点的矩形。
- ◇：以所选的角度绘制一个矩形。
- ◈：以所选的角度绘制带有中心点的矩形。
- ▱：绘制标准平行四边形草图。

（2）【参数】设置组

X、Y 坐标成组出现用于设置绘制矩形的 4 个点的坐标。

2. 绘制矩形的操作方法

1）选择【工具】|【草图绘制实体】|【边角矩形】菜单命令，或者单击【草图】工具栏上的 ▯（边角矩形）按钮，此时指针变为 ▧ 形状。

图 2-24　【矩形】属性管理器

2）在系统弹出的【矩形】属性管理器的【矩形类型】选项组中选择绘制矩形的类型。

3）在绘图区域中根据选择的矩形类型绘制矩形。

4）单击【矩形】属性管理器中的 ✔【确定】按钮，完成矩形的绘制。

2.2.7　绘制多边形

多边形命令用于绘制边数为 3 到 40 之间的等边多边形，单击【草图】工具栏上 ⊙（多边形）按钮，或选择【工具】|【草图绘制实体】|【多边形】菜单命令，打开【多边形】属性管理器，如图 2-25 所示。

1. 属性设置

（1）【选项】选项组

【作为构造线】：勾选该选项，生成的多边形将作为构造线，取消勾选将为实体草图。

（2）【参数】选项组

- ：在后面的文本框中输入多边形的边数，通常为 3 到 40 个边。
- 【内切圆】：以内切圆方式生成多边形。
- 【外接圆】：以外接圆方式生成多边形。
- ：显示多边形中心的 X 坐标。
- ：显示多边形中心的 Y 坐标。
- ：显示内切圆或外接圆的直径。
- ：显示多边形的旋转角度。
- 【新多边形】：单击该按钮，可以绘制另外一个多边形。

图 2-25 【多边形】属性管理器

2. 绘制多边形的操作方法

1）在草图绘制状态下，选择【工具】|【草图绘制实体】|【多边形】菜单命令，或者单击【草图】工具栏上的 （多边形）按钮，此时指针变为 形状。

2）在【多边形】属性管理器的【参数】选项组中，设置多边形的边数，选择是内切圆模式还是外接圆模式。

3）在绘图区域单击，确定多边形的中心，拖动鼠标，在合适的位置单击，确定多边形的形状。

4）在【参数】选项组中，设置多边形的中心、内切圆或外接圆的直径及旋转角度。

5）如果继续绘制另一个多边形，单击属性管理器中的【新多边形】按钮，然后重复上述步骤即可绘制一个新的多边形。

6）单击【多边形】属性管理器中的 【确定】按钮，完成多边形的绘制。

2.2.8 绘制椭圆与部分椭圆

椭圆是由中心点、长轴长度与短轴长度确定的，三者缺一不可。单击【草图】工具栏上 （椭圆）按钮，或选择【工具】|【草图绘制实体】|【椭圆】菜单命令，即可绘制椭圆，【椭圆】属性管理器如图 2-26 所示。

绘制椭圆的操作方法如下。

1）在草图绘制状态下，选择【工具】|【草图绘制实体】|【椭圆】菜单命令，或者单击【草图】工具栏上的 （椭圆）按钮，此时指针变为 形状。

图 2-26　【椭圆】属性管理器

2）在绘图区域合适的位置单击，确定椭圆的中心。

3）拖动鼠标，在指针附近会显示椭圆的长半轴 R 和短半轴 r。在图中合适的位置单击，确定椭圆的长半轴 R。

4）继续拖动鼠标，在图中合适的位置单击，确定椭圆的短半轴 r。

5）在【椭圆】属性管理器中，根据设计需要对其中心坐标以及长半轴和短半轴的大小进行修改。

6）单击【椭圆】属性管理器中的 ✓【确定】图标按钮，完成椭圆的绘制。

2.2.9　绘制抛物线

单击【草图】工具栏上 ∪（抛物线）按钮，或选择【工具】|【草图绘制实体】|【抛物线】菜单命令，即可绘制抛物线。【抛物线】属性管理器如图 2-27 所示。

绘制抛物线的操作方法如下。

1）在草图绘制状态下，选择【工具】|【草图绘制实体】|【抛物线】菜单命令，或者单击【草图】工具栏上的 ∪（抛物线）按钮，此时指针变为 ⟍ 形状。

2）在绘图区域中合适的位置单击，确定抛物线的焦点。

3）继续拖动鼠标，在图中合适的位置单击，确定抛物线的焦距。

4）继续拖动鼠标，在图中合适的位置单击，确定抛物线的起点。

5）继续拖动鼠标，在图中合适的位置单击，确定抛物线的终点，此时出现【抛物线】属性

管理器，根据设计需要修改属性管理器中抛物线的参数。

6）单击【抛物线】属性管理器中的 ✓【确定】按钮，完成抛物线的绘制。

图 2-27　【抛物线】属性管理器

2.2.10　绘制草图文字

草图文字可以添加在任何连续曲线或边线组中，包括由直线、圆弧或样条曲线组成的圆或轮廓，可以执行拉伸或者剪切操作，文字可以插入。单击【草图】工具栏上 🅰（文字）按钮，或选择【工具】|【草图绘制实体】|【文字】菜单命令，弹出图 2-28 所示的【草图文字】属性管理器，即可绘制草图文字。

1. 属性设置

下面具体介绍一下各参数的设置。

（1）【曲线】选项组

∿：选择边线、曲线、草图及草图段。所选实体的名称显示在【曲线】选择框中，绘制的草图文字将沿实体出现。

（2）【文字】选项组

● 文字框：在文字框中键入文字，文字在图形区域中沿所选实体出现。如果没选取实体，文字在原点开始而水平出现。

- 样式：有 3 种样式，即 $\boxed{B}$（加粗）将输入的文字加粗；$\boxed{I}$（斜体）将输入的文字以斜体方式显示；$\boxed{C}$（旋转）将选择的文字以设定的角度旋转。
- 对齐：有 4 种样式，即 （左对齐）、 （居中）、 （右对齐）和 （两端对齐），对齐只可用于沿曲线、边线或草图线段的文字。
- 反转：有 4 种样式，即 （竖直反转）、 （返回）、 （水平反转）和 （返回），其中竖直反转只可用于沿曲线、边线或草图线段的文字。
- ：按指定的百分比均匀加宽每个字符。
- ：按指定的百分比更改每个字符之间的间距。
- 【使用文档字体】：勾选用于使用文档字体，取消勾选可以使用另一种字体。
- 【字体】：单击以打开【选择字体】对话框，根据需要可以设置字体样式和大小。

2. 绘制草图文字的操作方法

1）利用【工具】|【草图绘制实体】|【文字】菜单命令，或者单击【草图】工具栏上的 （文字）按钮，此时指针变为 形状，弹出【草图文字】属性管理器。

图 2-28 【草图文字】属性管理器

2）在绘图区域中选择一条边线、曲线、草图或草图线段作为绘制文字草图的定位线，此时所选择的边线出现在【草图文字】属性管理器中的【曲线】选择框中。

3）在【草图文字】属性管理器中的文字框中输入要添加的文字。此时，添加的文字出现在绘图区域曲线上。

4）如果系统默认的字体不满足设计需要，取消勾选属性管理器中的【使用文档字体】复选框，然后单击 字体(F)... 【字体】按钮，在弹出的【选择字体】对话框中设置字体的属性。

5）设置好字体属性后，单击【选择字体】对话框中的【确定】按钮，然后单击【草图文字】属性管理器中的 【确定】图标按钮，完成草图文字的绘制。

2.3 草图编辑

草图绘制完毕后，需要对草图进一步进行编辑以符合设计的需要，本节介绍常用的草图编辑工具，如绘制圆角、绘制倒角、草图剪裁、草图延伸、镜向移动、线性阵列草图、圆周阵列草图、等距实体、转换实体引用等。

2.3.1 绘制圆角

选择【工具】|【草图工具】|【圆角】菜单命令，或者单击【草图】工具栏上的 （绘制圆角）按钮，弹出图 2-29 所示的【绘制圆角】属性管理器，即可绘制圆角。

1. 属性设置

【圆角参数】选项组

- ：指定绘制圆角的半径。
- 【保持拐角处约束条件】：如果顶点具有尺寸或几何关系，勾选该选项，将保留虚拟交点。
- 【标注每个圆角的尺寸】：将尺寸添加到每个圆角。

2. 绘制圆角的操作方法

1）在草图编辑状态下，选择【工具】|【草图工具】|【圆角】菜单命令，或者单击【草图】工具栏上的 （绘制圆角）按钮，弹出【绘制圆角】属性管理器。

2）在【绘制圆角】属性管理器中，设置圆角的半径、拐角处约束条件。

图 2-29　【绘制圆角】属性管理器

3）单击选择图 2-30 中的直线。

4）单击【绘制圆角】属性管理器中的 【确定】图标按钮，完成圆角的绘制，结果如图 2-31 所示。

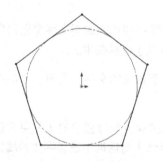

图 2-30　绘制前的草图

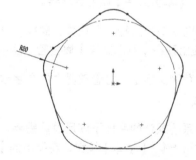

图 2-31　绘制后的草图

2.3.2　绘制倒角

绘制倒角命令是将倒角应用到相邻的草图实体中，此工具在 2D 和 3D 草图中均可使用。选择【工具】|【草图工具】|【倒角】菜单命令，或者单击【草图】工具栏上的 （绘制倒角）按钮，弹出图 2-32 所示的"距离－距离"方式的【绘制倒角】属性管理器。

1. 属性设置

【倒角参数】设置组

- 【角度距离】：以"角度-距离"方式设置绘制的倒角。

图 2-32　【绘制倒角】属性管理器

● 【距离-距离】：以"距离-距离"方式设置绘制的倒角。

● 【相等距离】：勾选该选项，将设置的 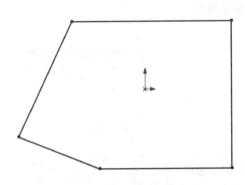 的值应用到两个草图实体中，取消勾选将为两个草图实体分别设置数值。

● ：设置第一个所选草图实体的距离。

2．绘制倒角的操作方法

1）在草图编辑状态下，选择【工具】|【草图工具】|【倒角】菜单命令，或者单击【草图】工具栏上的 （绘制倒角）按钮，此时弹出【绘制倒角】属性管理器。

2）设置绘制倒角的方式，这里采用系统默认的"距离－距离"倒角方式，在 设置框中输入数值 20。

3）单击选择图 2-33 中的右上角顶点。

4）单击【绘制倒角】属性管理器中的 【确定】图标按钮，完成倒角的绘制，结果如图 2-34 所示。

图 2-33 绘制倒角前的图形   图 2-34 绘制倒角后的图形

2.3.3 转折线

可在零件、装配体及工程图文件的 2D 或 3D 草图中将直线进行转折。转折线自动限定于与原始草图直线垂直或平行。

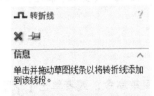

图 2-35 【转折线】属性管理器

选择【工具】|【草图工具】|【转折线】菜单命令，弹出【转折线】属性管理器，如图 2-35 所示。

生成转折线的操作方法如下。

1）在草图编辑状态下，选择【工具】|【草图工具】|【转折线】菜单命令，弹出【转折线】属性管理器。

2）单击一直线开始进行转折，选择图 2-36 中的多边形的一条边。

3）移动鼠标来预览转折的宽度和深度。

4）再次单击即完成转折，结果如图 2-37 所示。

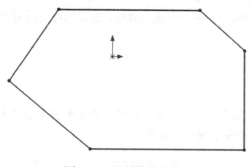

| 图 2-36 绘制前的草图 | 图 2-37 绘制后的草图 |

2.3.4 剪裁草图实体

剪裁草图实体命令是比较常用的草图编辑命令，剪裁类型可以为 2D 草图以及在 3D 基准面上的 2D 草图。选择【工具】|【草图工具】|【剪裁】菜单命令，或者单击【草图】工具栏上的 ✂ （剪裁实体）按钮，系统弹出图 2-38 所示的【剪裁】属性管理器。

1. 属性设置

（1）【信息】

剪裁操作的提示信息，用于选择要剪裁的实体。

（2）【选项】选项组

- ⊬【强劲剪裁】：通过将鼠标指针拖过每个草图实体来剪裁多个相邻的草图实体。
- ⊹【边角】：剪裁两个草图实体，直到它们在虚拟边角处相交。
- ⊯【在内剪除】：选择两个边界实体，剪裁位于两个边界实体内的草图实体。
- ⊯【在外剪除】：选择两个边界实体，剪裁位于两个边界实体外的草图实体。
- ⊢【剪裁到最近端】：将一草图实体剪裁到最近交叉实体端。

图 2-38 【剪裁】属性管理器

2. 剪裁草图实体的操作方法

1）在草图编辑状态下，选择【工具】|【草图工具】|【剪裁】菜单命令，或者单击【草图】工具栏上的【剪裁实体】图标按钮 ✂，此时指针变为 ▷✂，弹出【剪裁】属性管理器。

2）设置剪裁模式，在【选项】组中，选择 ⊢ （剪裁到最近端）模式。

3）选择需要剪裁的草图实体，单击选择图 2-39 中矩形外侧的直线段。

4）单击【剪裁】属性管理器中的 ✔ 【确定】按钮，完成剪裁草图实体，如图 2-40 所示。

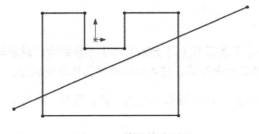 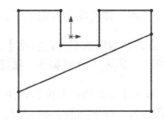

图 2-39　剪裁前的图形　　　　　　图 2-40　剪裁后的图形

2.3.5　延伸草图实体

延伸草图实体命令可以将一草图实体延伸至另一个草图实体。选择【工具】|【草图工具】|【延伸】菜单命令，或者单击【草图】工具栏上的　（延伸实体）按钮，执行延伸草图实体命令。

延伸草图实体的操作方法如下。

1）在草图编辑状态下，选择【工具】|【草图工具】|【延伸】菜单命令，或者单击【草图】工具栏上的　（延伸实体）按钮，此时指针变为　。

2）单击选择图 2-41 中左侧水平直线，将其延伸，结果如图 2-42 所示。

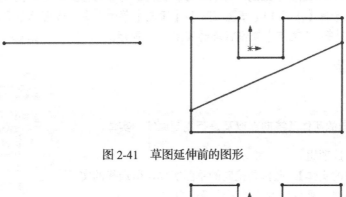

图 2-41　草图延伸前的图形

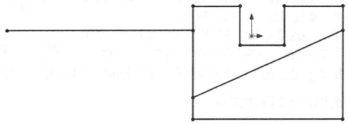

图 2-42　草图延伸后的图形

2.3.6　分割草图实体

分割草图实体是将一连续的草图实体分割为两个草图实体。反之，也可以删除一个分割点，将两个草图实体合并成一个单一草图实体。选择【工具】|【草图工具】|【分割实体】菜单命令，或者单击【草图】工具栏上的　（分割实体）按钮，执行分割草图实体命令。

分割草图实体的操作方法如下。

1）在草图编辑状态下，利用【工具】|【草图工具】|【分割实体】菜单命令，或者单击【草图】工具栏上的 <span></span>（分割实体）按钮，此时指针变为 <span></span>，进入分割草图实体命令状态。

2）确定添加分割点的位置，用鼠标单击图 2-43 中圆弧的合适位置，添加一个分割点，将圆弧分为两部分，结果如图 2-44 所示。

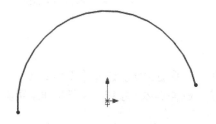

图 2-43　添加分割点前的图形

图 2-44　添加分割点后的图形

2.3.7　镜向草图实体

镜向草图实体命令适用于绘制对称的图形，镜向的对象为 2D 草图或在 3D 草图基准面上所生成的 2D 草图。选择【工具】|【草图工具】|【镜向】菜单命令，或者单击【草图】工具栏上的 <span></span>（镜向实体）按钮，【镜向】属性管理器如图 2-45 所示。

1. 属性设置

（1）【信息】

提示选择镜向的实体及镜向点以及是否复制原镜向实体。

（2）【选项】选项组

● 【要镜向的实体】：选择要镜向的草图实体，所选择的实体出现在 <span></span>（要镜向的实体）选择框中。

● 【复制】：勾选该选项可以保留原始草图实体并镜向草图实体，取消勾选则删除原始草图实体再镜向草图实体。

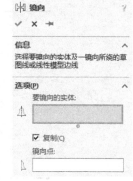

图 2-45　【镜向】属性管理器

● 【镜向点】：选择边线或直线作为镜向点，所选择的对象出现在 <span></span>（镜向点）选择框中。

2. 镜向草图实体命令操作方法

1）在草图编辑状态下，选择【工具】|【草图工具】|【镜向】菜单命令，或者单击【草图】工具栏上的 <span></span>（镜向实体）按钮，此时指针变为 <span></span> 形状，系统弹出【镜向】属性管理器。

2）单击属性管理器中【要镜向的实体】选择框，其变为粉红色，然后在绘图区域中框选图 2-46 中的竖直直线左侧的图形作为要镜向的原始草图。

3）单击属性管理器中【镜向点】选择框，其变为粉红色，然后在绘图区域中选取图 2-46 中的竖直直线作为镜向点。

4）单击【镜向】属性管理器中的 ✅【确定】图标按钮，草图实体镜向完毕，结果如图 2-47 所示。

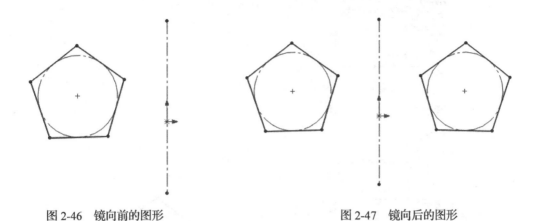

图 2-46 镜向前的图形 　　　　　　　图 2-47 镜向后的图形

2.3.8 线性阵列草图实体

线性阵列草图实体就是将草图实体沿一个或者两个轴复制生成多个排列图形。选择【工具】|【草图工具】|【线性阵列】菜单命令，或者单击【草图】工具栏上的 ⠿（线性草图阵列）按钮，系统弹出图 2-48 所示的【线性阵列】属性管理器。

1. 属性设置

（1）【方向 1】选项组

● ↗【反向】：可以改变线性阵列的排列方向。
● ⬗【间距】：线性阵列 x、y 轴相邻两个特征参数之间的距离。
● 【标注 X 间距】：形成线性阵列后，在草图上自动标注特征尺寸。
● ⠿#【实例数】：经过线性阵列后草图最后形成的总个数。
● ⬔【角度】：线性阵列的方向与 x、y 轴之间的夹角。

（2）【方向 2】选项组

【方向 2】选项组中各参数与【方向 1】选项组相同，用来设置方向 2 的各个参数，勾选【在轴之间标注角度】选项，将自动标注方向 1 和方向 2 的尺寸，取消勾选则不标注。

2. 线性阵列草图实体的操作方法

1）在草图编辑状态下，选择【工具】|【草图工具】|【线性阵列】菜单命令，或者单击【草图】工具栏上的 ⠿（线性草图阵列）按钮，弹出【线性阵列】属性管理器。

2）在【线性阵列】属性管理器中的【要阵列的实体】选择框中选取图 2-49 中的草图，其他设置如图 2-50 所示。

3）单击【线性阵列】属性管理器中的【确定】图标按钮，结果如图 2-51 所示。

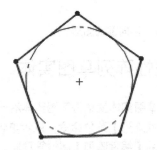

图 2-48　【线性阵列】属性管理器　　　图 2-49　阵列草图实体前的图形

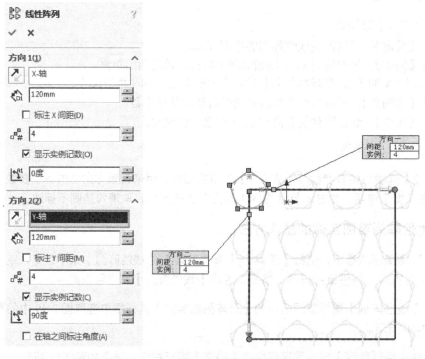

图 2-50　【线性阵列】属性管理器

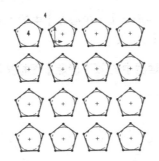

图 2-51　阵列草图实体后的图形

2.3.9　圆周阵列草图实体

圆周阵列草图实体就是将草图实体沿一个指定大小的圆弧进行环状阵列。选择【工具】|【草图工具】|【圆周阵列】菜单命令，或者单击【草图】工具栏上的 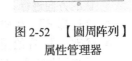（圆周草图阵列）按钮，弹出图 2-52 所示的【圆周阵列】属性管理器。

1．属性设置

下面具体介绍一下各参数的设置。

（1）【参数】选项组

- 🔄【反向旋转】：草图圆周阵列围绕原点旋转的方向。
- ⊙x【中心 X】：草图圆周阵列旋转中心的横坐标。
- ⊙Y【中心 Y】：草图圆周阵列旋转中心的纵坐标。
- ↰R1【间距】：设定阵列中的总度数。
- ✸【实例数】：经过圆周阵列后草图最后形成的总个数。
- ↖【半径】：圆周阵列的旋转半径。
- ↰R2【圆弧角度】：圆周阵列旋转中心与要阵列的草图重心之间的夹角。

（2）【要阵列的实体】选项组

在图形区域中选择要阵列的实体，所选择的草图实体会出现在 🔲（要阵列的实体）选择框中。

图 2-52　【圆周阵列】
　　　　　属性管理器

（3）【可跳过的实例】选项组

在图形区域中选择不想包括在阵列图形中的草图实体，所选择的草图实体会出现在 ⚙（要跳过的单元）选择框中。

2．圆周阵列草图实体的操作方法

1）在草图编辑状态下，选择【工具】|【草图工具】|【圆周阵列】菜单命令，或者单击【草图】工具栏上的 ✛（圆周草图阵列）按钮，此时弹出【圆周阵列】属性管理器。

2）在【圆周阵列】属性管理器中的【要阵列的实体】选择框中选取图 2-53 中圆弧外的齿轮

外齿草图，在【参数】选项组的【中心 X】、【中心 Y】中输入原点的坐标值，【实例数】设置框中输入【6】，【间距】设置框中输入【360 度】。

3）单击【圆周阵列】属性管理器中的 ✔【确定】图标按钮，结果如图 2-54 所示。

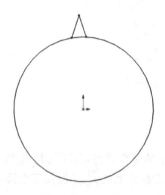

图 2-53　圆周阵列前的图形

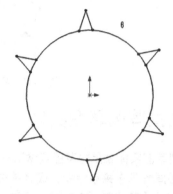

图 2-54　圆周阵列后的图形

2.3.10　等距实体

等距实体命令是按指定的距离等距一个或者多个草图实体、所选模型边线或模型面，例如样条曲线或圆弧、模型边线组、环之类的草图实体。选择【工具】|【草图工具】|【等距实体】菜单命令，或者单击【草图】工具栏上的 ⊏（等距实体）按钮，弹出图 2-55 所示的【等距实体】属性管理器。

1. 属性设置

【参数】选项组

- ⊏：设定数值以特定距离来等距草图实体。
- 【添加尺寸】：为等距的草图添加等距距离的尺寸标注。
- 【反向】：勾选更改单向等距实体的方向，取消勾选则按默认的方向进行。
- 【选择链】：生成所有连续草图实体的等距。
- 【双向】：在绘图区域中双向生成等距实体。
- 【顶端加盖】：在勾选【双向】后此菜单有效，在草图实体的顶部添加一顶盖来封闭原有草图实体。可以使用圆弧或直线为延伸顶盖类型。

图 2-55　【等距实体】
属性管理器

2. 等距实体的操作方法

1）在草图绘制状态下，选择【工具】|【草图工具】|【等距实体】菜单命令，或者单击【草图】工具栏上的 ⊏（等距实体）按钮，弹出【等距实体】属性管理器。

2）在绘图区域中选择图 2-56 所示的草图，在 ⊏【等距距离】设置框中输入【20.00mm】，勾选【添加尺寸】和【双向】选项，其他按照默认设置。

3）单击【等距实体】属性管理器中的 ✅ 【确定】图标按钮，完成等距实体的绘制，结果如图 2-57 所示。

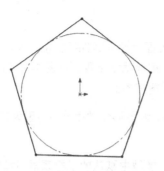

图 2-56 等距实体前的图形

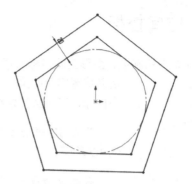

图 2-57 等距实体后的图形

2.3.11 转换实体引用

转换实体引用是通过已有模型或者草图，将其边线、环、面、曲线、外部草图轮廓线、一组边线或一组草图曲线投影到草图基准面上，生成新的草图。使用该命令时，如果引用的实体发生更改，那么转换的草图实体也会相应地改变。

转换实体引用的操作方法如下。

1）单击选择新建立的图 2-58 所示的基准面 1，然后单击【草图】工具栏上的 ℰ（草图绘制）按钮，进入草图绘制状态。

2）单击选择实体左侧的外边缘线。

3）选择【工具】|【草图工具】|【转换实体引用】菜单命令，或者单击【草图】工具栏上的 ⬜（转换实体引用）按钮，执行转换实体引用命令，结果如图 2-59 所示。

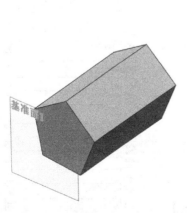

图 2-58 转换实体引用前的图形

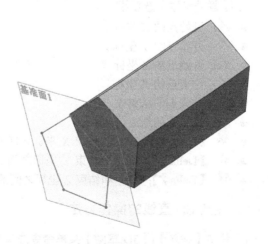

图 2-59 转换实体引用后的图形

2.4 3D 草图

2.4.1 空间控标

在 3D 草图绘制中，图形空间控标可帮助在数个基准面上绘制时保持方位。在所选基准面上定义草图实体的第一个点时，空间控标就会出现，如图 2-60 所示。使用空间控标，可以选择轴线以便沿该轴线绘图。

当在 3D 基准面上绘制草图时，无图形化助手显示，因为在 2D 空间生成 3D 草图。

在默认情况下，通常是相对于模型中默认的坐标系进行绘制。如要切换到另外两个默认基准面之一，请单击草图工具，然后按 Tab，当前的草图基准面的原点就会显示出来。

图 2-60 空间标控

2.4.2 3D 直线

单击【插入】|【3D 草图】菜单命令，或者单击【草图】工具栏中的 3D【3D 草图】按钮，然后单击 【直线】按钮可以绘制 3D 直线。

1. 属性设置

【线条属性】属性管理器如图 2-61 所示。

（1）【参数】选项组

长度：设定长度。

（2）【额外参数】选项组

- ：开始点的 X 坐标。
- ：开始点的 Y 坐标。
- ：开始点的 Z 坐标。
- ：结束点的 X 坐标。
- ：结束点的结束 Y 坐标。
- ：结束点的结束 Z 坐标。
- ΔX 【Delta X】：开始和结束 X 坐标之间的差异。
- ΔY 【Delta Y】：开始和结束 Y 坐标之间的差异。
- ΔZ 【Delta Z】：开始和结束 Z 坐标之间的差异。

2. 生成 3D 直线的操作方法

1）单击【插入】|【3D 草图】菜单命令或者单击【草图】工具栏中的 3D【3D 草图】按钮。

图 2-61 【线条属性】属性管理器

2）单击【直线】 ✐（【草图】工具栏）按钮或者单击【工具】|【草图绘制实体】|【直线】菜单命令。

3）弹出属性管理器，如图 2-62 所示。

4）在图形区域中单击以开始绘制直线。3D 直线属性管理器出现，指针变为 ✐。每次单击时，空间控标出现以帮助确定草图方位。如果想改变基准面，按 Tab 键。

5）拖动到想结束直线段的点处。选择线段的终点然后按 Tab 变换到另外一个基准面。

6）拖动下一段，然后释放指针，生成 3D 直线草图如图 2-63 所示。

图 2-62 【插入线条】属性管理器

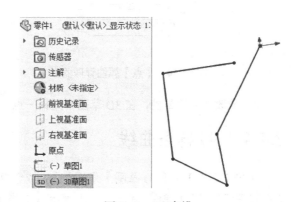

图 2-63 3D 直线

2.4.3 3D 点

单击【插入】|【3D 草图】菜单命令，或者单击【草图】工具栏中的 🔲【3D 草图】按钮，然后单击【草图】工具栏上的 ▫【点】可以绘制 3D 点。

1. 属性设置

【点】属性管理器如图 2-64 所示。

【参数】选项组

- ⌖ 【X 坐标】：点的 X 坐标。
- ⌖ 【Y 坐标】：点的 Y 坐标。
- ⌖ 【Z 坐标】：点的 Z 坐标。

2. 生成 3D 点的操作方法

1）单击【插入】|【3D 草图】菜单命令或者单击【草图】工具栏中的 🔲【3D 草图】按钮。

2）单击【草图】工具栏上的 ▫【点】按钮或者单击【工具】|【草图绘制实体】|【点】菜单命令。

3）在图形区域中单击以放置点，如图 2-65 所示。

图 2-64 【点】属性管理器

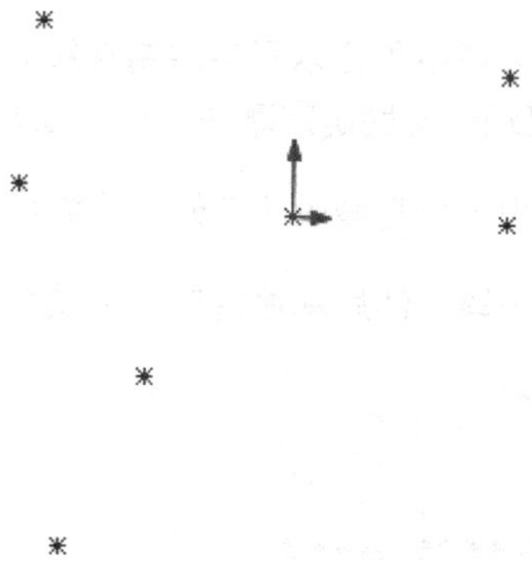

图 2-65 3D 点

4）欲改变点的属性，在 3D 草图中选择一点，然后在【点】属性管理器中编辑其属性。

2.4.4 3D 样条曲线

单击【插入】|【3D 草图】菜单命令，或者单击【草图】
工具栏中的 【3D 草图】按钮，然后单击【草图】工具栏上
的【样条曲线】 N 按钮可以绘制 3D 样条曲线。

1. 属性设置

【样条曲线】属性管理器如图 2-66 所示。

（1）【选项】选项组
- 【作为构造线】：将实体转换到构造几何线。
- 【显示曲率】：显示曲率梳形图。
- 【保持内部连续性】：保持样条曲线的内部曲率。

（2）【参数】选项组
- N：样条曲线点数。
- N【X 坐标】：样条曲线点的 x 坐标。
- N【Y 坐标】：样条曲线点的 y 坐标。
- N【Z 坐标】：样条曲线点的 z 坐标。
- 【相切重量 1】：通过修改样条曲线点处的样条曲线
  曲率度数来控制左相切向量。
- 【相切重量 2】：通过修改样条曲线点处的样条曲线
  曲率度数来控制右相切向量。
- 【相切径向方向】：通过修改相对于 X、Y 或 Z 轴
  的样条曲线倾斜角度来控制相切方向。

图 2-66 【样条曲线】属性管理器

- 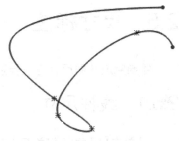【相切极坐标方向】：控制相对于放置在与样条曲线点垂直的点处基准面之相切向量的提升角度。
- 【相切驱动】：使用相切重量、相切径向方向及相切极坐标方向来激活样条曲线控制。
- 【重设此控标】：将所选样条曲线控标重设到其初始状态。
- 【重设所有控标】：将所有样条曲线控标重返到其初始状态。
- 【弛张样条曲线】：当首先绘制样条曲线并显示控制多边形时，可拖动控制多边形上的任何节点以更改其形状。
- 【成比例】：整个样条曲线会按比例调整大小。

2. 生成 3D 样条曲线的操作方法

1）单击【插入】|【3D 草图】菜单命令或者单击【草图】工具栏中的 ⬛【3D 草图】按钮。

2）单击【草图】工具栏上的 ∿【样条曲线】按钮，或者单击【工具】|【草图绘制实体】|【样条曲线】菜单命令。

3）单击以放置第一个样条曲线点，然后拖动来绘制样条曲线。【样条曲线】属性管理器出现。在每次放开鼠标左键时，将生成新的 3D 原点；若想更改基准面，按 Tab 键。

4）在样条曲线绘制完成时，双击以停止草图绘制。绘制的样条曲线如图 2-67 所示。

图 2-67 样条曲线

2.4.5 3D 草图尺寸类型

3D 草图中有多种尺寸类型，包括：【绝对】、【沿 X】、【沿 Y】和【沿 Z】。

【绝对】：测量两个点之间的绝对距离。如果按 Tab 键沿一条轴线标注尺寸，则按住 Tab 键直到指针变回 ↖ 以获得绝对量度，如图 2-68 所示。

图 2-68 【绝对】尺寸类型

图 2-69 【沿 X】尺寸类型

【沿 X】：沿 X 轴测量两个点之间的距离。按 Tab 键一次可沿 X 轴测量，如图 2-69 所示。

【沿 Y】：沿 Y 轴测量两个点之间的距离。按 Tab 键两次可沿 Y 轴测量，如图 2-70 所示。

【沿 Z】：沿 Z 轴测量两个点之间的距离。按 Tab 键 3 次可沿 Z 轴测量，如图 2-71 所示。

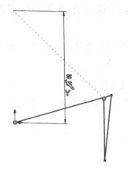

图 2-70 【沿 Y】尺寸类型

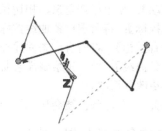

图 2-71【沿 Z】尺寸类型

2.5 尺寸标注

绘制完成草图后，可以标注草图的尺寸。

2.5.1 线性尺寸

1）单击【尺寸/几何关系】工具栏中的 ✎【智能尺寸】按钮或者选择【工具】|【标注尺寸】|【智能尺寸】菜单命令，也可以在图形区域中用鼠标右键单击，然后在弹出的菜单中选择【智能尺寸】命令。默认尺寸类型为平行尺寸。

2）定位智能尺寸项目。移动鼠标指针时，智能尺寸会自动捕捉到最近的方位。当预览显示想要的位置及类型时，可以单击鼠标右键锁定该尺寸。

智能尺寸项目有下列几种。

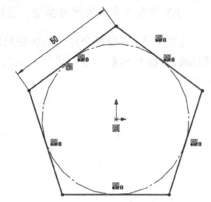

- 直线或者边线的长度：选择要标注的直线，拖动到标注的位置。
- 直线之间的距离：选择两条平行直线，或者一条直线与一条平行的模型边线。
- 点到直线的垂直距离：选择一个点以及一条直线或者模型上的一条边线。
- 点到点距离：选择两个点，然后为每个尺寸选择不同的位置，生成图 2-72 所示的距离尺寸。

3）单击确定尺寸数值所要放置的位置。

图 2-72 生成点到点的距离尺寸

2.5.2 角度尺寸

要生成两条直线之间的角度尺寸，可以先选择两条草图直线，然后为每个尺寸选择不同的位置。要在两条直线或者一条直线和模型边线之间放置角度尺寸，可以先选择两个草图实体，然后在其周围拖动鼠标指针，显示智能尺寸的预览。由于鼠标指针位置的改变，要标注的角度尺寸数值也会随之改变。

1）单击【尺寸/几何关系】工具栏中的【智能尺寸】按钮。

2）单击其中一条直线。

3）单击另一条直线或者模型边线。

4）拖动鼠标指针显示角度尺寸的预览。

5）单击确定所需尺寸数值的位置，生成图 2-73 所示的角度尺寸。

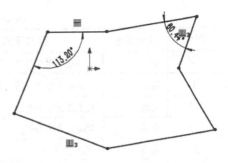

图 2-73　生成角度尺寸

2.5.3　圆形尺寸

以一定角度放置圆形尺寸，尺寸数值显示为直径尺寸。将尺寸数值竖直或者水平放置，尺寸数值会显示为线性尺寸。如果要修改线性尺寸的角度，则单击该尺寸数值，然后拖动文字上的控标，尺寸以 15°的增量进行捕捉。

1）单击【尺寸/几何关系】工具栏中的【智能尺寸】按钮。

2）选择圆形。

3）拖动鼠标指针显示圆形直径的预览。

4）单击确定所需尺寸数值的位置，生成图 2-74 所示的圆形尺寸。

选择【智能尺寸】命令并拖动控标，旋转尺寸数值可以重新调整角度。

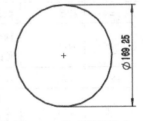

图 2-74　生成圆形尺寸

2.5.4　修改尺寸

要修改尺寸，可以双击草图的尺寸，在弹出的【修改】对话框中进行设置，如图 2-75 所示，然后单击【保存当前的数值并退出此对话框】按钮完成操作。

图 2-75　【修改】对话框

2.6　几何关系

绘制草图时使用几何关系可以更容易地控制草图形状，表达设计意图，充分体现人机交互的便利。几何关系与捕捉是相辅相成的，捕捉到的特征就是具有某种几何关系的特征。表 2-1 详细说明了各种几何关系要选择的草图实体及使用后的效果。

表 2-1　几何关系选项与效果

图标	几何关系	要选择的草图实体	使用后的效果
—	水平	一条或者多条直线，两个或者多个点	使直线水平，使点水平对齐
│	竖直	一条或者多条直线，两个或者多个点	使直线竖直，使点竖直对齐
╱	共线	两条或者多条直线	使草图实体位于同一条无限长的直线上
◯	全等	两段或者多段圆弧	使草图实体位于同一个圆周上
⊥	垂直	两条直线	使草图实体相互垂直
╲	平行	两条或者多条直线	使草图实体相互平行
◊	相切	直线和圆弧、椭圆弧或者其他曲线，曲面和直线，曲面和平面	使草图实体保持相切
◎	同心	两段或者多段圆弧	使草图实体共用一个圆心
╱	中点	一条直线或者一段圆弧和一个点	使点位于圆弧或者直线的中心
✕	交叉点	两条直线和一个点	使点位于两条直线的交叉点处
↗	重合	一条直线、一段圆弧或者其他曲线和一个点	使点位于直线、圆弧或者曲线上
=	相等	两条或者多条直线，两段或者多段圆弧	使草图实体的所有尺寸参数保持相等
⊠	对称	两个点、两条直线、两个圆、椭圆或者其他曲线和一条中心线	使草图实体保持相对于中心线对称
⊠	固定	任何草图实体	使草图实体的尺寸和位置保持固定，不可更改
⊠	穿透	一个基准轴、一条边线、直线或者样条曲线和一个草图点	草图点与基准轴、边线或者曲线在草图基准面上穿透的位置重合
◁	合并	两个草图点或者端点	使两个点合并为一个点

2.6.1　添加几何关系

　　┗┛【添加几何关系】命令是为已有的实体添加约束，此命令只能在草图绘制状态中使用。

　　生成草图实体后，单击【尺寸/几何关系】工具栏中的┗┛【添加几何关系】按钮或者选择【工具】|【几何关系】|【添加】菜单命令，弹出【添加几何关系】属性管理器，如图 2-76 所示，可以在草图实体之间或者在草图实体与基准面、轴、边线、顶点之间生成几何关系。

　　生成几何关系时，其中至少必须有一个项目是草图实体，其他项目可以是草图实体或者边线、面、顶点、原点、基准面、轴，也可以是其他草图的曲线投影到草图基准面上所形成的直线或者圆弧。

图 2-76　【添加几何关系】的属性设置

2.6.2 显示/删除几何关系

⊥。【显示/删除几何关系】命令用来显示已经应用到草图实体中的几何关系，或者删除不再需要的几何关系。

单击【尺寸/几何关系】工具栏中的⊥。【显示/删除几何关系】按钮，可以显示手动或者自动应用到草图实体的几何关系，并可以用来删除不再需要的几何关系，还可以通过替换列出的参考引用修正错误的草图实体。

2.7 复合草图实例操作

下面通过复合草图实例来讲解草图的绘制方法，用到的草图绘制命令主要有：【中心线】、【中心矩形】、【边角矩形】、【3 点边角矩形】、【3 点中心矩形】、【三点圆弧槽口】、【中心点圆弧槽口】、【圆】、【3 点圆弧】、【套合样条曲线】、【文字】、【等距实体】、【剪裁实体】、【延伸实体】、【分割实体】、【构造几何线】、【镜像实体】、【伸展实体】、【移动实体】、【旋转实体】、【复制实体】、【缩放实体比例】、【圆锥】、【抛物线】，最终效果如图 2-77 所示。

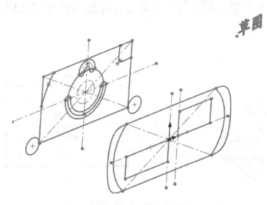

图 2-77 草图范例

2.7.1 进入草图绘制状态

1）启动中文版 SolidWorks 软件，单击【标准】工具栏中的□【新建】按钮，弹出【新建 SolidWorks 文件】对话框，单击【零件】按钮，单击【确定】按钮，生成新文件。

2）单击【草图】工具栏中的ᘍ【草图绘制】按钮，进入草图绘制状态。在【FeatureManager 设计树】中单击【前视基准面】图标，使前视基准面成为草图绘制平面。

2.7.2 绘制草图基本图形

1）单击【草图】工具栏中的ノ【中心线】按钮，在屏幕左侧将弹出【插入线条】属性管理器，在屏幕右侧的绘图区移动鼠标指针，当指针与屏幕中的原点处于同一水平线时，屏幕中将出现一条水平虚线，在原点的左侧单击，将产生中心线的第一个端点；水平移动指针，屏幕将出现

一条中心线，移动指针到原点的右侧，再次单击，将产生中心线的第二个端点，双击，则水平的中心线绘制完毕。按同样方法绘制竖直方向的中心线。单击【草图】工具栏中的 ✐【中心线】按钮，关闭绘制中心线命令，绘制的中心线如图 2-78 所示。

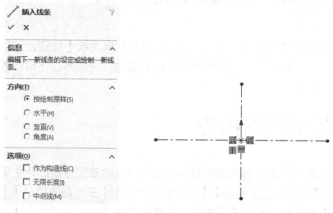

图 2-78　绘制的中心线草图

2）单击【草图】工具栏中的 ▣【中心矩形】按钮，在屏幕左侧将弹出【矩形】属性管理器，移动鼠标指针至原点，拖动鼠标生成矩形，在属性管理器中单击 ✔ 按钮，以结束矩形的绘制，如图 2-79 所示。

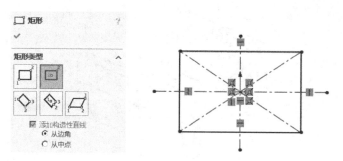

图 2-79　生成矩形

3）单击工具栏中的 ✐【智能尺寸】按钮，选择要标注尺寸的中心矩形，将指针移到图形的右侧，单击来添加尺寸，在【修改】对话框中键入【60】和【100】，然后单击【修改】对话框中的 ✔ 按钮，如图 2-80 所示。

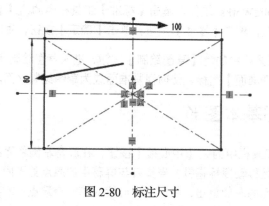

图 2-80　标注尺寸

2.7.3　绘制圆弧和样条曲线

1）单击【草图】工具栏中 【3 点圆弧】按钮，在屏幕左侧将弹出【圆弧】属性管理器。单击直线 5 与直线 6 的交汇处作为圆弧的起点，单击直线 3 与直线 6 的交汇处作为圆弧的终点，移动鼠标，单击所生成的圆弧上的任意一点，在属性管理器中单击 按钮，生成圆弧，如图 2-81 所示。

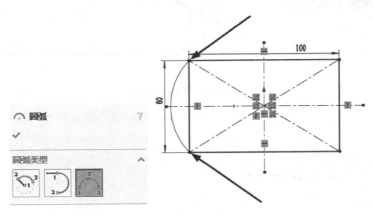

图 2-81　生成圆弧

2）单击工具栏中的 【智能尺寸】按钮，选择要标注的尺寸，将指针移到图形的右侧，单击来添加尺寸，在【修改】对话框中键入【42】，然后单击【修改】对话框中的 按钮，如图 2-82 所示。

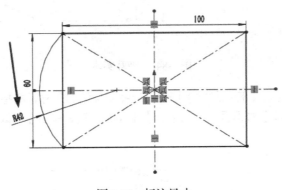

图 2-82　标注尺寸

3）单击【草图】工具栏中的 【镜向实体】按钮，在屏幕左侧将弹出【镜向】属性管理器。在 【要镜向的实体】选项组中选择【圆弧 1】，单击 【镜向点】选择框，单击竖直中心线，使之高亮，此时【镜向点】选择框中显示【直线 1】，在属性管理器中单击 按钮，以结束镜向，如图 2-83 所示。

4）单击【草图】工具栏中的 【剪裁实体】按钮，在屏幕左侧将弹出【剪裁】属性管理器。选择【剪裁到最近端】，移动指针至剪裁处，单击来剪裁，在属性管理器中单击 按钮，以结束剪裁，如图 2-84 所示。

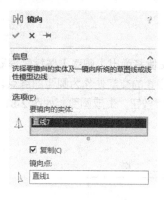

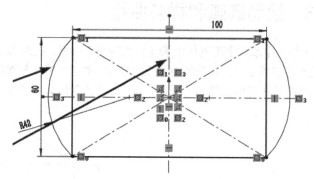

图 2-83　镜向的效果

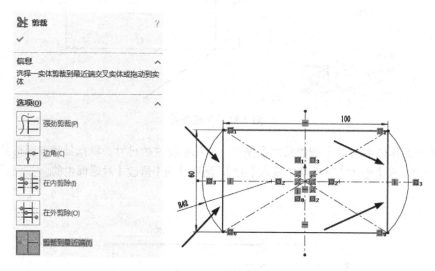

图 2-84　剪裁实体

5）单击工具栏中的 <kbd>智能尺寸</kbd> 按钮，选择要标注的尺寸，将指针移到图形的右侧，单击来添加尺寸，在【修改】对话框中键入【60】、【100】，然后单击【修改】对话框中的 ✅ 按钮，如图 2-85 所示。

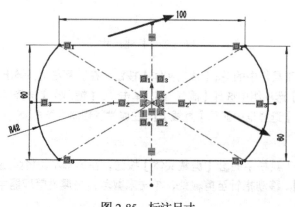

图 2-85　标注尺寸

6）单击【草图】工具栏中的 ▙【套合样条曲线】按钮，在屏幕左侧将弹出【套合样条曲线】属性管理器，在 ▦【公差】中键入【0.00001】，在【预览选项】选项组中勾选【拐点】和【最小半径】选项。单击直线 3 与直线 5 生成套合样条曲线，在属性管理器中单击 ✔ 按钮，以结束套合样条曲线的绘制，如图 2-86 所示。

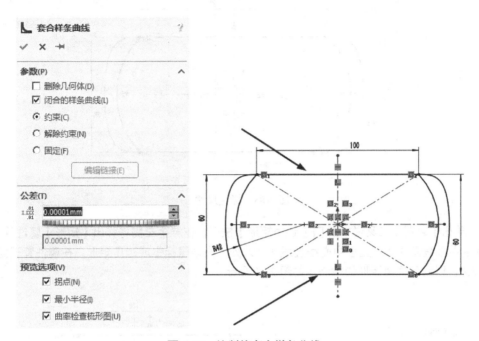

图 2-86　绘制的套合样条曲线

2.7.4　绘制矩形

1）单击【草图】工具栏中的 ✐【中心线】按钮，使用同样方法绘制一条竖直中心线，绘制的中心线如图 2-87 所示。

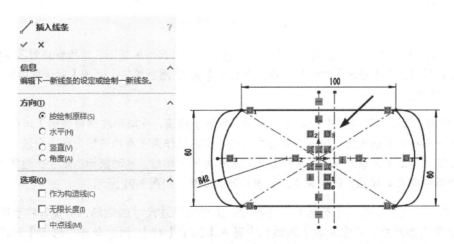

图 2-87　绘制的中心线草图

2）单击工具栏中的 🖋【智能尺寸】按钮，选择要标注尺寸的中心线，将指针移到图形的右侧，单击来添加尺寸，在【修改】对话框中键入【10】，然后单击【修改】对话框中的 ✅ 按钮，如图 2-88 所示。

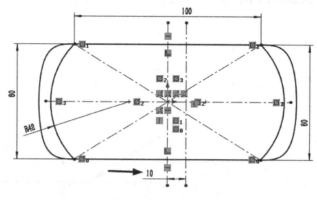

图 2-88　标注尺寸

3）单击【草图】工具栏中的 □【边角矩形】按钮，在屏幕左侧将弹出【矩形】属性管理器，单击水平中心线直线 2 与竖直中心线直线 9 交汇处，拖动鼠标生成边角矩形，在属性管理器中单击 ✅ 按钮，以结束边角矩形的绘制，如图 2-89 所示。

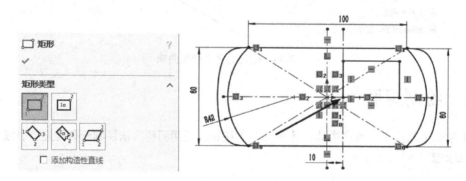

图 2-89　生成边角矩形

4）单击工具栏中的 🖋【智能尺寸】按钮，选择要标注尺寸的矩形，将指针移到图形的右侧，单击来添加尺寸，在【修改】对话框中键入【22】、【36】，然后单击【修改】对话框中的 ✅ 按钮，如图 2-90 所示。

5）单击【草图】工具栏中的 ◇【3 点边角矩形】按钮，在屏幕左侧将弹出【矩形】属性管理器，单击水平中心线直线 1 与竖直中心线直线 2 交汇处作为 3 点边角矩形的一个端点，再单击竖直中心线直线 2 上任意一点作为 3 点边角矩形的另一个端点，拖动鼠标生成 3 点边角矩形，在属性管理器中单击 ✅ 按钮，以结束 3 点边角矩形的绘制，如图 2-91 所示。

6）单击工具栏中的 🖋【智能尺寸】按钮，选择要标注尺寸的矩形，将指针移到图形的右侧，单击来添加尺寸，在【修改】对话框中键入【20】、【48】，然后单击【修改】对话框中的 ✅ 按钮，如图 2-92 所示。

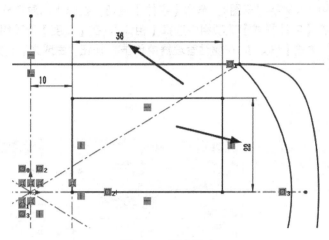

图 2-90　标注尺寸

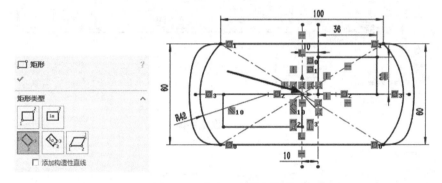

图 2-91　生成 3 点边角矩形

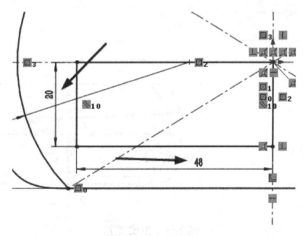

图 2-92　标注尺寸

2.7.5　生成文字及改变字体

1）单击【草图】工具栏中的 ⚠ 【文字】按钮，在屏幕左侧将弹出【草图文字】属性管理器。

在【文字】选项组中键入文字"草图",单击【字体】按钮,在弹出的对话框中的【字体】选项组中选择【楷体】,在【字体样式】选项组中选择【粗体】,在【高度】选项组中【单位】和【间距】分别键入【10】,单击【确定】,在属性管理器中单击 ✓ 按钮,生成文字,如图 2-93 和图 2-94所示。

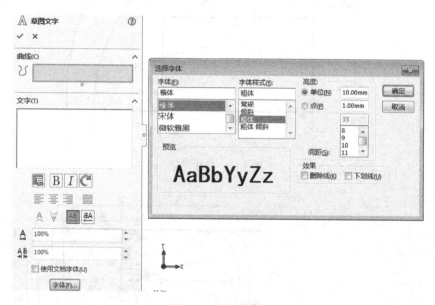

图 2-93 设置字体

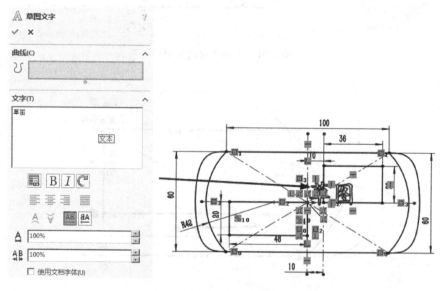

图 2-94 生成文字

2)单击【草图】工具栏中的 ☑【缩放实体比例】按钮,在屏幕左侧将弹出【比例】属性管理器。在【要缩放比例的实体】选项组中选择【草图文字 1】, ☐【基准点】选择直线 15 与直线16 交汇处,☐【比例因子】中键入【3】,在属性管理器中单击 ✓ 按钮,以结束缩放实体比例,如图 2-95 所示。

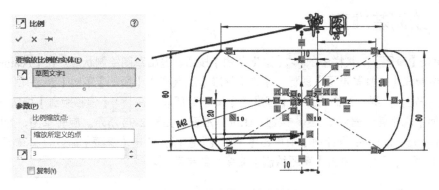

图 2-95　缩放实体比例的效果

3）单击【草图】工具栏中的 ⊥∷【伸展实体】按钮，在屏幕左侧将弹出【伸展】属性管理器。在【要绘制的实体】选项组中选择【草图文字 1】，【参数】选项组中 **ΔX**【Delta X】中键入【30】，**ΔY**【Delta Y】中键入【20】，在属性管理器中单击 ✓ 按钮，以结束伸展实体，如图 2-96 所示。

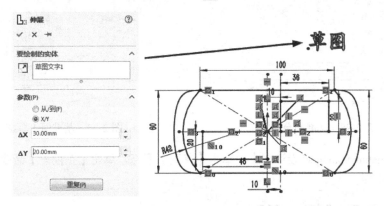

图 2-96　伸展实体的效果

4）单击【草图】工具栏中的 ⋎⊡【移动实体】按钮，在屏幕左侧将弹出【移动】属性管理器。在【要移动的实体】选项组中选择【草图文字 1】，【参数】选项组中 **ΔX**【Delta X】中键入【40】，**ΔY**【Delta Y】中键入【10】，在属性管理器中单击 ✓ 按钮，以结束移动实体，如图 2-97 所示。

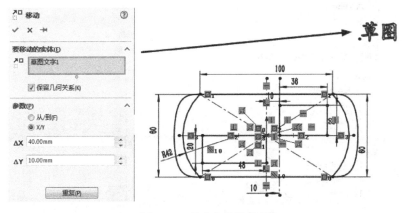

图 2-97　移动实体的效果

2.7.6　绘制基准面

1）单击【草图】工具栏中的 ↩【退出草图】按钮，退出草图绘制状态。在【FeatureManager 设计树】中单击【前视基准面】图标，单击【标准】工具栏中【插入】下的【参考几何体】的 ⬧【基准面】按钮，在屏幕左侧将弹出【基准面】属性管理器，在 ⬧【偏移距离】中键入【100】，在【基准面】属性管理器中单击 ✔ 按钮，生成基准面，如图 2-98 所示。旋转草图，如图 2-99 所示。在【FeatureManager 设计树】中单击【草图 1】图标，单击【隐藏】命令，将草图 1 隐藏；单击【基准面 1】图标，单击【草图绘制】命令，绘制草图。

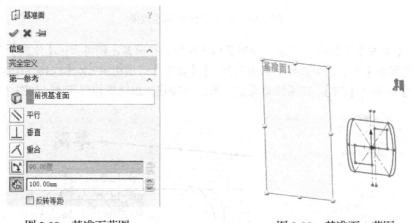

图 2-98　基准面草图　　　　　　　　　　　图 2-99　基准面 1 草图

2）在【FeatureManager 设计树】中单击【草图】图标，单击【正视于】命令，使基准面 1 成为草图绘制平面。

2.7.7　绘制草图基本图形

1）单击【草图】工具栏中的 ✐【中心线】按钮，采用同样方法绘制草图中心线，绘制的中心线如图 2-100 所示。

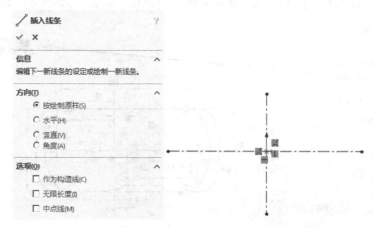

图 2-100　绘制的中心线草图

2）单击【草图】工具栏中的 ◇【3 点中心矩形】按钮，在屏幕左侧将弹出【矩形】属性管理器，分别单击原点与竖直中心线上任意一点，拖动鼠标生成矩形，在属性管理器中单击 ✓ 按钮，以结束矩形的绘制，如图 2-101 所示。

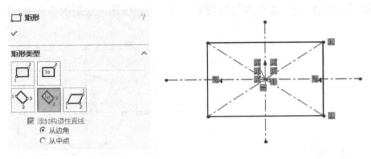

图 2-101　生成 3 点中心矩形

3）单击工具栏中的 ⊢⊣【水平尺寸】按钮，选择要标注尺寸的 3 点中心矩形，在屏幕左侧将弹出【线条属性】属性管理器，在【添加几何关系】中选择 ─【水平】，将指针移到图形的右侧，单击来添加尺寸，在【修改】对话框中键入【60】，然后单击【修改】对话框中的 ✓ 按钮，如图 2-102 所示。

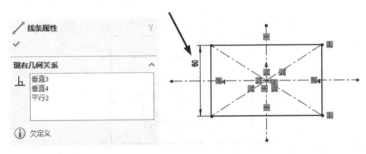

图 2-102　标注尺寸

4）单击工具栏中的 Ⅰ【竖直尺寸】按钮，选择要标注尺寸的 3 点中心矩形，在屏幕左侧将弹出【线条属性】属性管理器，在【添加几何关系】中选择 ┃【竖直】，将指针移到图形的右侧，单击来添加尺寸，在【修改】对话框中键入【100】，然后单击【修改】对话框中的 ✓ 按钮，如图 2-103 所示。

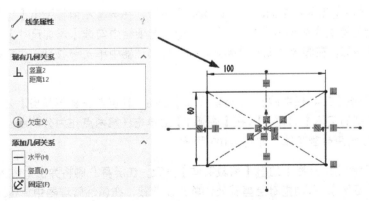

图 2-103　标注尺寸

5）单击【草图】工具栏中的 ⊙【圆】按钮，在屏幕左侧将弹出【圆】属性管理器。在【圆类型】选项组中选择【圆】单选按钮，在图形区域绘制圆形草图。单击将中心点放置在原点上，指针形状将变为 ◢ 形状，这表示圆心和原点之间的重合几何关系。移动鼠标，可以看到圆动态跟随指针，单击结束圆的绘制，并在属性管理器中单击 ✔ 按钮，绘制的圆形草图如图2-104所示。

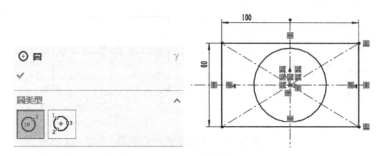

图2-104　绘制的圆形草图

6）单击工具栏中的 ✎【智能尺寸】按钮，选择要标注尺寸的圆，将指针移到图形的右侧，单击来添加尺寸，在【修改】对话框中键入【40】，然后单击【修改】对话框中的 ✔ 按钮，如图2-105所示。

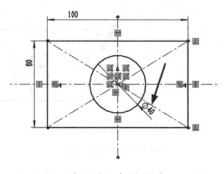

图2-105　标注尺寸

2.7.8　绘制圆及改变实体

1）单击【草图】工具栏中的 ⎡【等距实体】按钮，在屏幕左侧将弹出【等距实体】属性管理器。在 ⚙【等距距离】中键入【10】，在【参数】选项组中勾选【添加尺寸】、【反向】和【选择链】选项。单击圆，在圆内生成一高亮圆，在属性管理器中单击 ✔ 按钮，生成等距实体圆，如图2-106所示。

2）单击【草图】工具栏中的 ⎛【分割实体】按钮，在屏幕左侧将弹出【分割实体】属性管理器。选择要分割的实体【圆弧1】，在【圆弧1】上单击任意两点作为分割点，在属性管理器中单击 ✖ 按钮，以结束分割实体，如图2-107所示。

3）单击【草图】工具栏中的 ⚔【剪裁实体】按钮，在屏幕左侧将弹出【剪裁】属性管理器。选择【剪裁到最近端】，移动指针至剪裁处，单击以剪裁，在属性管理器中单击 ✔ 按钮，以结束剪裁，如图2-108和图2-109所示。

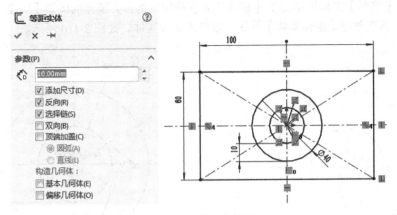

图 2-106 等距实体圆

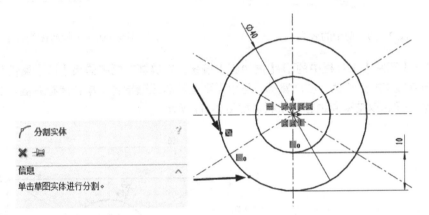

图 2-107 分割实体的效果

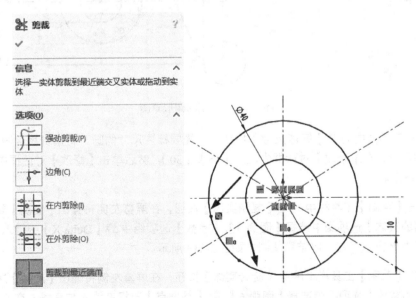

图 2-108 剪裁的效果

4）单击【草图】工具栏中的 ⊤【延伸实体】按钮，选择要延伸的实体【圆弧1】，单击需要延伸的位置，再次单击【延伸实体】按钮，以结束延伸实体，如图 2-110 所示。

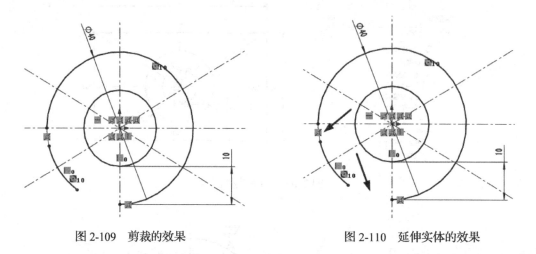

图 2-109　剪裁的效果　　　　　　　图 2-110　延伸实体的效果

5）单击【草图】工具栏中的 ⊙【周边圆】按钮，在屏幕左侧将弹出【圆】属性管理器。单击直线4与直线7的交汇处，移动鼠标，可以看到圆动态跟随指针，单击鼠标右键，在属性管理器中单击 ✔ 按钮，以结束周边圆的绘制，如图 2-111 所示。

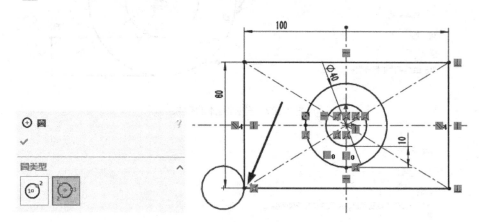

图 2-111　绘制的圆形草图

6）单击工具栏中的 ✎【智能尺寸】按钮，选择要标注尺寸的圆，将指针移到图形的右侧，单击来添加尺寸，在【修改】对话框中键入【15】、【30】，然后单击【修改】对话框中的 ✔ 按钮，如图 2-112 所示。

7）单击【草图】工具栏中的 品【复制实体】按钮，在屏幕左侧将弹出【复制】属性管理器。在【要复制的实体】选项组中选择【圆弧5】，【参数】选项组中 ΔX【Delta X】中键入【100】，在属性管理器中单击 ✔ 按钮，以结束复制，如图 2-113 所示。

8）单击【草图】工具栏中的 ❀【旋转实体】按钮，在屏幕左侧将弹出【旋转】属性管理器。在【要旋转的实体】选项组中选择【圆弧6】，◦【基准点】选择直线4与直线5交汇处，↻【角度】中键入【180】，在属性管理器中单击 ✔ 按钮，以结束旋转，如图 2-114 所示。

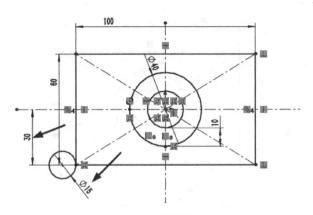

图 2-112　标注尺寸

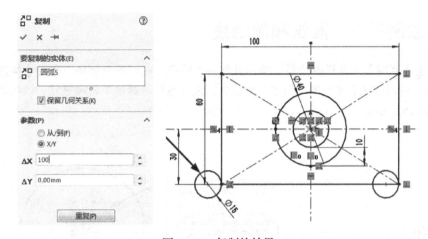

图 2-113　复制的效果

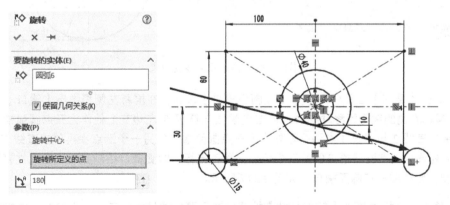

图 2-114　旋转的效果

　　9）单击工具栏中的 [✐]【智能尺寸】按钮，选择要标注尺寸的圆弧，将指针移到图形的右侧，单击来添加尺寸，在【修改】对话框中键入【15】【30】【115】，然后单击【修改】对话框中的 <img>按钮，如图 2-115 所示。

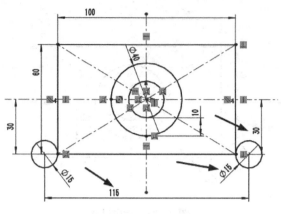

图 2-115　标注尺寸

2.7.9　绘制槽口、圆锥和抛物线

1）单击【草图】工具栏中的 🖽【构造几何线】按钮，在屏幕左侧将中弹出【构造几何线】属性管理器。单击选择要构造的几何线【圆弧 2】，在属性管理器中单击 ✖ 按钮，以结束构造几何线，如图 2-116 所示。

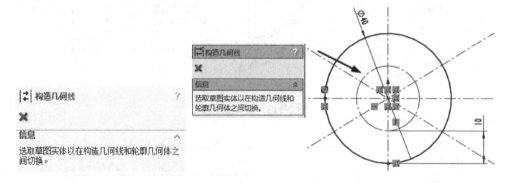

图 2-116　构造几何线的效果

2）单击【草图】工具栏中 ⌒【三点圆弧槽口】按钮，在屏幕左侧将弹出【槽口】属性管理器，在屏幕右侧的绘图区移动指针，单击直线 2 与圆弧 3 左边交汇处作为三点圆弧槽口的一个端点，单击直线 2 与圆弧 3 右边交汇处作为三点圆弧槽口的另一个端点；再单击直线 1 与圆弧 3 下边交汇处作为三点圆弧槽口的第三个端点；移动鼠标，圆弧槽口绘制完毕。在属性管理器中单击 ✔ 按钮，则生成三点圆弧槽口，如图 2-117 所示。

3）单击工具栏中的 ✏【智能尺寸】按钮，选择要标注尺寸的三点圆弧槽口，将指针移到图形的右侧，单击来添加尺寸，在【修改】对话框中键入【3】，然后单击【修改】对话框中的 ✔ 按钮，如图 2-118 所示。

4）单击【草图】工具栏中 ⌒【中心点圆弧槽口】按钮，在屏幕左侧将弹出【槽口】属性管理器，在屏幕右侧的绘图区移动指针，单击直线 1 与圆弧 3 交汇处作为中心点，再分别单击直线

1 与圆弧 3 交汇处两侧任意两点，将产生中心点圆弧槽口的两个端点；移动鼠标，槽口绘制完毕。在属性管理器中单击 ✓ 按钮，则生成中心点圆弧槽口，如图 2-119 所示。

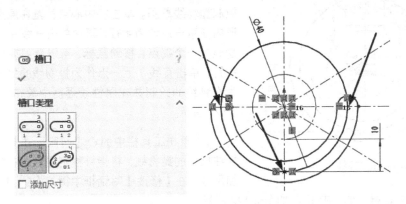

图 2-117　绘制三点圆弧槽口

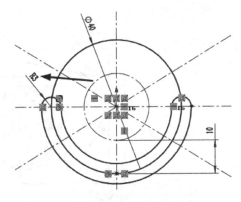

图 2-118　标注尺寸

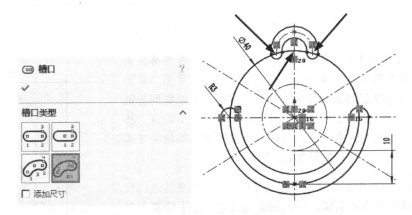

图 2-119　绘制中心点圆弧槽口

　　5）单击工具栏中的 ✎【智能尺寸】按钮，选择要标注尺寸的中心点圆弧槽口，将指针移到图形的右侧，单击来添加尺寸，在【修改】对话框中键入【3】、【12】，然后单击【修改】对话框中的 ✓ 按钮，如图 2-120 所示。

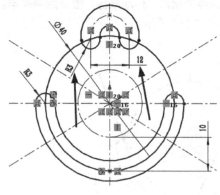

图 2-120　标注尺寸

6）单击【草图】工具栏中的∪【抛物线】按钮，在屏幕左侧将弹出【抛物线】属性管理器，在图形区域绘制抛物线草图。单击将中心点放置在原点上，单击矩形内任意一点作为半径，再次单击直线 6 上一点作为抛物线的一个端点，移动鼠标，可以看到抛物线动态跟随指针，单击直线 7 上一点作为抛物线的另一个端点；结束抛物线的绘制并在属性管理器中单击✔按钮，如图 2-121 所示。

7）单击工具栏中的✎【智能尺寸】按钮，选择要标注尺寸的抛物线，将指针移到图形的右侧，单击来添加尺寸，在【修改】对话框中键入【5】、【18】，然后单击【修改】对话框中的✔按钮，如图 2-122 所示。

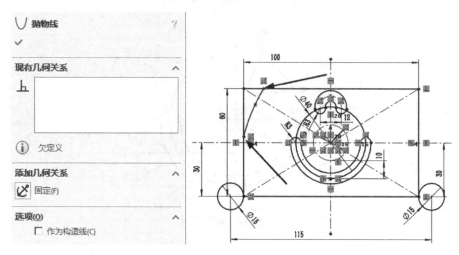

图 2-121　绘制的抛物线草图

8）单击【草图】工具栏中的∩【圆锥】按钮，在屏幕左侧将弹出【圆锥】属性管理器，在图形区域绘制圆锥草图。单击直线 6 上一点作为圆锥的一个端点，移动鼠标，可以看到圆锥动态跟随指针，单击直线 5 上一点作为圆锥的另一个端点；移动鼠标，单击矩形内任意一点，双击；结束圆锥的绘制并在属性管理器中单击✔按钮，如图 2-123 所示。

9）单击工具栏中的✎【智能尺寸】按钮，选择要标注的尺寸，将指针移到图形的右侧，单击来添加尺寸，在【修改】对话框中键入【2】、【13】、【14】、【15】、【22】，然后单击【修改】对话框中的✔按钮，如图 2-124 所示。

10）至此，草图范例全部完成，将其保存。

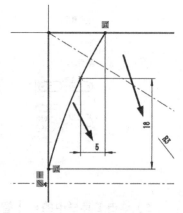

图 2-122　标注尺寸

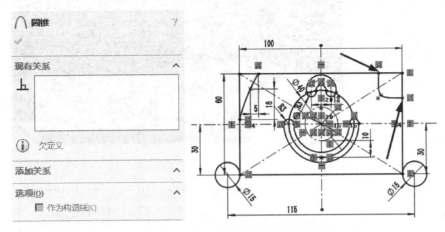

图 2-123 绘制圆锥

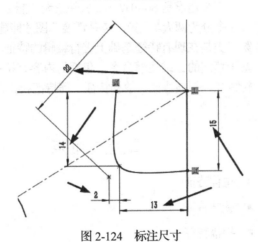

图 2-124 标注尺寸

第 3 章
实体建模

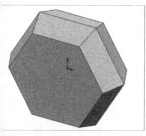

三维建模是 SolidWorks 软件三大功能之一。三维建模命令分为两大类,第一类是需要草图才能建立的特征;第二类是在现有特征基础上进行编辑的特征。本章讲解基于草图的三维建模命令,包括的内容有拉伸特征、旋转特征、扫描特征、放样特征、筋特征和孔特征。

重点与难点

- 拉伸特征
- 旋转特征
- 扫描特征

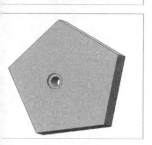

- 放样特征
- 筋和孔特征

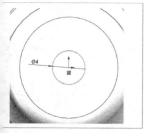

3.1 拉伸凸台/基体特征

3.1.1 拉伸凸台/基体特征的属性设置

单击【特征】工具栏中的 🐷【拉伸凸台／基体】按钮或者选择【插入】|【凸台／基体】|【拉伸】菜单命令，弹出【凸台-拉伸】属性管理器，如图 3-1 所示。

1.【从】选项组

该选项组用来设置特征拉伸的【开始条件】，其选项包括【草图基准面】、【曲面/面/基准面】、【顶点】和【等距】。

- 【草图基准面】：从草图所在的基准面作为基础开始拉伸。
- 【曲面/面/基准面】：从这些实体之一作为基础开始拉伸。
- 【顶点】：从选择的顶点处开始拉伸。
- 【等距】：从与当前草图基准面等距的基准面上开始拉伸，等距距离可以手动键入。

2.【方向 1】选项组

1)【终止条件】：设置特征拉伸的终止条件，其选项如图 3-2 所示。单击 ⤴【反向】按钮，可以沿预览中所示的相反方向拉伸特征。

图 3-1　【凸台-拉伸】属性管理器　　　图 3-2　【终止条件】选项

- 【给定深度】：设置给定的 🖈【深度】数值以终止拉伸。
- 【成形到一顶点】：拉伸到在图形区域中选择的顶点处。
- 【成形到一面】：拉伸到在图形区域中选择的一个面或者基准面处。
- 【到离指定面指定的距离】：拉伸到在图形区域中选择的一个面或者基准面处，然后设置 🖈【等距距离】数值。
- 【成形到实体】：拉伸到在图形区域中所选择的实体或者曲面实体处。
- 【两侧对称】：设置 🖈【深度】数值，按照所在平面的两侧对称距离生成拉伸特征。

2）↗【拉伸方向】：在图形区域中选择方向向量，并以垂直于草图轮廓的方向拉伸草图。

3）🖈【拔模开/关】：可以设置【拔模角度】数值，如果有必要，勾选【向外拔模】选项。

3.【方向2】选项组

该选项组中的参数用来设置同时从草图基准面向两个方向拉伸的相关参数，用法和【方向1】选项组基本相同。

4.【薄壁特征】选项组

该选项组中的参数可以控制拉伸的 🖈【厚度】（不是 🖈【深度】）数值。薄壁特征基体是做钣金零件的基础。定义【薄壁特征】拉伸的类型，包括如下选项。

- 【单向】：以同一 🖈【厚度】数值，沿一个方向拉伸草图。
- 【两侧对称】：以同一 🖈【厚度】数值，沿相反方向拉伸草图。
- 【双向】：以不同 🖈【方向1厚度】、🖈【方向2厚度】数值，沿相反方向拉伸草图。

5.【所选轮廓】选项组

◇【所选轮廓】：允许使用部分草图生成拉伸特征，在图形区域中可以选择草图轮廓和模型边线。

3.1.2 生成拉伸凸台/基体特征的操作方法

1）在前视基准面上绘制一个草图，如图3-3所示。

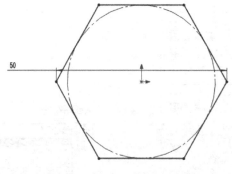

图3-3 绘制草图

2）单击【特征】工具栏中的 🖈【拉伸凸台／基体】按钮或者选择【插入】|【凸台／基体】|

【拉伸】菜单命令,弹出【凸台-拉伸】属性管理器。在【方向 1】选项组中,设置【深度】为【10.00mm 】,
【拔模角度】为【20.00 度】;【方向 2】选项组使用相同的设置,如图 3-4 所示,单击 ✓【确定】
按钮,生成拉伸特征,如图 3-5 所示。

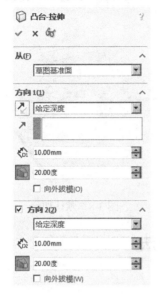
图 3-4　【凸台-拉伸】属性管理器

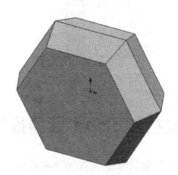
图 3-5　生成拉伸特征

3.2　拉伸切除特征

3.2.1　拉伸切除特征的属性设置

单击【特征】工具栏中的 📦【拉伸切除】按钮或者选择【插入】|【切除】|【拉伸】菜单命
令,弹出【切除-拉伸】属性管理器,如图 3-6 所示。

图 3-6　【切除-拉伸】属性管理器

该属性设置与【凸台-拉伸】属性管理器基本一致，不同的地方是，在【方向 1】选项组中多了【反侧切除】选项。

【反侧切除】（仅限于拉伸的切除）：移除轮廓外的所有部分，如图 3-7 所示。在默认情况下，从轮廓内部移除，如图 3-8 所示。

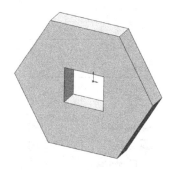

图 3-7　反侧切除　　　　　　　　　　　　　图 3-8　默认切除

3.2.2　生成拉伸切除特征的操作方法

1）在一实体上绘制草图，如图 3-9 所示。

2）单击【特征】工具栏中的 📦【拉伸切除】按钮或者选择【插入】|【切除】|【拉伸】菜单命令，弹出【切除-拉伸】属性管理器，根据需要设置参数，如图 3-10 所示，单击 ✅【确定】按钮，如图 3-11 所示。

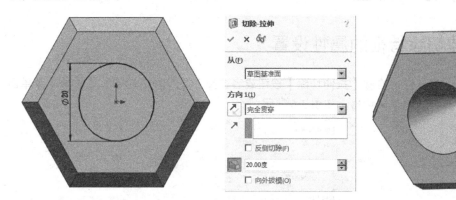

图 3-9　绘制草图　　　　图 3-10　【切除-拉伸】属性管理器　　　图 3-11　生成拉伸切除特征

3.3　旋转凸台/基体特征

3.3.1　旋转凸台/基体特征的属性设置

单击【特征】工具栏中的 🍥【旋转凸台/基体】按钮或者选择【插入】|【凸台/基体】|【旋转】菜单命令，弹出【旋转】属性管理器，如图 3-12 所示。

1.【旋转轴】选项组

✎【旋转轴】：选择旋转所围绕的轴，根据所生成的旋转特征的类型，此轴可以为中心线、直线或者边线。

2.【方向】选项组

1)【旋转类型】：从草图基准面中定义旋转方向，其选项包括以下几个。

- 【给定深度】：从草图以单一方向生成旋转。
- 【成形到一顶点】：从草图基准面生成旋转到指定顶点。
- 【成形到一面】：从草图基准面生成旋转到指定曲面。
- 【到离指定面指定的距离】：从草图基准面生成旋转到指定曲面的指定等距。
- 【两侧对称】：从草图基准面以顺时针和逆时针方向生成旋转相同角度。

图 3-12　【旋转】属性管理器

2)⟳【反向】：单击该按钮，反转旋转方向。

3)⬙【角度】：设置旋转角度，默认的角度为 360°，角度以顺时针方向从所选草图开始测量。

3.【薄壁特征】选项组

【类型】：包含以下几个选项。

- 【单向】：以同一⬒【方向 1 厚度】数值，从草图沿单一方向添加薄壁特征的体积。
- 【两侧对称】：以同一⬒【方向 1 厚度】数值，并以草图为中心，在草图两侧使用均等厚度的体积添加薄壁特征。
- 【双向】：在草图两侧添加不同厚度的薄壁特征的体积。

4.【所选轮廓】选项组

单击◇【所选轮廓】选择框，拖动鼠标指针⬚，在图形区域中选择适当轮廓，此时显示出旋转特征的预览，可以选择任何轮廓生成单一或者多实体零件，单击✔【确定】按钮，生成旋转特征。

3.3.2　生成旋转凸台/基体特征的操作方法

1)绘制草图，包含一个轮廓以及一条中心线，如图 3-13 所示。

2)单击【特征】工具栏中的◉【旋转凸台/基体】按钮或者选择【插入】|【凸台/基体】|【旋转】菜单命令，弹出【旋转】属性管理器，如图 3-14 所示，根据需要设置参数，单击✔【确定】按钮，如图 3-15 所示。

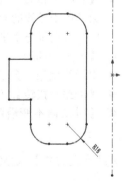

图 3-13　绘制草图

图 3-14　【旋转】属性管理器　　　　图 3-15　生成旋转特征

3.4　扫描特征

扫描特征是通过沿着一条路径移动轮廓以生成基体、凸台、切除或者曲面的一种特征。

3.4.1　扫描特征的属性设置

单击【特征】工具栏中的 ✎【扫描】按钮或者选择【插入】|【凸台/基体】|【扫描】菜单命令，弹出【扫描】属性管理器，如图 3-16 所示。

1.【轮廓和路径】选项组

- ⊙【轮廓】：设置用来生成扫描的草图轮廓。
- ⊂【路径】：设置轮廓扫描的路径。

2.【选项】选项组

1)【方向/扭转控制】：控制轮廓在沿路径扫描时的方向，包括如下选项。

- 【随路径变化】：轮廓相对于路径时刻保持处于同一角度。
- 【保持法线不变】：使轮廓总是与起始轮廓保持平行。
- 【随路径和第一引导线变化】：中间轮廓的扭转由路径到第一条引导线的向量决定，在所有中间轮廓的草图基准面中，该向量与水平方向之间的角度保持不变。
- 【随第一和第二引导线变化】：中间轮廓的扭转由第一条引导线到第二条引导线的向量决定。

图 3-16　【扫描】属性管理器

- 【沿路径扭转】：沿路径扭转轮廓。可以按照度数、弧度或者旋转圈数定义扭转。
- 【以法向不变沿路径扭曲】：在沿路径扭曲时，保持与开始轮廓平行而沿路径扭转轮廓。

2)【定义方式】：定义扭转的形式，可以选择【度数】、【弧度】、【旋转】选项。

【扭转角度】或【圈数】：在扭转中设置度数、弧度或者旋转圈数的数值。

3）【路径对齐类型】：当路径上出现少许波动或者不均匀波动使轮廓不能对齐时，可以将轮廓稳定下来。

4）【切线延伸】：沿切线方向延伸模型。

5）【合并切面】：如果扫描轮廓具有相切线段，可以使所产生的扫描中的相应曲面相切，保持相切的面可以是基准面、圆柱面或者锥面。

6）【显示预览】：显示扫描的上色预览；取消选择此选项，则只显示轮廓和路径。

7）【合并结果】：将多个实体合并成一个实体。

8）【与结束端面对齐】：将扫描轮廓延伸到路径所遇到的最后一个面。

3.【引导线】选项组

● ⬚【引导线】：在轮廓沿路径扫描时加以引导以生成特征。
● ⬆【上移】、⬇【下移】：调整引导线的顺序。
● 【合并平滑的面】：改进带引导线扫描的性能，并在引导线或者路径不是曲率连续的所有点处分割扫描。
● ⬚【显示截面】：显示扫描的截面。

4.【起始处和结束处相切】选项组

1）【起始处相切类型】：其选项包括如下内容。
● 【无】：不应用相切。
● 【路径相切】：垂直于起始点路径而生成扫描。

2）【结束处相切类型】：与起始处相切类型的选项相同，在此不做赘述。

5.【薄壁特征】选项组

生成薄壁特征扫描，如图 3-17 所示。

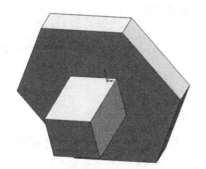 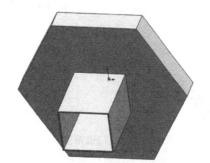

使用实体特征的扫描　　　　　　　　　使用薄壁特征的扫描

图 3-17　生成薄壁特征扫描

【类型】：设置薄壁特征扫描的类型，包含以下几个选项。

- 【单向】：设置同一 <img>【厚度】数值，以单一方向从轮廓生成薄壁特征。
- 【两侧对称】：设置同一 <img>【厚度】数值，以两个方向从轮廓生成薄壁特征。
- 【双向】：设置不同【厚度1】、【厚度2】数值，以相反的两个方向从轮廓生成薄壁特征。

3.4.2　生成扫描特征的操作方法

1）选择【插入】|【凸台/基体】|【扫描】菜单命令，弹出【扫描】属性管理器。在【轮廓和路径】选项组中，单击【轮廓】选择框，在图形区域中选择草图1，单击【路径】选择框，在图形区域中选择草图2，如图3-18所示。

2）在【选项】选项组中，设置【轮廓方位】为【随路径变化】，【轮廓扭转】为【无】，单击 <img>【确定】按钮，如图3-19所示。

3）单击 <img>【确定】按钮，如图3-20所示。

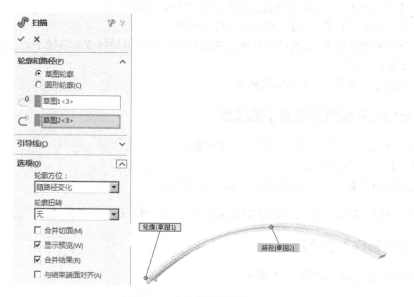

图3-18　【扫描】属性管理器

图3-19　随路径变化的扫描特征

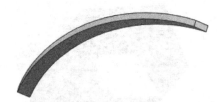

图3-20　保持法线不变的扫描特征

3.5　放样特征

放样特征通过在轮廓之间进行过渡以生成特征，放样的对象可以是基体、凸台、切除或者曲面，可以使用两个或者多个轮廓生成放样，但仅第一个或者最后一个对象的轮廓可以是点。

3.5.1　放样特征的属性设置

选择【插入】|【凸台/基体】|【放样】菜单命令，弹出【放样】属性管理器，如图 3-21 所示。

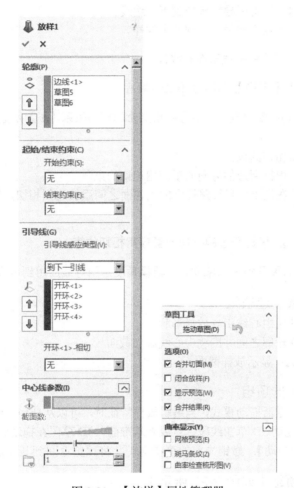

图 3-21　【放样】属性管理器

1.【轮廓】选项组

- ◇【轮廓】：用来生成放样的轮廓，可以选择要放样的草图轮廓、面或者边线。
- ⬆【上移】、⬇【下移】：调整轮廓的顺序。

2.【起始/结束约束】选项组

【开始约束】、【结束约束】：应用约束以控制开始和结束轮廓的相切，包括如下选项。

- 【无】：不应用相切约束（即曲率为零）。
- 【方向向量】：根据所选的方向向量应用相切约束。
- 【垂直于轮廓】：应用在垂直于开始或者结束轮廓处的相切约束。

3.【引导线】选项组

1）【引导线感应类型】：控制引导线对放样的影响力，包括如下选项。

- 【到下一引线】：只将引导线延伸到下一引导线。
- 【到下一尖角】：只将引导线延伸到下一尖角。
- 【到下一边线】：只将引导线延伸到下一边线。
- 【整体】：将引导线影响力延伸到整个放样。

2）🔧【引导线】：选择引导线来控制放样。

3）⬆【上移】、⬇【下移】：调整引导线的顺序。

4）【草图<n>-相切】：控制放样与引导线相交处的相切关系（n 为所选引导线标号），包括以下选项。

- 【无】：不应用相切约束。
- 【方向向量】：根据所选的方向向量应用相切约束。
- 【与面相切】：在位于引导线路径上的相邻面之间添加边侧相切，从而在相邻面之间生成更平滑的过渡。

5）↗【方向向量】：根据所选的方向向量应用相切约束。

6）【拔模角度】：只要几何关系成立，将拔模角度沿引导线应用到放样。

4.【中心线参数】选项组

- 【中心线】：使用中心线引导放样形状。
- 【截面数】：在轮廓之间并围绕中心线添加截面。
- 📁【显示截面】：显示放样截面。

5.【草图工具】选项组

- 【拖动草图】：激活拖动模式，当编辑放样特征时，可以从任何已经为放样定义了轮廓线的 3D 草图中拖动 3D 草图线段、点或者基准面，3D 草图在拖动时自动更新。
- ↩【撤销草图拖动】：撤销先前的草图拖动并将预览返回到其先前状态。

6.【选项】选项组（如图 3-22 所示）

- 【合并切面】：如果对应的线段相切，则保持放样中的曲面相切。
- 【闭合放样】：沿放样方向生成闭合实体，勾选此选项会自动连接最后一个和第一个草图实体。
- 【显示预览】：显示放样的上色预览；取消选择此选项，则只能查看路径和引导线。
- 【合并结果】：合并所有放样要素。

选项(O)
☑ 合并切面(M)
☐ 闭合放样(F)
☑ 显示预览(W)
☑ 合并结果(R)

图 3-22　【选项】选项组

3.5.2　生成放样特征的操作方法

1）选择【插入】|【凸台/基体】|【放样】菜单命令，弹出【放样】属性管理器。在【轮廓】选项组中，单击【轮廓】选择框，在图形区域中分别选择矩形草图的一个顶点和五边形草图

的一个顶点，如图 3-23 所示，单击✅【确定】按钮，如图 3-24 所示。

2）在【轮廓】选项组中，单击【轮廓】选择框，在图形区域中分别选择矩形草图的一个顶点和五边形草图的另一个顶点，单击✅【确定】按钮，如图 3-25 所示。

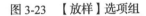

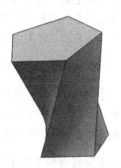

图 3-23　【放样】选项组　　　图 3-24　生成放样特征　　　图 3-25　生成放样特征

3）在【起始/结束约束】选项组中，设置【开始约束】为【垂直于轮廓】，如图 3-26 所示，单击✅【确定】按钮，如图 3-27 所示。

图 3-26　【起始/结束约束】选项组　　　图 3-27　生成放样特征

3.6　筋特征

筋特征在轮廓与现有零件之间指定方向和厚度以进行延伸，可以使用单一或者多个草图生成筋特征，也可以使用拔模生成筋特征，或者选择要拔模的参考轮廓。

3.6.1　筋特征的属性设置

单击【特征】工具栏中的🖊【筋】按钮或者选择【插入】|【特征】|【筋】菜单命令，弹出【筋】属性管理器，如图 3-28 所示。

1.【参数】选项组

1)【厚度】: 在草图边缘添加筋的厚度。

- ≡【第一边】: 只延伸草图轮廓到草图的一边。
- ≡【两侧】: 均匀延伸草图轮廓到草图的两边。
- ≡【第二边】: 只延伸草图轮廓到草图的另一边。

2)【筋厚度】: 设置筋的厚度。

3)【拉伸方向】: 设置筋的拉伸方向。

- 【平行于草图】: 平行于草图生成筋拉伸。
- 【垂直于草图】: 垂直于草图生成筋拉伸。

4)【反转材料方向】: 更改拉伸的方向。

图 3-28　【筋】属性管理器

5)【拔模开/关】: 添加拔模特征到筋, 可以设置【拔模角度】。
【向外拔模】: 生成向外拔模角度。

6)【类型】(在【拉伸方向】中单击【垂直于草图】按钮时可用), 包括以下选项。

- 【线性】: 生成与草图方向相垂直的筋。
- 【自然】: 生成沿草图轮廓延伸方向的筋。

2.【所选轮廓】选项组

【所选轮廓】参数用来列举生成筋特征的草图轮廓。

3.6.2　生成筋特征的操作方法

1)选择【插入】|【特征】|【筋】菜单命令, 弹出【筋】属性管理器。在【参数】选项组中, 单击【两侧】按钮, 设置【筋厚度】为【20.00mm】, 在【拉伸方向】中单击【平行于草图】按钮, 取消选择【反转材料方向】选项, 如图 3-29 所示, 单击✔【确定】按钮, 如图 3-30 所示。

图 3-29　【筋】属性管理器

图 3-30　生成筋特征

9695

2）在【参数】选项组中，勾选【反转材料方向】选项，单击 ✓【确定】按钮，如图 3-31 所示。

3）在【参数】选项组中，在【拉伸方向】中单击【垂直于草图】按钮，取消选择【反转材料方向】选项，在【类型】中单击【线性】单选按钮，如图 3-32 所示，单击 ✓【确定】按钮，如图 3-33 所示。

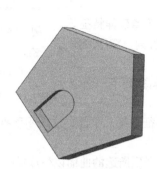

图 3-31　生成筋特征　　　　　　图 3-32　【筋】属性管理器

4）在【参数】选项组中，在【类型】中单击【自然】单选按钮，单击 ✓【确定】按钮，如图 3-34 所示。

图 3-33　生成线性筋特征　　　　　图 3-34　生成自然筋特征

3.7　孔特征

孔特征是在模型上生成各种类型的孔。在平面上放置孔并设置深度，可以通过标注尺寸的方法定义它的位置。

3.7.1　孔特征的属性设置

1. 简单直孔

选择【插入】|【特征】|【孔】|【简单直孔】菜单命令，弹出【孔】属性管理器，如图 3-35

所示。

（1）【从】选项组

- 【草图基准面】：从草图所在的同一基准面开始生成简单直孔。
- 【曲面/面/基准面】：从这些实体之一开始生成简单直孔。
- 【顶点】：从所选择的顶点位置处开始生成简单直孔。
- 【等距】：从与当前草图基准面等距的基准面上生成简单直孔。

（2）【方向1】选项组

- 【终止条件】：包括如下选项。
  - 【给定深度】：从草图的基准面以指定的距离延伸特征。
  - 【完全贯穿】：从草图的基准面延伸特征直到贯穿所有现有的几何体。
  - 【成形到下一面】：从草图的基准面延伸特征到下一面以生成特征。
  - 【成形到一顶点】：从草图基准面延伸特征到某一平面，这个平面平行于草图基准面且穿越指定的顶点。
  - 【成形到一面】：从草图的基准面延伸特征到所选的曲面以生成特征。
  - 【到离指定面指定的距离】：从草图的基准面到某面的特定距离处生成特征。
- ↗【拉伸方向】：用于在除了垂直于草图轮廓以外的其他方向拉伸孔。
- 【深度】或者【等距距离】：设置深度数值。
- ⊘【孔直径】：设置孔的直径。
- 【拔模开/关】：设置【拔模角度】。

图3-35　【孔】属性管理器

2. 异型孔

单击【特征】工具栏中的【异型孔向导】按钮或者选择【插入】|【特征】|【孔】|【向导】菜单命令，弹出【孔规格】属性管理器，如图3-36所示。

【孔规格】属性管理器包括两个选项卡。

- 【类型】：设置孔类型参数。
- 【位置】：在平面或者非平面上找出异型孔向导孔，使用尺寸和其他草图绘制工具定位孔中心。

（1）【孔类型】选项组

孔类型包括（柱形沉头孔）、（锥形沉头孔）、（孔）、（直螺纹孔）、（锥形螺纹孔）、（旧制孔）、（柱孔槽口）、（锥孔槽口）、（槽口）。

- 【标准】：选择孔的标准，如【Ansi Metric】或者【JIS】等。
- 【类型】：选择孔的类型。

（2）【孔规格】选项组

【孔规格】选项组会根据孔类型而有所不同。

- 【大小】：为螺纹件选择尺寸大小。
- 【配合】：为扣件选择配合形式。

（3）【截面尺寸】选项组（在选择【旧制孔】类型时出现）

双击任一数值可以进行编辑。

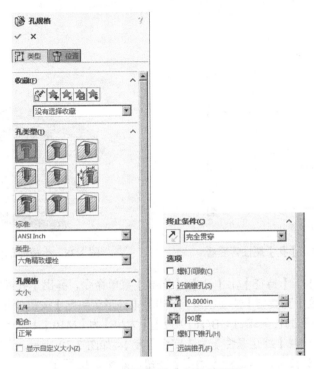

图 3-36　【孔规格】属性管理器

（4）【终止条件】选项组

【终止条件】选项组中的参数根据孔类型的变化而有所不同。

（5）【选项】选项组

【选项】选项组包括【带螺纹标注】、【螺纹线等级】、【近端锥孔】、 【近端锥孔直径】、 【近端锥孔角度】等选项，根据孔类型的不同而发生变化。

（6）【收藏】选项组

用于管理可以在模型中重新使用的常用异型孔清单，包括如下选项。

● 【应用默认/无收藏】：重设到及默认设置。
● 【添加或更新收藏】：将所选异型孔添加到收藏清单中。
● 【删除收藏】：删除所选的收藏。
● 【保存收藏】：保存所选的收藏。
● 【装入收藏】：载入收藏。

3.7.2　生成孔特征的操作方法

1）选择【插入】|【特征】|【孔】|【简单直孔】菜单命令，弹出【孔】属性管理器。在

【从】选项组中选择【草图基准面】，如图 3-37 所示；在【方向 1】选项组中，设置【终止条件】为【给定深度】，【深度】为【30.00mm】，【孔直径】为【30.00mm】，【拔模角度】为【26 度】，单击 ✅【确定】按钮，如图 3-38 所示。

图 3-37　【孔】属性管理器

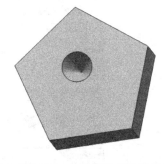

图 3-38　生成简单直孔特征

2）选择【插入】|【特征】|【孔】|【向导】菜单命令，弹出【孔规格】属性管理器。选择【类型】选项卡，在【孔类型】选项组中，单击 ⬛【柱形沉头孔】按钮，设置【标准】为【GB】，【类型】为【内六角花形圆柱头螺钉 GB/T6191-1】，【大小】为【M10】，【配合】为【正常】；在【终止条件】选项组中，设置【终止条件】为【完全贯穿】，如图 3-39 所示；选择【位置】选项卡，在图形区域中定义点的位置，单击 ✅【确定】按钮，如图 3-40 所示。

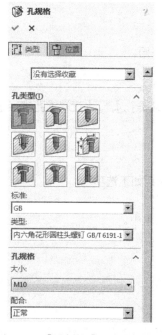

图 3-39　【孔规格】属性管理器

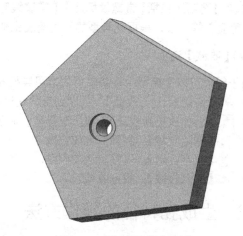

图 3-40　生成异型孔特征

3.8　范例

下面应用本章所讲解的知识完成一个三维模型的范例，最终效果如图 3-41 所示。

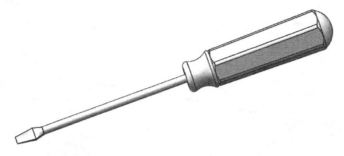

图 3-41　实体模型

3.8.1　生成把手部分

1）单击【FeatureManager 设计树】中的【上视基准面】图标，使其成为草图绘制平面。单击【标准视图】工具栏中的 ⊥【正视于】按钮，并单击【草图】工具栏中的 ┌【草图绘制】按钮，进入草图绘制状态。使用【草图】工具栏中的 ⊙【多边形】、✎【智能尺寸】工具，绘制图 3-42 所示的草图。单击 ┌【退出草图】按钮，退出草图绘制状态。

2）单击【特征】工具栏中的 ┫【拉伸凸台/基体】按钮，弹出【凸台-拉伸】属性管理器。在【方向 1】选项组中，设置【终止条件】为【给定深度】，◊【深度】为【60.00mm】，单击 ✓【确定】按钮，生成拉伸特征，如图 3-43 所示。

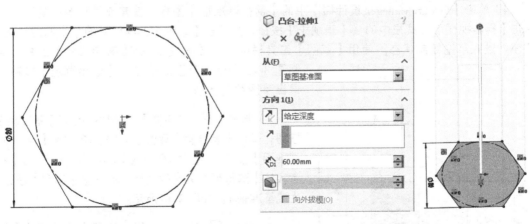

图 3-42　绘制草图并标注尺寸　　　　　图 3-43　拉伸特征

3）选择【插入】|【特征】|【拔模】菜单命令，打开属性管理器，在【拔模类型】选项组中选择【中性面】；在【拔模角度】选项组中设置为【1.00 度】；在【中性面】选项组中选择实体模型下底面；在【拔模面】选项组中选择模型的每个侧面，如图 3-44 所示。

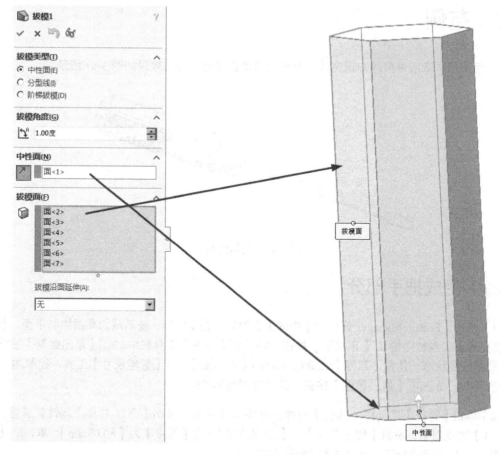

图 3-44　设置拔模特征

4）单击【FeatureManager 设计树】中的【前视基准面】图标，使其成为草图绘制平面。单击【标准视图】工具栏中的 ↓【正视于】按钮，并单击【草图】工具栏中的 ☐【草图绘制】按钮，进入草图绘制状态。使用【草图】工具栏中的 ∕【直线】、 ↖【智能尺寸】工具，绘制图 3-45 所示的草图。单击 ☐【退出草图】按钮，退出草图绘制状态。

5）单击【参考几何体】工具栏中的 ∕【基准轴】按钮，弹出【基准轴】属性管理器。单击 田【点和面/基准面】按钮，选择模型的底面和原点，检查 ⬡【参考实体】选择框中列出的项目，单击 ✔【确定】按钮，生成基准轴 1，如图 3-46 所示。

6）单击【特征】工具栏中的 ⬡【旋转切除】按钮，弹出【切除-旋转】属性管理器。在【旋转轴】选项组中，选择基准轴 1 为旋转轴，单击 ✔【确定】按钮，生成旋转切除特征，如图 3-47 所示。

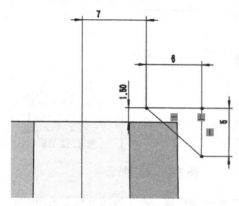

图 3-45　绘制草图并标注尺寸

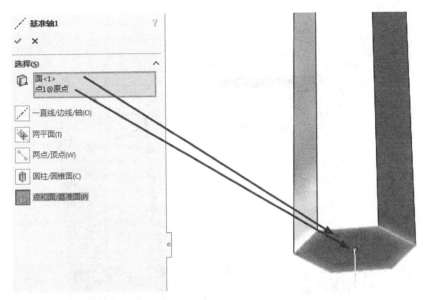

图 3-46　生成基准轴

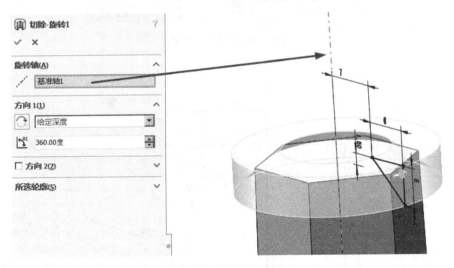

图 3-47　旋转切除特征

7）单击【特征】工具栏中的 【圆角】按钮，弹出【圆角】属性管理器。在【圆角参数】选项组中，设置 【半径】为【2.00mm】；单击【圆角项目】选项组中的 【边线、面、特征和环】选择框，在图形区域中选择模型的 6 条棱线，单击 【确定】按钮，生成圆角特征，如图 3-48 所示。

8）单击【FeatureManager 设计树】中的【前视基准面】图标，使其成为草图绘制平面。单击【标准视图】工具栏中的 【正视于】按钮，并单击【草图】工具栏中的 【草图绘制】按钮，进入草图绘制状态。使用【草图】工具栏中的 【直线】、 【圆心/起/终点画弧】、 【智能尺寸】工具，绘制图 3-49 所示的草图。单击 【退出草图】按钮，退出草图绘制状态。

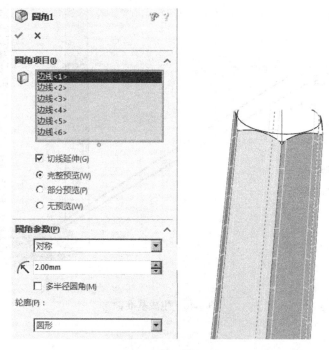

图 3-48 生成圆角特征

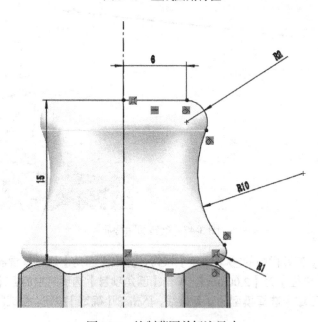

图 3-49 绘制草图并标注尺寸

9）单击【特征】工具栏中的 ⚙ 【旋转凸台/基体】按钮，弹出【旋转】属性管理器。在【旋转轴】选项组中，单击 ⁄ 【旋转轴】选择框，在图形区域中选择草图中的竖直线；勾选【合并结果】选项，单击 ✔ 【确定】按钮，生成旋转特征，如图 3-50 所示。

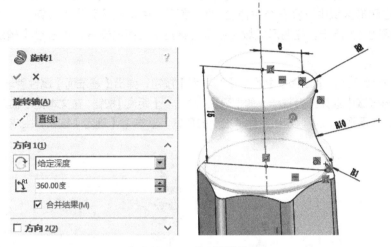

图 3-50 生成旋转特征

3.8.2 生成其余部分

1）单击旋转 1 特征的上表面，使其成为草图绘制平面。单击【标准视图】工具栏中的 【正视于】按钮，并单击【草图】工具栏中的 【草图绘制】按钮，进入草图绘制状态。使用【草图】工具栏中的 【圆心/起/终点画弧】、 【智能尺寸】工具，绘制图 3-51 所示的草图。单击 【退出草图】按钮，退出草图绘制状态。

2）单击【特征】工具栏中的 【拉伸凸台/基体】按钮，弹出【凸台-拉伸】属性管理器。在【方向 1】选项组中，设置【终止条件】为【给定深度】， 【深度】为【100.00mm】，勾选【合并结果】，单击 【确定】按钮，生成拉伸特征，如图 3-52 所示。

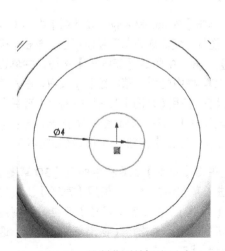

图 3-51 绘制草图并标注尺寸

图 3-52 拉伸特征

3）单击【参考几何体】工具栏中的🗗【基准面】按钮，弹出【基准面】属性管理器。在【第一参考】中，在图形区域中选择凸台拉伸 2 的上表面，单击🗗【距离】按钮，在文本框中输入【5.00mm】，如图 3-53 所示，在图形区域中显示出新建基准面的预览，单击✓【确定】按钮，生成基准面。

4）单击【参考几何体】工具栏中的🗗【基准面】按钮，弹出【基准面】属性管理器。在【第二参考】中，在图形区域中选择凸台拉伸 2 的上表面，单击🗗【距离】按钮，在文本框中输入【15.00mm】，如图 3-54 所示，在图形区域中显示出新建基准面的预览，单击✓【确定】按钮，生成基准面。

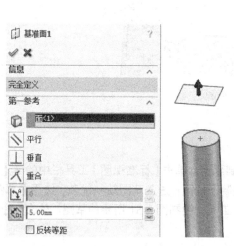

图 3-53　生成基准面

图 3-54　生成基准面

5）单击【FeatureManager 设计树】中的【基准面 1】图标，使其成为草图绘制平面。单击【标准视图】工具栏中的↓【正视于】按钮，并单击【草图】工具栏中的🖉【草图绘制】按钮，进入草图绘制状态。使用【草图】工具栏中的✏【直线】、✐【智能尺寸】工具，绘制图 3-55 所示的草图。单击🖉【退出草图】按钮，退出草图绘制状态。

6）单击【FeatureManager 设计树】中的【基准面 2】图标，使其成为草图绘制平面。单击【标准视图】工具栏中的↓【正视于】按钮，并单击【草图】工具栏中的🖉【草图绘制】按钮，进入草图绘制状态。使用【草图】工具栏中的✏【直线】、✐【智能尺寸】工具，绘制图 3-56 所示的草图。单击🖉【退出草图】按钮，退出草图绘制状态。

7）单击【草图】工具栏中的🖳【3D 草图】按钮，进入草图绘制状态。使用【草图】工具栏中的✏【直线】、✐【智能尺寸】工具，绘制图 3-57 所示的草图。单击🖉【退出草图】按钮，退出草图绘制状态。

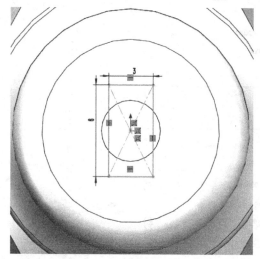

图 3-55　绘制草图并标注尺寸

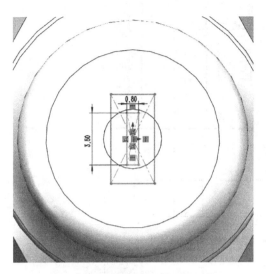

图 3-56　绘制草图并标注尺寸

图 3-57　绘制草图并标注尺寸

8）选择【插入】|【凸台/基体】|【放样】菜单命令，弹出【放样】属性管理器。在【轮廓】选项组中，在图形区域中选择刚刚绘制的草图 5、草图 6 和圆柱模型的上表面边线，单击【确定】按钮，如图 3-58 所示，生成放样特征。

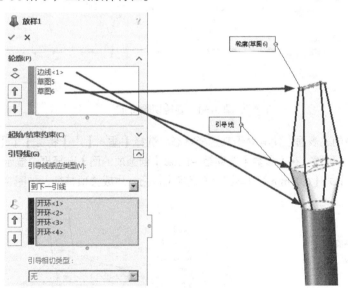

图 3-58　生成放样特征

9）单击【FeatureManager 设计树】中的【前视基准面】图标，使其成为草图绘制平面。单击【标准视图】工具栏中的【正视于】按钮，并单击【草图】工具栏中的【草图绘制】按钮，进入草图绘制状态。使用【草图】工具栏中的【直线】、【智能尺寸】工具，绘制图 3-59 所示的草图。单击【退出草图】按钮，退出草图绘制状态。

10）单击【特征】工具栏中的【旋转切除】按钮，弹出【切除-旋转】属性管理器。在【旋转轴】选项组中，选择基准轴 1 为旋转轴，单击【确定】按钮，生成旋转切除特征，如图 3-60 所示。

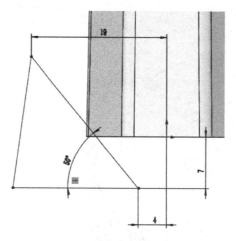

图 3-59　绘制草图并标注尺寸

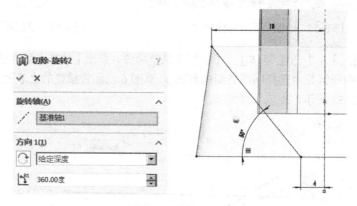

图 3-60　旋转切除特征

11）单击模型的上表面，使其处于被选择状态。选择【插入】|【特征】|【圆顶】菜单命令，弹出【圆顶】属性管理器。在【参数】选项组中的📦【到圆顶的面】选择框中显示出模型底部表面的名称，设置【距离】为【6.00mm】，单击✔️【确定】按钮，生成圆顶特征，如图 3-61 所示。

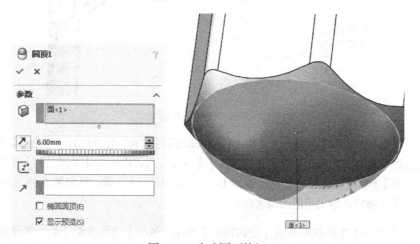

图 3-61　生成圆顶特征

第4章
实体特征编辑

本章讲解的特征是 SolidWorks 三维建模的第二类特征，即在现有的特征基础上进行二次编辑的特征。这类特征都不需要草图，可以直接对实体进行编辑操作。本章包括的主要内容有特征阵列、镜向特征、压凹特征、圆顶特征、变形特征、弯曲特征、边界特征和拔模特征。

重点与难点

- 圆角与倒角特征
- 阵列与镜向特征
- 压凹与圆顶特征
- 变形与弯曲特征
- 边界与拔模特征

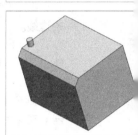

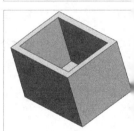

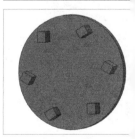

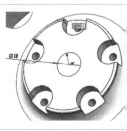

4.1　圆角特征

圆角特征是在零件上生成内圆角面或者外圆角面的一种特征，可以在一个面的所有边线上、所选的多组面上、所选的边线或者边线环上生成圆角。

其注意事项如下。

1）在添加小圆角之前添加较大圆角。

2）在生成圆角前先添加拔模特征。

3）最后添加装饰用的圆角。在大多数其他几何体定位后尝试添加装饰圆角，添加的时间越早，系统重建零件需要花费的时间越长。

4）如果要加快零件重建的速度，使用一次生成一个圆角的方法处理需要相同半径圆角的多条边线。

4.1.1　圆角特征属性管理器

选择【插入】|【特征】|【圆角】菜单命令，在【属性管理器】中弹出【圆角】属性管理器。在【手工】模式中，【圆角类型】选项组如图 4-1 所示。

1. 等半径

在整个边线上生成具有相同半径的圆角。单击【等半径】按钮，属性管理器如图 4-2 所示。

图 4-1　【圆角类型】选项组　　　　图 4-2　单击【等半径】按钮后的属性管理器

（1）【圆角项目】选项组

- 🧊【边线、面、特征和环】：在图形区域中选择要进行圆角处理的实体。
- 【切线延伸】：将圆角延伸到所有与所选面相切的面。
- 【完整预览】：显示所有边线的圆角预览。
- 【部分预览】：只显示一条边线的圆角预览。
- 【无预览】：可以缩短复杂模型的重建时间。

（2）【圆角参数】选项组

- ⟋【半径】：设置圆角的半径。
- 【多半径圆角】：以不同边线的半径生成圆角，可以使用不同半径的 3 条边线生成圆角，但不能为具有共同边线的面或者环指定多个半径。

（3）【逆转参数】选项组

在混合曲面之间沿着模型边线生成圆角并形成平滑的过渡。

- ⟋【距离】：在顶点处设置圆角逆转距离。
- 🧊【逆转顶点】：在图形区域中选择一个或者多个顶点。
- Ｙ【逆转距离】：以相应的⟋【距离】数值列举边线数。
- 【设定所有】：应用当前的⟋【距离】数值到Ｙ【逆转距离】下的所有项目。

（4）【圆角选项】选项组

- 【通过面选择】：应用通过隐藏边线的面选择边线。
- 【保持特征】：如果应用一个大到可以覆盖特征的圆角半径，则保持切除或者凸台特征为可见。
- 【圆形角】：生成含圆形角的等半径圆角。
- 【扩展方式】：控制在单一闭合边线上圆角在与边线汇合时的方式。
- 【默认】：由应用程序选择【保持边线】或者【保持曲面】选项。
- 【保持边线】：模型边线保持不变，而圆角则进行调整。
- 【保持曲面】：圆角边线调整为连续和平滑，而模型边线更改以与圆角边线匹配。

2. 变半径

生成含可变半径值的圆角，使用控制点帮助定义圆角。单击【变半径】按钮，属性管理器如图 4-3 所示。

（1）【圆角项目】选项组

- 🧊【边线、面、特征和环】：在图形区域中选择需要圆角处理的实体。

（2）【变半径参数】选项组

- ⟋【半径】：设置圆角半径。
- 🔝【附加的半径】：列举在【圆角项目】选项组的🧊【边线、面、特征和环】选择框中选择的边线顶点，并列举在图形区域中选择的控制点。
- 【设定未指定的】：应用当前的⟋【半径】到🔝【附加的半径】下所有未指定半径的项目。
- 【设定所有】：应用当前的⟋【半径】到🔝【附加的半径】下的所有项目。
- 【实例数】：设置边线上的控制点数。

- 【平滑过渡】：生成圆角，当一条圆角边线接合于一个邻近面时，圆角半径从某一半径平滑地转换为另一半径。
- 【直线过渡】：生成圆角，圆角半径从某一半径线性转换为另一半径，但是不将切边与邻近圆角相匹配。

（3）【逆转参数】选项组

与【等半径】的【逆转参数】选项组相同。

（4）【圆角选项】选项组

与【等半径】的【圆角选项】选项组相同。

3. 面圆角

用于混合非相邻、非连续的面。单击【面圆角】按钮，属性管理器如图 4-4 所示。

图 4-3 单击【变半径】按钮后的属性管理器　　图 4-4 单击【面圆角】按钮后的属性管理器

（1）【圆角项目】选项组
- 【面组 1】：在图形区域中选择要混合的第一个面或者第一组面。
- 【面组 2】：在图形区域中选择要与【面组 1】混合的面。

（2）【圆角参数】选项组
- 【半径】：设置圆角半径。

（3）【圆角选项】选项组

- 【通过面选择】：应用通过隐藏边线的面选择边线。
- 【辅助点】：在可能不清楚在何处发生面混合时解决模糊选择的问题。单击【辅助点顶点】选择框，然后单击要插入面圆角的边线上的一个顶点，圆角在靠近辅助点的位置处生成。

4. 完整圆角

生成相切于 3 个相邻面组（一个或者多个面相切）的圆角。单击【完整圆角】按钮，属性管理器如图 4-5 所示。

- 【边侧面组 1】：选择第一个边侧面。
- 【中央面组】：选择中央面。
- 【边侧面组 2】：选择与【边侧面组 1】相反的面组。

在【FilletXpert】模式中，可以帮助管理、组织和重新排序圆角。

使用【添加】选项卡生成新的圆角，使用【更改】选项卡修改现有圆角。选择【添加】选项卡，如图 4-6 所示。

图 4-5　单击【完整圆角】按钮后的属性管理器　　　　图 4-6　【添加】选项卡

（1）【圆角项目】选项组

- 【边线、面、特征和环】：在图形区域中选择需要圆角处理的实体。
- 【半径】：设置圆角半径。

（2）【选项】选项组

- 【通过面选择】：在上色或者 HLR 显示模式中应用隐藏边线的选择。
- 【切线延伸】：将圆角延伸到所有与所选边线相切的边线。
- 【完整预览】：显示所有边线的圆角预览。
- 【部分预览】：只显示一条边线的圆角预览。
- 【无预览】：可以缩短复杂圆角的显示时间。

选择【更改】选项卡，如图 4-7 所示。

（1）【要更改的圆角】选项组

- ⬡【圆角面】：选择要调整大小或者删除的圆角，可以在图形区域中选择个别边线，从包含多条圆角边线的圆角特征中删除个别边线或者调整其大小。
- ⬈【半径】：设置新的圆角半径。
- 【调整大小】：将所选圆角修改为设置的半径值。
- 【移除】：从模型中删除所选的圆角。

（2）【现有圆角】选项组

- 【按大小分类】：按照大小过滤所有圆角。从【过滤面组】选择框中选择圆角大小以选择模型中包含该值的所有圆角，同时将它们显示在⬡【圆角面】选择框中。

选择【边角】选项卡，如图 4-8 所示。

（1）【边角面】选项组

- ⬡【边角面】：在图形区域中选取圆角。
- 【显示选择】：以弹出方式显示交替圆角预览。

（2）【复制目标】选项组

- ⬡【复制目标】：选取目标圆角以复制在边角面下选取的圆角。

图 4-7　【更改】选项卡

图 4-8　【过滤面组】选择框

4.1.2　生成圆角特征的操作方法

1）选择【插入】|【特征】|【圆角】菜单命令，在【PropertyManager】中弹出【圆角】属性管理器。在【圆角类型】选项组中单击【等半径】按钮；在【圆角项目】选项组中单击⬡【边线、面、特征和环】选择框，选择模型上面的 4 条边线，设置⬈【半径】为【10.00mm】，如图 4-9 所示，单击✓【确定】按钮，生成等半径圆角特征，如图 4-10 所示。

2）在【圆角类型】选项组中单击【变半径】按钮。在【圆角项目】选项组中单击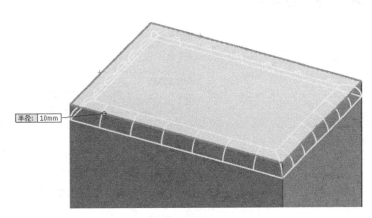【边线、面、特征和环】选择框，在图形区域中选择模型正面的一条边线；在【变半径参数】选项组中单击【附加的半径】中的【V1】，设置【半径】为【10.00mm】，单击【附加的半径】中的【V2】，设置【半径】为【40.00mm】，再设置【实例数】为 3，如图 4-11 所示，单击【确定】按钮，生成变半径圆角特征，如图 4-12 所示。

图 4-9　设置等半径圆角特征

图 4-10　生成等半径圆角特征

图 4-11　设置变半径圆角特征

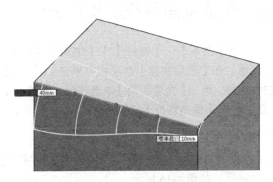

图 4-12　生成变半径圆角特征

4.2 倒角特征

倒角特征是在所选边线、面或者顶点上生成倾斜的特征。

4.2.1 倒角特征属性管理器

选择【插入】|【特征】|【倒角】菜单命令，在【PropertyManager】中弹出【倒角】属性管理器，如图 4-13 所示。

图 4-13 【倒角】属性管理器

- 【角度距离】：通过设置角度和距离来生产倒角。
- 【距离-距离】：通过设置距离和距离来生产倒角。
- 【顶点】：通过设置顶点来生产倒角。

4.2.2 生成倒角特征的操作方法

1）选择【插入】|【特征】|【倒角】菜单命令，在【PropertyManager】中弹出【倒角】属性管理器。在【倒角参数】选项组中单击 📦【边线和面或顶点】选择框，在图形区域中选择模型的左侧边线，单击【角度距离】单选按钮，设置 🔗【距离】为【10.00mm】，📐【角度】为【45.00度】，取消选择【保持特征】选项，如图 4-14 所示，单击 ✅【确定】按钮，生成不保持特征的倒角特征，如图 4-15 所示。

2）在【倒角参数】选项组中，勾选【保持特征】选项，单击 ✅【确定】按钮，生成保持特征的倒角特征，如图 4-16 所示。

图 4-14　【倒角】属性管理器

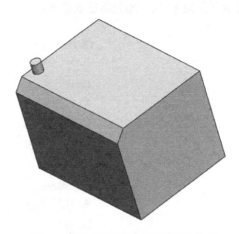

图 4-15　生成不保持特征的倒角特征

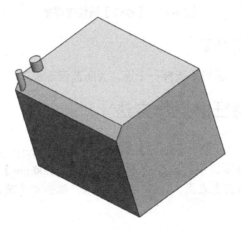

图 4-16　生成保持特征的倒角特征

4.3　抽壳特征

　　抽壳特征可以掏空零件，使所选择的面敞开，在其他面上生成薄壁特征。如果没有选择模型上的任何面，则掏空实体零件，生成闭合的抽壳特征，也可以使用多个厚度以生成抽壳模型。

4.3.1　抽壳特征属性管理器

　　选择【插入】|【特征】|【抽壳】菜单命令，在【PropertyManager】中弹出【抽壳】属性管理器，如图 4-17 所示。

1.【参数】选项组

● 　【厚度】: 设置保留面的厚度。

- 【移除的面】：在图形区域中可以选择一个或者多个面。
- 【壳厚朝外】：增加模型的外部尺寸。
- 【显示预览】：显示抽壳特征的预览。

图4-17　【抽壳】属性管理器

2.【多厚度设定】选项组

【多厚度面】：在图形区域中选择一个面，为所选面设置【多厚度】数值。

4.3.2　生成抽壳特征的操作方法

1）选择【插入】|【特征】|【抽壳】菜单命令，在【PropertyManager】中弹出【抽壳】属性管理器。在【参数】选项组中，设置【厚度】为【10.00mm】，单击【移除的面】选择框，在图形区域中选择模型的上表面，如图 4-18 所示，单击【确定】按钮，生成抽壳特征，如图 4-19 所示。

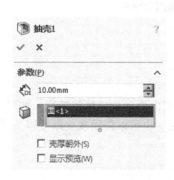

图4-18　【抽壳】属性管理器

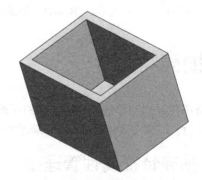

图4-19　生成抽壳特征

2）在【多厚度设定】选项组中单击【多厚度面】选择框，选择模型的下表面和左侧两个面，分别设置【多厚度】为【20.00mm】，如图 4-20 所示，单击【确定】按钮，生成多厚度抽壳特征，如图 4-21 所示。

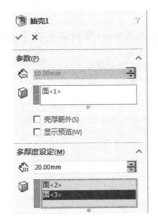

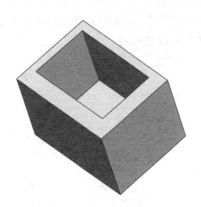

图 4-20 【多厚度设定】选项组属性管理器　　　图 4-21 生成多厚度抽壳特征

4.4 特征阵列

特征阵列包括线性阵列、圆周阵列、表格驱动的阵列、草图驱动的阵列和曲线驱动的阵列等。选择【插入】|【阵列/镜向】菜单命令，弹出特征阵列的菜单，如图 4-22 所示。

图 4-22 特征阵列的菜单

4.4.1 特征线性阵列

特征的线性阵列是在一个或者几个方向上生成多个指定的源特征。

1. 特征线性阵列的属性设置

单击【特征】工具栏中的 【线性阵列】按钮或者选择【插入】|【阵列/镜向】|【线性阵列】菜单命令，弹出【线性阵列】属性管理器，如图 4-23 所示。

（1）【方向 1】、【方向 2】选项组
- 【阵列方向】：设置阵列方向，可以选择线性边线、直线、轴或者尺寸。
- 【反向】：改变阵列方向。
- 、 【间距】：设置阵列实例之间的间距。

- ⸬【实例数】：设置阵列实例之间的数量。
- 【只阵列源】：只使用源特征而不复制【方向 1】选项组的阵列实例在【方向 2】选项组中生成的线性阵列。

图 4-23　【线性阵列】属性管理器

（2）【特征和面】选项组

- 【要阵列的特征】：可以使用所选择的特征作为源特征以生成线性阵列。
- 【要阵列的面】：可以使用构成源特征的面生成阵列。在图形区域中选择源特征的所有面，这对于只输入构成特征的面而不是特征本身的模型很有用。

（3）【实体】选项组

可以使用在多实体零件中选择的实体生成线性阵列。

（4）【可跳过的实例】选项组

可以在生成线性阵列时跳过在图形区域中选择的阵列实例。

（5）【选项】选项组

- 【随形变化】：允许重复时更改阵列。
- 【几何体阵列】：只使用特征的几何体生成线性阵列，而不阵列和求解特征的每个实例。
- 【延伸视象属性】：将 SolidWorks 的颜色、纹理和装饰螺纹数据延伸到所有阵列实例。

2. 生成特征线性阵列的操作方法

1）选择要进行阵列的特征。

2）单击【特征】工具栏中的 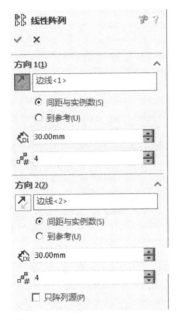【线性阵列】按钮或者选择【插入】｜【阵列/镜向】｜【线性阵列】菜单命令，弹出【线性阵列】属性管理器。根据需要，设置各选项组参数，单击 ✔【确定】按钮，生成特征线性阵列，如图 4-24 所示。

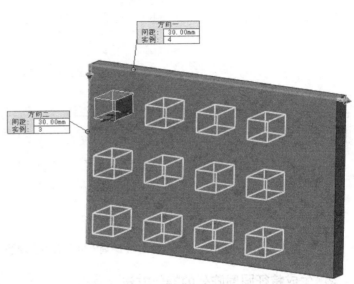

图 4-24　生成特征线性阵列

4.4.2　特征圆周阵列

特征的圆周阵列是将源特征围绕指定的轴线复制多个特征。

1. 特征圆周阵列的属性设置

单击【特征】工具栏中的 👬【圆周阵列】按钮，或选择【插入】｜【阵列/镜向】｜【圆周阵列】菜单命令，弹出【圆周阵列】属性管理器，如图 4-25 所示。

- 【阵列轴】：在图形区域中选择轴、模型边线或者角度尺寸，作为生成圆周阵列所围绕的轴。
- ⟳【反向】：改变圆周阵列的方向。
- ▶ᵃ【角度】：设置每个实例之间的角度。
- ✳【实例数】：设置源特征的实例数。
- 【等间距】：自动设置总角度为 360°。

其他属性设置不再赘述。

图 4-25 【圆周阵列】属性管理器

2. 生成特征圆周阵列的操作方法

1）选择要进行阵列的特征。

2）单击【特征】工具栏中的 🎯【圆周阵列】按钮或者选择【插入】|【阵列/镜向】|【圆周阵列】菜单命令，弹出【圆周阵列】属性管理器。根据需要，设置各选项组参数，单击 ✅【确定】按钮，生成特征圆周阵列，如图 4-26 所示。

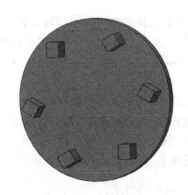

图 4-26 生成特征圆周阵列

4.4.3　表格驱动的阵列

【表格驱动的阵列】命令可以使用 x、y 坐标来对指定的源特征进行阵列。使用 x、y 坐标的孔阵列是【表格驱动的阵列】的常见应用，但也可以由【表格驱动的阵列】使用其他源特征（如凸台等）。

1. 表格驱动的阵列的属性设置

选择【插入】|【阵列/镜向】|【表格驱动的阵列】菜单命令，弹出【由表格驱动的阵列】对话框，如图 4-27 所示。

1）【读取文件】：键入含 x、y 坐标的阵列表或者文字文件。

2）【参考点】：指定在放置阵列实例时 x、y 坐标所适用的点。

- 【所选点】：将参考点设置到所选顶点或者草图点。
- 【重心】：将参考点设置到源特征的重心。

3）【坐标系】：设置用来生成表格阵列的坐标系，包括原点、从【FeatureManager 设计树】中选择所生成的坐标系。

4）【要复制的实体】：根据多实体零件生成阵列。

5）【要复制的特征】：根据特征生成阵列，可以选择多个特征。

6）【要复制的面】：根据构成特征的面生成阵列，选择图形区域中的所有面。

7）【几何体阵列】：只使用特征的几何体（如面和边线等）生成阵列。

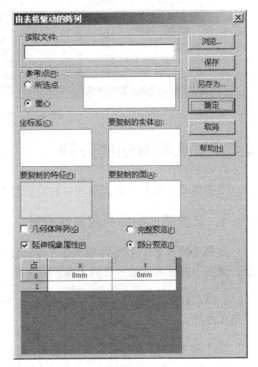

图 4-27　【由表格驱动的阵列】对话框

8）【延伸视象属性】：将 SolidWorks 的颜色、纹理和装饰螺纹数据延伸到所有阵列实体。

2. 生成表格驱动的阵列的操作方法

1）生成坐标系 1。选择要进行阵列的特征。

2）选择【插入】|【阵列/镜向】|【表格驱动的阵列】菜单命令，弹出【由表格驱动的阵列】对话框。根据需要进行设置，单击【确定】按钮，生成表格驱动的阵列，如图 4-28 所示。

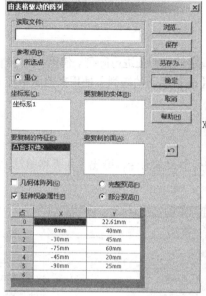

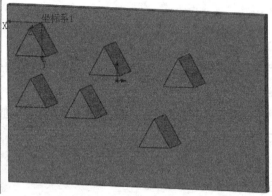

图 4-28　生成表格驱动的阵列

4.4.4　草图驱动的阵列

草图驱动的阵列是通过草图中的特征点复制源特征的一种阵列方式。

1. 草图驱动的阵列的属性设置

选择【插入】|【阵列/镜向】|【草图驱动的阵列】菜单命令，弹出【由草图驱动的阵列】属性管理器，如图 4-29 所示。

1）【参考草图】：在【FeatureManager 设计树】中选择草图用作阵列。

2）【参考点】：进行阵列时所需的位置点。

● 【重心】：根据源特征的类型决定重心。

● 【所选点】：在图形区域中选择一个点作为参考点。

其他属性设置不再赘述。

2. 生成草图驱动的阵列的操作方法

1）绘制平面草图，草图中的点将成为源特征复制的目标点。

2）选择要进行阵列的特征。

3）选择【插入】|【阵列/镜向】|【草图驱动的阵列】菜单命令，弹出【由草图驱动的阵列】属性管理器。根据需要，设置各选项组参数，单击 ✅【确定】按钮，生成草图驱动的阵列，如图 4-30 所示。

图 4-29　【由草图驱动的阵列】属性管理器

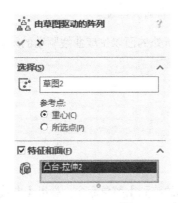
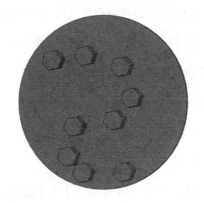

图 4-30 生成草图驱动的阵列

4.4.5 曲线驱动的阵列

曲线驱动的阵列是通过草图中的平面或者 3D 曲线复制源特征的一种阵列方式。

1. 曲线驱动的阵列的属性设置

选择【插入】|【阵列/镜向】|【曲线驱动的阵列】菜单命令，弹出【曲线驱动的阵列】属性管理器，如图 4-31 所示。

1)【阵列方向】：选择曲线、边线、草图实体或者在【FeatureManager 设计树】中选择草图作为阵列的路径。

2)↗【反向】：改变阵列的方向。

3)⟜#【实例数】：为阵列中源特征的实例数设置数值。

4)【等间距】：使每个阵列实例之间的距离相等。

5)⟐【间距】：沿曲线为阵列实例之间的距离设置数值。

6)【曲线方法】：使用所选择的曲线定义阵列的方向。

- 【转换曲线】：为每个实例保留从所选曲线原点到源特征的距离。
- 【等距曲线】：为每个实例保留从所选曲线原点到源特征的垂直距离。

7)【对齐方法】：使用所选择的对齐方法将特征进行对齐。

- 【与曲线相切】：对齐所选择的与曲线相切的每个实例。

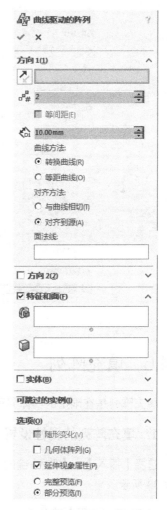

图 4-31 【曲线驱动的阵列】属性管理器

● 【对齐到源】: 对齐每个实例以与源特征的原有对齐匹配。

8)【面法线】(仅对于 3D 曲线): 选择 3D 曲线所处的面以生成曲线驱动的阵列。

其他属性设置不再赘述。

2. 生成曲线驱动的阵列的操作方法

1)绘制曲线草图。

2)选择要进行阵列的特征。

3)选择【插入】|【阵列/镜向】|【曲线驱动的阵列】菜单命令,弹出【曲线驱动的阵列】属性管理器,根据需要,设置各选项组参数,单击 ✔ 【确定】按钮,生成曲线驱动的阵列,如图 4-32 所示。

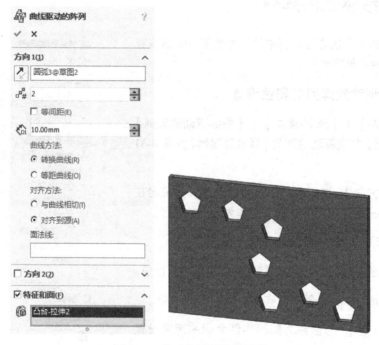

图 4-32　生成曲线驱动的阵列

4.4.6　填充阵列

填充阵列是在限定的实体平面或者草图区域中进行的阵列复制。

1. 填充阵列的属性设置

选择【插入】|【阵列/镜向】|【填充阵列】菜单命令,弹出【填充阵列】属性管理器,如图 4-33 所示。

(1)【填充边界】选项组

🔲 【选择面或共平面上的草图、平面曲线】: 定义要使用阵列填充的区域。

（2）【阵列布局】选项组

定义填充边界内实例的布局阵列，可以自定义形状进行阵列或者对特征进行阵列，阵列实例以源特征为中心呈同轴心分布。

1）![穿孔]【穿孔】：为钣金穿孔式阵列生成网格，其参数如图 4-34 所示。

图 4-33　【填充阵列】属性管理器

图 4-34　单击【穿孔】按钮后的参数

- ![实例间距]【实例间距】：设置实例中心之间的距离。
- ![交错断续角度]【交错断续角度】：设置各实例行之间的交错断续角度，起始点位于阵列方向所使用的向量处。
- ![边距]【边距】：设置填充边界与最远端实例之间的边距，可以将边距的数值设置为零。
- ![阵列方向]【阵列方向】：设置方向参考。如果未指定方向参考，系统将使用最合适的参考。

2）![圆周]【圆周】：生成圆周形阵列，其参数如图 4-35 所示。

- ![环间距]【环间距】：设置实例环间的距离。

- 【目标间距】: 设置每个环内实例间距离以填充区域。
- 【每环的实例】: 使用实例数（每环）填充区域。
- 【实例间距】: 设置每个环内实例中心间的距离。
- 【实例数】: 设置每环的实例数。
- 【边距】: 设置填充边界与最远端实例之间的边距，可以将边距的数值设置为零。
- 【阵列方向】: 设置方向参考。

图 4-35　单击【圆周】按钮后的参数

3）【方形】: 生成方形阵列，其参数如图 4-36 所示。

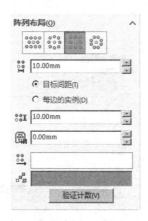

图 4-36　单击【方形】按钮后的参数

- 【环间距】: 设置实例环间的距离。
- 【目标间距】: 设置每个环内实例间距离以填充区域。
- 【每边的实例】: 使用实例数填充区域。
- 【实例间距】: 设置每个环内实例中心间的距离。
- 【实例数】: 设置每个方形各边的实例数。
- 【边距】: 设置填充边界与最远端实例之间的边距，可以将边距的数值设置为零。
- 【阵列方向】: 设置方向参考。

4）【多边形】: 生成多边形阵列，其参数如图 4-37 所示。

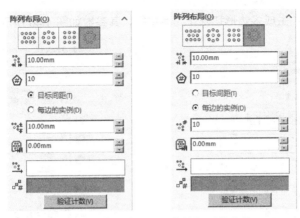

图 4-37　单击【多边形】按钮后的参数

- 【环间距】：设置实例环间的距离。
- 【多边形边】：设置阵列中的边数。
- 【目标间距】：设置每个环内实例间距离以填充区域。
- 【每边的实例】：使用实例数填充区域。
- 【实例间距】：设置每个环内实例中心间的距离。
- 【实例数】：设置每个多边形每边的实例数。
- 【边距】：设置填充边界与最远端实例之间的边距，可以将边距的数值设置为零。
- 【阵列方向】：设置方向参考。

（3）【特征和面】选项组

1）【所选特征】：选择要阵列的特征。

2）【生成源切】：为要阵列的源特征自定义切除形状。

3）【圆】：生成圆形切割作为源特征，包括如下选项。

- 【直径】：设置直径。
- 【顶点或草图点】：将源特征的中心定位在所选顶点或者草图点处，并生成以该点为起始点的阵列。

4）【方形】：生成方形切割作为源特征，其参数如图 4-38 所示。

- 【尺寸】：设置各边的长度。
- 【顶点或草图点】：将源特征的中心定位在所选顶点或者草图点处，并生成以该点为起始点的阵列。

图 4-38　单击【方形】按钮后的参数

- 【旋转】：逆时针旋转每个实例。

5）【菱形】：生成菱形切割作为源特征，其参数如图 4-39 所示。

- 【尺寸】：设置各边的长度。
- 【对角】：设置对角线的长度。
- 【顶点或草图点】：将源特征的中心定位在所选顶点或者草图点处，并生成以该点为起始点的阵列。
- 【旋转】：逆时针旋转每个实例。

6）【多边形】：生成多边形切割作为源特征，其参数如图 4-40 所示。

图 4-39　单击【菱形】按钮后的参数　　　图 4-40　单击【多边形】按钮后的参数

- ⊕【多边形边】：设置边数。
- ◎【外径】：根据外径设置阵列大小。
- ⬡【内径】：根据内径设置阵列大小。
- ⬠【顶点或草图点】：将源特征的中心定位在所选顶点或者草图点处，并生成以该点为起始点的阵列。
- ↳ᴬ【旋转】：逆时针旋转每个实例。
- 【反转形状方向】：围绕在填充边界中所选择的面反转源特征的方向。

2. 生成填充阵列的操作方法

1）绘制平面草图。

2）选择【插入】|【阵列/镜向】|【填充阵列】菜单命令，弹出【填充阵列】属性管理器，根据需要，设置各选项组参数，单击 ✓【确定】按钮，生成填充阵列，如图 4-41 所示。

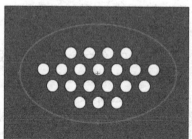

图 4-41　生成填充阵列

4.5　镜向

镜向特征是沿面或者基准面镜向以生成一个特征（或者多个特征）的复制操作。

4.5.1　镜向特征的属性设置

单击【特征】工具栏中的  【镜向】按钮或者选择【插入】|
【阵列/镜向】|【镜向】菜单命令，弹出【镜向】属性管理器，如
图 4-42 所示。

1）【镜向面/基准面】选项组：在图形区域中选择一个面或基
准面作为镜向面。

2）【要镜向的特征】选项组：单击模型中一个或者多个特征，
也可以在【FeatureManager 设计树】中选择要镜向的特征。

3）【要镜向的面】选项组：在图形区域中单击构成要镜向的特
征的面，此选项组参数对于在输入的过程中仅包括特征的面且不包
括特征本身的零件很有用。

图 4-42　【镜向】属性管理器

4.5.2　生成镜向特征的操作方法

1）选择要进行镜向的特征。

2）单击【特征】工具栏中的 【镜向】按钮或者选择【插入】|【阵列/镜向】|【镜向】菜单
命令，弹出【镜向】属性管理器。根据需要，设置各选项组参数，单击 【确定】按钮，生成镜
向特征，如图 4-43 所示。

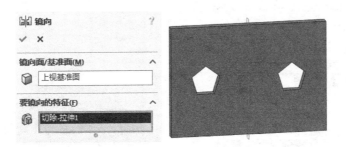

图 4-43　生成镜向特征

4.6　压凹特征

压凹特征是通过使用厚度和间隙而生成的特征，其应用包括封装、冲印、铸模以及机器的压

入配合等。根据所选实体类型,指定目标实体和工具实体之间的间隙数值,并为压凹特征指定厚度数值。

4.6.1 压凹特征的属性设置

选择【插入】|【特征】|【压凹】菜单命令,弹出【压凹】属性管理器,如图 4-44 所示。

1.【选择】选项组

● 【目标实体】:选择要压凹的实体或者曲面实体。
● 【工具实体区域】:选择一个或者多个实体。
● 【保留选择】【移除选择】:选择要保留或者移除的模型边界。
● 【切除】:勾选此选项,则移除目标实体的交叉区域。

2.【参数】选项组

● 【厚度】(仅限实体):确定压凹特征的厚度。
● 【间隙】:确定目标实体和工具实体之间的间隙。

图 4-44 【压凹】属性管理器

4.6.2 生成压凹特征的操作方法

1)选择【插入】|【特征】|【压凹】菜单命令,弹出【压凹】属性管理器。

2)在【选择】选项组中,单击【目标实体】选择框,在图形区域中选择模型实体,单击【工具实体区域】选择框,选择模型中拉伸特征的下表面,勾选【切除】选项。

3)在【参数】选项组中,设置【厚度】为【10.00mm】,如图 4-45 所示,在图形区域中显示出预览,单击【确定】按钮,生成压凹特征,如图 4-46 所示。

图 4-45 【压凹】属性管理器

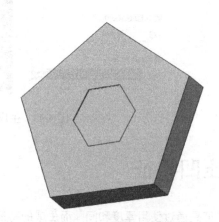

图 4-46 生成压凹特征

4.7　圆顶特征

圆顶特征可以在同一模型上同时生成一个或者多个圆顶。

4.7.1　圆顶特征的属性设置

选择【插入】|【特征】|【圆顶】菜单命令，弹出【圆顶】属性管理器，如图 4-47 所示。

- 📦【到圆顶的面】：选择一个或者多个平面或者非平面。
- 【距离】：设置圆顶扩展的距离。
- ↗【反向】：单击该按钮，可以生成凹陷圆顶（默认为凸起）。
- ▣【约束点或草图】：选择一个点或者草图，通过对其形状进行约束以控制圆顶。
- ↗【方向】：从图形区域选择方向向量以垂直于面以外的方向拉伸圆顶，可以使用线性边线或者由两个草图点所生成的向量作为方向向量。

图 4-47　【圆顶】属性管理器

4.7.2　生成圆顶特征的操作方法

选择【插入】|【特征】|【圆顶】菜单命令，弹出【圆顶】属性管理器。在【参数】选项组中，单击📦【到圆顶的面】选择框，在图形区域中选择模型的上表面，设置【距离】为【50.00mm】，单击✔【确定】按钮，生成圆顶特征，如图 4-48 所示。

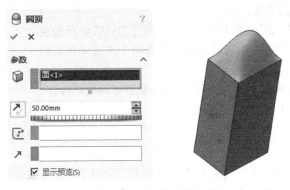

图 4-48　生成圆顶特征

4.8　变形特征

变形特征是改变复杂曲面和实体模型的局部或者整体形状，无需考虑用于生成模型的草图或者特征约束。

4.8.1　变形特征的属性设置

变形有 3 种类型，包括【点】、【曲线到曲线】和【曲面推进】。

1. 点

选择【插入】|【特征】|【变形】菜单命令，弹出【变形】属性管理器。在【变形类型】选项组中，单击【点】单选按钮，其属性设置如图 4-49 所示。

（1）【变形点】选项组

- 🔲【变形点】：设置变形的中心，可以选择平面、边线、顶点上的点或者空间中的点。
- 【变形方向】：选择线性边线、草图直线、平面、基准面或者两个点作为变形方向。
- 🔼【变形距离】：指定变形的距离（即点位移）。
- 【显示预览】：使用线框视图或者上色视图预览结果。

（2）【变形区域】选项组

- 🔲【变形半径】：更改通过变形点的球状半径数值，变形区域的选择不会影响变形半径的数值。
- 【变形区域】：勾选此选项，可以激活🔲【要变形的其他面】选项。
- 🔲【要变形的实体】：在使用空间中的点时，允许选择多个实体或者一个实体。

（3）【形状选项】选项组

- ⟋【变形轴】：通过生成平行于一条线性边线或者草图直线、垂直于一个平面或者基准面、沿着两个点或者顶点的折弯轴以控制变形形状。
- 🔼、🔳、🔽【刚度】：控制变形过程中变形形状的刚性。
- 🔷【形状精度】：控制曲面品质。

图 4-49　单击【点】单选按钮后的属性设置

2. 曲线到曲线

选择【插入】|【特征】|【变形】菜单命令，弹出【变形】属性管理器。在【变形类型】选项组中，单击【曲线到曲线】单选按钮，其属性设置如图 4-50 所示。

（1）【变形曲线】选项组

- ⟋【初始曲线】：设置变形特征的初始曲线。
- ⟋【目标曲线】：设置变形特征的目标曲线。
- 【组[n]】：允许添加、删除以及循环选择组以进行修改。
- 【显示预览】：使用线框视图或者上色视图预览结果。

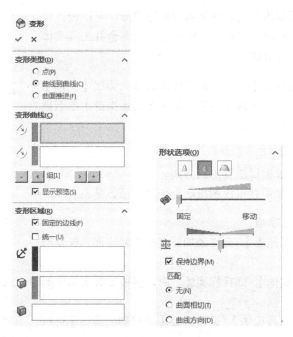

图 4-50 选择【曲线到曲线】单选按钮后的属性设置

（2）【变形区域】选项组

● 【固定的边线】：防止所选曲线、边线或者面被移动。

● 【统一】：在变形操作过程中保持原始形状的特性。

● ⚓【固定曲线/边线/面】：防止所选曲线、边线或者面被变形和移动。

■ 如果 ⚲【初始曲线】位于闭合轮廓内，则变形将受此轮廓约束。

■ 如果 ⚲【初始曲线】位于闭合轮廓外，则轮廓内的点将不会变形。

● ⬡【要变形的其他面】：允许添加要变形的特定面，如果未选择任何面，则整个实体将会受影响。

● ⬡【要变形的实体】：如果 ⚲【初始曲线】不是实体面或者曲面中草图曲线的一部分，或者要变形多个实体，则使用此选项。

（3）【形状选项】选项组

● ⬚、⬚、⬚【刚度】：控制变形过程中变形形状的刚性。

● ◈【形状精度】：控制曲面品质。

● ⬚【重量】：控制实体变形。

● 【保持边界】：确保所选边界固定。

● 【匹配】：允许应用以下这些条件，将变形曲面匹配到目标曲面。

■ 【无】：不应用匹配条件。

■ 【曲面相切】：使用平滑过渡匹配面和曲面的目标边线。

■ 【曲线方向】：使用 ⚲【目标曲线】的法线形成变形。

3. 曲面推进

与点变形相比，曲面推进变形可以对变形形状提供更有效的控制，同时还是基于工具实体形状生成特定特征的可预测的方法。使用曲面推进变形，可以设计自由形状的曲面、模具、塑料、软包装、钣金等，这对合并工具实体的特性到现有设计中很有帮助。

选择【插入】|【特征】|【变形】菜单命令，弹出【变形】属性管理器。在【变形类型】选项组中，单击【曲面推进】单选按钮，其属性设置如图 4-51 所示。

（1）【推进方向】选项组
- 【变形方向】：设置推进变形的方向。
- 【显示预览】：使用线框视图或者上色视图预览结果。

（2）【变形区域】选项组
- 【要变形的其他面】：允许添加要变形的特定面，仅变形所选面。
- 【要变形的实体】：即目标实体，决定要被工具实体变形的实体。
- 【要推进的工具实体】：设置对【要变形的实体】进行变形的工具实体。
- 【变形误差】：为工具实体与目标面或者实体的相交处指定圆角半径数值。

（3）【工具实体位置】选项组

以下选项允许通过键入正确的数值重新定位工具实体。此方法比使用三重轴更精确。
- **ΔX**、**ΔY**、**ΔZ**：沿 X、Y、Z 轴移动工具实体的距离。
- 【X 旋转角度】、【Y 旋转角度】、【Z 旋转角度】：围绕 X、Y、Z 轴以及旋转原点旋转工具实体的旋转角度。
- 【X 旋转原点】、【Y 旋转原点】、【Z 旋转原点】：定位由图形区域中三重轴表示的旋转中心。

图 4-51 单击【曲面推进】
单选按钮后的属性设置

4.8.2 生成变形特征的操作方法

1）选择【插入】|【特征】|【变形】菜单命令，弹出【变形】属性管理器。在【变形类型】选项组中，单击【点】单选按钮；在【变形点】选项组中，单击【变形点】选择框，在图形区域中选择模型的右上角端点，设置【变形距离】为【20.00mm】；在【变形区域】选项组中，设置【变形半径】为【50.00mm】，如图 4-52 所示；单击【确定】按钮，生成最小刚度变形特征，如图 4-53 所示。

2）在【形状选项】选项组中，单击【刚度-中等】按钮，单击【确定】按钮，生成中等刚度变形特征，如图 4-54 所示。

3）在【形状选项】选项组中，单击【刚度-最大】按钮，单击【确定】按钮，生成最大刚度变形特征，如图 4-55 所示。

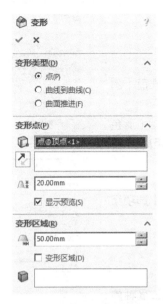

图 4-52　【变形】属性管理器

图 4-53　生成最小刚度变形特征

图 4-54　生成中等刚度变形特征

图 4-55　生成最大刚度变形特征

4.9　弯曲特征

弯曲特征以直观的方式对复杂的模型进行变形。

4.9.1　弯曲特征的属性设置

1．折弯

选择【插入】|【特征】|【弯曲】菜单命令，弹出【弯曲】属性管理器。在【弯曲输入】选项组中，单击【折弯】单选按钮，属性设置如图 4-56 所示。

（1）【弯曲输入】选项组

● 【粗硬边线】：生成如圆锥面、圆柱面以及平面等的分析曲面，通常会形成剪裁基准面与实体相交的分割面。

- 【角度】：设置折弯角度，需要配合折弯半径。
- 【半径】：设置折弯半径。

（2）【剪裁基准面1】选项组

- 【为剪裁基准面1选择一参考实体】：将剪裁基准面1的原点锁定到模型上的所选点。
- 【基准面1剪裁距离】：沿三重轴的剪裁基准面轴（蓝色z轴），从实体的外部界限移动到剪裁基准面上的距离。

（3）【剪裁基准面2】选项组

【剪裁基准面2】选项组的属性设置与【剪裁基准面1】选项组基本相同，在此不做赘述。

（4）【三重轴】选项组

使用以下这些参数来设置三重轴的位置和方向。

- 【为枢轴三重轴参考选择一坐标系特征】：将三重轴的位置和方向锁定到坐标系上。
- 【X旋转角度】、【Y旋转角度】、【Z旋转角度】：围绕x、y、z轴以及旋转原点旋转工具实体的旋转角度。
- 【X旋转原点】、【Y旋转原点】、【Z旋转原点】：定位由图形区域中三重轴表示的旋转中心。

（5）【弯曲选项】选项组

【弯曲精度】：控制曲面品质，提高品质还将会提高弯曲特征的成功率。

图 4-56　单击【折弯】单选按钮后的属性设置

2. 扭曲

选择【插入】|【特征】|【弯曲】菜单命令，弹出【弯曲】属性管理器。在【弯曲输入】选项组中，单击【扭曲】单选按钮，如图 4-57 所示。

【角度】：设置扭曲的角度。

其他选项组的属性设置不再赘述。

3. 锥削

选择【插入】|【特征】|【弯曲】菜单命令，弹出【弯曲】属性管理器。在【弯曲输入】选项组中，单击【锥削】单选按钮，如图 4-58 所示。

【锥剃因子】：设置锥削量。调整【锥剃因子】时，剪裁基准面不移动。

其他选项组的属性设置不再赘述。

4. 伸展

选择【插入】|【特征】|【弯曲】菜单命令，弹出【弯曲】属性管理器。在【弯曲输入】

选项组中，单击【伸展】单选按钮，如图 4-59 所示。

图 4-57　单击【扭曲】单选按钮　　　图 4-58　单击【锥削】单选按钮　　　图 4-59　单击【伸展】单选按钮
　　　　　后的属性设置　　　　　　　　　　　后的属性设置　　　　　　　　　　后的属性设置

　　【伸展距离】：设置伸展量。

其他选项组的属性设置不再赘述。

4.9.2　生成弯曲特征的操作方法

1．折弯

选择【插入】|【特征】|【弯曲】菜单命令，弹出【弯曲】属性管理器。在【弯曲输入】选项组中，单击【折弯】单选按钮，单击 【弯曲的实体】选择框，在图形区域中选择模型右侧的拉伸特征，设置 【角度】为【30 度】， 【半径】为【275.02mm】，单击 【确定】按钮，生成折弯弯曲特征，如图 4-60 所示。

2．扭曲

选择【插入】|【特征】|【弯曲】菜单命令，弹出【弯曲】属性管理器。在【弯曲输入】选项组中，单击【扭曲】单选按钮，单击 【弯曲的实体】选择框，在图形区域中选择模型右侧的拉伸特征，设置 【角度】为【90 度】，单击 【确定】按钮，生成扭曲弯曲特征，如图 4-61 所示。

图 4-60　生成折弯弯曲特征　　　　图 4-61　生成扭曲弯曲特征

3. 锥削

选择【插入】|【特征】|【弯曲】菜单命令，弹出【弯曲】属性管理器。在【弯曲输入】选项组中，单击【锥削】单选按钮，单击 🐢 【弯曲的实体】选择框，在图形区域中选择模型右侧的拉伸特征，设置 🔅 【锥剃因子】为【1.5】，单击 ✓ 【确定】按钮，生成锥削弯曲特征，如图 4-62 所示。

4. 伸展

选择【插入】|【特征】|【弯曲】菜单命令，弹出【弯曲】属性管理器。在【弯曲输入】选项组中，单击【伸展】单选按钮，单击 🐢 【弯曲的实体】选择框，在图形区域中选择模型右侧的拉伸特征，设置 🔅 【伸展距离】为【30mm】，单击 ✓ 【确定】按钮，生成伸展弯曲特征，如图 4-63 所示。

图 4-62　生成锥削弯曲特征　　　图 4-63　生成伸展弯曲特征

4.10　边界凸台/基体特征

4.10.1　边界凸台/基体特征的属性设置

单击【特征】工具栏中的 🍪 【边界凸台／基体】按钮或者选择【插入】|【凸台／基体】|【边界】菜单命令，弹出【边界】属性管理器，如图 4-64 所示。

1.【方向 1】选项组

1)【曲线】：确定用于以此方向生成边界特征的曲线。

● ⬆ 【上移】：选择曲线向上移动。
● ⬇ 【下移】：选择曲线向下移动。

2)【相切类型】：设置边界特征的相切类型。

- 【无】：没应用相切约束（曲率为零）。
- 【方向向量】：根据用户所选的实体应用相切约束。
- 【默认】：近似在第一个和最后一个轮廓之间刻划的抛物线。
- 【垂直于轮廓】：垂直曲线应用相切约束。

3）【对齐】：控制 iso 参数的对齐，以控制曲面的流动。

4）【拔模角度】：应用拔模角度到开始或结束曲线。

5）【相切长度】：控制对边界特征的影响量。相切长度的效果限制到下一部分。

6）【应用到所有】：显示一为整个轮廓控制所有约束的控标。

2.【方向 2】选项组

该选项组中的参数用法和【方向 1】选项组基本相同。两个方向可以相互交换，无论选择曲线为方向 1 还是方向 2，都可以获得相同的结果。

3.【选项与预览】选项组

- 【合并切面】：如果对应的线段相切，则会使所生成的边界特征中的曲面保持相切。
- 【拖动草图】：激活拖动模式。
- ↶【撤销草图拖动】：撤销先前的草图拖动并将预览返回到其先前状态。
- 【显示预览】：对边界进行预览。

4.【曲率显示】选项组

1）【网格预览】：对边界进行预览。
【网格密度】：调整网格的行数。

2）【斑马条纹】：斑马条纹可查看曲面中标准显示难以分辨的小变化。斑马条纹模仿在光泽表面上反射的长光线条纹。

3）【曲率检查梳形图】：按照不同方向显示曲率梳形图。
- 【方向 1】：切换沿方向 1 的曲率检查梳形图显示。
- 【方向 2】：切换沿方向 2 的曲率检查梳形图显示。
- 【比例】：调整曲率检查梳形图的大小。
- 【密度】：调整曲率检查梳形图的显示行数。

图 4-64　【边界】属性管理器

4.10.2　生成边界凸台/基体特征的操作方法

1）在 3 个基准面上分别绘制不同的草图，如图 4-65 所示。

2）单击【特征】工具栏中的 🔷【边界凸台／基体】按钮或者选择【插入】|【凸台／基体】|

【边界】菜单命令,弹出【边界】属性管理器。在【方向1】选项组中,在【曲线】中选择3个草图,【相切类型】选择【无】,【拔模角度】设置为【0.00度】,其他选项组使用默认设置,如图4-66所示,单击【确定】按钮,生成边界特征,如图4-67所示。

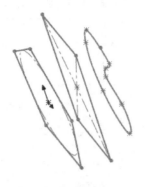

图4-65　绘制草图

图4-66　【边界】属性管理器

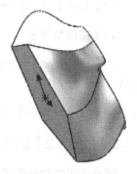

图4-67　生成边界特征

4.11　拔模特征

拔模特征是用指定的角度斜削模型中所选的面,使型腔零件更容易脱出模具,可以在现有的零件中插入拔模,或者在进行拉伸特征时拔模,也可以将拔模应用到实体或者曲面模型中。

4.11.1　拔模特征的属性设置

在【手工】模式中,可以指定拔模类型,包括【中性面】、【分型线】和【阶梯拔模】。

1. 中性面

选择【插入】|【特征】|【拔模】菜单命令,弹出【拔模】属性管理器。在【拔模类型】选项组中,单击【中性面】单选按钮,如图4-68所示。

（1）【拔模角度】选项组

[图标]【拔模角度】:垂直于中性面进行测量的角度。

（2）【中性面】选项组

【中性面】:选择一个面或者基准面。

（3）【拔模面】选项组

● [图标]【拔模面】:在图形区域中选择要拔模的面。

● 【拔模沿面延伸】:可以将拔模延伸到额外的面,包括如下选项。

图4-68　单击【中性面】单选
按钮后的属性设置

- ■ 【无】: 只在所选的面上进行拔模。
- ■ 【沿切面】: 将拔模延伸到所有与所选面相切的面。
- ■ 【所有面】: 将拔模延伸到所有从中性面拉伸的面。
- ■ 【内部的面】: 将拔模延伸到所有从中性面拉伸的内部面。
- ■ 【外部的面】: 将拔模延伸到所有在中性面旁边的外部面。

2. 分型线

单击【分型线】单选按钮,可以对分型线周围的曲面进行拔模。

选择【插入】|【特征】|【拔模】菜单命令,弹出【拔模】属性管理器。在【拔模类型】选项组中,单击【分型线】单选按钮,如图 4-69 所示。

(1)【拔模方向】选项组

【拔模方向】: 在图形区域中选择一条边线或者一个面指示拔模的方向。

(2)【分型线】选项组

- ● ⬩ 【分型线】: 在图形区域中选择分型线。
- ● 【拔模沿面延伸】: 可以将拔模延伸到额外的面,包括如下选项。
  - ■ 【无】: 只在所选的面上进行拔模。
  - ■ 【沿切面】: 将拔模延伸到所有与所选面相切的面。

3. 阶梯拔模

阶梯拔模为分型线拔模的变体,阶梯拔模围绕用为拔模方向的基准面旋转而生成一个面。

选择【插入】|【特征】|【拔模】菜单命令,弹出【拔模】属性管理器。在【拔模类型】选项组中,单击【阶梯拔模】单选按钮,如图 4-70 所示。

图 4-69　单击【分型线】单选按钮后的属性设置

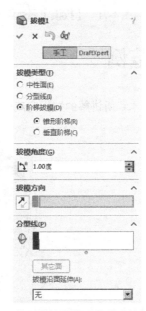

图 4-70　单击【阶梯拔模】单选按钮后的属性设置

【阶梯拔模】属性设置与【分型线】基本相同，在此不做赘述。

4.11.2　生成拔模特征的操作方法

1）选择【插入】|【特征】|【拔模】菜单命令，弹出【拔模】属性管理器。

2）在【拔模类型】选项组中，单击【中性面】单选按钮；在【拔模角度】选项组中，设置 [图标]【拔模角度】为【15.00 度】；在【中性面】选项组中，单击【中性面】选择框，选择模型小圆柱体的上表面。

3）在【拔模面】选项组中，单击 [图标]【拔模面】选择框，选择模型外表面，如图 4-71 所示，单击 [图标]【确定】按钮，生成拔模特征，如图 4-72 所示。

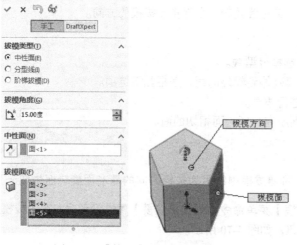

图 4-71　【拔模】属性管理器

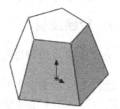

图 4-72　生成拔模特征

4.12　范例

下面应用本章所讲解的知识完成一个三维模型的范例，最终效果如图 4-73 所示。

图 4-73　三维模型

4.12.1　建立基础部分

1）单击【FeatureManager 设计树】中的【前视基准面】图标，使其成为草图绘制平面。单击【标准视图】工具栏中的⊥【正视于】按钮，并单击【草图】工具栏中的▱【草图绘制】按钮，进入草图绘制状态。使用【草图】工具栏中的／【直线】、✦【智能尺寸】工具，绘制图 4-74 所示的草图。单击▱【退出草图】按钮，退出草图绘制状态。

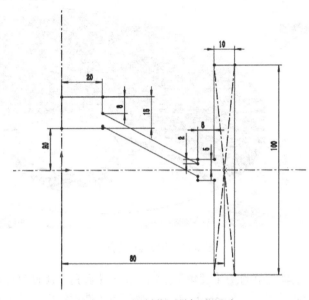

图 4-74　绘制草图并标注尺寸

2）单击【特征】工具栏中的🔄【旋转凸台/基体】按钮，弹出【旋转】属性管理器。在【旋转轴】选项组中，单击／【旋转轴】选择框，在图形区域中选择直线 2，单击✅【确定】按钮，生成旋转特征，如图 4-75 所示。

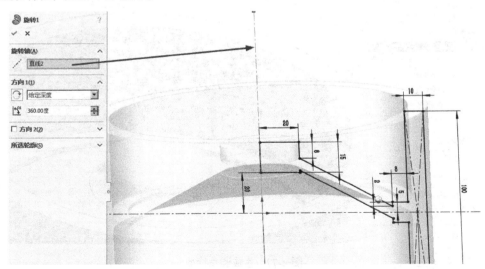

图 4-75　生成旋转特征

3）单击【特征】工具栏中的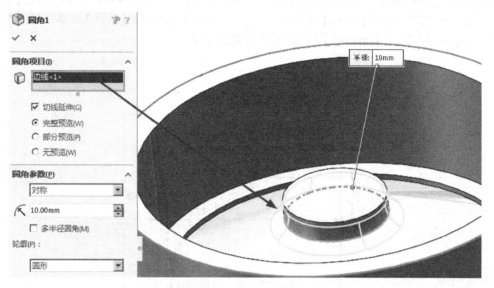【圆角】按钮，弹出【圆角】属性管理器。在【圆角参数】选项组中，设置【半径】为【10.00mm】；在【圆角项目】选项组中，单击【边线、面、特征和环】选择框，在图形区域中选择模型旋转特征中心小凸台底部的一条边线，单击【确定】按钮，生成圆角特征，如图 4-76 所示。

图 4-76　生成圆角特征

4）单击【特征】工具栏中的【圆角】按钮，弹出【圆角】属性管理器。在【圆角参数】选项组中，设置【半径】为【1.00mm】；在【圆角项目】选项组中，单击【边线、面、特征和环】选择框，在图形区域中选择模型旋转特征中心小凸台顶部的一条边线，单击【确定】按钮，生成圆角特征，如图 4-77 所示。

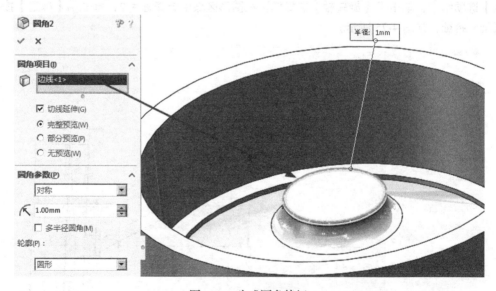

图 4-77　生成圆角特征

5）单击【FeatureManager 设计树】中的【上视基准面】图标，使其成为草图绘制平面。单击【标准视图】工具栏中的↓【正视于】按钮，并单击【草图】工具栏中的✑【草图绘制】按钮，进入草图绘制状态。使用【草图】工具栏中的✏【直线】、🕒【圆心／起／终点画弧】、🖊【智能尺寸】工具，绘制图 4-78 所示的草图。单击✑【退出草图】按钮，退出草图绘制状态。

6）单击【特征】工具栏中的🔘【拉伸切除】按钮，弹出【切除-拉伸】属性管理器。在【方向 1】选项组中，设置【终止条件】为【完全贯穿】，单击✔【确定】按钮，生成拉伸切除特征，如图 4-79 所示。

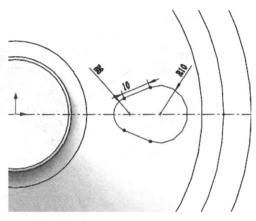

图 4-78　绘制草图并标注尺寸

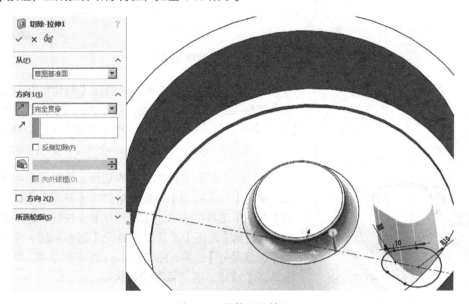

图 4-79　拉伸切除特征

4.12.2　建立其余部分

1）单击【特征】工具栏中的🎯【圆周阵列】按钮，弹出【圆周阵列】属性管理器。在【参数】选项组中，单击【阵列轴】选择框，在【FeatureManager 设计树】中单击【基准轴 1】图标，设置❈【实例数】为【6】，勾选【等间距】选项；在【特征和面】选项组中，单击🔘【要阵列的特征】选择框，在图形区域中选择模型的切除-拉伸 1 特征，单击✔【确定】按钮，生成特征圆周阵列，如图 4-80 所示。

2）单击旋转特征中心小凸台的上表面，使其成为草图绘制平面。单击【标准视图】工具栏中的↓【正视于】按钮，并单击【草图】工具栏中的✑【草图绘制】按钮，进入草图绘制状态。使用【草图】工具栏中的✏【直线】、🕒【圆心／起／终点画弧】、🖊【智能尺寸】工具，绘制图 4-81 所示的草图。单击✑【退出草图】按钮，退出草图绘制状态。

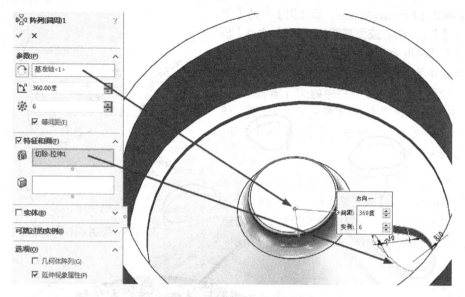

图 4-80　生成特征圆周阵列

3）单击【特征】工具栏中的 【拉伸切除】按钮，弹出【切除-拉伸】属性管理器。在【方向1】选项组中，设置【终止条件】为【给定深度】， 【深度】为【5.00mm】，单击 【确定】按钮，生成拉伸切除特征，如图4-82所示。

4）单击切除-拉伸2特征的切面，使其成为草图绘制平面。单击【标准视图】工具栏中的 【正视于】按钮，并单击【草图】工具栏中的 【草图绘制】按钮，进入草图绘制状态。使用【草图】工具栏中的 【圆心／起／终点画弧】、 【智能尺寸】工具，绘制图4-83所示的草图。单击 【退出草图】按钮，退出草图绘制状态。

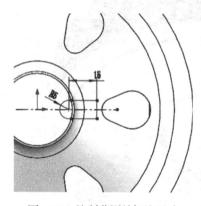

图 4-81　绘制草图并标注尺寸

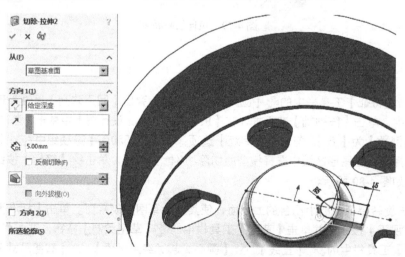

图 4-82　拉伸切除特征

5）单击【特征】工具栏中的 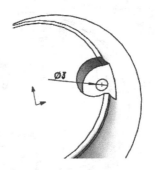 【拉伸切除】按钮，弹出【切除-拉伸】属性管理器。在【方向 1】选项组中，设置【终止条件】为【完全贯穿】，单击 ✔ 【确定】按钮，生成拉伸切除特征，如图 4-84 所示。

6）单击【特征】工具栏中的 ✿ 【圆周阵列】按钮，弹出【圆周阵列】属性管理器。在【参数】选项组中，单击【阵列轴】选择框，在【FeaeureManager 设计树】中单击【基准轴 1】图标，设置 ✿【实例数】为【5】，勾选【等间距】选项；在【特征和面】选项组中，单击 ⋒（要阵列的特征）选择框，在图形区域中选择模型的切除-拉伸 2 和切除-拉伸 3 特征，单击 ✔ 【确定】按钮，生成特征圆周阵列，如图 4-85 所示。

图 4-83　绘制草图并标注尺寸

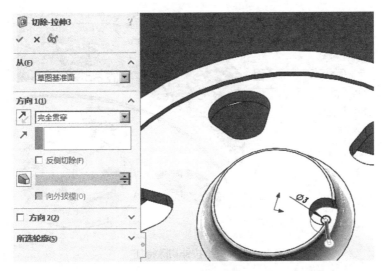

图 4-84　拉伸切除特征

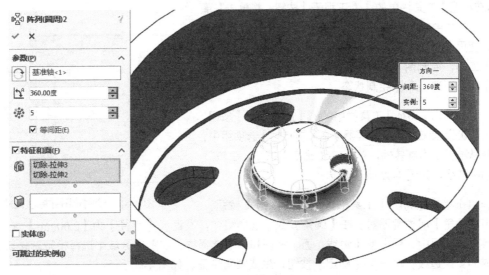

图 4-85　生成特征圆周阵列

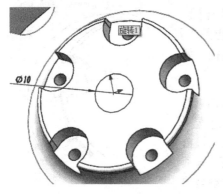

图 4-86　绘制草图并标注尺寸

7）单击旋转特征中心小凸台的上表面，使其成为草图绘制平面。单击【标准视图】工具栏中的 ⊥【正视于】按钮，并单击【草图】工具栏中的 ⬚【草图绘制】按钮，进入草图绘制状态。使用【草图】工具栏中的 ⌒【圆心／起／终点画弧】、 ✎【智能尺寸】工具，绘制图 4-86 所示的草图。单击 ⬚【退出草图】按钮，退出草图绘制状态。

8）单击【特征】工具栏中的 ▣【拉伸切除】按钮，弹出【切除-拉伸】属性管理器。在【方向 1】选项组中，设置【终止条件】为【完全贯穿】，单击 ✔【确定】按钮，生成拉伸切除特征，如图 4-87 所示。

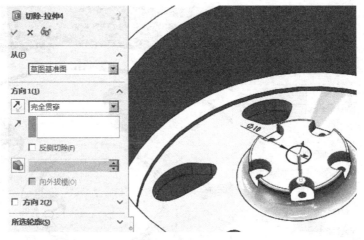

图 4-87　拉伸切除特征

9）单击【FeatureManager 设计树】中的【前视基准面】图标，使其成为草图绘制平面。单击【标准视图】工具栏中的 ⊥【正视于】按钮，并单击【草图】工具栏中的 ⬚【草图绘制】按钮，进入草图绘制状态。使用【草图】工具栏中的 ╱【直线】、 ✎【智能尺寸】工具，绘制图 4-88 所示的草图。单击 ⬚【退出草图】按钮，退出草图绘制状态。

10）单击【特征】工具栏中的 ▥【旋转切除】按钮，弹出【切除-旋转】属性管理器。在【旋转轴】选项组中，选择基准轴 1 为旋转轴，单击 ✔【确定】按钮，生成旋转切除特征，如图 4-89 所示。

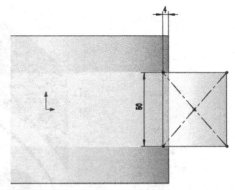

图 4-88　绘制草图并标注尺寸

11）单击【特征】工具栏中的 ▣【圆角】按钮，弹出【圆角】属性管理器。在【圆角参数】选项组中，设置 ⦦【半径】为【2.00mm】；在【圆角项目】选项组中，单击 ▣【边线、面、特征和环】选择框，在图形区域中选择模型旋转切除特征形成的 4 条边线，单击 ✔【确定】按钮，生成圆角特征，如图 4-90 所示。

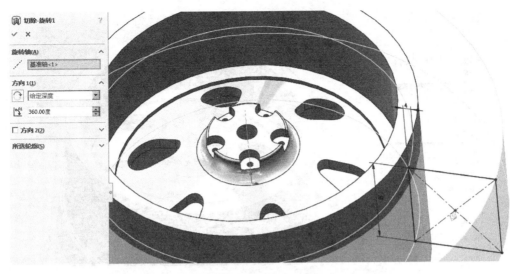

图 4-89　旋转切除特征

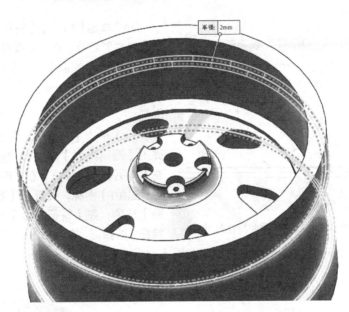

图 4-90　生成圆角特征

12）单击【参考几何体】工具栏中的 【基准面】按钮，弹出【基准面】属性管理器。在【第一参考】中，在图形区域中选择前视基准面，单击 【距离】按钮，在文本栏中输入【100.00mm】，如图 4-91 所示，在图形区域中显示出新建基准面的预览，单击 【确定】按钮，生成基准面。

13）单击【FeatureManager 设计树】中的【基准面 1】图标，使其成为草图绘制平面。单击【标准视图】工具栏中的 【正视于】按钮，并单击【草图】工具栏中的 【草图绘制】按钮，进入草图绘制状态。使用【草图】工具栏中的 【多边形】、【圆心／起／终点画弧】、【智能尺寸】工具，绘制图 4-92 所示的草图。单击 【退出草图】按钮，退出草图绘制状态。

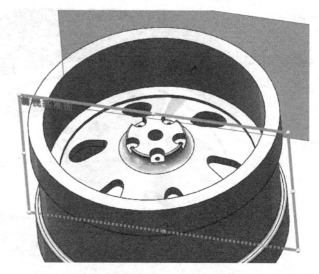

图 4-91 生成基准面

图 4-92 绘制草图并标注尺寸

14）单击【插入】|【特征】【包覆】菜单命令，弹出【包覆】属性管理器。在【包覆参数】选项组中，选择【蚀雕】，在【要包覆的面】中选择模型的旋转切除表面，【深度】设置为【2.00mm】；在【源草图】中选择【草图7】，单击✓【确定】按钮，生成包覆特征，如图 4-93 所示。

15）单击【特征】工具栏中的【圆周阵列】按钮，弹出【圆周阵列】属性管理器。在【参数】选项组中，单击【阵列轴】选择框，在【FeatureManager 设计树】中单击【基准轴 1】图标，设置【实例数】为【10】，勾选【等间距】选项；在【特征和面】选项组中，单击【要阵列的特征】选择框，在图形区域中选择包覆 1 特征，单击✓【确定】按钮，生成特征圆周阵列，如图 4-94 所示。

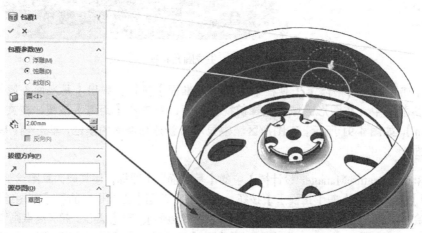

图 4-93 生成包覆特征

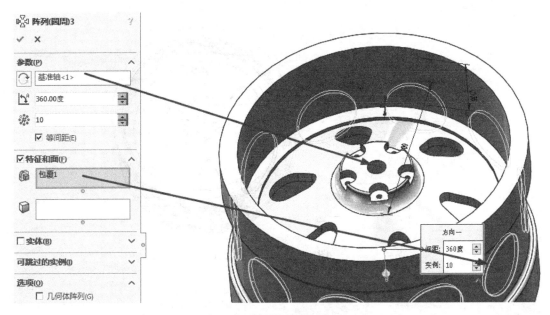

图 4-94 生成特征圆周阵列

16）选择【插入】|【特征】|【倒角】菜单命令，弹出【倒角】属性管理器。在【倒角参数】选项组中，单击 🔲【边线和面或顶点】选择框，在绘图区域中选择模型中旋转特征的上缘内边线，设置 🔩【距离】为【2.00mm】，📐【角度】为【45.00 度】，单击 ✅【确定】按钮，生成倒角特征，如图 4-95 所示。

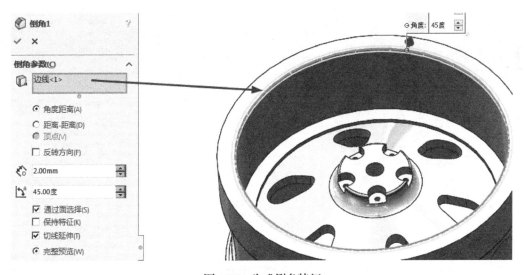

图 4-95 生成倒角特征

17）单击【插入】|【特征】|【缩放比例】菜单命令，弹出【缩放比例】属性管理器。在【比例缩放点】中选择【重心】，勾选【统一比例缩放】，在【比例】中输入【0.5】，如图 4-96 所示，单击 ✅【确定】按钮，生成组合特征。

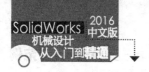

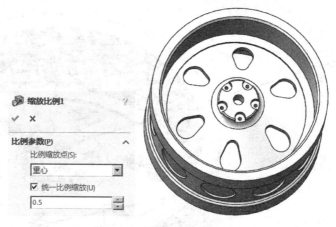

图 4-96 缩放比例特征

第5章
曲线与曲面设计

曲线与曲面功能也是 SolidWorks 软件的亮点之一。SolidWorks 可以轻松地生成复杂的曲面与曲线模型。本章介绍曲线与曲面设计的功能，包括的主要内容有生成曲线的基本方法、生成曲面的基本方法和编辑曲面的基本方法。

重点与难点

- 生成曲线的方法
- 生成曲面的方法
- 编辑曲面的方法

5.1 生成曲线

曲线是组成不规则实体模型的最基本要素，SolidWorks 提供了绘制曲线的工具栏和菜单命令。

选择【插入】|【曲线】菜单命令可以选择绘制相应曲线的类型，如图 5-1 所示。

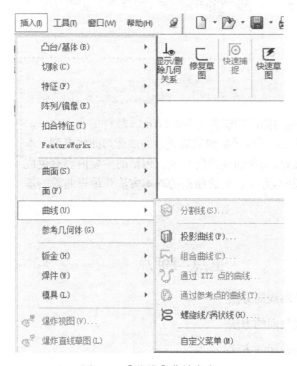

图 5-1 【曲线】菜单命令

5.1.1 分割线

分割线通过将实体投影到曲面或者平面上而生成。它将所选的面分割为多个分离的面，从而可以选择其中一个分离面进行操作。分割线也可以通过将草图投影到曲面实体而生成，投影的实体可以是草图、模型实体、曲面、面、基准面或者曲面样条曲线。

1. 分割线的属性设置

单击【曲线】工具栏中的 🔯【分割线】按钮或者选择【插入】|【曲线】|【分割线】菜单命令，弹出【分割线】属性管理器。在【分割类型】选项组中，选择生成的分割线的类型，如图 5-2 所示。

- 【轮廓】：在圆柱形零件上生成分割线。
- 【投影】：将草图投影到平面上生成分割线。
- 【交叉点】：通过交叉的曲面来生成分割线。

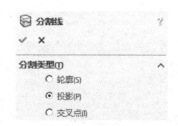

图 5-2 【分割类型】选项组

（1）单击【轮廓】单选按钮后的属性设置

单击【曲线】工具栏中的 🔲【分割线】按钮或者选择【插入】|【曲线】|【分割线】菜单命令，弹出【分割线】属性管理器。单击【轮廓】单选按钮，其属性设置如图 5-3 所示。

- 📐【拔模方向】：确定拔模的基准面（中性面）。
- 🔲【要分割的面】：选择要分割的面。
- 📐【角度】：设置拔模角度。

（2）单击【投影】单选按钮后的属性设置

单击【曲线】工具栏中的 🔲【分割线】按钮或者选择【插入】|【曲线】|【分割线】菜单命令，弹出【分割线】属性管理器。单击【投影】单选按钮，其属性设置如图 5-4 所示。

图 5-3　单击【轮廓】单选按钮后的属性设置　　图 5-4　单击【投影】单选按钮后的属性设置

- └【要投影的草图】：选择要投影的草图。
- 【单向】：以单方向分割来生成分割线。

（3）单击【交叉点】单选按钮后的属性设置

单击【曲线】工具栏中的 🔲【分割线】按钮或者选择【插入】|【曲线】|【分割线】菜单命令，弹出【分割线】属性管理器。单击【交叉点】单选按钮，其属性设置如图 5-5 所示。

- 【分割所有】：分割所有可以分割的曲面。
- 【自然】：按照曲面的形状进行分割。
- 【线性】：按照线性方向进行分割。

2. 生成分割线的操作方法

（1）生成【轮廓】类型的分割线

1）单击【曲线】工具栏中的 🔲【分割线】按钮或者选择【插入】|【曲线】|【分割线】

菜单命令，弹出【分割线】属性管理器。

2）在【分割类型】选项组中，单击【轮廓】单选按钮，在图形区域中选择图 5-6 所示的基准面 2。

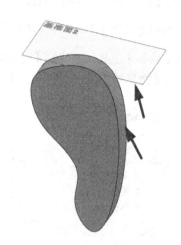

图 5-5　单击【交叉点】单选按钮后的属性设置　　　　　图 5-6　选择面

3）单击【要分割的面】选择框，在图形区域中选择面，其他设置如图 5-7 所示，单击 ✅【确定】按钮，生成分割线，如图 5-8 所示。

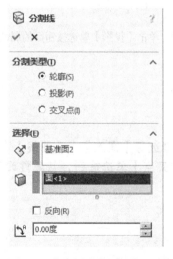

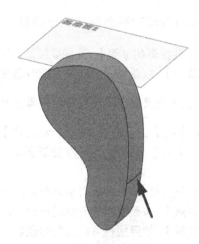

图 5-7　【分割线】属性管理器　　　　　图 5-8　生成分割线

（2）生成【投影】类型的分割线

1）单击【曲线】工具栏中的 🔲【分割线】按钮或者选择【插入】|【曲线】|【分割线】菜单命令，弹出【分割线】属性管理器。

2）在【分割类型】选项组中，单击【投影】单选按钮；在【选择】选项组中，单击【要投影的草图】选择框，在图形区域中选择图 5-9 所示的草图 3。

3）单击【要分割的面】选择框，在图形区域中选择面 1，其他设置如图 5-10 所示，单击 ✓【确定】按钮，生成分割线，如图 5-11 所示。

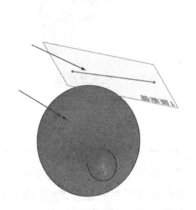

图 5-9 选择草图和面   图 5-10 【分割线】属性管理器

（3）生成【交叉点】类型的分割线

1）单击【曲线】工具栏中的 ⬚【分割线】按钮或者选择【插入】|【曲线】|【分割线】菜单命令，弹出【分割线】属性管理器。

2）在【分割类型】选项组中，单击【交叉点】单选按钮；在【选择】选项组中，单击【分割实体/面/基准面】选择框，在图形区域中选择图 5-12 所示的基准面。

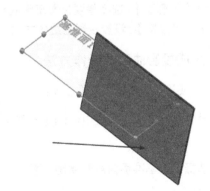

图 5-11 生成分割线   图 5-12 选择面

3）单击【要分割的面/实体】选择框，选择图形区域中的竖直面，其他设置如图 5-13 所示，单击 ✓【确定】按钮，生成分割线，如图 5-14 所示（分割线位于分割面和目标面的交叉处）。

图 5-13　【分割线】属性管理器

图 5-14　生成分割线

5.1.2　投影曲线

投影曲线可以通过将绘制的曲线投影到模型面上的方式生成一条三维曲线，即"面上草图"的投影类型，也可以使用另一种方式生成投影曲线，即"草图上草图"的投影类型。首先在两个相交的基准面上分别绘制草图，此时系统会将每个草图沿所在平面的垂直方向投影以得到相应的曲面，最后这两个曲面在空间中相交而生成一条三维曲线。

1. 投影曲线的属性设置

单击【曲线】工具栏中的 【投影曲线】按钮或者选择【插入】|【曲线】|【投影曲线】菜单命令，弹出【投影曲线】属性管理器，如图 5-15 所示。在【选择】选项组中，可以选择两种投影类型，即【面上草图】和【草图上草图】。

- 【要投影的一些草图】：在图形区域中选择曲线草图。
- 【投影面】：选择想要投影草图的平面。
- 【反转投影】：设置投影曲线的方向。

2. 生成投影曲线的操作方法

（1）生成投影类型为【草图上草图】的投影曲线

1）单击【标准】工具栏中的 【新建】按钮，新建零件文件。

图 5-15　【投影曲线】属性管理器

2）选择前视基准面为草图绘制平面，单击【草图】工具栏中的 【样条曲线】按钮，绘制一条样条曲线。

3）选择上视基准面为草图绘制平面，单击【草图】工具栏中的 【样条曲线】按钮，再次绘制一条样条曲线。

4）单击【标准视图】工具栏中的 【等轴测】按钮，将视图以等轴测方向显示，如图 5-16 所示。

5）单击【曲线】工具栏中的 🔟【投影曲线】按钮（或者选择【插入】|【曲线】|【投影曲线】菜单命令），弹出【投影曲线】属性管理器。在【选择】选项组中，选择【草图上草图】投影类型。

6）单击 ⊏【要投影的一些草图】选择框，在图形区域中选择第 2 步和第 3 步绘制的草图，如图 5-17 所示，此时在图形区域中可以预览生成的投影曲线，单击 ✔【确定】按钮，生成投影曲线，如图 5-18 所示。

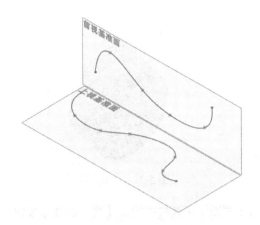

图 5-16　以等轴测方向显示视图

图 5-17　【投影曲线】属性管理器

（2）生成投影类型为【面上草图】的投影曲线

1）单击【标准】工具栏中的 🗋【新建】按钮，新建零件文件。

2）选择前视基准面为草图绘制平面，绘制一个圆，单击【曲面】工具栏中的 💠【拉伸曲面】按钮，拉伸出一个宽为 25 mm 的曲面，如图 5-19 所示。

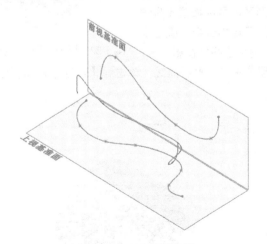

图 5-18　生成投影曲线

图 5-19　生成拉伸曲面

3）单击【参考几何体】工具栏中的【基准面】按钮，弹出【基准面】属性管理器。在【第一参考】选项组中，单击【参考实体】选择框，在【FeatureManager 设计树】中单击【上视基准

面】图标，设置【距离】为【25.00mm】，如图 5-20 所示，在图形区域中上视基准面上方 25 mm 处生成基准面 1，如图 5-21 所示。

图 5-20　【基准面】属性管理器

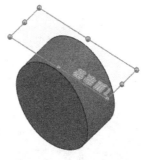

图 5-21　生成基准面 1

4）选择基准面 1 为草图绘制平面，单击【草图】工具栏中的 ∩【样条曲线】按钮，绘制一条样条曲线。

5）单击【标准视图】工具栏中的 ◙【等轴测】按钮，将视图以等轴测方向显示，如图 5-22 所示。

6）单击【曲线】工具栏中的 ⑪【投影曲线】按钮或者选择【插入】｜【曲线】｜【投影曲线】菜单命令，弹出【投影曲线】属性管理器。在【选择】选项组中，选择【面上草图】投影类型。单击【要投影的一些草图】选择框，在图形区域中选择第 4 步绘制的草图，单击【投影面】选择框，在图形区域中选择步骤 2 中生成的拉伸曲面，勾选【反转投影】选项，确定曲线的投影方向，如图 5-23 所示，此时在图形区域中可以预览生成的投影曲线，单击 ✓【确定】按钮，生成投影曲线，如图 5-24 所示。

图 5-22　以等轴测方向显示视图

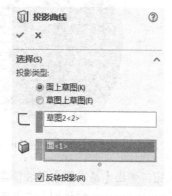

图 5-23　【投影曲线】属性管理器

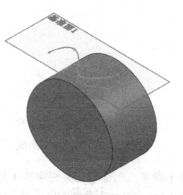

图 5-24　生成投影曲线

5.1.3　组合曲线

组合曲线通过将曲线、草图几何体和模型边线组合为一条单一曲线而生成。组合曲线可以作为生成放样特征或者扫描特征的引导线或者轮廓线。

1. 组合曲线的属性设置

单击【曲线】工具栏中的 ⌒【组合曲线】按钮或者选择【插入】|【曲线】|【组合曲线】菜单命令，弹出【组合曲线】属性管理器，如图 5-25 所示。

⌒【要连接的草图、边线以及曲线】：选择要组合曲线的草图或者曲线。

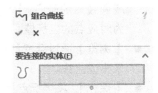

图 5-25　【组合曲线】属性管理器

2. 生成组合曲线的操作方法

1）单击【标准】工具栏中的 ▯【新建】按钮，新建零件文件。

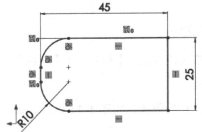

图 5-26　绘制草图并标注尺寸

2）选择前视基准面作为草图绘制平面，绘制图 5-26 所示的草图并标注尺寸。

3）单击【特征】工具栏中的 ▣【拉伸凸台/基体】按钮，弹出【凸台-拉伸】属性管理器。在【方向 1】选项组中，设置【深度】为【25.00mm】，将刚绘制的草图拉伸为实体。

4）单击【曲线】工具栏中的 ⌒【组合曲线】按钮或者选择【插入】|【曲线】|【组合曲线】菜单命令，弹出【组合曲线】属性管理器。在【要连接的实体】选项组中，单击 ⌒【要连接的草图、边线以及曲线】选择框，在图形区域中依次选择图 5-27 所示的边线 1～边线 6，如图 5-28 所示，此时在图形区域中可以预览生成的组合曲线，单击 ✔【确定】按钮，生成组合曲线，如图 5-29 所示。

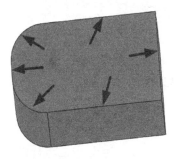

图 5-27　选择边线

图 5-28　【组合曲线】属性管理器

图 5-29　生成组合曲线

5.1.4　通过 *xyz* 点的曲线

可以通过用户定义的点生成样条曲线，以这种方式生成的曲线被称为通过 *xyz* 点的曲线。在 SolidWorks 中，用户既可以自定义样条曲线通过的点，也可以利用点坐标文件生成样条曲线。

1. 通过 *xyz* 点的曲线的属性设置

单击【曲线】工具栏中的 💋【通过 XYZ 点的曲线】按钮或者选择【插入】|【曲线】|【通过 XYZ 点的曲线】菜单命令，弹出【曲线文件】对话框，如图 5-30 所示。

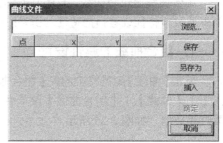

- 【点】、【X】、【Y】、【Z】：【点】的列坐标为生成曲线点的顺序；【X】、【Y】、【Z】的列坐标为对应点的坐标值。
- 【浏览】：通过读取已存在于硬盘中的曲线文件来生成曲线。
- 【保存】：将坐标点保存为曲线文件。
- 【插入】：插入一个新行。如果要在某一行之上插入新行，只要单击该行，然后单击【插入】按钮即可。

图 5-30 【曲线文件】对话框

2. 生成通过 *xyz* 点的曲线的操作方法

（1）键入坐标

1）单击【标准】工具栏中的 🗋【新建】按钮，新建零件文件。

2）单击【曲线】工具栏中的 💋【通过 XYZ 点的曲线】按钮或者选择【插入】|【曲线】|【通过 XYZ 点的曲线】菜单命令，弹出【曲线文件】对话框。

3）在【X】、【Y】、【Z】的单元格中键入生成曲线的坐标点的数值，如图 5-31 所示，单击【确定】按钮，结果如图 5-32 所示。

图 5-31 设置【曲线文件】对话框 　　　图 5-32 生成通过 *xyz* 点的曲线

（2）导入坐标点文件

1）单击【标准】工具栏中的 🗋【新建】按钮，新建零件文件。

2）单击【曲线】工具栏中的 💋【通过 XYZ 点的曲线】按钮或者选择【插入】|【曲线】|【通过 XYZ 点的曲线】菜单命令，弹出【曲线文件】对话框。

3）单击【浏览】按钮，弹出图 5-33 所示的【打开】对话框，选择需要的曲线文件。

4）单击【打开】按钮，此时选择的文件的路径和文件名出现在【曲线文件】对话框中上方的空白框中，如图 5-34 所示，单击【确定】按钮，结果如图 5-35 所示。

图 5-33　【打开】对话框

图 5-34　【曲线文件】对话框

图 5-35　生成通过 *xyz* 点的曲线

5.1.5　通过参考点的曲线

通过参考点的曲线是通过一个或者多个平面上的点而生成的曲线。

1. 通过参考点的曲线的属性设置

单击【曲线】工具栏中的 ⚙【通过参考点的曲线】按钮或者单击【插入】|【曲线】|【通过参考点的曲线】菜单命令，弹出【通过参考点的曲线】属性管理器，如图 5-36 所示。

● 【通过参考点的曲线】：选择一个或者多个平面上的点。

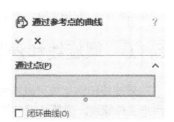

图 5-36　【通过参考点的曲线】
属性管理器

● 【闭环曲线】: 确定生成的曲线是否闭合。

2. 生成通过参考点的曲线的操作方法

1）单击【曲线】工具栏中的 🐠【通过参考点的曲线】按钮或者单击【插入】|【曲线】|【通过参考点的曲线】菜单命令，弹出【通过参考点的曲线】属性管理器。

2）在图形区域中选择图 5-37 所示的顶点 1～顶点 4，此时在图形区域中可以预览到生成的曲线，单击 ✅【确定】按钮，生成通过参考点的曲线，如图 5-38 所示。

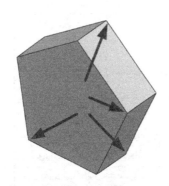
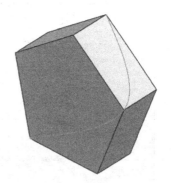

图 5-37 选择顶点   图 5-38 生成通过参考点的曲线

3）用鼠标右键单击【FeatureManager 设计树】中的【曲线 1】(即上一步生成的曲线) 图标，在弹出的菜单中选择【编辑特征】命令，如图 5-39 所示；弹出【曲线 1】属性管理器，勾选【闭环曲线】选项，如图 5-40 所示；单击 ✅【确定】按钮，生成的通过参考点的曲线自动变为闭合曲线，如图 5-41 所示。

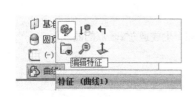

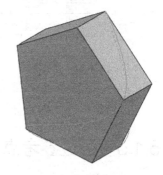

图 5-39 快捷菜单   图 5-40 【曲线 1】属性管理器   图 5-41 生成闭合曲线

5.1.6 螺旋线和涡状线

螺旋线和涡状线可以作为扫描特征的路径或者引导线，也可以作为放样特征的引导线，通常用来生成螺纹、弹簧和发条等零件，也可以在工业设计中作为装饰使用。

1. 螺旋线和涡状线的属性设置

单击【曲线】工具栏中的 ⟩⟨【螺旋线/涡状线】按钮或者选择【插入】|【曲线】|【螺旋

线/涡状线】菜单命令，弹出【螺旋线/涡状线】属性管理器。

（1）【定义方式】选项组

用来定义生成螺旋线和涡状线的方式，可以根据需要进行选择，如图 5-42 所示。

- 【螺距和圈数】：通过设置螺距和圈数的数值来生成螺旋线。
- 【高度和圈数】：通过设置高度和圈数的数值来生成螺旋线。
- 【高度和螺距】：通过设置高度和螺距的数值来生成螺旋线。
- 【涡状线】：通过设置螺距和圈数的数值来生成涡状线。

（2）【参数】选项组
- 【恒定螺距】：以恒定螺距方式生成螺旋线。
- 【可变螺距】：以可变螺距方式生成螺旋线。
- 【区域参数】：通过指定高度、直径以及螺距率生成可变螺距螺旋线。
- 【螺距】：设置螺距数值。
- 【圈数】：设置螺旋线的旋转圈数。
- 【高度】：设置螺旋线的高度。
- 【反向】：反转螺旋线的旋转方向。
- 【起始角度】：设置在螺旋线开始旋转的角度。
- 【顺时针】：设置螺旋线的旋转方向为顺时针。
- 【逆时针】：设置螺旋线的旋转方向为逆时针。

（3）【锥形螺纹线】选项组
- ◻【锥形角度】：设置锥形螺纹线的角度。
- 【锥度外张】：设置螺纹线的锥度为外张。

2．生成螺旋线的操作方法

1）单击【标准】工具栏中的◻【新建】按钮，新建零件文件。

2）选择前视基准面为草图绘制平面，绘制一个直径为 55 mm 的圆形草图并标注尺寸，如图 5-43 所示。

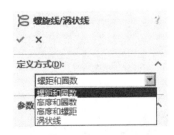

图 5-42　【定义方式】选项组

图 5-43　绘制草图

3）单击【曲线】工具栏中的◻【螺旋线/涡状线】按钮或者选择【插入】|【曲线】|【螺旋线/涡状线】菜单命令，弹出【螺旋线/涡状线】属性管理器。在【定义方式】选项组中，选择【螺距和圈数】选项；在【参数】选项组中，单击【恒定螺距】单选按钮，设置【螺距】为【12.00mm】，

【圈数】为【10】，如图 5-44 所示，单击 ✅【确定】按钮，生成螺旋线。

4）单击【标准视图】工具栏中的 ⬡【等轴测】按钮，将视图以等轴测方向显示，如图 5-45 所示。

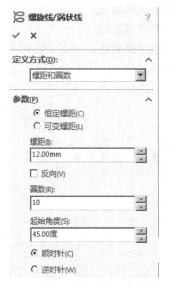

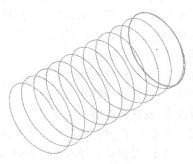

图 5-44　【螺旋线/涡状线】属性管理器　　　　图 5-45　生成螺旋线

5）用鼠标右键单击【FeatureManager 设计树】中的【螺旋线/涡状线 1】图标，在弹出的菜单中选择【编辑特征】命令，如图 5-46 所示，弹出【螺旋线/涡状线 1】属性管理器，对生成的螺旋线进行编辑。

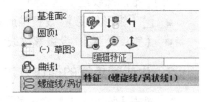

6）在【锥形螺纹线】选项组中，设置【锥形角度】为【5.00 度】，如图 5-47 所示，单击 ✅【确定】按钮，生成锥形螺旋线，如图 5-48 所示。

图 5-46　快捷菜单

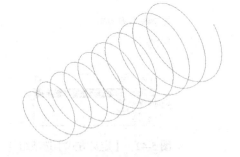

图 5-47　设置【锥形角度】数值　　　　图 5-48　生成锥形螺旋线

7）在【锥形螺纹线】选项组中，设置【锥形角度】为【5.00 度】，勾选【锥度外张】选项，如图 5-49 所示，单击 ✅【确定】按钮，生成锥形螺旋线，如图 5-50 所示。

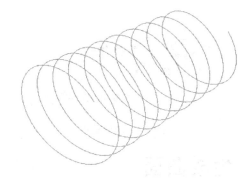

图 5-49　勾选【锥度外张】选项　　　　　图 5-50　生成锥形螺旋线

3. 生成涡状线的操作方法

1）单击【标准】工具栏中的 🗋【新建】按钮，新建零件文件。

2）选择前视基准面为草图绘制平面，绘制一个直径为 60 mm 的圆形草图并标注尺寸。

3）单击【曲线】工具栏中的 🗟【螺旋线/涡状线】按钮或者选择【插入】|【曲线】|【螺旋线/涡状线】菜单命令，弹出【螺旋线/涡状线】属性管理器。在【定义方式】选项组中，选择【涡状线】选项；在【参数】选项组中，设置【螺距】为【15.00mm】，【圈数】为【10】，【起始角度】为【135.00 度】，单击【顺时针】单选按钮，如图 5-51 所示，单击 ✅【确定】按钮，生成涡状线，如图 5-52 所示。

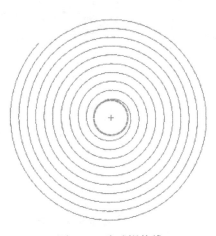

图 5-51　【螺旋线/涡状线】属性管理器　　图 5-52　生成涡状线

4）用鼠标右键单击【FeatureManager 设计树】中的【螺旋线/涡状线 1】图标，在弹出的菜单中选择【编辑特征】命令，如图 5-53 所示，弹出【螺旋线/涡状线 1】属性管理器，对生成的涡状线进行编辑，单击【逆时针】单选按钮，单击 ✅【确定】按钮，生成涡状线，如图 5-54 所示。

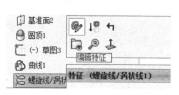

图 5-53　快捷菜单

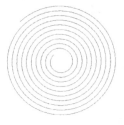

图 5-54　生成涡状线

5.2　生成曲面

曲面是一种可以用来生成实体特征的几何体（如圆角曲面等）。一个零件中可以有多个曲面实体。

SolidWorks 提供了生成曲面的工具栏和菜单命令。选择【插入】|【曲面】菜单命令可以选择生成相应曲面的类型，如图 5-55 所示，或者选择【视图】|【工具栏】|【曲面】菜单命令，调出【曲面】工具栏，如图 5-56 所示。

图 5-55　【曲面】菜单命令

图 5-56 【曲面】工具栏

5.2.1 拉伸曲面

拉伸曲面是将一条曲线拉伸为曲面。

1. 拉伸曲面的属性设置

单击【曲面】工具栏中的 【拉伸曲面】按钮或者选择【插入】|【曲面】|【拉伸曲面】菜单命令，弹出【曲面-拉伸】属性管理器，如图 5-57 所示。

（1）【从】选项组

不同的开始条件对应不同的属性设置。

- 【草图基准面】：拉伸的开始面为选中的草图基准面。
- 【曲面/面/基准面】：选择一个面作为拉伸曲面的开始曲面。
- 【顶点】：选择一个顶点作为拉伸曲面的开始条件。
- 【等距】：从与当前草图基准面等距的基准面上开始拉伸曲面。

（2）【方向1】、【方向2】选项组

- 【终止条件】：决定拉伸曲面的终止方式。
- ↗【反向】：改变曲面拉伸的方向。
- ↗【拉伸方向】：选择拉伸方向。
- 【深度】：设置曲面拉伸的距离。
- 【拔模开/关】：设置拔模角度。
- 【向外拔模】：设置向外拔模或是向内拔模。

图 5-57 【曲面-拉伸】属性管理器

其他属性设置不再赘述。

2. 生成拉伸曲面的操作方法

（1）生成【开始条件】为【草图基准面】的拉伸曲面

1）选择前视基准面为草图绘制平面，绘制图 5-58 所示的样条曲线。

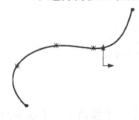

图 5-58 绘制样条曲线

2）单击【曲面】工具栏中的 【拉伸曲面】按钮或者选择【插入】|【曲面】|【拉伸曲面】菜单命令，弹出【曲面-拉伸】属性管理器。在【从】选项组中，设置【开始条件】为【草图基准面】；在【方向1】选项组中，设置【终止条件】为【给定深度】，设置【深度】为【20.00mm】，其他设置如图 5-59 所示，单击 【确定】按钮，生成拉伸曲面，如图 5-60 所示。

（2）生成【开始条件】为【曲面/面/基准面】的拉伸曲面

1）单击【曲面】工具栏中的 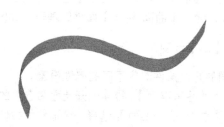【拉伸曲面】按钮或者选择【插入】|【曲面】|【拉伸曲面】菜单命令，弹出【拉伸】属性设置的信息框，如图 5-61 所示。

图 5-59　【曲面-拉伸】属性管理器 　　　　　图 5-60　生成拉伸曲面

2）在图形区域中选择图 5-62 所示的草图 1（即选择一个现有草图），弹出【曲面-拉伸】属性管理器。在【从】选项组中，设置【开始条件】为【曲面/面/基准面】，单击【选择一曲面/面/基准面】选择框，在图形区域中选择曲面；在【方向 1】选项组中，设置【终止条件】为【给定深度】，设置【深度】为【20.00mm】，其他设置如图 5-63 所示，单击 ✔【确定】按钮，生成拉伸曲面，如图 5-64 所示。

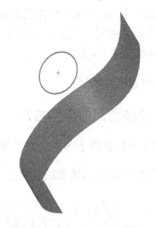

图 5-61　【拉伸】属性设置的信息框 　　　　図 5-62　选择草图和曲面

（3）生成【开始条件】为【顶点】的拉伸曲面

1）单击【曲面】工具栏中的 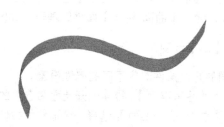【拉伸曲面】按钮或者选择【插入】|【曲面】|【拉伸曲面】菜单命令。

图 5-63　【曲面-拉伸】属性管理器

图 5-64　生成拉伸曲面

2）在图形区域中选择图 5-65 所示的曲线（即选择一个现有草图），弹出【曲面-拉伸】属性管理器。在【从】选项组中，设置【开始条件】为【顶点】，单击 【选择一顶点】选择框，在图形区域中选择图示的顶点 1；在【方向 1】选项组中，设置【终止条件】为【成形到一顶点】，单击【顶点】选择框，在图形区域中选择顶点 2，其他设置如图 5-66 所示，单击 【确定】按钮，生成拉伸曲面，如图 5-67 所示。

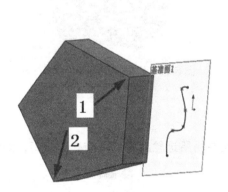

图 5-65　选择曲线和顶点

图 5-66　【曲面-拉伸】属性管理器

（4）生成【开始条件】为【等距】的拉伸曲面

1）单击【曲面】工具栏中的 【拉伸曲面】按钮或者选择【插入】|【曲面】|【拉伸曲面】菜单命令。

2）在图形区域中选择图 5-68 所示的草图（即选择一个现有草图），弹出【曲面-拉伸】属性管理器。在【从】选项组中，设置【开始条件】为【等距】，【键入等距值】为【0.00mm】；在【方向 1】选项组中，设置【终止条件】为【给定深度】，【深度】为【30.00mm】，其他设置如图 5-69 所示，单击 【确定】按钮，生成拉伸曲面，如图 5-70 所示。

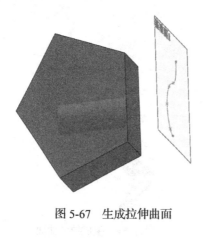

图 5-67　生成拉伸曲面

图 5-68　选择草图

图 5-69　【曲面-拉伸】属性管理器

图 5-70　生成拉伸曲面

5.2.2　旋转曲面

从交叉或者非交叉的草图中选择不同的草图并用所选轮廓生成的旋转的曲面，即为旋转曲面。

1. 旋转曲面的属性设置

单击【曲面】工具栏中的 【旋转曲面】按钮或者选择【插入】|【曲面】|【旋转曲面】菜单命令，弹出【曲面-旋转】属性管理器，如图 5-71 所示。

- 【旋转轴】：设置曲面旋转所围绕的轴，所选择的轴可以是中心线、直线，也可以是一条边线。
- 【反向】：改变旋转曲面的方向。
- 【旋转类型】：设置生成旋转曲面的类型，包括如下选项。
  - 【给定深度】：从草图以单一方向生成旋转。

图 5-71　【曲面-旋转】属性管理器

- ■ 【成形到一顶点】：从草图基准面生成旋转到指定顶点。
- ■ 【成形到一面】：从草图基准面生成旋转到指定曲面。
- ■ 【到离指定面指定的距离】：从草图基准面生成旋转到指定曲面的指定等距。
- ■ 【两侧对称】：从草图基准面以顺时针和逆时针方向生成旋转。
- ● ↔Δ【角度】：设置旋转曲面的角度。系统默认的角度为 360°。

2. 生成旋转曲面的操作方法

1）单击【曲面】工具栏中的 ◎【旋转曲面】按钮或者选择【插入】|【曲面】|【旋转曲面】菜单命令，弹出【曲面-旋转】属性管理器。在【旋转轴】选项组中，单击 ╱【旋转轴】选择框，在图形区域中选择图 5-72 所示的中心线，其他设置如图 5-73 所示，单击 ✓【确定】按钮，生成旋转曲面，如图 5-74 所示。

图 5-72　选择中心线　　　图 5-73　【曲面-旋转】属性管理器　　　图 5-74　生成旋转曲面

2）改变旋转类型，可以生成不同的旋转曲面。在【方向 1】选项组中，设置【旋转类型】为【两侧对称】，如图 5-75 所示，单击 ✓【确定】按钮，生成旋转曲面，如图 5-76 所示。

图 5-75　设置【旋转类型】为【两侧对称】　　　图 5-76　生成旋转曲面

3）在【方向 2】选项组中设置相关参数，如图 5-77 所示，单击 ✓【确定】按钮，生成旋转曲面，如图 5-78 所示。

图 5-77　设置【旋转类型】为【给定深度】

图 5-78　生成旋转曲面

5.2.3　扫描曲面

利用轮廓和路径生成的曲面被称为扫描曲面。扫描曲面和扫描特征类似，也可以通过引导线生成。

1.　扫描曲面的属性设置

单击【曲面】工具栏中的 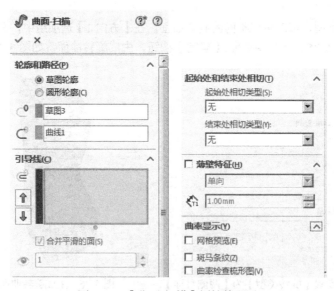【扫描曲面】按钮或者选择【插入】|【曲面】|【扫描曲面】菜单命令，弹出【曲面-扫描】属性管理器，如图 5-79 所示。

图 5-79　【曲面-扫描】属性管理器

（1）【轮廓和路径】选项组

- ⬩ ⤺【轮廓】：设置扫描曲面的草图轮廓，扫描曲面的轮廓可以是开环的，也可以是闭环的。
- ⬩ ⤻【路径】：设置扫描曲面的路径。

（2）【选项】选项组

- ⬩ 【轮廓方位】：控制轮廓沿路径扫描的方向，包括以下选项。
    - ▪ 【随路径变化】：轮廓相对于路径时刻处于同一角度。
    - ▪ 【保持法向不变】：轮廓时刻与开始轮廓平行。
    - ▪ 【随路径和第一引导线变化】：中间轮廓的扭转由路径到第一条引导线的向量决定。
    - ▪ 【随第一和第二引导线变化】：中间轮廓的扭转由第一条引导线到第二条引导线的向量决定。
    - ▪ 【沿路径扭转】：沿路径扭转轮廓。
    - ▪ 【以法向不变沿路径扭曲】：通过将轮廓在沿路径扭曲时保持与开始轮廓平行而沿路径扭转轮廓。
- ⬩ 【轮廓扭转】：当路径上出现少许波动和不均匀波动使轮廓不能对齐时，可以将轮廓稳定下来。
- ⬩ 【合并切面】：在扫描曲面时，如果扫描轮廓具有相切线段，可以使所产生的扫描中的相应曲面相切。
- ⬩ 【显示预览】：以上色方式显示扫描结果的预览。
- ⬩ 【与结束端面对齐】：将扫描轮廓延续到路径所遇到的最后面。

（3）【引导线】选项组

- ⬩ ⤸【引导线】：在轮廓沿路径扫描时加以引导。
- ⬩ ⬆【上移】：调整引导线的顺序，使指定的引导线上移。
- ⬩ ⬇【下移】：调整引导线的顺序，使指定的引导线下移。
- ⬩ 【合并平滑的面】：改进通过引导线扫描的性能，并在引导线或者路径不是曲率连续的所有点处进行分割扫描。
- ⬩ ▦【显示截面】：显示扫描的截面，单击▤箭头可以进行滚动预览。

（4）【起始处和结束处相切】选项组

【起始处相切类型】、【结束处相切类型】：开始和结束处的相切形式。包括以下两个选项。

- ⬩ 【无】：不应用相切。
- ⬩ 【路径相切】：垂直于开始点（或结束点）处路径而生成扫描。

2. 生成扫描曲面的操作方法

单击【曲面】工具栏中的✍【扫描曲面】按钮或者选择【插入】|【曲面】|【扫描曲面】菜单命令，弹出【曲面-扫描】属性管理器。在【轮廓和路径】选项组中，单击⤺【轮廓】选择框，在图形区域中选择图 5-80 所示基准面 2 上的草图，单击⤻【路径】选择框，在图形区域中选择前视基准面上的草图，其他设置如图 5-81 所示，单击✔【确定】按钮，生成扫描曲面，如图 5-82 所示。

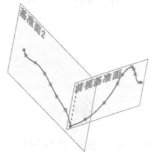

图 5-80　选择草图　　　图 5-81　【曲面-扫描】属性管理器　　　图 5-82　生成扫描曲面

5.2.4　放样曲面

通过曲线之间的平滑过渡生成的曲面被称为放样曲面。放样曲面由放样的轮廓曲线组成，也可以根据需要使用引导线。

1．放样曲面的属性设置

单击【曲面】工具栏中的  【放样曲面】按钮或者选择【插入】|【曲面】|【放样曲面】菜单命令，弹出【曲面-放样】属性管理器，如图 5-83 所示。

（1）【轮廓】选项组

- ◇【轮廓】：设置放样曲面的草图轮廓。
- ↑【上移】：调整轮廓草图的顺序，选择轮廓草图，使其上移。
- ↓【下移】：调整轮廓草图的顺序，选择轮廓草图，使其下移。

（2）【起始/结束约束】选项组

【开始约束】和【结束约束】包括如下相同的选项。

- 【无】：不应用相切约束，即曲率为零。
- 【方向向量】：根据方向向量所选实体而应用相切约束。
- 【垂直于轮廓】：应用垂直于开始或者结束轮廓的相切约束。

（3）【引导线】选项组

- 【引导线】：选择引导线以控制放样曲面。
- ↑【上移】：调整引导线的顺序，选择引导线，使其上移。
- ↓【下移】：调整引导线的顺序，选择引导线，使其下移。
- 【引导相切类型】：控制放样与引导线相遇处的相切。

图 5-83　【曲面-放样】属性管理器

（4）【中心线参数】选项组

- 【中心线】：使用中心线引导放样形状，中心线可以和引导线是同一条线。

- 【截面数】: 在轮廓之间围绕中心线添加截面, 截面数可以通过移动滑杆进行调整。
- 【显示截面】: 显示放样截面, 单击 箭头显示截面数。

（5）【草图工具】选项组

用于在从同一草图（特别是 3D 草图）中的轮廓中定义放样截面和引导线。

- 【拖动草图】: 激活草图拖动模式。
- 【撤销草图拖动】: 撤销先前的草图拖动操作并将预览返回到其先前状态。

（6）【选项】选项组

- 【合并切面】: 在生成放样曲面时, 如果对应的线段相切, 则使在所生成的放样中的曲面保持相切。
- 【闭合放样】: 沿放样方向生成闭合实体。
- 【显示预览】: 显示放样的上色预览; 若取消选择此选项, 则只显示路径和引导线。

2. 生成放样曲面的操作方法

1）选择前视基准面为草图绘制平面, 绘制一条样条曲线, 如图 5-84 所示。

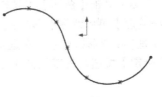

2）单击【参考几何体】工具栏中的 【基准面】按钮, 弹出【基准面】属性管理器, 根据需要进行设置, 如图 5-85 所示, 在前视基准面左侧生成基准面 1。

图 5-84　绘制草图

3）单击【标准视图】工具栏中的 【等轴测】按钮, 将视图以等轴测方向显示, 如图 5-86 所示。

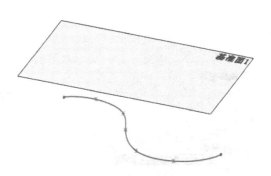

图 5-85　【基准面】属性管理器

图 5-86　以等轴测方向显示视图

4）选择基准面 1 为草图绘制平面, 绘制一条样条曲线, 如图 5-87 所示。

5）重复步骤 2）的操作，在基准面 1 左侧 35 mm 处生成基准面 2，如图 5-88 所示。

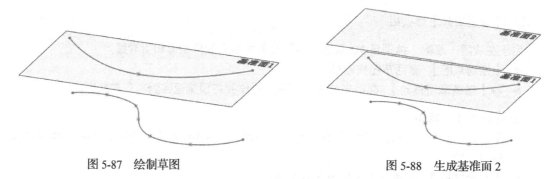

图 5-87　绘制草图

图 5-88　生成基准面 2

6）选择基准面 2 为草图绘制平面，绘制一条样条曲线，如图 5-89 所示。

7）选择【视图】|【基准面】菜单命令，取消视图中基准面的显示。

8）单击【曲面】工具栏中的 ![icon]【放样曲面】按钮（或者选择【插入】|【曲面】|【放样曲面】菜单命令），弹出【曲面-放样】属性管理器。在【轮廓】选项组中，单击【轮廓】选择框，在图形区域中依次选择图 5-90 所示的草图 1～草图 3，其他设置如图 5-91 所示，单击 ![icon]【确定】按钮，生成放样曲面，如图 5-92 所示。

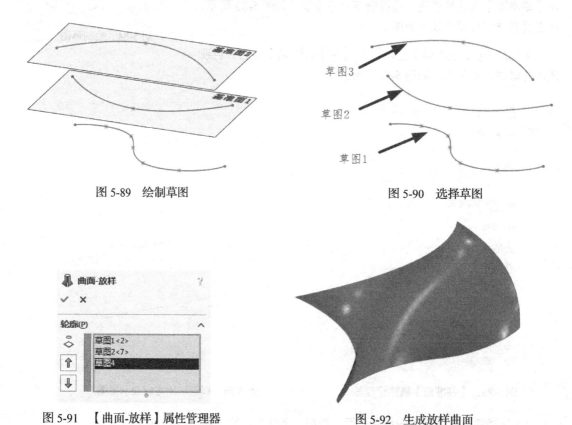

图 5-89　绘制草图

图 5-90　选择草图

图 5-91　【曲面-放样】属性管理器

图 5-92　生成放样曲面

5.3　编辑曲面

5.3.1　等距曲面

将已经存在的曲面以指定距离生成的另一个曲面被称为等距曲面。该曲面既可以是模型的轮廓面，也可以是绘制的曲面。

1. 等距曲面的属性设置

单击【曲面】工具栏中的 🐾【等距曲面】按钮或者选择【插入】|【曲面】|【等距曲面】菜单命令，弹出【等距曲面】属性管理器，如图 5-93 所示。

- 🔶【要等距的曲面或面】：在图形区域中选择要等距的曲面或者平面。
- 【等距距离】：可以键入等距距离数值。
- ↗【反转等距方向】：改变等距的方向。

2. 生成等距曲面的操作方法

单击【曲面】工具栏中的 🐾【等距曲面】按钮或者选择【插入】|【曲面】|【等距曲面】菜单命令，弹出【等距曲面】属性管理器。在【等距参数】选项组中，单击 🔶【要等距的曲面或面】选择框，在图形区域中选择图 5-94 所示的曲面，设置【等距距离】为【10.00mm】，其他设置如图 5-95 所示，单击 ✅【确定】按钮，生成等距曲面，如图 5-96 所示。

图 5-93　【等距曲面】属性管理器

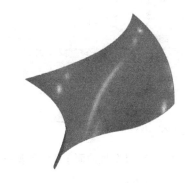

图 5-94　选择曲面

图 5-95　【等距曲面】属性管理器

图 5-96　生成等距曲面

5.3.2 延展曲面

通过沿所选平面方向延展实体或者曲面的边线而生成的曲面被称为延展曲面。

1. 延展曲面的属性设置

选择【插入】|【曲面】|【延展曲面】菜单命令，弹出【延展曲面】属性管理器，如图 5-97 所示。

- 【延展方向参考】：在图形区域中选择一个面或者基准面。
- 【反转延展方向】：改变曲面延展的方向。
- 【要延展的边线】：在图形区域中选择一条边线或者一组连续边线。
- 【沿切面延伸】：使曲面沿模型中的相切面继续延展。
- 【延展距离】：设置延展曲面的宽度。

2. 生成延展曲面的操作方法

选择【插入】|【曲面】|【延展曲面】菜单命令，弹出【延展曲面】属性管理器。在【延展参数】选项组中，单击【延展方向参考】选择框，在图形区域中选择图 5-98 所示的平面，单击【要延展的边线】选择框，在图形区域中选择如图所示的边线，设置【延展距离】为【15.00mm】，其他设置如图 5-99 所示，单击【确定】按钮，生成延展曲面，如图 5-100 所示。

图 5-97 【延展曲面】属性管理器

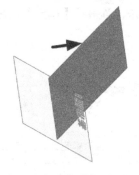

图 5-98 选择面和边线

图 5-99 【延展曲面】属性管理器

图 5-100 生成延展曲面

5.3.3　圆角曲面

使用圆角将曲面实体中以一定角度相交的两个相邻面之间的边线进行平滑过渡，则生成的圆角被称为圆角曲面。

1. 圆角曲面的属性设置

单击【曲面】工具栏中的 【圆角】按钮或者选择【插入】|【曲面】|【圆角】菜单命令，弹出【圆角】属性管理器，如图 5-101 所示。

图 5-101　【圆角】属性管理器

圆角曲面命令与圆角特征命令基本相同，在此不再赘述。

2. 生成圆角曲面的操作方法

1）单击【曲面】工具栏中的 【圆角】按钮或者选择【插入】|【曲面】|【圆角】菜单命令，弹出【圆角】属性管理器。在【圆角类型】选项组中，单击【面圆角】按钮；在【圆角项目】选项组中，单击【面组 1】选择框，在图形区域中选择图 5-102 所示的面 1，单击【面组 2】选择框，在图形区域中选择如图所示的面 2，其他设置如图 5-103 所示。

2）此时在图形区域中会显示圆角曲面的预览，注意箭头指示的方向，如果方向不正确，系统会提示错误或者生成不同效果的面圆角，单击 【确定】按钮，生成圆角曲面。

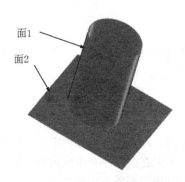

面1
面2

图 5-102　选择曲面

图 5-103　【圆角】属性管理器

3）图 5-104 所示为面圆角箭头指示的方向，图 5-105 所示为其生成面圆角曲面后的图形，图 5-106 所示为面圆角箭头指示的另一方向，图 5-107 所示为其生成面圆角曲面后的图形。

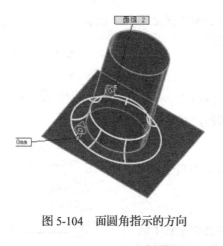

图 5-104　面圆角指示的方向

图 5-105　生成面圆角曲面

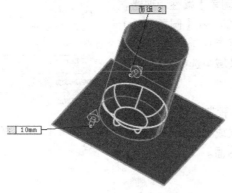

图 5-106　面圆角指示的方向

图 5-107　生成面圆角曲面

5.3.4　填充曲面

在现有模型边线、草图或者曲线定义的边界内生成带任何边数的曲面修补，被称为填充曲面。填充曲面可以用来构造填充模型中缝隙的曲面。

1．填充曲面的属性设置

单击【曲面】工具栏中的 ◈【填充曲面】按钮或者选择【插入】|【曲面】|【填充】菜单命令，弹出【填充曲面】属性管理器，如图 5-108 所示。

（1）【修补边界】选项组

● ◈【修补边界】：定义所应用的修补边线。

● 【交替面】：只在实体模型上生成修补时使用，用于控制修补曲率的反转边界面。

● 【曲率控制】：在生成的修补上进行控制，可以在同一修补中应用不同的曲率控制。

● 【应用到所有边线】：可以将相同的曲率控制应用到所有边线中。

- 【优化曲面】：用于对曲面进行优化，其潜在优势包括加快重建时间以及当与模型中的其他特征一起使用时增强稳定性。
- 【显示预览】：以上色方式显示曲面填充预览。

（2）【约束曲线】选项组

图 5-108　【填充曲面】属性管理器

【约束曲线】：在填充曲面时添加斜面控制。

（3）【选项】选项组

- 【修复边界】：可以自动修复填充曲面的边界。
- 【合并结果】：如果边界至少有一个边线是开环薄边，勾选此选项，则可以用边线所属的曲面进行缝合。
- 【创建实体】：如果边界实体都是开环边线，可以勾选此选项生成实体。
- 【反向】：此选项用于纠正填充曲面时不符合填充需要的方向。

2. 生成填充曲面的操作方法

1）单击【曲面】工具栏中的 ◈【填充曲面】按钮或者选择【插入】｜【曲面】｜【填充】菜单命令，弹出【填充曲面】属性管理器。在【修补边界】选项组中，单击 ◈【修补边界】选择框，在图形区域中选择图 5-109 所示的边线 1，其他设置如图 5-110 所示，单击 ✔【确定】按钮，生成填充曲面，如图 5-111 所示。

图 5-109　选择边线

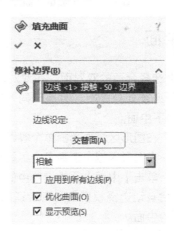

图 5-110　【填充曲面】属性管理器

2）在填充曲面时，可以选择不同的曲率控制类型，使填充曲面更加平滑。在【修补边界】选项组中，设置【曲率控制】类型为【曲率】，如图 5-112 所示，单击 ✔【确定】按钮，生成填充曲面，如图 5-113 所示。

3）在【修补边界】选项组中，单击【交替面】按钮，单击 ✔【确定】按钮，生成填充曲面，如图 5-114 所示。

图 5-111　生成填充曲面

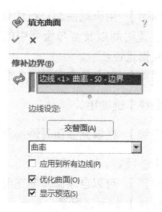

图 5-112　设置【曲率控制】类型为【曲率】

图 5-113　生成填充曲面

图 5-114　生成填充曲面

5.3.5　中面

在实体上选择合适的双对面，在双对面之间可以生成中面。合适的双对面必须处处等距，且属于同一实体。在 SolidWorks 中可以生成以下中面。

- 单个：在图形区域中选择单个等距面生成中面。
- 多个：在图形区域中选择多个等距面生成中面。
- 所有：单击【中面】属性设置中的【查找双对面】按钮，系统会自动选择模型上所有合适的等距面以生成所有等距面的中面。

1. 中面的属性设置

选择【插入】|【曲面】|【中面】菜单命令，弹出【中面】属性管理器，如图 5-115 所示。

（1）【选择】选项组

- 【面 1】：选择生成中面的其中一个面。
- 【面 2】：选择生成中面的另一个面。

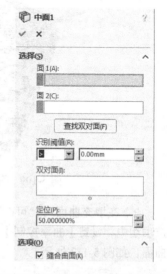

图 5-115　【中面】属性管理器

- 【查找双对面】: 单击此按钮, 系统会自动查找模型中合适的双对面, 并自动过滤不合适的双对面。
- 【识别阈值】: 由【阈值运算符】和【阈值厚度】两部分组成, 【阈值运算符】为数学操作符, 【阈值厚度】为壁厚度数值。
- 【定位】: 设置生成中面的位置。系统默认的位置为从【面 1】开始的 50% 位置处。

（2）【选项】选项组

【缝合曲面】: 将中面和临近面缝合；若取消选择此选项, 则保留单个曲面。

2. 生成中面的操作方法

选择【插入】|【曲面】|【中面】菜单命令, 弹出【中面】属性管理器。在【选择】选项组中, 单击【面 1】选择框, 在图形区域中选择图 5-116 所示的小圆柱面, 单击【面 2】选择框, 在图形区域中选择如图所示的大圆孔面, 设置【定位】为 50%, 单击  【确定】按钮, 生成中面, 如图 5-117 所示。

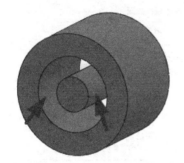

图 5-116 选择面   图 5-117 生成中面

5.3.6 延伸曲面

将现有曲面的边缘沿着切线方向进行延伸所形成的曲面被称为延伸曲面。

1. 延伸曲面的属性设置

单击【曲面】工具栏中的 【延伸曲面】按钮（或者选择【插入】|【曲面】|【延伸曲面】菜单命令）, 弹出【延伸曲面】属性管理器, 如图 5-118 所示。

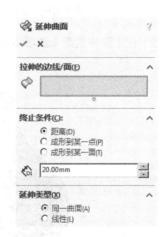

图 5-118 【延伸曲面】属性管理器

（1）【拉伸的边线/面】选项组

【所选面/边线】: 在图形区域中选择延伸的边线或者面。

（2）【终止条件】选项组

- 【距离】: 按照设置的 【距离】数值确定延伸曲面的距离。

- 【成形到某一面】: 在图形区域中选择某一面, 将曲面延伸到指定的面。
- 【成形到某一点】: 在图形区域中选择某一顶点, 将曲面延伸到指定的点。

（3）【延伸类型】选项组
- 【同一曲面】: 以原有曲面的曲率沿曲面的几何体进行延伸。
- 【线性】: 沿指定的边线相切于原有曲面进行延伸。

2. 生成延伸曲面的操作方法

1）单击【曲面】工具栏中的 ✑【延伸曲面】按钮或者选择【插入】|【曲面】|【延伸曲面】菜单命令, 弹出【延伸曲面】属性管理器。在【拉伸的边线/面】选项组中, 单击【所选面/边线】选择框, 在图形区域中选择图 5-119 所示的边线 1; 在【终止条件】选项组中, 单击【距离】单选按钮, 设置【距离】为【30.00mm】; 在【延伸类型】选项组中, 单击【同一曲面】单选按钮, 其他设置如图 5-120 所示, 单击 ✓【确定】按钮, 生成延伸曲面, 如图 5-121 所示。

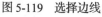
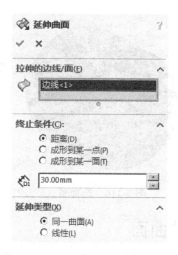

图 5-119　选择边线　　　　　图 5-120　【延伸曲面】属性管理器

2）在【延伸类型】选项组中, 单击【线性】单选按钮, 生成延伸曲面, 如图 5-122 所示。

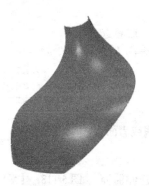

图 5-121　生成延伸曲面　　　图 5-122　生成延伸曲面

5.3.7　剪裁曲面

可以使用曲面、基准面或者草图作为剪裁工具剪裁相交曲面，也可以将曲面和其他曲面配合使用，相互作为剪裁工具。

1. 剪裁曲面的属性设置

单击【曲面】工具栏中的 ✍【剪裁曲面】按钮（或者单击【插入】
|【曲面】|【剪裁曲面】菜单命令），弹出【剪裁曲面】属性管理
器，如图 5-123 所示。

（1）【剪裁类型】选项组
- 【标准】：使用曲面、草图实体、曲线或者基准面等剪裁曲面。
- 【相互】：使用曲面本身剪裁多个曲面。

（2）【选择】选项组
- ◆【剪裁工具】：在图形区域中选择曲面、草图实体、曲线或者基准面作为剪裁其他曲面的工具。
- 【保留选择】：设置剪裁曲面中选择的部分为要保留的部分。
- 【移除选择】：设置剪裁曲面中选择的部分为要移除的部分。

（3）【曲面分割选项】选项组
- 【分割所有】：显示曲面中的所有分割。
- 【自然】：强迫边界边线随曲面形状变化。
- 【线性】：强迫边界边线随剪裁点的线性方向变化。

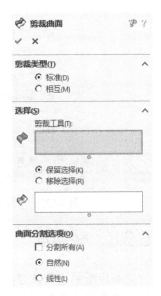

图 5-123　【剪裁曲面】属性
管理器

2. 生成剪裁曲面的操作方法

1）单击【曲面】工具栏中的 ✍【剪裁曲面】按钮或者选择【插入】|【曲面】|【剪裁曲面】菜单命令，弹出【剪裁曲面】属性管理器。

2）在【剪裁类型】选项组中，单击【标准】单选按钮；在【选择】选项组中，单击 ◆【剪裁工具】选择框，在图形区域中选择图 5-124 所示的波浪曲面。

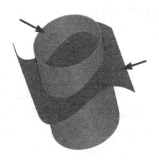

图 5-124　选择曲面

3）单击【保留选择】单选按钮，再单击 ◆【保留的部分】选择框，在图形区域中选择曲面-

拉伸 1-剪裁 0,其他设置如图 5-125 所示,单击 ✔【确定】按钮,生成剪裁曲面,如图 5-126 所示。

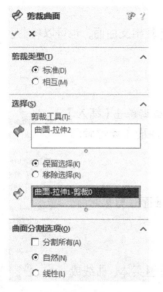

图 5-125 【剪裁曲面】属性管理器 　图 5-126 生成剪裁曲面

5.3.8 替换面

利用新曲面实体替换曲面或者实体中的面,这种方式被称为替换面。替换曲面实体不必与旧的面具有相同的边界。在替换面时,原来实体中的相邻面自动延伸并剪裁到替换曲面实体。

1. 替换面的属性设置

单击【曲面】工具栏中的 🖫【替换面】按钮或者选择【插入】|【面】|【替换】菜单命令,弹出【替换面】属性管理器,如图 5-127 所示。

- 🖫【替换的目标面】:在图形区域中选择曲面、草图实体、曲线或者基准面作为要替换的面。
- 🖫【替换曲面】:选择替换曲面实体。

2. 生成替换面的操作方法

图 5-127 【替换面】属性管理器

1)单击【曲面】工具栏中的 🖫【替换面】按钮或者选择【插入】|【面】|【替换】菜单命令,弹出【替换面】属性管理器。在【替换参数】选项组中,单击【替换的目标面】选择框,在图形区域中选择图 5-128 所示的平面,单击【替换曲面】选择框,在图形区域中选择如图所示的波浪曲面,其他设置如图 5-129 所示,单击 ✔【确定】按钮,生成替换面,如图 5-130 所示。

2)用鼠标右键单击替换面,在弹出的菜单中选择【隐藏】命令,替换的目标面被隐藏,如图 5-131 所示。

图 5-128　选择面

图 5-129　【替换面】属性管理器

图 5-130　生成替换面

图 5-131　隐藏面

5.3.9　删除面

删除面是将存在的面删除并进行编辑。

1. 删除面的属性设置

使用【曲面】工具栏中的  【删除面】按钮或者选择【插入】|【面】|【删除】菜单命令，弹出【删除面】属性管理器，如图 5-132 所示。

（1）【选择】选项组

 【要删除的面】：在图形区域中选择要删除的面。

（2）【选项】选项组

- 【删除】：从曲面实体删除面或者从实体中删除一个或者多个面以生成曲面。
- 【删除并修补】：从曲面实体或者实体中删除一个面，并自动对实体进行修补和剪裁。
- 【删除并填补】：删除存在的面并生成单一面，可以填补任何缝隙。

图 5-132　【删除面】属性管理器

2. 删除面的操作方法

1）单击【曲面】工具栏中的 【删除面】按钮或者选择【插入】|【面】|【删除】菜单命令，弹出【删除面】属性管理器。在【选择】选项组中，单击【要删除的面】选择框，在图形

区域中选择图 5-133 所示的面 1；在【选项】选项组中，单击【删除并修补】单选按钮，如图 5-134 所示，单击 ✅【确定】按钮，将选择的面删除，如图 5-135 所示。

图 5-133　选择面　　　　　　　　　　　　图 5-134　【删除面】属性管理器

2）在【FeatureManager 设计树】中用鼠标右键单击【删除面 2】图标，在弹出的菜单中选择【编辑特征】命令，如图 5-136 所示。

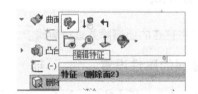

图 5-135　删除面　　　　　　　　　　　　图 5-136　快捷菜单

3）弹出【删除面 2】属性管理器，其他设置保持不变，在【选项】选项组中，单击【删除并修补】单选按钮，如图 5-137 所示，单击 ✅【确定】按钮，删除并修补选择的面，如图 5-138 所示。

图 5-137　【删除面】属性管理器　　　　　　图 5-138　删除并修补面

4）重复步骤 2）的操作，弹出【删除面 1】属性管理器，其他设置保持不变，在【选项】选项组中，单击【删除并填补】单选按钮，如图 5-139 所示，单击 ✅【确定】按钮，删除并填补选择的面，如图 5-140 所示。

图 5-139　【删除面 1】属性管理器　　　　　　图 5-140　删除并填补面

5.4　范例

下面应用本章所讲解的知识完成一个曲面模型的范例，最终效果如图 5-141 所示。

图 5-141　曲面模型

具体步骤如下：

5.4.1　生成轮毂部分

1）单击【FeatureManager 设计树】中的【前视基准面】图标，使其成为草图绘制平面。

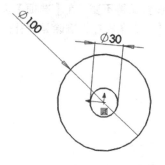

图 5-142 绘制草图并标注尺寸

单击【标准视图】工具栏中的 ⬆【正视于】按钮，并单击【草图】工具栏中的 ⬚【草图绘制】按钮，进入草图绘制状态。使用【草图】工具栏中的 ⬚【圆心/起/终点画弧】、⬚【智能尺寸】工具，绘制图 5-142 所示的草图。单击 ⬚【退出草图】按钮，退出草图绘制状态。

2）单击【特征】工具栏中的 ⬚【拉伸凸台/基体】按钮，弹出【拉伸凸台】属性管理器。在【方向1】选项组中，设置【终止条件】为【两侧对称】，⬚【深度】为【100.00mm】，单击 ✔【确定】按钮，生成拉伸特征，如图 5-143 所示。

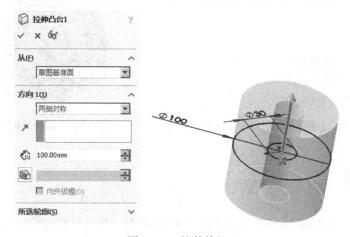

图 5-143   拉伸特征

5.4.2   生成叶片部分

1）单击【参考几何体】工具栏中的 ⬚【基准面】按钮，弹出【基准面】属性管理器。在【第一参考】中，在图形区域中选择上视基准面，单击 ⬚【距离】按钮，在文本栏中输入【40.00mm】，如图 5-144 所示，在图形区域中显示出新建基准面的预览，单击 ✔【确定】按钮，生成基准面。

图 5-144   生成基准面

2）单击【FeatureManager 设计树】中的【基准面 1】图标，使其成为草图绘制平面。单击【标准视图】工具栏中的 ↓【正视于】按钮，并单击【草图】工具栏中的 ☐【草图绘制】按钮，进入草图绘制状态。使用【草图】工具栏中的 ✐【直线】、✎【智能尺寸】工具，绘制图 5-145 所示的草图。单击 ☐【退出草图】按钮，退出草图绘制状态。

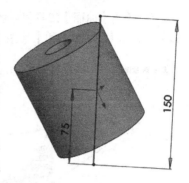

图 5-145　绘制草图并标注尺寸

3）单击【参考几何体】工具栏中的 ☐【基准面】按钮，弹出【基准面】属性管理器。在【第一参考】中，在图形区域中选择上视基准面，单击 ☐【距离】按钮，在文本栏中输入【200.00mm】，如图 5-146 所示，在图形区域中显示出新建基准面的预览，单击 ✔【确定】按钮，生成基准面。

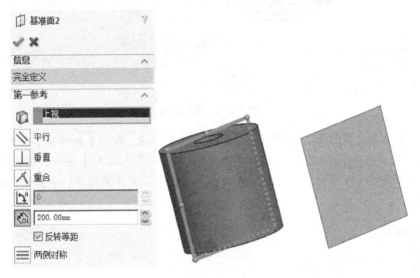

图 5-146　生成基准面

4）单击【FeatureManager 设计树】中的【基准面 2】图标，使其成为草图绘制平面。单击【标准视图】工具栏中的 ↓【正视于】按钮，并单击【草图】工具栏中的 ☐【草图绘制】按钮，进入草图绘制状态。使用【草图】工具栏中的 ✐【直线】、✎【智能尺寸】工具，绘制图 5-147 所示的草图。单击 ☐【退出草图】按钮，退出草图绘制状态。

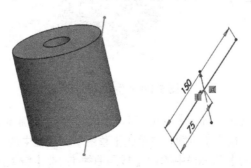

图 5-147　绘制草图并标注尺寸

5）单击【曲面】工具栏中的【放样曲面】按钮，弹出【曲面-放样】属性管理器，在【轮廓】中选择【草图2】和【草图3】，单击✔【确定】按钮，如图5-148所示。

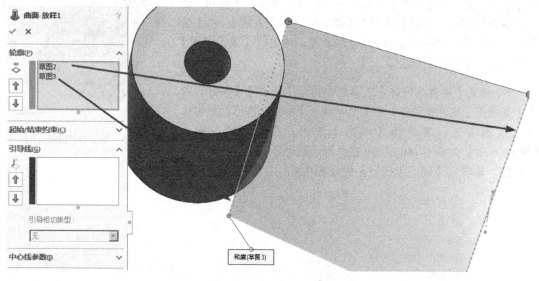

图5-148 放样曲面

6）单击【参考几何体】工具栏中的【基准面】按钮，弹出【基准面】属性管理器。在【第一参考】中，在图形区域中选择前视基准面，单击【距离】按钮，在文本栏中输入【60.00mm】，如图5-149所示，在图形区域中显示出新建基准面的预览，单击✔【确定】按钮，生成基准面。

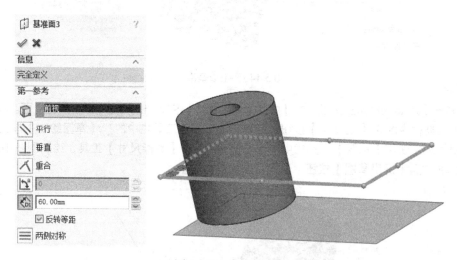

图5-149 生成基准面

7）单击【FeatureManager设计树】中的【基准面3】图标，使其成为草图绘制平面。单击【标准视图】工具栏中的【正视于】按钮，并单击【草图】工具栏中的【草图绘制】按钮，进入草图绘制状态。使用【草图】工具栏中的【样条曲线】、【智能尺寸】工具，绘制图5-150所示的草图。单击【退出草图】按钮，退出草图绘制状态。

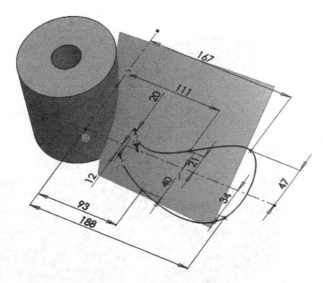

图 5-150　绘制草图并标注尺寸

8）选择【插入】|【曲线】|【投影曲线】菜单命令，弹出【曲面-投影】属性管理器，在 ⌐ 【要投影的草图】中选择【草图 4】，在 ⬡ 【要投影的面】中选择【面<1>】，如图 5-151 所示，单击 ✓ 【确定】按钮。

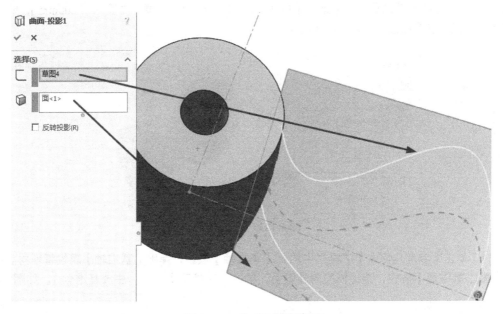

图 5-151　生成分割线特征

9）单击【曲面】工具栏中的 ✐ 【剪裁曲面】按钮，弹出属性管理器，在【剪裁类型】选项组中，选择【标准】；在【选择】选项组中，选择曲面-投影 1，选择【保留选择】，在【要保留的部分】中选择曲面-放样 1-剪裁 0；在【曲面分割选项】选项组中选择【自然】。单击 ✓ 【确定】按钮，剪裁曲面，如图 5-152 所示。

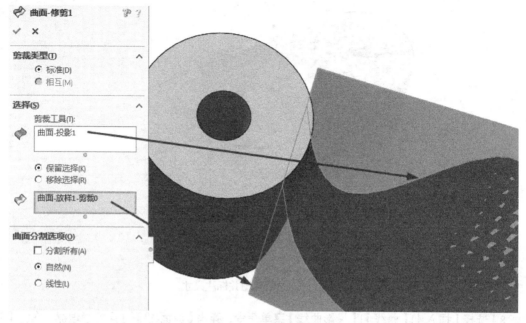

图 5-152 剪裁曲面

10）单击【插入】|【凸台/基体】|【加厚】菜单命令，弹出属性管理器，在【加厚参数】选项组中，在 ◈（要加厚的曲面）中选择【曲面-修剪 1】，在 ᐂ（厚度）中输入【1.00mm】，单击 ✅【确定】按钮，加厚曲面，如图 5-153 所示。

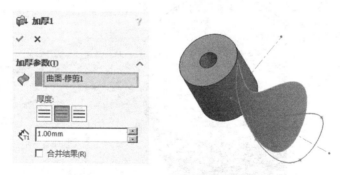

图 5-153　加厚曲面

11）单击【参考几何体】工具栏中的 ⟋【基准轴】按钮，弹出【基准轴】属性管理器。单击 ⊞【圆柱/圆锥面】按钮，选择模型的外圆面，单击 ✅【确定】按钮，生成基准轴 1，如图 5-154 所示。

12）单击【特征】工具栏中的 ⊛【圆周阵列】按钮，弹出【圆周阵列】属性管理器。在【参数】选项组中，单击【阵列轴】选择框，在【FeatureManager 设计树】中单击【基准轴 1】图标，设置 ⊛【实例数】为 6，勾选【等间距】选项；在【实体】选项组中，单击 ◈（要阵列的实体/曲面实体）选择框，在图形区域中选择加厚 1 特征，单击 ✅【确定】按钮，生成特征圆周阵列，如图 5-155 所示。

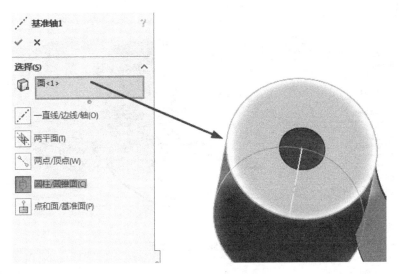

图 5-154　基准轴特征

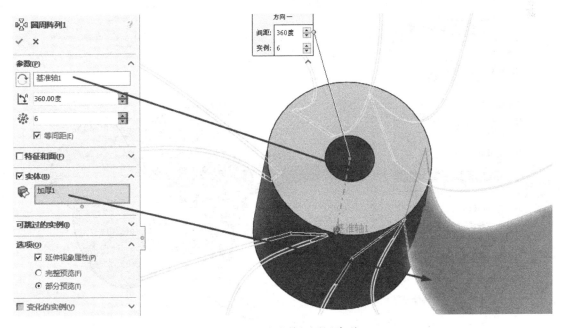

图 5-155　生成特征圆周阵列

13）单击【插入】|【特征】|【组合】菜单命令，弹出【组合】属性管理器。在【操作类型】选项组中，选择【添加】，在【要组合的实体】中选择刚建立的实体，如图 5-156 所示，单击✅【确定】按钮，生成组合特征。

14）选择【插入】|【特征】|【圆角】菜单命令，弹出【圆角】属性管理器。在【圆角项目】选项组中，单击⬜【边线和面或顶点】选择框，在绘图区域中选择叶片根部的边线，设置⬜【半径】为【3.00mm】，单击✅【确定】按钮，生成圆角特征，如图 5-157 所示。

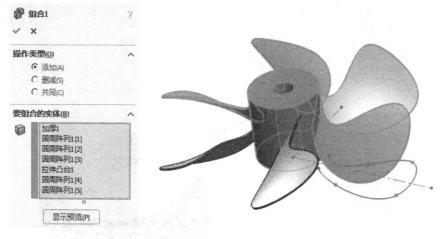

图 5-156　组合特征

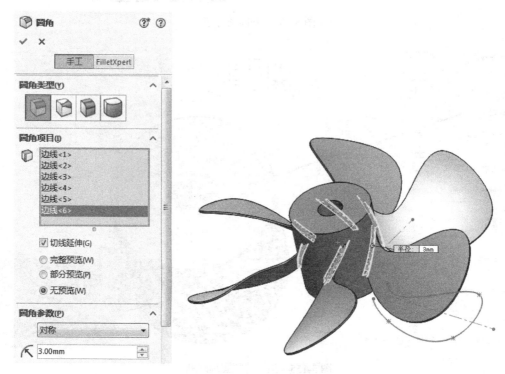

图 5-157　生成圆角特征

第 6 章
钣金设计

钣金是针对金属薄板（厚度通常在 6 mm 以下）的一种综合冷加工工艺，包括剪、冲/切/复合、折、焊接、铆接、拼接、成型（如汽车车身）等，其显著的特征就是同一零件厚度一致。SolidWorks 可以独立设计钣金零件，也可以在包含此内部零部件的关联装配体中设计钣金零件。本章主要介绍钣金基础知识、生成钣金的特征和编辑钣金的特征。

重点与难点

- 基础知识
- 生成钣金特征
- 编辑钣金特征

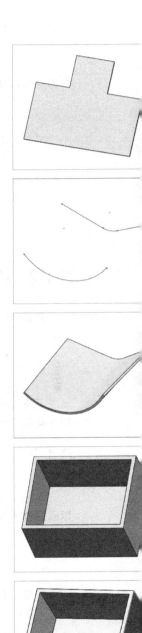

6.1　基础知识

在钣金零件设计中经常涉及一些术语，包括折弯系数、K 因子和折弯扣除等。

6.1.1　折弯系数

折弯系数是沿材料中性轴所测量的圆弧长度。在生成折弯时，可以键入数值给任何一个钣金折弯以指定明确的折弯系数。以下方程式用来决定使用折弯系数数值时的总平展长度。

$$L_t = A + B + BA$$

式中：L_t 表示总平展长度；A 和 B 的含义如图 6-1 所示；BA 表示折弯系数值。

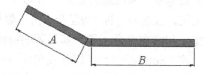

图 6-1　折弯系数中 A 和 B 的含义

6.1.2　K 因子

K 因子代表中立板相对于钣金零件厚度的位置的比率。包含 K 因子的折弯系数使用以下计算公式。

$$BA = \prod (R + KT) A / 180$$

式中：BA 表示折弯系数值；R 表示内侧折弯半径；K 表示 K 因子；T 表示材料厚度；A 表示折弯角度（经过折弯材料的角度）。

6.1.3　折弯扣除

折弯扣除，通常是指回退量，也是一种简单算法来描述钣金折弯的过程。在生成折弯时，可以通过键入数值以给任何钣金折弯指定明确的折弯扣除。以下方程用来决定使用折弯扣除数值时的总平展长度。

$$L_t = A + B - BD$$

式中：L_t 表示总平展长度；A 和 B 的含义如图 6-2 所示；BD 表示折弯扣除值。

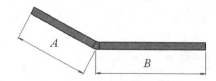

图 6-2　折弯扣除中 A 和 B 的含义

6.2　生成钣金特征

有两种基本方法可以生成钣金零件，一是利用钣金命令直接生成，二是将现有零件进行转换。下面介绍利用钣金命令直接生成钣金零件的方法。

6.2.1　基体法兰

基体法兰是钣金零件的第一个特征。当基体法兰被添加到 SolidWorks 零件后，系统会将该零件标记为钣金零件，并且在【FeatureManager 设计树】中显示特定的钣金特征。

1. 属性设置

单击【钣金】工具栏中的 【基体法兰/薄片】按钮或者选择【插入】|【钣金】|【基体法兰】菜单命令，弹出【基体法兰】属性管理器，如图 6-3 所示。

（1）【钣金规格】选项组

根据指定的材料，选择【使用规格表】选项定义钣金的电子表格及数值。

（2）【钣金参数】选项组

● 【厚度】：设置钣金厚度。
● □ 反向(E)【反向】：以相反方向加厚草图。
● 【半径】：钣金折弯处的半径。

（3）【折弯系数】选项组

可以选择【K 因子】、【折弯系数】、【折弯扣除】和【折弯系数表】选项。

（4）【自动切释放槽】选项组

可以选择【矩形】、【撕裂形】和【矩圆形】选项。

图 6-3　【基体法兰】属性管理器

2. 操作步骤

1）建立一个草图，如图 6-4 所示。

2）单击【钣金】工具栏中的 【基体法兰】按钮或执行【插入】|【钣金】|【基体法兰】命令，系统弹出【基体法兰】属性管理器。

3）定义钣金参数属性，如图 6-5 所示。在【方向 1】选项组下，在 旁的【终止条件】下拉列表框中选择【给定深度】，

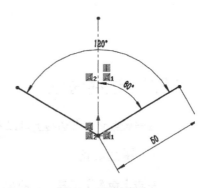

图 6-4　绘制草图

【深度】文本框中输入【20.00mm】。在【钣金参数】选项组下，🔧（厚度）文本框中输入【1.00mm】，⌒【折弯半径】文本框中输入【0.7366mm】。在【折弯系数】选项组下，下拉列表框中选择【K因子】，K【K-因子】文本框中输入值【0.5】。在【自动切释放槽】选项组下，下拉列表框中选择【矩形】，勾选【使用释放槽比例】复选框，在【比例】文本框中输入值【0.5】。

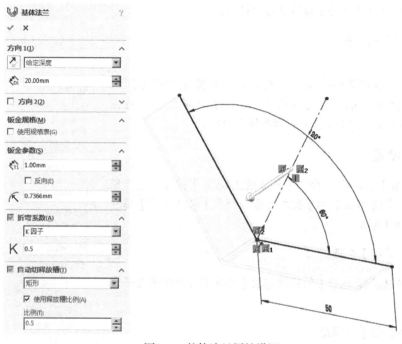

图 6-5　基体法兰属性设置

4）单击 ✅ 按钮，完成基体法兰特征的创建，如图 6-6 所示。

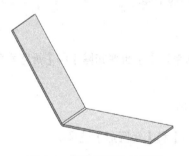

图 6-6　创建基体法兰特征

6.2.2　边线法兰

在一条或者多条边线上可以添加边线法兰。

1. 属性设置

单击【钣金】工具栏中的 🔧【边线法兰】按钮或者选择【插入】|【钣金】|【边线法兰】菜单命令，弹出【边线-法兰】属性管理器，如图 6-7 所示。

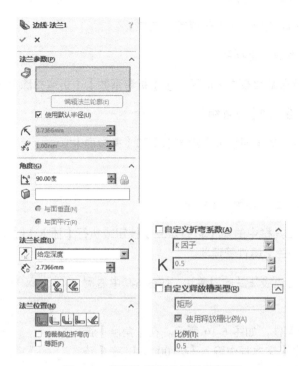

图 6-7　【边线-法兰】属性管理器

（1）【法兰参数】选项组
- （选择边线）：在图形区域中选择边线。
- 【编辑法兰轮廓】：编辑轮廓草图。
- 【使用默认半径】：可以使用系统默认的半径。
- 【折弯半径】：在取消选择【使用默认半径】选项时可用。
- 【缝隙距离】：设置缝隙数值。

（2）【角度】选项组
- 【法兰角度】：设置角度数值。
- 【选择面】：为法兰角度选择参考面。
- 【与面垂直】：边线法兰与参考面垂直。
- 【与面平行】：边线法兰与参考面平行。

（3）【法兰长度】选项组
- 【长度终止条件】下拉列表框：选择终止条件。
- 【反向】：改变法兰边线的方向。
- 【长度】：设置长度数值，然后为测量选择一个原点，包括【外部虚拟交点】、【内部虚拟交点】和【双弯曲】。

（4）【法兰位置】选项组
- 【法兰位置】：可以单击以下按钮之一，包括【材料在内】、【材料在外】、【折弯在外】、【虚拟交点的折弯】、【与折弯相切】。
- 【剪裁侧边折弯】：移除邻近折弯的多余部分。

● 【等距】：勾选此选项，可以生成等距法兰。

（5）【自定义折弯系数】选项组

该选项组包括【折弯系数表】、【K因子】、【折弯系数】、【折弯扣除】选项。

（6）【自定义释放槽类型】选项组

在该选项组中可以选择【矩形】、【矩圆形】和【撕裂形】。

2. 操作方法

1）新建一个基体法兰，如图6-8所示。

2）单击【钣金】工具栏中的 ✎【边线法兰】按钮或执行【插入】|【钣金】|【边线法兰】命令，系统弹出【边线-法兰】属性管理器。

3）选取模型边缘为边线法兰的附着边，如图6-9中右侧的边线所示。

4）定义法兰参数属性，如图6-10所示。在【角度】选项组下， ☝【法兰角度】文本框中输入【90.00度】。在【法兰长度】选项组下，【长度终止条件】下拉列表框中选择【给定深度】， ⚙【长度】文本框中输入【28.00mm】，单击按钮 ✍【外部虚拟交点】。在【法兰位置】选项组下，单击按钮 ⊔【材料在外】，勾选【剪裁侧边折弯】和【等距】复选框。

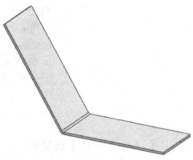

图6-8 建立模型

图6-9 选取边线法兰附着边

图6-10 边线法兰属性设置

5）单击 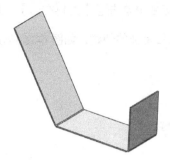 按钮，完成边线法兰特征的创建，如图 6-11 所示。

图 6-11　创建边线法兰

6.2.3　斜接法兰

单击【钣金】工具栏中的 （斜接法兰）按钮或者选择【插入】|【钣金】|【斜接法兰】菜单命令，弹出【斜接法兰】属性管理器，如图 6-12 所示。

1. 属性设置

（1）【斜接参数】选项组

【沿边线】：选择要斜接的边线。

（2）【启始/结束处等距】选项组

如果需要令斜接法兰跨越模型的整个边线，将【开始等距距离】和【结束等距距离】设置为零。

其他参数不再赘述。

2. 操作方法

1）建立一个基体法兰和草图，如图 6-13 所示。

图 6-12　【斜接法兰】属性管理器

2）单击【钣金】工具栏中的【斜接法兰】按钮或执行
【插入】|【钣金】|【斜接法兰】命令，系统弹出【斜接法兰】属性管理器。

3）选取模型边缘上的圆弧草图为斜接法兰的轮廓，系统默认选中法兰边线，如图 6-14 所示。

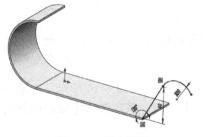

图 6-13　建立模型

图 6-14　定义斜接法兰轮廓

4）定义法兰参数属性，如图 6-15 所示。在【斜接参数】选项组下，⦧【折弯半径】文本框中输入【0.50mm】，【法兰位置】选项中单击⬛【材料在内】，设定【缝隙距离】为【0.25mm】。

5）单击✔按钮，完成斜接法兰特征的创建，如图 6-16 所示。

图 6-15　斜接法兰属性设置

图 6-16　创建斜接法兰

6.2.4　绘制的折弯

绘制的折弯在钣金零件处于折叠状态时将折弯线添加到零件，使折弯线的尺寸标注到其他折叠的几何体上。

1. 属性设置

单击【钣金】工具栏中的⬇【绘制的折弯】按钮或者选择【插入】|【钣金】|【绘制的折弯】菜单命令，弹出【绘制的折弯】属性管理器，如图 6-17 所示。

- ⬛【固定面】：在图形区域中选择一个不因为特征而移动的面。
- 【折弯位置】：包括⬛【折弯中心线】、⬛【材料在内】、⬛【材料在外】和⬛【折弯在外】。

其他参数不再赘述。

2. 操作方法

1）建立一个基体法兰，如图 6-18 所示。

2）单击【钣金】工具栏中的⬇【绘制的折弯】按钮或执行【插入】|【钣金】|【绘制的折弯】命令，系统弹出绘制草图属性管理器。

图 6-17　【绘制的折弯】
属性管理器

3）定义特征的折弯线。选取模型表面作为草图基准面，如图 6-19 所示。在草图环境中绘制图 6-20 所示的折弯线。单击⬐【退出草图】命令按钮，系统弹出【绘制的折弯】属性管理器。

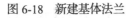

图 6-18 新建基体法兰　　　　图 6-19 折弯线基准面　　　　图 6-20 绘制折弯线

4）绘制的折弯属性设置如图 6-21 所示。在【折弯参数】选项组中，▱【固定面】选择折弯线的右半边平面，在图中黑色点所在位置单击，确定折弯固定面。在【折弯位置】选项组中单击▱【材料在内】选项，【角度】文本框中输入【60.00 度】。

5）单击✓按钮，完成折弯特征的创建，如图 6-22 所示。

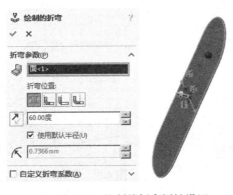

图 6-21 绘制的折弯属性设置　　　　图 6-22 创建折弯特征

6.2.5 断裂边角

单击【钣金】工具栏中的▱【断开边角/边角剪裁】按钮或者选择【插入】|【钣金】|【断裂边角】菜单命令，弹出【断开边角】属性管理器，如图 6-23 所示。

1. 属性设置

- ▱【边角边线或法兰面】: 选择要断开的边角、边线或者法兰面。
- 【折断类型】: 可以选择折断类型，包括▱【倒角】、▱【圆角】。
- ▱【距离】: 在单击▱【倒角】按钮时可用，为倒角的距离。
- ▱【半径】: 在单击▱【圆角】按钮时可用，为圆角的半径。

2. 操作方法

1）建立一个基体法兰，如图 6-24 所示。

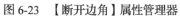

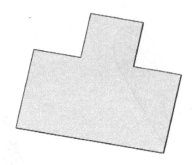

图 6-23　【断开边角】属性管理器　　　　图 6-24　建立模型

2）单击【钣金】工具栏中的 【断开边角/边角剪裁】按钮或执行【插入】|【钣金】|【断裂边角】命令，系统弹出【断开边角】属性管理器。

3）在 【边角边线或法兰面】中，在图形区域中选择边线，定义边角边线，如图 6-25 所示。在【折断类型】选项中单击 【倒角】选项，在 【距离】文本框中输入【10.00mm】。

4）单击 按钮，完成断裂边角特征的创建，如图 6-26 所示。

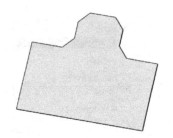

图 6-25　断开边角属性设置　　　　　图 6-26　创建断开边角特征

6.2.6　褶边

单击【钣金】工具栏中的 【褶边】按钮或者选择【插入】|【钣金】|【褶边】菜单命令，弹出【褶边】属性管理器，如图 6-27 所示。

1. 属性设置

（1）【边线】选项组

- 【边线】：在图形区域中选择需要添加褶边的边线。
- 【编辑褶边宽度】：在图形区域编辑褶边的宽度。
- 【材料在里】：褶边的材料在内侧。
- 【材料在外】：褶边的材料在外侧。

（2）【类型和大小】选项组

- 选择褶边类型，包括 【闭环】、 【开环】、 【撕裂形】和 【滚轧】，选择不同类型的效果如图 6-28 所示。

图 6-27　【褶边】属性管理器

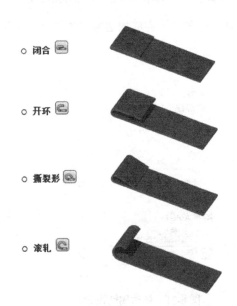

图 6-28　不同褶边类型的效果

- ⬚【长度】：在选择 ⬚【闭环】、⬚【开环】选项时可用。
- ⬚【缝隙距离】：在选择【开环】选项时可用。

其他参数不再赘述。

2. 操作方法

1）建立一个基体法兰，如图 6-29 所示。

2）单击【钣金】工具栏中的 ⬚【褶边】按钮或执行【插入】|【钣金】|【褶边】命令，系统弹出【褶边】属性管理器。

3）选取模型边线为褶边边线，如图 6-30 所示。

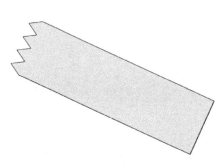

图 6-29　建立模型

图 6-30　定义褶边边线

4）定义褶边参数属性，如图 6-31 所示。在【边线】选项组下，单击 【材料在内】选项。在【类型和大小】选项组下，单击 【开环】选项，在 【长度】文本框中输入【60.00mm】，在 【缝隙距离】文本框中输入【30.00mm】。

5）单击 按钮，完成褶边特征的创建，如图 6-32 所示。

图 6-31 褶边属性设置

图 6-32 创建褶边特征

6.2.7 转折

转折通过从草图线生成两个折弯而将材料添加到钣金零件上。

1. 属性设置

单击【钣金】工具栏中的 【转折】按钮或者选择【插入】|【钣金】|【转折】菜单命令，弹出【转折】属性管理器，如图 6-33 所示。

（1）【转折等距】选项组
- ：外部等距。
- ：内部等距。
- ：总尺寸。

（2）【转折位置】选项组
- ：折弯中心线。
- ：材料在内。
- ：材料在外。
- ：折弯在外。

其他参数不再赘述。

2. 操作方法

1）建立一个基体法兰，如图 6-34 所示。

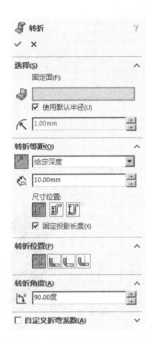

图 6-33 【转折】属性管理器

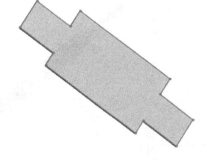

图 6-34 建立模型

2）单击【钣金】工具栏中的 【转折】按钮或执行【插入】|【钣金】|【转折】命令，系统弹出绘制草图属性管理器。

3）定义特征的折弯线。选取模型上表面作为草图基准面，如图 6-35 所示。在草图环境中绘制图 6-36 所示的折弯线。单击【退出草图】命令按钮，系统弹出【转折】属性管理器。

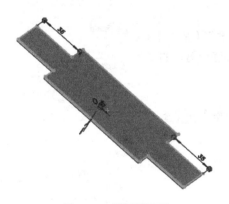

图 6-35 草图基准面

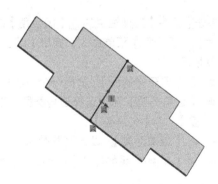

图 6-36 绘制折弯线

4）属性设置如图 6-37 所示。在【选择】选项组中，【固定面】选择折弯线的右半边平面，在图中黑色点所在位置单击，确定折弯固定面，【折弯半径】中使用默认值。在【转折等距】选项组下，旁的【终止条件】下拉列表框中选择【给定深度】，【等距距离】文本框中输入【20.00mm】，在【尺寸位置】选项中单击【外部等距】选项。在【转折位置】选项组下，选择【折弯中心线】选项。在【转折角度】选项组下，【转折角度】文本框中输入【90.00 度】。

5）单击 ✅ 按钮，完成转折特征的创建，如图 6-38 所示。

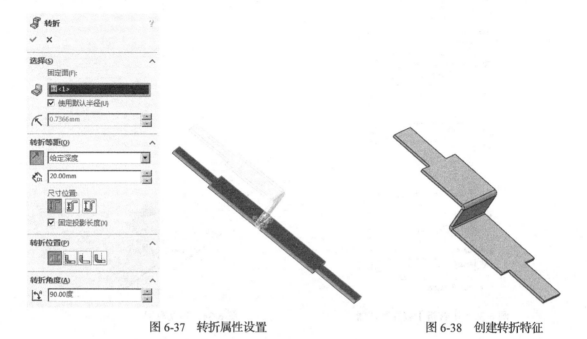

图 6-37　转折属性设置　　　　　　　　　　图 6-38　创建转折特征

6.2.8　闭合角

可以在钣金法兰之间添加闭合角。

1. 属性设置

单击【钣金】工具栏中的 ⬛【闭合角】按钮或者选择【插入】|【钣金】|【闭合角】菜单命令，弹出【闭合角】属性管理器，如图 6-39 所示。

- 🔲【要延伸的面】：选择一个或者多个平面。
- 【边角类型】：可以选择边角类型，包括 ⬛【对接】、⬛【重叠】、⬛【欠重叠】。
- ⚙【缝隙距离】：设置缝隙数值。
- ⬛【重叠/欠重叠比率】：设置比率数值。

其他参数不再赘述。

图 6-39　【闭合角】属性管理器

2. 操作方法

1）建立一钣金模型，如图 6-40 所示。

2）单击【钣金】工具栏中的 ⬛【闭合角】按钮或执行【插入】|【钣金】|【闭合角】命令，系统弹出【闭合角】属性管理器。

3）🔲【要延伸的面】选取模型两个侧平面，如图 6-41 所示。

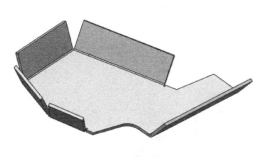

图 6-40　钣金模型

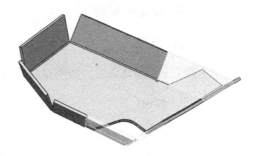

图 6-41　定义延伸面

4）在【边角类型】选项中单击 ▦ 【重叠】选项， ⚙ 【缝隙距离】文本框中输入【0.10mm】，如图 6-42 所示。

5）单击 ✔ 按钮，完成闭合角特征的创建，如图 6-43 所示。

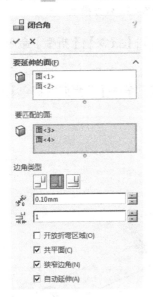

图 6-42　闭合角属性设置

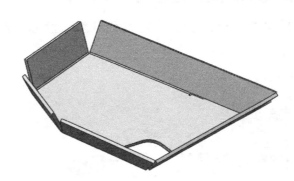

图 6-43　创建闭合角特征

6.3　编辑钣金特征

6.3.1　折叠

单击【钣金】工具栏中的 🖫 【折叠】按钮或者选择【插入】|【钣金】|【折叠】菜单命令，弹出【折叠】属性管理器，如图 6-44 所示。

1. 属性设置

● 🖫【固定面】：在图形区域中选择一个不因为特征而移动的面。

● 🖫【要折叠的折弯】：选择一个或者多个折弯。

其他属性设置不再赘述。

2. 操作方法

1）建立一个基体法兰，如图 6-45 所示。

图 6-44　【折叠】属性管理器

图 6-45　建立模型

2）单击【钣金】工具栏中的 ⚙【折叠】按钮或执行【插入】|【钣金】|【折叠】命令，系统弹出【折叠】属性管理器。

3）在【选择】选项组下，⚙【固定面】选择模型的上表面。单击【收集所有折弯】按钮，系统自动选中所有的折弯特征，如图 6-46 所示。

4）单击 ✓ 按钮，完成折叠特征的创建，如图 6-47 所示。

图 6-46　折叠属性设置

图 6-47　创建折叠特征

6.3.2　展开

在钣金零件中，单击【钣金】工具栏中的 ⚙【展开】按钮或者选择【插入】|【钣金】|【展开】菜单命令，弹出【展开】属性管理器，如图 6-48 所示。

1. 属性设置

● ⚙【固定面】：在图形区域中选择一个不因为特征而移动的面。
● ⚙【要展开的折弯】：选择一个或者多个折弯。

其他属性设置不再赘述。

2. 操作方法

1）建立一个基体法兰，如图 6-49 所示。

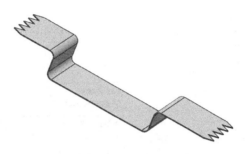

图 6-48 【展开】属性管理器 　　　　　　图 6-49 建立模型

2）单击【钣金】工具栏中的 【展开】按钮或执行【插入】|【钣金】|【展开】命令，系统弹出【展开】属性管理器。

3）在【选择】选项组下，【固定面】选择模型的上表面。【要展开的折弯】选择模型中的两个折弯特征，可单击【收集所有折弯】按钮，如图 6-50 所示。

4）单击 按钮，完成展开特征的创建，如图 6-51 所示。

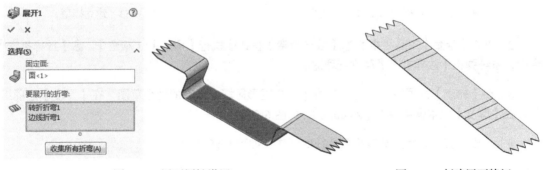

图 6-50 展开属性设置 　　　　　　图 6-51 创建展开特征

6.3.3 放样折弯

在钣金零件中，放样折弯使用由放样连接的两个开环轮廓草图，基体法兰特征不与放样折弯特征一起使用。

1. 属性设置

单击【钣金】工具栏中的 【放样折弯】按钮或者选择【插入】|【钣金】|【放样的折弯】菜单命令，弹出【放样折弯】属性管理器，如图 6-52 所示。

2. 操作方法

1）分别在两个基准面上建立草图，如图 6-53 所示。

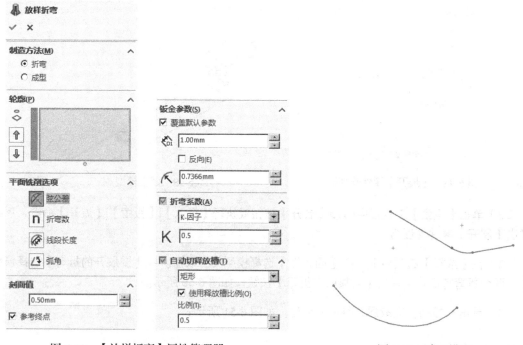

图 6-52 【放样折弯】属性管理器　　　　　　图 6-53 建立模型

2）单击【钣金】工具栏中的 🔔【放样折弯】按钮或执行【插入】|【钣金】| 🔔【放样折弯】命令，系统弹出【放样折弯】属性管理器。

3）在【轮廓】选项组下，❖【轮廓】选择图形区域中绘制的两个草图，在【厚度】选项组中，在【厚度】文本框中输入【2.00mm】，如图 6-54 所示。

4）单击 ✔ 按钮，完成放样折弯特征的创建，如图 6-55 所示。

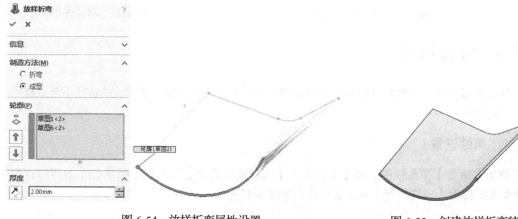

图 6-54 放样折弯属性设置　　　　　　　图 6-55 创建放样折弯特征

6.3.4　切口

切口特征通常用于生成钣金零件，但可以将切口特征添加到任何零件上。

操作方法

1）建立一个实体模型，如图 6-56 所示。

2）单击【钣金】工具栏中的 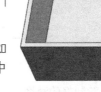【切口】按钮或执行【插入】|【钣金】|【切口】命令，系统弹出【切口】属性管理器。

3）在图形区域中选择模型侧边线，定义要切口的边线 🔲，如图 6-57 所示。在【切口参数】选项组中，🔧【切口缝隙】文本框中输入【3.00mm】。

图 6-56　建立模型

4）单击 ✅ 按钮，完成切口特征的创建，如图 6-58 所示。

图 6-57　切口属性设置

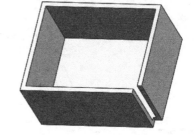

图 6-58　创建切口特征

6.4　范例

下面通过一个具体的钣金零件的设计实例来介绍钣金设计方法，钣金零件如图 6-59 所示。

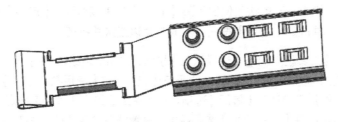

图 6-59　钣金模型

6.4.1　生成基础部分

1）单击【FeatureManager 设计树】中的【前视基准面】图标，使其成为草图绘制平面。单击【标准视图】工具栏中的 ⬇️【正视于】按钮，并单击【草图】工具栏中的 📐【草图绘制】按钮，

进入草图绘制状态。使用【草图】工具栏中的 ✏️【直线】、🖉【智能尺寸】工具，绘制图 6-60 所示的草图。单击🔲【退出草图】按钮，退出草图绘制状态。

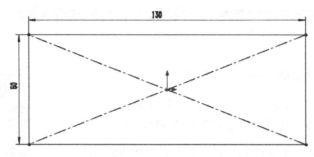

图 6-60　绘制草图并标注尺寸

2）选择绘制好的草图，单击【钣金】工具栏中的🥄【基体法兰/薄片】按钮，弹出【基体法兰】属性管理器。在【钣金参数】选项组中，设置🖉【厚度】为【1.00mm】，取消选择【反向】选项，单击✔️【确定】按钮，生成钣金的基体法兰特征，如图 6-61 所示。

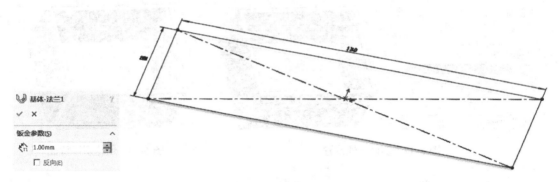

图 6-61　生成基体法兰特征

3）单击【钣金】工具栏中的🔩【边线法兰】按钮，弹出【边线-法兰】属性管理器，如图 6-62 所示。在【法兰参数】选项组中，选择图中的两条边线。勾选【使用默认半径】选项，设置🖉【法兰角度】为【90.00 度】。设置等距的终止条件为【给定深度】，设置🖉【等距距离】为 5.00mm。在【法兰位置】选项组中，设置法兰位置为🔲【材料在外】，利用🔄【反向】按钮，使边线法兰产生在模型的上方。单击✔️【确定】按钮，生成钣金边线法兰特征。

4）单击【钣金】工具栏中的🔩【边线法兰】按钮，弹出【边线-法兰】属性管理器，如图 6-63 所示。在【法兰参数】选项组中，选择图中的两条边线。勾选【使用默认半径】选项，设置🖉【法兰角度】为【45.00 度】。取消选择【等距】选项，设置等距的终止条件为【给定深度】，设置🖉【等距距离】为【8.00mm】。在【法兰位置】选项组中，设置法兰位置为🔲【材料在外】，单击✔️【确定】按钮，生成钣金边线法兰特征。

5）单击【钣金】工具栏中的🛠️【展开】按钮，弹出【展开】属性管理器。在【选择】选项组中，🛠️【固定面】选项选择图 6-64 所示的实体钣金内侧底面。单击【收集所有折弯】按钮，在🛠️【要展开的折弯】选项中，会自动添加目前钣金基体中所有的折弯。单击✔️【确定】按钮，生成钣金的展开特征，钣金将以展开为平板的形式存在。

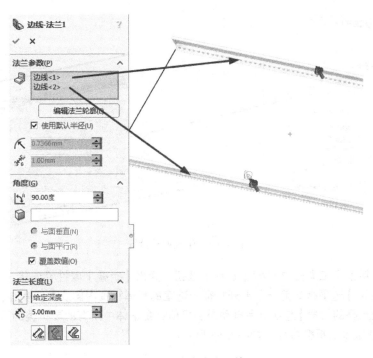

图 6-62　生成边线法兰特征

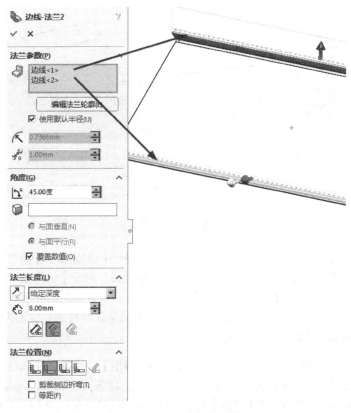

图 6-63　生成边线法兰特征

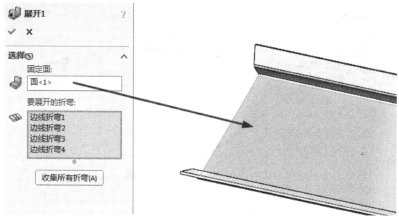

图 6-64　生成展开特征

6）单击【钣金】工具栏中的 🖱️【折叠】按钮，弹出【折叠】属性管理器。在【选择】选项组中，🪵【固定面】选项默认前一个展开特征中选定的实体钣金内侧底面。单击【收集所有折弯】按钮，在🪵【要折叠的折弯】选项中会自动添加目前钣金基体中所有的要折叠的折弯。单击✅【确定】按钮，生成钣金的折叠特征，如图 6-65 所示。

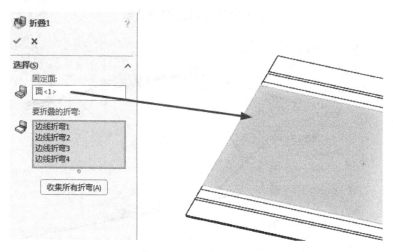

图 6-65　生成折叠特征

7）单击【钣金】工具栏中的🖱️【边线法兰】按钮，弹出【边线-法兰】属性管理器，如图 6-66 所示。在【法兰参数】选项组中，选择如图所示的一条边线。勾选【使用默认半径】选项，设置📐【法兰角度】为【30.00 度】。取消选择【等距】选项，设置等距的终止条件为【给定深度】，设置📏【深度】为【40.00mm】。在【法兰位置】选项组中，设置法兰位置为🔲【材料在外】，单击✅【确定】按钮，生成钣金边线法兰特征。

8）单击【钣金】工具栏中的🖱️【边线法兰】按钮，弹出【边线-法兰】属性管理器，如图 6-67 所示。在【法兰参数】选项组中，选择如图所示的一条边线。勾选【使用默认半径】选项，设置📐【法兰角度】为【30.00 度】。取消选择【等距】选项，设置等距的终止条件为【给定深度】。在【法兰位置】选项组中，设置法兰位置为🔲【材料在外】，单击✅【确定】按钮，生成钣金边线法兰特征。

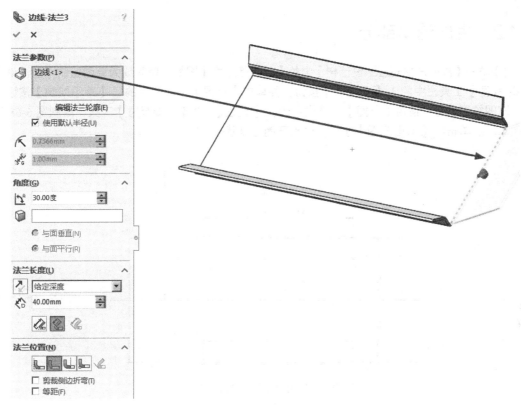

图 6-66 生成边线法兰特征

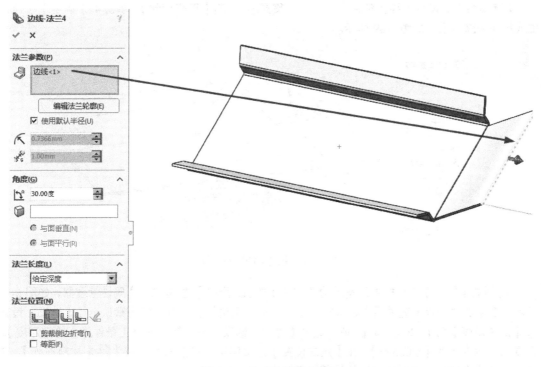

图 6-67 生成边线法兰特征

6.4.2 生成辅助部分

1）单击【FeatureManager 设计树】中的【前视基准面】图标，使其成为草图绘制平面。单击【标准视图】工具栏中的⬇【正视于】按钮，并单击【草图】工具栏中的▢【草图绘制】按钮，进入草图绘制状态。使用【草图】工具栏中的✏【直线】、✦【智能尺寸】工具，绘制图 6-68 所示的草图。单击▢【退出草图】按钮，退出草图绘制状态。

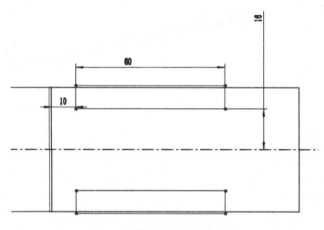

图 6-68 绘制草图并标注尺寸

2）单击【特征】工具栏中的▣【拉伸切除】按钮，弹出【切除-拉伸】属性管理器。在【方向 1】选项组中，设置【终止条件】为【完全贯穿】，勾选【正交切除】，单击✅【确定】按钮，生成拉伸切除特征，如图 6-69 所示。

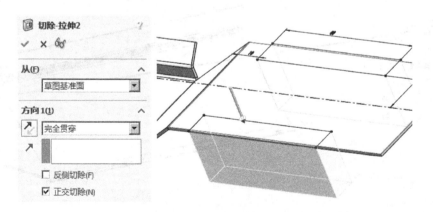

图 6-69 生成拉伸切除特征

3）单击【钣金】工具栏中的▨【边线法兰】按钮，弹出【边线-法兰】属性管理器，如图 6-70 所示。在【法兰参数】选项组中，选择如图所示的一条边线。勾选【使用默认半径】选项，设置🔾【法兰角度】为【120.00 度】。取消选择【等距】选项，设置等距的终止条件为【给定深度】，设置🖧【深度】为【8.00mm】。在【法兰位置】选项组中，设置法兰位置为▣【材料在外】，单击✅【确定】按钮，生成钣金边线法兰特征。

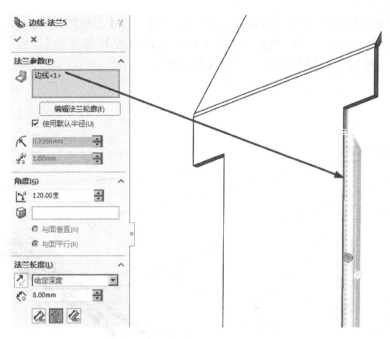

图 6-70 生成边线法兰特征

4）单击【钣金】工具栏中的 【褶边】按钮，弹出【褶边】属性管理器。在【边线】选项组中，选取边线-法兰 4 生成的一条边线，利用 【反向】按钮调节褶边特征生成于法兰下方。选择 【材料在内】按钮，作为生成褶边特征的法兰位置。在【类型和大小】选项组中，选择 【撕裂形】作为褶边特征的类型，设置 【角度】为【200.00 度】，设置 【半径】为【3.50mm】。单击 【确定】按钮，生成褶边特征，如图 6-71 所示。

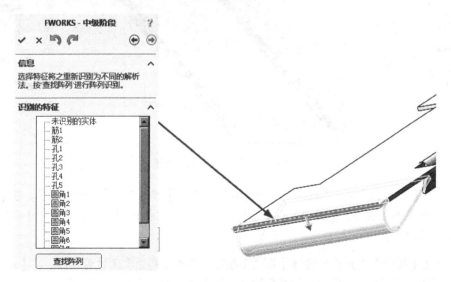

图 6-71 生成褶边特征

5）单击【钣金】工具栏中的 【褶边】按钮，弹出【褶边】属性管理器。在【边线】选项组中，选取切除-拉伸 2 生成的 4 条边线，利用 【反向】按钮调节褶边特征生成于法兰下方。

选择 【材料在内】按钮，作为生成褶边特征的法兰位置。在【类型和大小】选项组中，选择 【撕裂形】作为褶边特征的类型，设置 【角度】为【200.00 度】，设置 【半径】为【0.25mm】。单击 【确定】按钮，生成褶边特征，如图 6-72 所示。

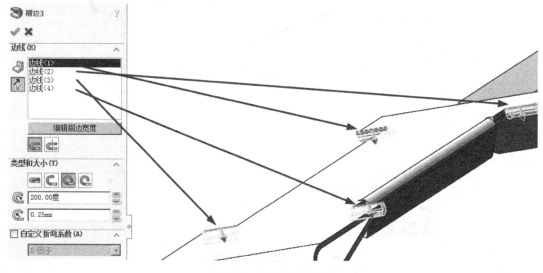

图 6-72　生成褶边特征

6）单击【插入】|【钣金】|【成形工具】按钮，弹出【成形工具】属性管理器。在【方位面】中选择基体法兰上表面，设置 【角度】为【0.00 度】，如图 6-73 所示，单击 【确定】按钮，生成成形工具特征。

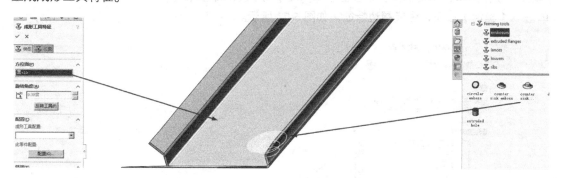

图 6-73　生成成形工具特征

7）单击【插入】|【钣金】|【成形工具】按钮，弹出【成形工具】属性管理器。在【方位面】中选择基体法兰的上表面，设置 【角度】为【0.00 度】，如图 6-74 所示，单击 【确定】按钮，生成成形工具特征。

8）单击【钣金】工具栏中的 【褶边】按钮，弹出【褶边】属性管理器。在【边线】选项组中，选取边线-法兰 2 特征生成的两条边线，利用 【反向】按钮调节褶边特征生成于法兰下方。选择 【材料在内】按钮，作为生成褶边特征的法兰位置。在【类型和大小】选项组中，选择 【撕裂形】作为褶边特征的类型，设置 【角度】为【200.00 度】，设置 【半径】为【0.25mm】。单击 【确定】按钮，生成褶边特征，如图 6-75 所示。

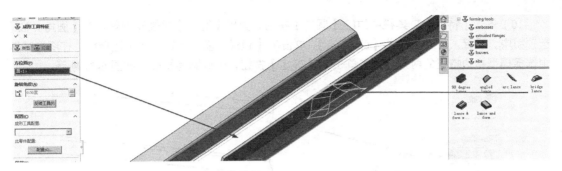

图 6-74　生成成形工具特征

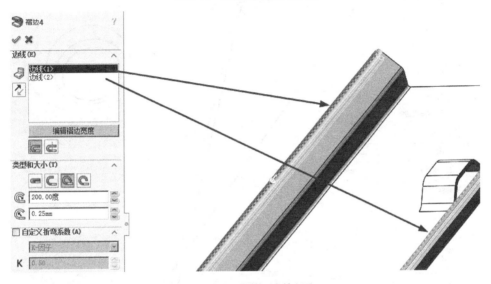

图 6-75　生成褶边特征

9）单击【特征】工具栏中的 【圆角】按钮，弹出【圆角】属性管理器。在【圆角参数】选项组中，设置 【半径】为【1.00mm】；单击 【边线、面、特征和环】选择框，在图形区域中选择模型成形特征的一条边线，单击 【确定】按钮，生成圆角特征，如图 6-76 所示。

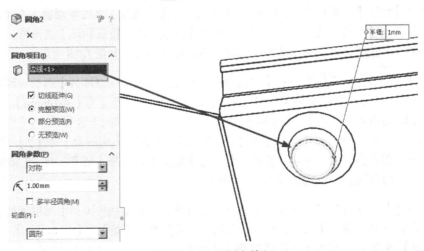

图 6-76　生成圆角特征

10）单击【特征】工具栏中的 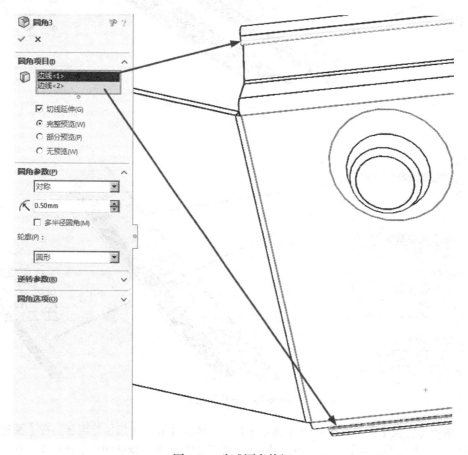 【圆角】按钮，弹出【圆角】属性管理器。在【圆角参数】选项组中，设置 【半径】为【0.50mm】，单击 【边线、面、特征和环】选择框，在图形区域中选择模型褶边特征的两条边线，单击 【确定】按钮，生成圆角特征，如图 6-77 所示。

图 6-77　生成圆角特征

11）单击【特征】工具栏中的 【圆角】按钮，弹出【圆角】属性管理器。在【圆角参数】选项组中，设置 【半径】为【0.50mm】，单击 【边线、面、特征和环】选择框，在图形区域中选择模型的 3 条边线，单击 【确定】按钮，生成圆角特征，如图 6-78 所示。

12）单击【特征】工具栏中的 【线性阵列】按钮，弹出【线性阵列】属性管理器。在【方向 1】选项组中，【阵列方向】选择实体的一条边线，设置 【间距】为【30.00mm】，设置 【实例数】为【2】，利用 【反向】按钮调整线性阵列方向。在【方向 2】选项组中，【阵列方向】选择实体的另一条边线，设置 【间距】为【25.00mm】，设置 【实例数】为【2】，利用 【反向】按钮调整线性阵列方向。在 【要阵列的特征】选项中，选择【成形工具 1】特征。单击 【确定】按钮，生成线性阵列特征，如图 6-79 所示。

13）单击【特征】工具栏中的 【线性阵列】按钮，弹出【线性阵列】属性管理器。在【方向 1】选项组中，【阵列方向】选择实体的一条边线，设置 【间距】为【30.00mm】，设置 【实例数】为【2】，利用 【反向】按钮调整线性阵列方向。在【方向 2】选项组中，【阵列方向】选择实体的另一条边线，设置 ⚙【间距】为【25.00mm】，设置 ⚙【实例数】为【2】，利用 ↗【反向】按钮调整线性阵列方向。在 ⚙【要阵列的特征】选项中，选择【成形工具 2】特征。单击 ✔【确定】按钮，生成线性阵列特征，如图 6-80 所示。

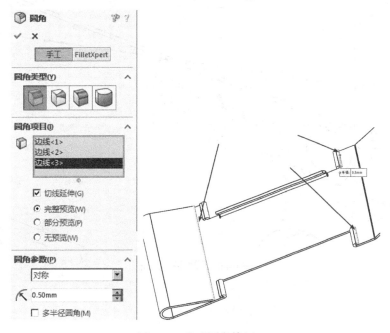

图 6-78　生成圆角特征

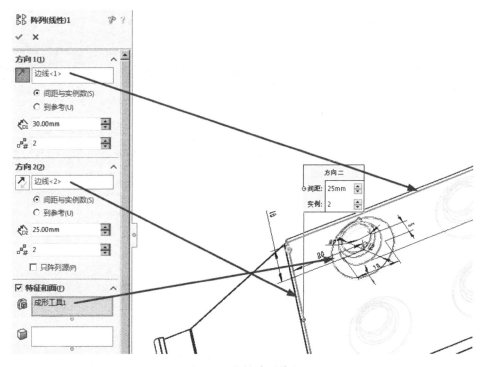

图 6-79　线性阵列特征

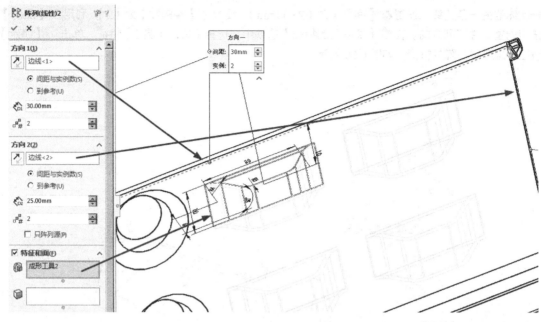

图 6-80 线性阵列特征

第 7 章
焊件设计

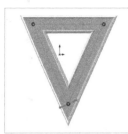

焊件（通称为型材）是铁或钢以及具有一定强度和韧性的材料（如塑料、铝、玻璃纤维等）通过轧制、挤出、铸造等工艺制成的具有一定几何形状的物体。普通型钢按其断面形状又可分为工字钢、槽钢、角钢、圆钢等。大型型钢中工字钢、槽钢、角钢、扁钢都是热轧的，圆钢、方钢、六角钢除热轧外，还有锻制、冷拉等。工字钢、槽钢、角钢广泛应用于工业建筑和金属结构，如厂房、桥梁、船舶、农机车辆制造、输电铁塔、运输机械等。扁钢主要用于桥梁、房架、栅栏、输电、船舶、车辆等。圆钢、方钢用于各种机械零件、农机配件、工具等。在 SolidWorks 中，运用【焊件】命令可以生成多种焊接类型的结构构件组合。结构构件可以选用 SolidWorks 自带的标准结构构件，用户也可以根据需要自己制作结构构件。本章主要介绍结构构件生成的方法、结构构件编辑的方法以及自定义的属性。

重点与难点

- 结构构件生成方法
- 结构构件编辑的方法
- 自定义属性

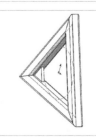

7.1 结构构件

在零件中生成第一个结构构件时，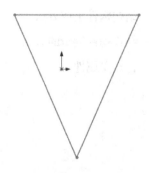【焊件】图标将被添加到【FeatureManager 设计树】中。结构构件包含以下属性。

- 结构构件都使用轮廓，例如角铁等。
- 轮廓由【标准】、【类型】及【大小】等属性识别。
- 结构构件可以包含多个片段，但所有片段只能使用一个轮廓。
- 分别具有不同轮廓的多个结构构件可以属于同一个焊接零件。
- 在一个结构构件中的任何特定点处，只有两个实体才可以交叉。
- 结构构件生成的实体会出现在【实体】文件夹下。
- 可以生成自己的轮廓，并将其添加到现有焊件轮廓库中。
- 可以在【FeatureManager 设计树】的【实体】文件夹下选择结构构件，并生成用于工程图中的切割清单。

1. 结构构件的属性设置

单击【焊件】工具栏中的【结构构件】按钮（或者选择【插入】|【焊件】|【结构构件】菜单命令），弹出【结构构件】属性管理器，如图 7-1 所示。

【选择】选项组中包含以下几个选项。

- 【标准】：选择先前所定义的 iso、ansi inch 或者自定义标准。
- 【Type】：选择轮廓类型。
- 【大小】：选择轮廓大小。
- 【组】：可以在图形区域中选择一组草图实体作为路径线段。

2. 生成结构构件的操作方法

1）在前视基准面上绘制一个草图，如图 7-2 所示。

图 7-1 【结构构件】属性管理器　　图 7-2 绘制草图

2）单击【焊件】工具栏中的 ⊕【结构构件】按钮（或者选择【插入】|【焊件】|【结构构件】菜单命令），弹出【结构构件】属性管理器。在【选择】选项组中，设置【标准】、【Type】和【大小】参数，单击【组】选择框，在图形区域中选择一组草图实体，如图 7-3 所示。

3）选择草图中的其他 3 条边线，单击 ✔【确定】按钮，生成结构焊件，如图 7-4 所示。

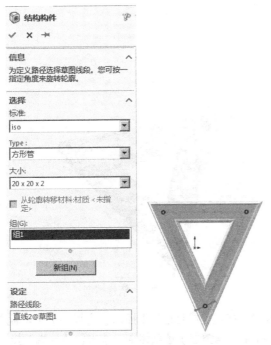

图 7-3　结构构件的预览

图 7-4　生成结构构件

7.2　剪裁/延伸

可以使用结构构件和其他实体剪裁结构构件，使其在焊件零件中可以正确对接。可以使用【剪裁/延伸】命令剪裁或者延伸两个在角落处汇合的结构构件、一个或者多个相对于另一实体的结构构件等。

1. 剪裁/延伸的属性设置

单击【焊件】工具栏中的 ⊕【剪裁/延伸】按钮（或者选择【插入】|【焊件】|【剪裁/延伸】菜单命令），弹出【剪裁/延伸】属性管理器，如图 7-5 所示。

（1）【边角类型】选项组

可以设置剪裁的边角类型，包括 ⊕【终端剪裁】、⊕【终端斜接】、⊕【终端对接 1】、⊕【终端对接 2】。

（2）【要剪裁的实体】选项组

对于 ⊕【终端剪裁】、⊕【终端对接 1】和 ⊕【终端对接 2】类型，选择要剪裁的一个实体；对于 ⊕【终端剪裁】类型，选择要剪裁的一个或者多个实体。

（3）【剪裁边界】选项组

● 【面/平面】：使用平面作为剪裁边界。

● 【实体】：使用实体作为剪裁边界。

● 【预览】：在图形区域中预览剪裁。

2. 运用剪裁工具的操作方法

1）建立一个焊件模型，如图 7-6 所示。

图 7-5　【剪裁/延伸】属性管理器

图 7-6　新建模型

2）单击【焊件】工具栏中的 【剪裁/延伸】按钮（或者选择【插入】|【焊件】|【剪裁/延伸】菜单命令），弹出【剪裁/延伸】属性管理器。在【边角类型】选项组中，单击 【终端对接 1】按钮；在【要剪裁的实体】选项组中，在图形区域中选择要剪裁的实体；在【剪裁边界】选项组中，在图形区域中选择作为剪裁边界的实体，在图形区域中显示出剪裁的预览，如图 7-7 所示。

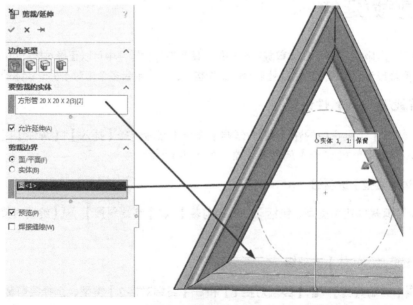

图 7-7　剪裁的预览

3）单击 【确定】按钮，完成剪裁操作，如图 7-8 所示。

图 7-8 剪裁结构构件

7.3 圆角焊缝

可以在任何交叉的焊件实体（如结构构件、平板焊件或者角撑板等）之间添加全长、间歇或者交错的圆角焊缝。

1. 圆角焊缝的属性设置

单击【焊件】工具栏中的 【圆角焊缝】按钮（或者选择【插入】|【焊件】|【圆角焊缝】菜单命令），弹出【圆角焊缝】属性管理器，如图 7-9 所示。

在【箭头边】选项组中，在【焊缝类型】下拉选框中可以选择【全长】、【间歇】、【交错】焊缝类型。

其属性设置不再赘述。

2. 生成圆角焊缝的操作方法

1）建立一个焊件模型，如图 7-10 所示。

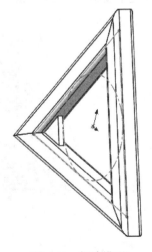

图 7-9 【圆角焊缝】属性管理器　　　　图 7-10 新建模型

2）单击【焊件】工具栏中的 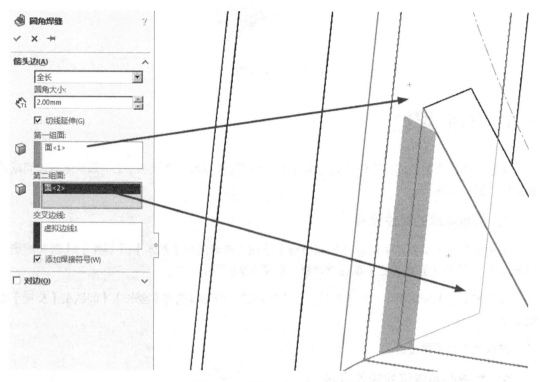【圆角焊缝】按钮（或者选择【插入】|【焊件】|【圆角焊缝】菜单命令），弹出【圆角焊缝】属性管理器。在【箭头边】选项组中，选择【焊缝类型】为【全长】；在【圆角大小】下，设置 🔧【焊缝大小】为【2.00mm】；单击 🔲【第一组面】选择框，在图形区域中选择一个面组；单击 🔲【第二组面】选择框，在图形区域中选择一个交叉面组，交叉边线自动显示虚拟边线，如图 7-11 所示。

图 7-11　选择圆角焊缝面组

3）单击 ✔【确定】按钮，生成圆角焊缝，如图 7-12 所示。

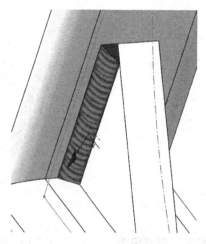

图 7-12　生成圆角焊缝

7.4　子焊件

子焊件将复杂模型分为管理更容易的实体。子焊件包括列举在【FeatureManager 设计树】的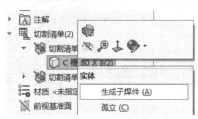（切割清单）中的任何实体，包括结构构件、顶端盖、角撑板、圆角焊缝以及使用【剪裁/延伸】命令所剪裁的结构构件。生成子焊件的步骤如下。

1）在焊件模型的【FeatureManager 设计树】中，展开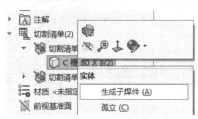（切割清单）。

2）选择要包含在子焊件中的实体，可以使用键盘上的 Shift 键或者 Ctrl 键进行批量选择，所选实体在图形区域中呈高亮显示。

3）用鼠标右键单击选择的实体，在弹出的快捷菜单中选择【生成子焊件】命令，如图 7-13 所示，包含所选实体的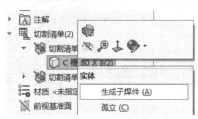【子焊件】文件夹出现在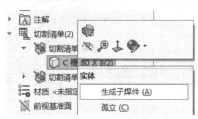【切割清单】中。

图 7-13　选择【生成子焊件】
菜单命令

4）用鼠标右键单击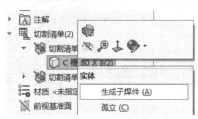【子焊件】文件夹，在弹出的快捷菜单中选择【插入到新零件】命令。子焊件模型在新的 SolidWorks 窗口中打开，并弹出【另存为】对话框。

5）输入文件名，单击【保存】按钮，在焊件模型中所作的更改扩展到子焊件模型中。

7.5　自定义焊件轮廓

可以生成自己的焊件轮廓以便在生成焊件结构构件时使用。将轮廓创建为库特征零件，然后将其保存于一个定义的位置即可。制作自定义焊件轮廓的步骤如下。

1）绘制轮廓草图。当使用轮廓生成一个焊件结构构件时，草图的原点为默认穿透点，且可以选择草图中的任何顶点或者草图点作为交替穿透点。

2）选择【文件】|【另存为】菜单命令，打开【另存为】对话框。

3）在【保存在】选框中选择 "<安装目录>\data\weldment profiles"，然后选择或者生成一个适当的子文件夹，在【保存类型】选框中选择库特征零件（*.SLDLFP），输入文件名，单击【保存】按钮。

7.6　自定义属性

焊件切割清单包括项目号、数量以及切割清单自定义属性。在焊件零件中，属性包含在使用库特征零件轮廓从结构构件所生成的切割清单项目中，包括【说明】【长度】【角度 1】【角度 2】等，可以将这些属性添加到切割清单项目中。修改自定义属性的步骤如下。

图 7-14　快捷菜单

1）在零件文件中，用鼠标右键单击切割清单项目图标，在弹出的快捷菜单中选择【属性】命令，如图 7-14 所示。

2）在【切割清单属性】对话框（如图 7-15 所示）中，设置【属性名称】、【类型】和【数值/文字表达】。

3）根据需要重复前面的步骤，单击【确定】按钮完成操作。

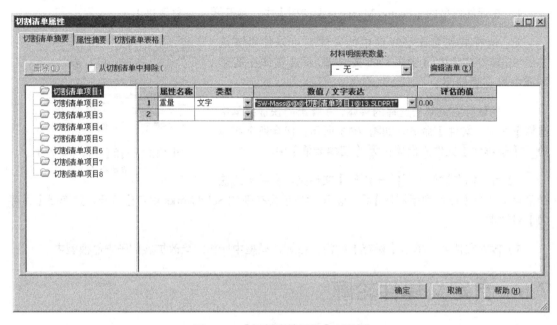

图 7-15　【切割清单属性】对话框

7.7　范例

本范例通过床架的建模过程来介绍焊件的具体使用方法，模型如图 7-16 所示。

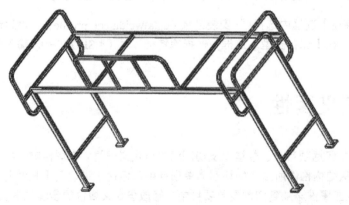

图 7-16　焊件模型

7.7.1　生成一侧桁架

1）单击【草图】工具栏中的 🔟【3D 草图】按钮，进入
3D 草图绘制状态。使用【草图】工具栏中的 ╱【直线】、🔦
【圆心/起/终点画弧】、◁【智能尺寸】工具，绘制图 7-17 所
示的草图。单击 🔗【退出草图】按钮，退出草图绘制状态。

2）单击【焊件】工具栏中的 🔘【结构构件】按钮，弹
出【结构构件】属性管理器，设置【标准】为【iso】，【Type】
为【矩形管】，【大小】为【70×40×5】。单击【组】选择
框，在图形区域中选择草图。系统生成一个垂直于所选路
径的平面，并在该平面上应用前面选择的轮廓类型绘制草
图。在【设定】选项组中的【路径线段】选择框中，选择
草图中的两条竖直线，单击 ✅【确定】按钮，生成独立实
体的结构构件，如图 7-18 所示。

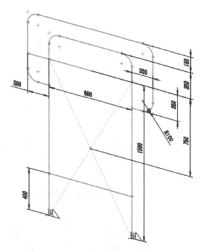

图 7-17　绘制草图并标注尺寸

3）单击【焊件】工具栏中的 🔘【结构构件】按钮，弹
出【结构构件】属性管理器，设置【标准】为【iso】，【Type】为【方形管】，【大小】为【40×40
×4】。在【设定】选项组中的【路径线段】选择框中，选择草图中的两条水平线，单击 ✅【确定】
按钮，生成独立实体的结构构件，如图 7-19 所示。

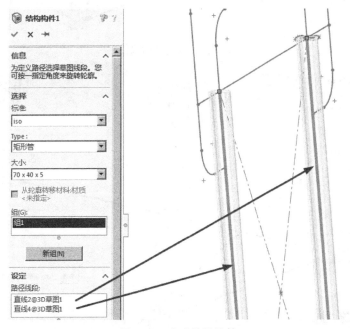

图 7-18　生成结构构件

4）单击【焊件】工具栏中的 🔧【剪裁/延伸】按钮，弹出【剪裁/延伸】属性管理器。在【边
角类型】选项组中单击 🔲【终端剪裁】按钮；单击【要剪裁的实体】选项组中的选择框，在图形
区域中选择水平的结构构件 2；在【剪裁边界】选项组中单击【实体】单选按钮，在图形区域中

选择竖直的两个结构构件，如图 7-20 所示，单击 ✓ 【确定】按钮，生成剪裁特征。

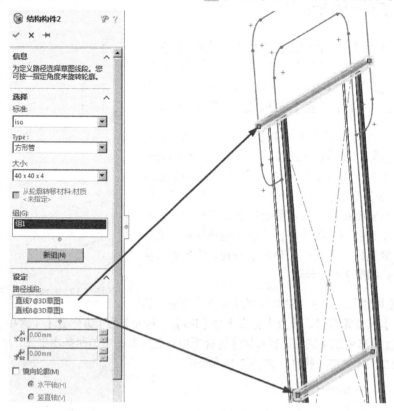

图 7-19　生成结构构件

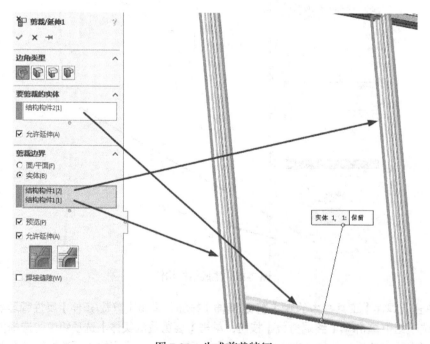

图 7-20　生成剪裁特征

5）单击【焊件】工具栏中的 ❧【剪裁/延伸】按钮，弹出【剪裁/延伸】属性管理器。在【边角类型】选项组中单击 ❦【终端剪裁】按钮；在【要剪裁的实体】选项组中单击【实体】选择框，在图形区域中选择竖直的两个结构构件；在【剪裁边界】选项组中单击【实体】选择框，在图形区域中选择水平的长结构构件，如图 7-21 所示，单击 ✅【确定】按钮，生成剪裁特征。

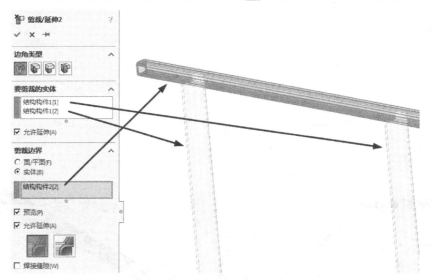

图 7-21　生成剪裁特征

6）单击【焊件】工具栏中的 ⬡【结构构件】按钮，弹出【结构构件】属性管理器，设置【标准】为【iso】，【Type】为【方形管】，【大小】为【40×40×4】。在【设定】选项组中的【路径线段】选择框中，选择草图中的 3 条直线和连接它们的两段圆弧线，单击 ✅【确定】按钮，生成独立实体的结构构件，如图 7-22 所示。

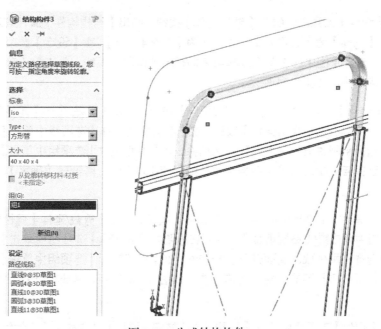

图 7-22　生成结构构件

249

7）单击【焊件】工具栏中的 ⌖【剪裁/延伸】按钮，弹出【剪裁/延伸】属性管理器。在【边角类型】选项组中单击 ⬚【终端剪裁】按钮；在【要剪裁的实体】选项组中单击【实体】选择框，在图形区域中选择刚刚生成的半环结构构件；在【剪裁边界】选项组中单击【实体】选择框，在图形区域中选择水平的长结构构件，如图 7-23 所示，单击 ✓【确定】按钮，生成剪裁特征。

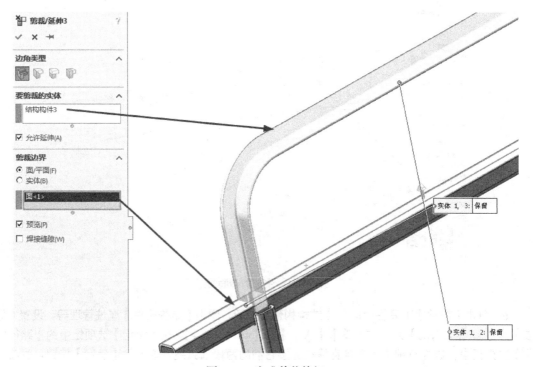

图 7-23　生成剪裁特征

8）单击【焊件】工具栏中的 ⬡【结构构件】按钮，弹出【结构构件】属性管理器，设置【标准】为【iso】，【Type】为【方形管】，【大小】为【40×40×4】。在【设定】选项组中的【路径线段】选择框中，选择草图中的 3 条直线和与它们相连的两段圆弧线，单击 ✓【确定】按钮，生成独立实体的结构构件，如图 7-24 所示。

9）单击【焊件】工具栏中的 ⌖【剪裁/延伸】按钮，弹出【剪裁/延伸】属性管理器。在【边角类型】选项组中单击 ⬚【终端剪裁】按钮；在【要剪裁的实体】选项组中单击【实体】选择框，在图形区域中选择刚刚生成的侧面开环结构构件；在【剪裁边界】选项组中单击【实体】选择框，在图形区域中选择与之相连的竖直结构构件，如图 7-25 所示，单击 ✓【确定】按钮，生成剪裁特征。

10）单击【焊件】工具栏中的 ⌖【剪裁/延伸】按钮，弹出【剪裁/延伸】属性管理器。在【边角类型】选项组中单击 ⬚【终端剪裁】按钮；在【要剪裁的实体】选项组中单击【实体】选择框，在图形区域中选择刚刚生成的侧面开环结构构件；在【剪裁边界】选项组中单击【实体】选择框，在图形区域中选择与之相连的水平长结构构件，如图 7-26 所示，单击 ✓【确定】按钮，生成剪裁特征。

11）单击【焊件】工具栏中的 ⬡【结构构件】按钮，弹出【结构构件】属性管理器，设置【标准】为【iso】,【Type】为【方形管】,【大小】为【40×40×4】。在【设定】选项组中的【路径线段】选择框中，选择草图中的 3 条直线和与它们相连的两段圆弧线，单击✔【确定】按钮，生成独立实体的结构构件，如图 7-27 所示。

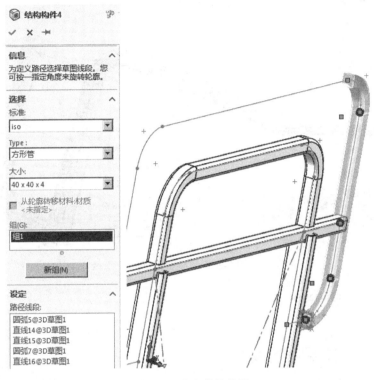

图 7-24　生成结构构件

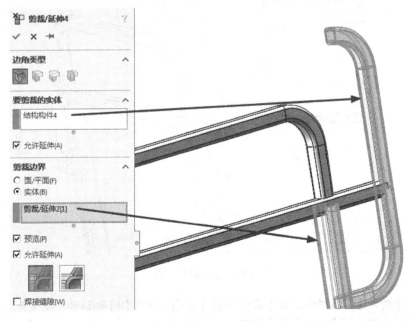

图 7-25　生成剪裁特征

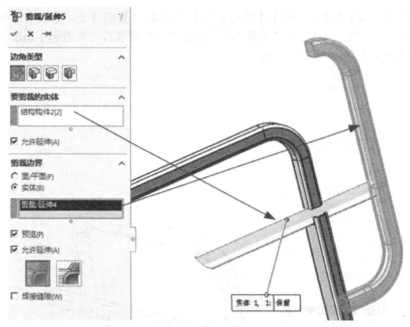

图 7-26   生成剪裁特征

图 7-27   生成结构构件

12）单击【焊件】工具栏中的<img>【剪裁/延伸】按钮，弹出【剪裁/延伸】属性管理器。在【边角类型】选项组中单击<img>【终端剪裁】按钮；在【要剪裁的实体】选项组中单击【实体】选择框，在图形区域中选择水平长结构构件；在【剪裁边界】选项组中单击【实体】选择框，在图形区域中选择刚刚生成的左侧开环结构构件，如图 7-28 所示，单击 ✔【确定】按钮，生成剪裁特征。

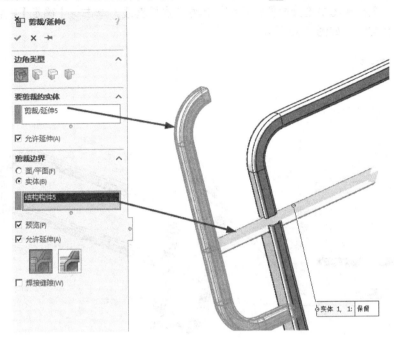

图 7-28　生成剪裁特征

13）单击【焊件】工具栏中的 ❉【剪裁/延伸】按钮，弹出【剪裁/延伸】属性管理器。在【边角类型】选项组中单击 ❉【终端剪裁】按钮；在【要剪裁的实体】选项组中单击【实体】选择框，在图形区域中选择刚刚生成的左侧开环结构构件；在【剪裁边界】选项组中单击【实体】选择框，在图形区域中选择与之相连的竖直结构构件，如图 7-29 所示，单击 ✔【确定】按钮，生成剪裁特征。

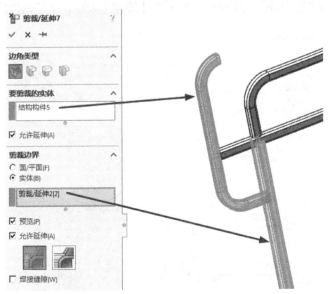

图 7-29　生成剪裁特征

14）单击【焊件】工具栏中的 ⊚【结构构件】按钮，弹出【结构构件】属性管理器，设置【标准】为【iso】,【Type】为【方形管】,【大小】为【40×40×4】。在【设定】选项组中的【路径线段】选择框中，选择草图中连接两侧开环结构构件的水平直线，单击 ✓【确定】按钮，生成封闭的独立实体结构构件，如图 7-30 所示。

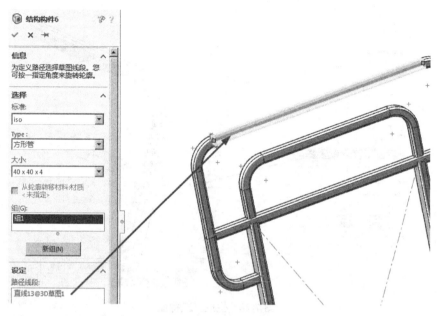

图 7-30　生成结构件

15）单击【焊件】工具栏中的 ▰【角撑板】按钮，弹出【角撑板】属性管理器。在【支撑面】选项组中单击 ▤【选择面】选择框，选择长水平结构构件的下表面和与之相连左侧竖直结构构件的内侧面；在【轮廓】选项组中单击 ▤【三角形轮廓】按钮并设置其参数，在【位置】中单击 ▤【轮廓定位于中点】按钮，如图 7-31 所示，单击 ✓【确定】按钮，生成角撑板。

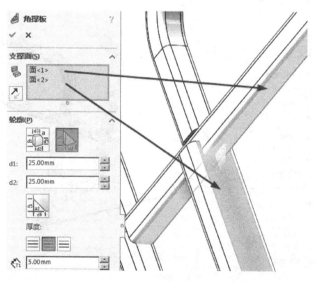

图 7-31　生成角撑板

16）单击【焊件】工具栏中的 ⚒【角撑板】按钮，弹出【角撑板】属性管理器。在【支撑面】选项组中单击 🗐【选择面】选择框，选择长水平结构构件的下表面和与之相连右侧竖直结构构件的内侧面；在【轮廓】选项组中单击 ▶【三角形轮廓】按钮并设置其参数，在【位置】中单击 ▦【轮廓定位于中点】按钮，如图 7-32 所示，单击 ✔【确定】按钮，生成角撑板。

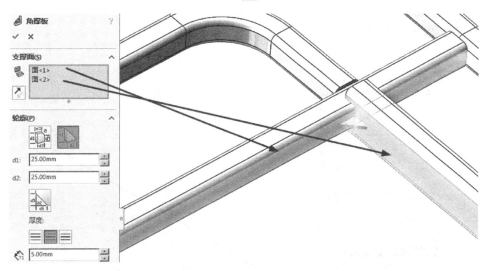

图 7-32 生成角撑板

7.7.2 生成其他部分

1）单击【草图】工具栏中的 🕮【3D 草图】按钮，进入 3D 草图绘制状态。使用【草图】工具栏中的 ✎【直线】、✎【智能尺寸】工具，绘制图 7-33 所示的草图。单击 🗗【退出草图】按钮，退出草图绘制状态。

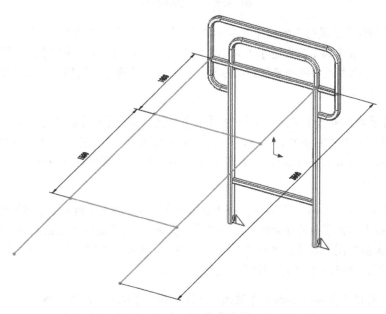

图 7-33 绘制草图并标注尺寸

2）单击【焊件】工具栏中的  【结构构件】按钮，弹出【结构构件】属性管理器，设置【标准】为【iso】,【Type】为【矩形管】,【大小】为【70×40×5】。在【设定】选项组中的【路径线段】选择框中，选择草图中的两条长直线，单击 ✅【确定】按钮，生成独立实体的结构构件，如图 7-34 所示。

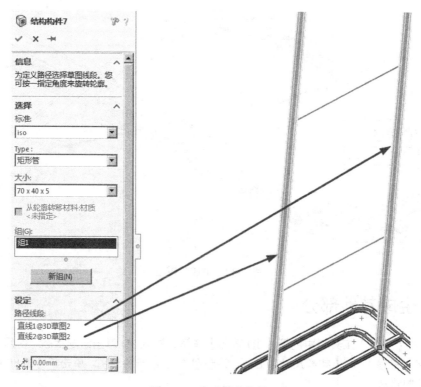

图 7-34　生成结构构件

3）单击【焊件】工具栏中的  【结构构件】按钮，弹出【结构构件】属性管理器，设置【标准】为【iso】,【Type】为【方形管】,【大小】为【40×40×4】。在【设定】选项组中的【路径线段】选择框中，选择草图中的两条横置的水平线，单击 ✅【确定】按钮，生成独立实体的结构构件，如图 7-35 所示。

4）单击【参考几何体】工具栏中的 【点】按钮，弹出【点】属性管理器。在 【参考实体】中选择 3D 草图 2 中右侧的长直线，单击 【沿曲线距离】按钮，选择【百分比】选项，再调整数值为【50.00%】，如图 7-36 所示，在图形区域中显示出新建基准点的预览，单击 ✅【确定】按钮，生成基准点。

5）单击【参考几何体】工具栏中的 【基准面】按钮，弹出【基准面】属性管理器。在【第一参考】中，在图形区域中选择刚刚生成的基准点，单击 【重合】按钮；在【第二参考】中，在图形区域中选择前视基准面，单击 【平行】按钮，如图 7-37 所示，在图形区域中显示出新建基准面的预览，单击 ✅【确定】按钮，生成基准面。

6）单击【特征】工具栏中的 【镜向】按钮，弹出【镜向】属性管理器。在【镜向面/基准面】选项组中，单击 【镜向面/基准面】选择框，在绘图区中选择基准面 9 特征；在【要镜向的实体】选项组中，单击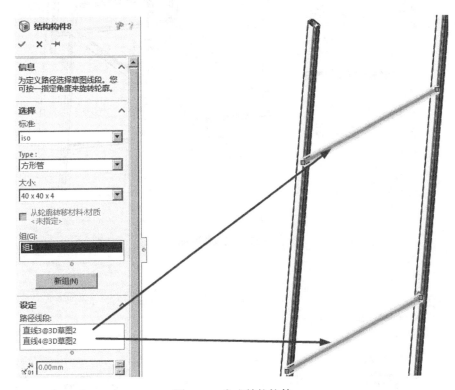【要镜向的实体】选择框，在绘图区中选择 3D 草图中建立的结构体特征，注意不选取内部的 U 形结构，单击✔【确定】按钮，生成镜向特征，如图 7-38 所示。

图 7-35　生成结构构件

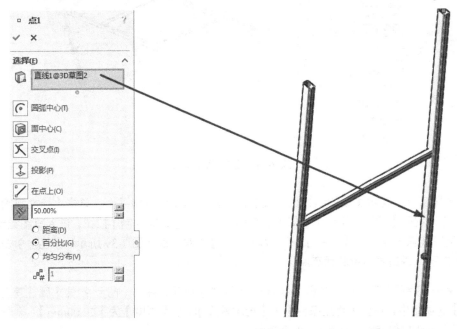

图 7-36　生成基准点

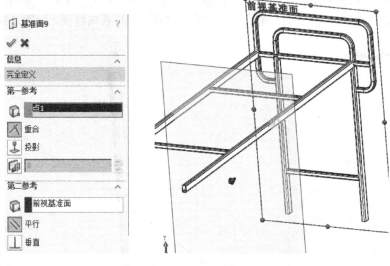

图 7-37　生成基准面

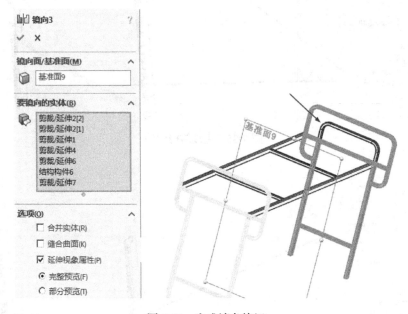

图 7-38　生成镜向特征

7）单击实体结构中生成的结构构件底面，使其成为草图绘制平面。单击【标准视图】工具栏中的↓【正视于】按钮，并单击【草图】工具栏中的╔【草图绘制】按钮，进入草图绘制状态。使用【草图】工具栏中的╱【直线】、◇【智能尺寸】工具，绘制图 7-39 所示的草图。单击╔【退出草图】按钮，退出草图绘制状态。

8）单击【特征】工具栏中的◙【拉伸凸台/基体】按钮，弹出【凸台-拉伸】属性管理器。在【方向 1】选项组中，设置【终止条件】为【给定深度】，♢【深度】为【20.00mm】，单击✓【确定】按钮，生成拉伸特征，如图 7-40 所示。

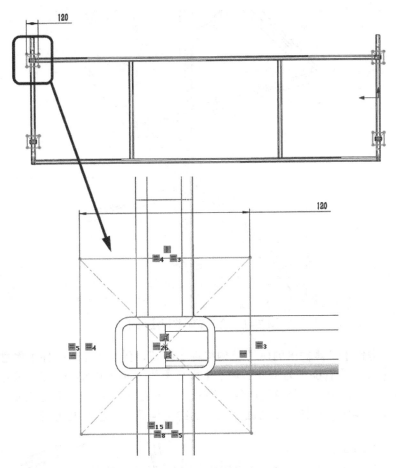

图 7-39 绘制草图并标注尺寸

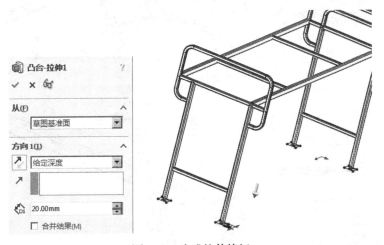

图 7-40 生成拉伸特征

9）单击【草图】工具栏中的 ⓷ 【3D 草图】按钮，进入 3D 草图绘制状态。使用【草图】工具栏中的 ✐ 【直线】、 ◔ 【圆心/起/终点画弧】、 ✎ 【智能尺寸】工具，绘制图 7-41 所示的草图。单击 ⟐ 【退出草图】按钮，退出草图绘制状态。

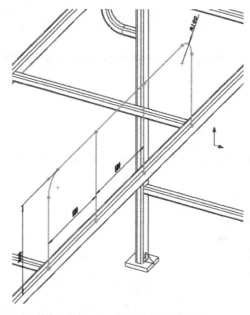

图 7-41　绘制草图并标注尺寸

10）单击【焊件】工具栏中的 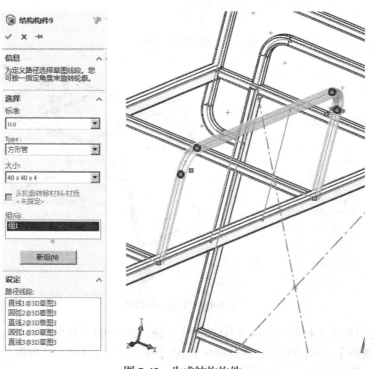【结构构件】按钮，弹出【结构构件】属性管理器，设置【标准】为【iso】，【Type】为【方形管】，【大小】为【40×40×4】。在【设定】选项组中的【路径线段】选择框中，选择草图中的右侧的半环形曲线，包括 3 条直线和连接它们的两段圆弧，单击 ✅【确定】按钮，生成独立实体的结构构件，如图 7-42 所示。

图 7-42　生成结构构件

11）单击【焊件】工具栏中的 🔧 【剪裁/延伸】按钮，弹出【剪裁/延伸】属性管理器。在【边角类型】选项组中单击 📦 【终端剪裁】按钮；在【要剪裁的实体】选项组中单击【实体】选择框，在图形区域中选择刚刚生成的半环形结构构件；在【剪裁边界】选项组中单击【实体】选择框，在图形区域中选择与之相连的水平长结构构件，如图 7-43 所示，单击 ✔ 【确定】按钮，生成剪裁特征。

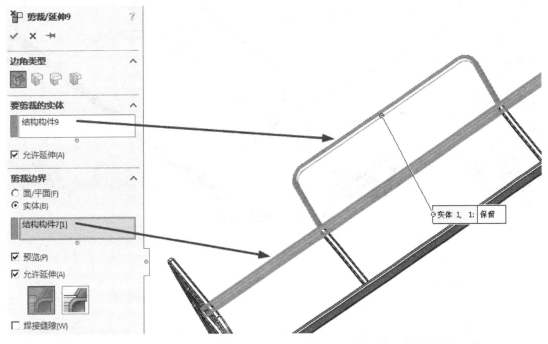

图 7-43　生成剪裁特征

12）单击【焊件】工具栏中的 🔧 【剪裁/延伸】按钮，弹出【剪裁/延伸】属性管理器。在【边角类型】选项组中单击 📦 【终端剪裁】按钮；在【要剪裁的实体】选项组中单击【实体】选择框，在图形区域中选择两条横置的结构构件；在【剪裁边界】选项组中单击【实体】选择框，在图形区域中选择水平长结构构件，如图 7-44 所示，单击 ✔ 【确定】按钮，生成剪裁特征。

13）单击【焊件】工具栏中的 📦 【结构构件】按钮，弹出【结构构件】属性管理器，设置【标准】为【iso】，【Type】为【方形管】，【大小】为【40×40×4】。在【设定】选项组中的【路径线段】选择框中，选择草图中右侧半环形结构构件内部的两条竖直线，单击 ✔ 【确定】按钮，生成独立实体的结构构件，如图 7-45 所示。

14）单击【焊件】工具栏中的 🔧 【剪裁/延伸】按钮，弹出【剪裁/延伸】属性管理器。在【边角类型】选项组中单击 📦 【终端剪裁】按钮；在【要剪裁的实体】选项组中单击【实体】选择框，在图形区域中选择刚刚生成的两条竖直结构构件；在【剪裁边界】选项组中单击【实体】选择框，在图形区域中选择与之相连接的水平长构件，如图 7-46 所示，单击 ✔ 【确定】按钮，生成剪裁特征。

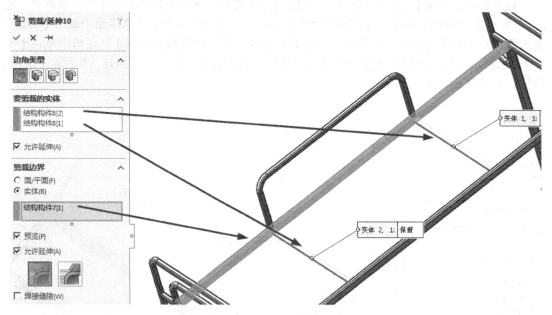

图 7-44 生成剪裁特征

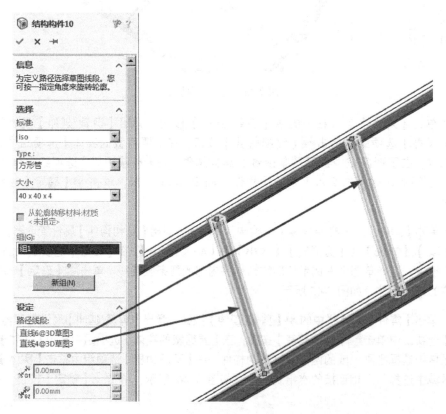

图 7-45 生成结构构件

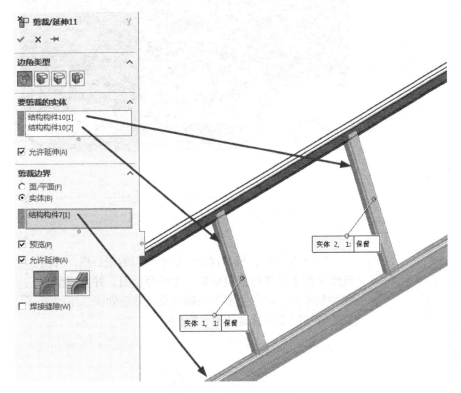

图 7-46 生成剪裁特征

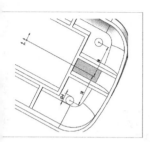

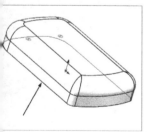

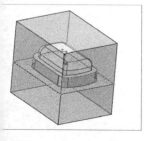

第8章
模具设计

　　SolidWorks 为模具设计提供了专门的工具栏，可以就给定的零件进行拔模分析，生成分型面，并生成型心和型腔零件。本章主要介绍模具设计基础知识、生成模具的特征以及模具设计的一般步骤。

重点与难点

- 基础知识
- 生成模具的特征
- 模具设计的步骤

8.1　模具设计

8.1.1　基础知识

模具由型心和型腔组成。型心仿制模型的内部曲面，型腔仿制模型的外部曲面，型心和型腔之间由分型面分隔。模具在使用时，型心和型腔连接在一起，在它们之间的空隙注射入填充用的液体塑料或金属，在液体冷却并变硬后，型心和型腔相分离，并弹出零件。

SolidWorks 提供的模具设计工具栏如图 8-1 所示。

其主要命令按钮的含义如下。

- 【拔模分析】：验证所有面都含有足够的拔模。
- 【底切分析】：查找模型中不能从模具中排斥的被围困区域。
- 【拔模】：拔模特征。
- 【比例缩放】：应用收缩因素，将塑料冷却时的收缩量考虑在内。

图 8-1　模具设计工具栏

- 【分型线】：用于检查拔模以及添加分型线，分型线将型心和型腔分离开来。
- 【关闭曲面】：可沿分型线或形成连续环的边线生成曲面修补，以关闭通孔。
- 【分型面】：拉伸自分型线，用于将模具型腔从型心分离开来。
- 【切削分割】：使型心和型腔分离。
- 【型心】：将制成的零件出模。

8.1.2　拔模分析功能

单击【模具工具】工具栏中的 【拔模分析】按钮，弹出【拔模分析】属性管理器，如图 8-2 所示。

（1）【分析参数】选项组

- 【拔模方向】选框：选择一平面、线性边线或轴来定义拔模方向。
- 【拔模角度】：输入参考拔模角度。
- 【调整三重轴】：操纵拔模方向，以直观地进行调整，从而避免或减少拔模角度出错的可能性。
- 【面分类】：将每个面归入颜色设定下的类别之一，然后对每个面应用相应的颜色，并提供每种类型的面的计数。

（2）【颜色设定】选项组

带有不同分类的面在图形区域中以不同颜色显示。该选项组中的参数介绍如下。

- 【逐渐过渡】：以色谱形式显示角度范围。
- 【正拔模】：显示这样一些面，即面的角度相对于拔模方向大

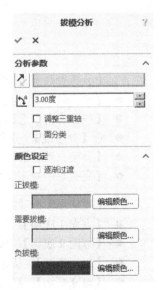

图 8-2　【拔模分析】
　　　　属性管理器

于参考角度。

- 【需要拔模】：显示这样一些面，即面的角度小于负参考角度或大于正参考角度。
- 【负拔模】：显示这样一些面，即面的角度相对于拔模方向小于负参考角度。
- 【编辑颜色】：此选项可更改与类别相关联的颜色。

8.1.3　底切分析功能

单击【模具工具】工具栏中的  【底切分析】按钮，弹出【底切分析】属性管理器，如图 8-3 所示。

图 8-3　【底切分析】属性管理器

（1）【分析参数】选项组
- 【坐标输入】：为拔模设置 X、Y 和 Z 轴的数值。
- 【拔模方向】选框：选取平面、线性边线或轴来定义拔模方向。
- 【分型线】：分型线以上的面被评估以决定它们是否可从分型线以上看见。
- 【调整三重轴】：操纵拔模方向。
- 【高亮显示封闭区域】：对于仅部分封闭的面，分析可识别面的封闭区域和非封闭区域。

（2）【底切面】选项组
- 【方向1底切】：从分型线以上不可见的面。
- 【方向2底切】：从分型线以下不可见的面。
- 【封闭底切】：从分型线以上或以下不可见的面。
- 【跨立底切】：双向底切的面。
- 【无底切】：没有底切。
- 【编辑颜色】：单击此按钮可更改与类别相关联的颜色。

8.1.4　分型线功能

单击【模具工具】工具栏中的 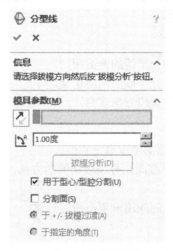 【分型线】按钮，弹出【分型线】属性管理器，如图 8-4 所示。

图 8-4　【分型线】属性管理器

在【模具参数】选项组中各选项含义如下。
- 【拔模分析】：单击以进行拔模分析并生成分型线。
- 【用于型心/型腔分割】：勾选该选项以生成一定义型心/型腔分割的分型线。
- 【分割面】：勾选该选项以自动分割在拔模分析过程中找到的跨立面。
- 【于+/-拔模过渡】：分割正负拔模之间过渡处的跨立面。
- 【于指定的角度】：按指定的拔模角度分割跨立面。

8.1.5　关闭曲面功能

单击【模具工具】工具栏中的 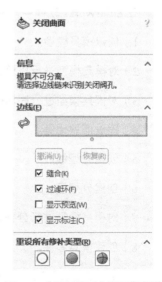 【关闭曲面】按钮，弹出【关闭曲面】属性管理器，如图 8-5 所示。

（1）【边线】选项组
- 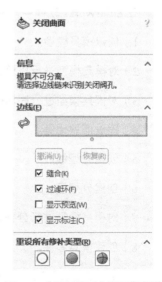【边线】：列举为关闭曲面所选择的边线或分型线的名称。
- 【缝合】：将每个关闭曲面连接成型腔和型心曲面，这样型腔曲面实体和型心曲面实体分别包含一曲面实体。
- 【过滤环】：过滤似乎不是有效孔的环。
- 【显示预览】：在图形区域中显示修补曲面的预览。
- 【显示标注】：为每个环在图形区域中显示标注。

（2）【重设所有修补类型】选项组
- ○：全部不填充。
- ●：全部相触。
- ⊕：全部相切。

图 8-5　【关闭曲面】属性管理器

8.1.6 分型面功能

单击【模具工具】工具栏中的 🌰 【分型面】按钮，弹出【分型面】属性管理器，如图 8-6 所示。

（1）【模具参数】选项组

- 【相切于曲面】：分型面与分型线的曲面相切。
- 【正交于曲面】：分型面与分型线的曲面正交。
- 【垂直于拔模】：分型面与拔模方向垂直。

（2）【分型面】选项组

- 【距离】文本框：为分型面的宽度设定数值。
- ↗【反向】：单击以更改分型面从分型线延伸的方向。
- ↖ᴬ【角度】：拔模角度。
- 【平滑】：可在相邻曲面之间应用一更平滑的过渡。
  - ■ ◥：尖锐。
  - ■ ◳：平滑。
- 🔩【数值】：为相邻边线之间的距离设定一数值，高的值在相邻边线之间生成更平滑的过渡。

（3）【选项】选项组

- 【缝合所有曲面】：勾选以自动缝合曲面。
- 【显示预览】：选择在图形区域中预览曲面。
- 【手工模式】：使用手工模式来定义分型面。

图 8-6 【分型面】属性管理器

8.1.7 模具设计的一般步骤

在 SolidWorks 软件中，利用模具工具可以进行模具设计，其一般步骤如下。

1）创建模具模型。

2）对模具模型进行拔模分析。

3）对模具模型进行底切检查。

4）缩放模型比例。

5）创建分型线。

6）创建分型面。

7）对模具模型进行分割。

8）创建模具零件。

8.2　范例

本节中以简单实例模型（如图 8-7 所示）来说明模具设计的基本方法和步骤。

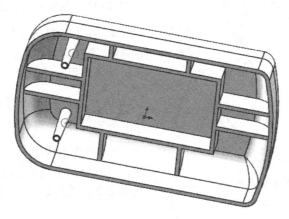

图 8-7　零件模型

8.2.1　打开模型

启动中文版 SolidWorks 软件，单击【标准】工具栏中的 【打开】按钮，弹出【打开】对话框，在配套光盘中选择【第 8 章/范例文件/零件 1.SLDPRT】，单击【打开】按钮，在图形区域中显示出模型，如图 8-8 所示。

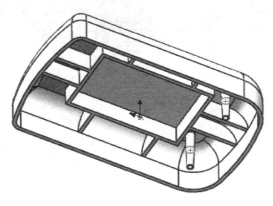

图 8-8　打开零件

8.2.2　插入装配凸台

1）在特征管理器设计树中右键单击【草图 6】，在弹出的快捷菜单中单击 （显示）按钮，将草图 6 显示，如图 8-9 所示。

2）单击【插入】|【扣合特征】|【装配凸台】菜单命令，弹出【装配凸台】属性管理器。

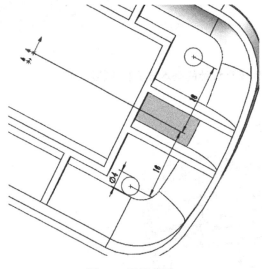

图 8-9　显示草图 6

3）在属性管理器的【定位】选项组的 🗔【放置装配凸台的面】中，选取零件模型的点，在 ◎【圆周草图】中选择草图 6 中的圆形边线。在【凸台】选项组中，选择【选择配合面】，然后选择零件模型的面<1>，其他设置如图 8-10 所示。

4）在【装配凸台】属性管理器中的【翅片】设置中，设置翅片的数量为【0】，如图 8-11 所示，其他设置采用默认设置。

5）单击【装配凸台】属性管理器中的 ✔ 按钮，完成第一个装配凸台的添加，结果如图 8-12 所示。

6）单击【特征】工具栏中的 🔛（镜向）按钮，或者单击【插入】|【阵列/镜向】|【镜向】菜单命令，弹出【镜向】属性管理器。

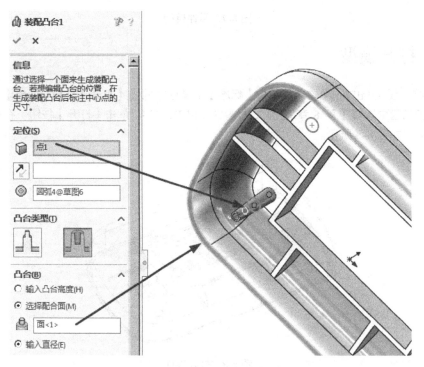

图 8-10　【装配凸台】设置

7）在【镜向】属性管理器中【镜向面/基准面】选项组中，选取【前视基准面】。在【要镜向的特征】选项组中，选取创建的【装配凸台 1】，如图 8-13 所示。

8）单击【镜向】属性管理器中的 ✔ 按钮，完成镜向特征，结果如图 8-14 所示。

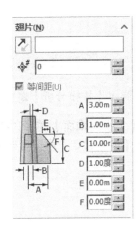

图 8-11　设置翅片

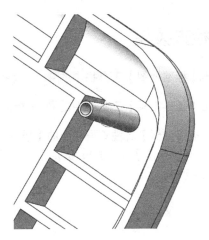

图 8-12　装配凸台结果

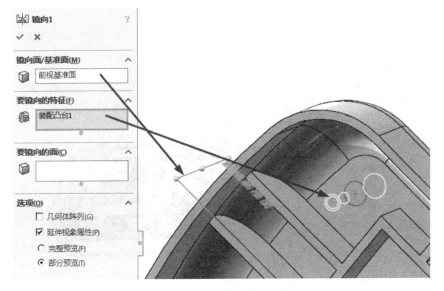

图 8-13　镜向设置

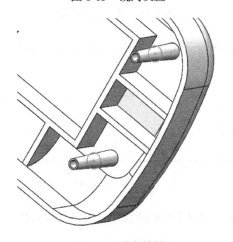

图 8-14　镜向结果

8.2.3　检查拔模

1）单击【标准视图】工具栏中的 <kbd>□</kbd>（等轴测）按钮。

2）单击【模具工具】工具栏中的 <kbd>◎</kbd>（拔模分析）按钮，弹出【拔模分析】属性管理器。

3）在【拔模分析】属性管理器中的【拔模方向】中选择【上视基准面】，使图中所指箭头向上，设定 <kbd>📐</kbd>【拔模角度】为【1.00 度】，并勾选【面分类】，在【颜色设定】中便显示所有计算结果，如图 8-15 所示。

图 8-15　拔模分析设置

4）单击【标准视图】工具栏中的 <kbd>□</kbd>（前视）按钮，以检查模型在正拔模之下较低的边线，如图 8-16 所示。

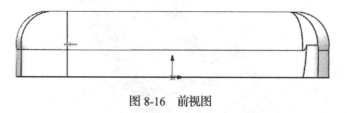

图 8-16　前视图

5）单击【拔模分析】属性管理器中的 <kbd>✔</kbd>按钮，退出拔模分析。

8.2.4 添加拔模

通过拔模分析知道，并非所有的面都符合 【拔模角度】中指定的 0.5° 的要求，使用拔模工具将拔模添加到面。

1）单击【特征】工具栏中的 （拔模）按钮，或者单击【插入】|【特征】|【拔模】菜单命令，弹出【拔模】属性管理器。

2）在【拔模】属性管理器中的【拔模类型】选项组中，选择【分型线】选项。在【拔模角度】选项组中，设置角度为【1.00 度】。在【拔模方向】选项组中，选择【上视基准面】，根据需要单击 （反向）按钮，使预览箭头向上。在【分型线】选项组中，选择沿模型底部的除去图中所指两条边线之外的 6 条边线，如图 8-17 所示。

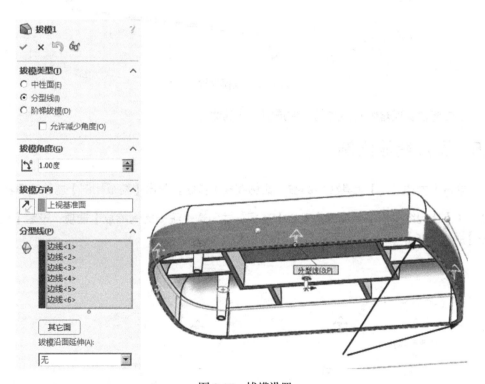

图 8-17 拔模设置

3）单击属性管理器中的 按钮，完成拔模 1 的添加。

4）采用同样的方法为另两条边线添加拔模。单击【特征】工具栏中的 （拔模）按钮，或者单击【插入】|【特征】|【拔模】菜单命令，弹出【拔模】属性管理器。

5）在【拔模】属性管理器中的【拔模类型】选项组中，选择【分型线】选项。在【拔模角度】选项组中，设置角度为【1.00 度】。在【拔模方向】选项组中，选择【上视基准面】，根据需要单击 （反向）按钮，使预览箭头向上，如图 8-18 所示。在【分型线】选项组中，选择沿模型底部的两条边线，如图所示。

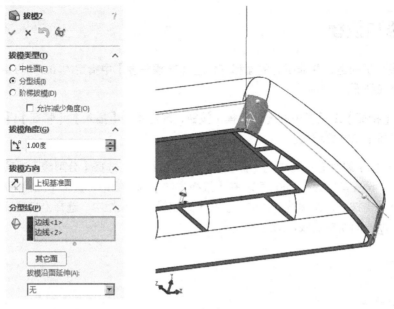

图 8-18　拔模设置

6）单击属性管理器中的 ✅ 按钮，完成拔模 2 的添加。

8.2.5　添加缩放比例

1）单击【模具工具】工具栏中的 ⚙（比例缩放）按钮，弹出【缩放比例】属性管理器。

2）在【比例缩放点】中选择【重心】选项，并勾选【统一比例缩放】选项，设定【比例缩放因子】为【1.05】，如图 8-19 所示。

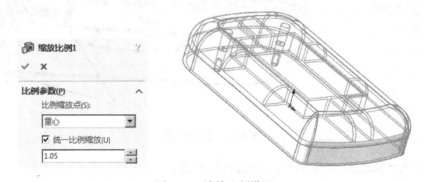

图 8-19　缩放比例设置

3）单击 ✅ 按钮，完成比例缩放。

8.2.6　生成分型线

1）单击【模具工具】工具栏中的 ⚙（分型线）按钮，或者单击【插入】|【模具】|【分型线】菜单命令，弹出【分型线】属性管理器。

2）在属性管理器中的【拔模方向】设置中，选择【上视基准面】，根据需要决定是否单击↗（反向）按钮，使预览箭头向上，设定⚓【拔模角度】为【0.50 度】。

3）单击【拔模分析】以检查模型的拔模。在【分型线】选项组中选择 8 条边线。在【信息】下，提示分型线已完整，模具可分割成型心和型腔，如图 8-20 所示。

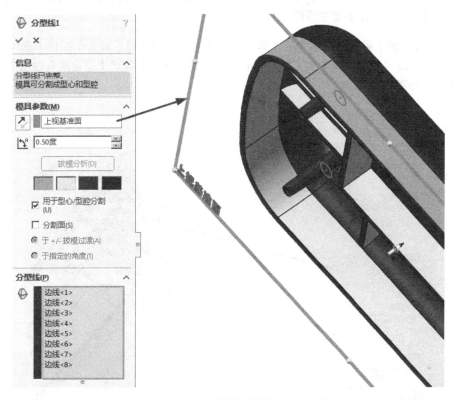

图 8-20 拔模分析结果

4）单击✓按钮，完成分型线的添加，结果如图 8-21 所示。

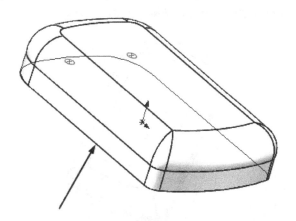

图 8-21 分型线结果

5）保存模型。单击【标准】工具栏中的💾（保存）按钮，或者单击【文件】|【保存】菜单

命令，将零件模型保存。

8.2.7　创建分型面

1）单击【模具工具】工具栏中的 ◈（分型面）按钮，或者单击【插入】|【模具】|【分型面】菜单命令，弹出【分型面】属性管理器。

2）在【分型面】属性管理器中的【模具参数】选项组中选择【垂直于拔模】选项，在【分型面】选项组下设定 ◈【距离】为【10.00mm】；在【选项】下，勾选【缝合所有曲面】和【显示预览】选项，如图 8-22 所示。

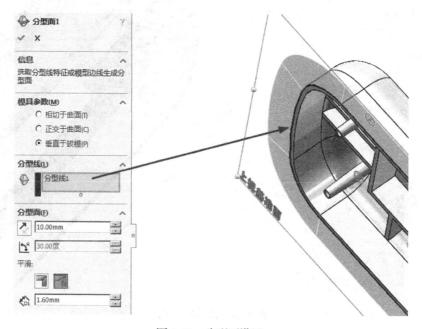

图 8-22　分型面设置

3）单击 ✓ 按钮，完成分型面的添加，结果如图 8-23 所示。

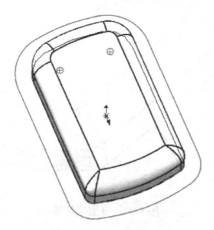

图 8-23　分型面结果

8.2.8　准备切削分割

1）单击【插入】|【参考几何体】|【基准面】菜单命令，弹出【基准面】属性管理器。

2）在【基准面】属性管理器中的【第一参考】下选择【上视基准面】，并在 📷【距离】文本框中输入【20.00mm】，将基准面放到参考面之下，如图 8-24 所示。

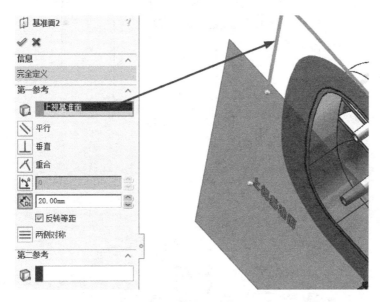

图 8-24　基准面设置

3）单击 ✔ 按钮，完成基准面 2 的创建。

8.2.9　应用切削分割

1）单击【模具工具】工具栏中的 📷（拔模分析）按钮，对零件模型进行拔模分析后关闭拔模分析结果。

2）单击【模具工具】工具栏中的 📷（切削分割）按钮，或者单击【插入】|【模具】|【切削分割】菜单命令。

3）在特征管理器设计树中选择之前创建的基准面 2。

4）单击【草图】工具栏中的 📷（中心矩形）按钮，绘制一矩形并标注尺寸，如图 8-25 所示。

5）单击图形区域中的 📷 按钮，或者单击【草图】工具栏中的 📷 按钮，退出草图编辑，弹出【切削分割】属性管理器。

6）在【切削分割】属性管理器中的【块大小】选项组中，设置 📷【方向 1 深度】为【80.00mm】，设置 📷【方向 2 深度】为【60.00mm】。勾选【连锁曲面】选项，并设置 📷【拔模角度】为【3.00度】。在【型心】、【型腔】和【分型面】设置中分别显示相应的内容，如图 8-26 所示。

7）单击 ✓ 按钮以生成型心和型腔块，结果如图 8-27 所示。

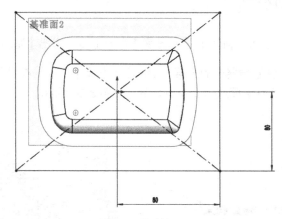

图 8-25　绘制矩形

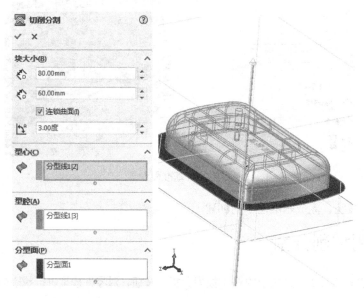

图 8-26　切削分割设置

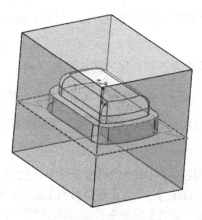

图 8-27　切削分割结果

8.2.10 将型心移离型腔

1）单击【特征】工具栏中的 ⚙️（移动/复制实体）按钮，或者单击【插入】|【特征】|【移动/复制】菜单命令，弹出【移动/复制实体】属性管理器。

2）在【要移动实体】选项组中选择模型的上半部分，如图 8-28 所示，设置【距离】为【190.00mm】。

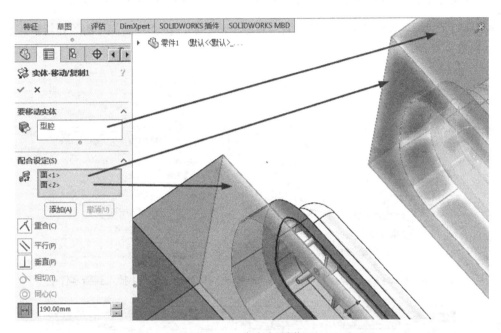

图 8-28　移动/复制设置

3）单击 ✅ 按钮完成移动型腔，结果如图 8-29 所示。

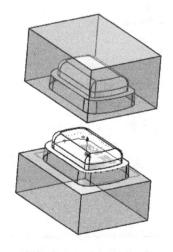

图 8-29　移动结果

8.2.11　生成切削装配体

1）在特征管理器设计树中，在实体 🗓 中单击两次【切削分割 1】图标，实体名称高亮显示，可以重新命名。

2）键入"型心"然后按 Enter 键，如图 8-30 所示。

3）为实体【实体-移动/复制 1】重复步骤 1）和 2），并将之命名为"型腔"。

4）在特征管理器设计树中，在实体 🗓 中右键单击【型心】，然后选择【插入到新零件】菜单命令，如图 8-31 所示。

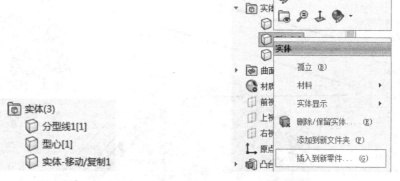

图 8-30　重命名为"型心"　　　　　图 8-31　选择【插入到新零件】

图 8-32　【另存为】对话框

5）弹出【另存为】对话框，如图 8-32 所示，在【文件名】文本框中输入名称"型心"。

6）单击【保存】按钮，结果如图 8-33 所示。

7）在特征管理器设计树中，在实体 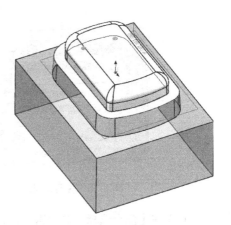 中右键单击【型腔】，然后选择【插入到新零件】菜单命令。

8）弹出【另存为】对话框，在【文件名】文本框中输入名称"型腔"，如图 8-34 所示。

9）单击【保存】按钮后，结果如图 8-35 所示。

10）现在生成切削装配体。单击【文件】|【新建】菜单命令，弹出新建文件对话框，选择【装配体】。

图 8-33　保存结果

图 8-34　【另存为】对话框

11）单击【确定】按钮后便新建一个装配体文件，在窗口左侧弹出【开始装配体】的属性管理器。

12）在【要插入的零件/装配体】下选择【型心】，然后在图形区域合适位置处单击添加第一个零件模型。

13）在【要插入的零件/装配体】下选择【型腔】，然后在图形区域合适位置处单击添加第二个零件模型，结果如图 8-36 所示。

14）单击属性管理器中的 ✖ （关闭）按钮，退出插入零部件。

15）添加配合。单击【装配体】工具栏中的 🖇 按钮，弹出【配合】属性管理器。

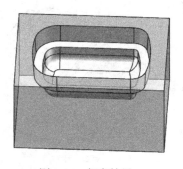

图 8-35 保存结果

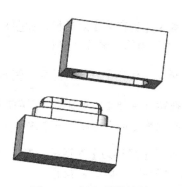

图 8-36 插入零件结果

16）在【配合选择】选项组中，分别选择【型心】与【型腔】的一个表面，如图 8-37 所示。在【标准配合】选项组中，选择【重合】选项。

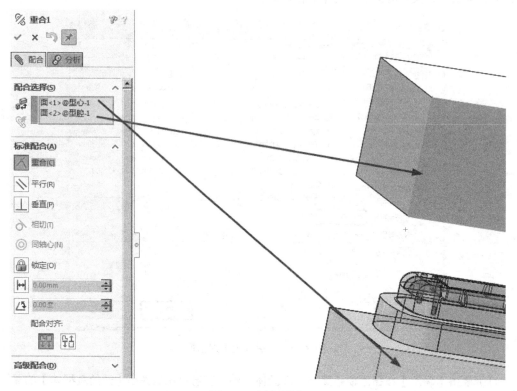

图 8-37 添加配合

17）单击 ✓ 按钮，完成重合配合的添加。

18）采用同样的方法添加第二个配合。单击【装配体】工具栏中的 ◎ 按钮，弹出【配合】属性管理器。

19）在【配合选择】选项组中，分别选择【型心】与【型腔】的一个表面，如图 8-38 所示。在【标准配合】选项组中，选择【重合】选项。

20）单击 ✓ 按钮，完成重合配合的添加。

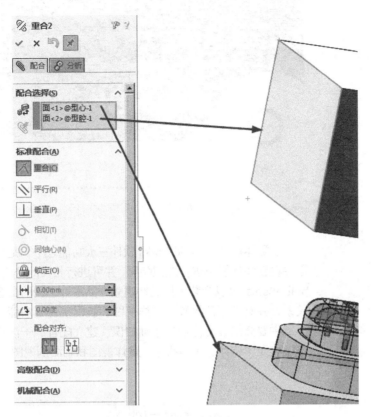

图 8-38　添加配合

21）保存装配体文件。单击【标准】工具栏中的 ![save] （保存）按钮，或者单击【文件】|【保存】菜单命令，弹出【另存为】对话框。在对话框中的【文件名】文本框中输入名称"模具设计"，然后单击【保存】按钮即可。

第 9 章
装配体设计

装配体设计是 SolidWorks 软件三大功能之一，是将零件在软件环境中进行虚拟装配，并可进行相关的分析。SolidWorks 可以为装配体文件建立产品零件之间的配合关系，并具有干涉检查、爆炸视图和装配统计等功能。本章主要介绍装配体设计基础知识、建立配合、干涉检查、装配体统计、压缩状态、爆炸视图和轴测剖视图。

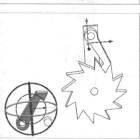

重点与难点

- 基础知识

- 建立配合

- 干涉检查与统计

- 压缩状态

- 爆炸与轴测剖视图

9.1　装配体概述

装配体可以生成由许多零部件所组成的复杂装配体，这些零部件可以是零件或者其他装配体（被称为子装配体）。对于大多数操作而言，零件和装配体的行为方式是相同的。当在 SolidWorks 中打开装配体时，将查找零部件文件以便在装配体中显示，同时零部件中的更改将自动反映在装配体中。

9.1.1　插入零部件

选择【文件】|【新建】菜单命令，选择【装配体】按钮。选择【插入】|【零部件】|【现有零件/装配体】菜单命令，装配体文件会在【插入零部件】属性管理器的列表框中显示出来，如图 9-1 所示。

选项说明如下。

1）通过单击【要插入的零件/装配体】选项组【浏览】按钮打开现有零件文件。

2）【选项】选项组
- 【生成新装配体时开始命令】：当生成新装配体时，勾选以打开此属性设置。
- 【图形预览】：在图形区域中看到所选文件的预览。
- 【使成为虚拟】：使零部件成为虚拟零件。

在图形区域中单击，将零件添加到装配体。在默认情况下，装配体中的第一个零部件是固定的，但是可以随时使之浮动。

图 9-1　【插入零部件】属性管理器

9.1.2　建立装配体的方法

（1）自下而上的方法

"自下而上"设计法是比较传统的方法。先设计并造型零部件，然后将其插入到装配体中，使用配合定位零部件。如果需要更改零部件，必须单独编辑零部件，更改可以反映在装配体中。

"自下而上"设计法对于先前制造、现售的零部件，或者如金属器件、皮带轮、电动机等标准零部件而言属于优先技术。这些零部件不根据设计的改变而更改其形状和大小，除非选择不同的零部件。

（2）自上而下的方法

在"自上而下"设计法中，零部件的形状、大小及位置可以在装配体中进行设计。"自上而下"设计法的优点是在设计更改发生时变动更少，零部件根据所生成的方法而自我更新。

可以在零部件的某些特征、完整零部件或者整个装配体中使用"自上而下"设计法。设计师通常在实践中使用"自上而下"设计法对装配体进行整体布局，并捕捉装配体特定的自定义零部件的关键环节。

9.2 建立配合

9.2.1 配合概述

配合是在装配体零部件之间生成几何关系。当添加配合时，定义零部件线性或旋转运动所允许的方向，可在其自由度之内移动零部件，从而直观地显示装配体的行为。

9.2.2 【配合】属性管理器

单击【装配体】工具栏中的 ✎【配合】按钮，或者选择菜单栏中【插入】|【配合】菜单命令，弹出【配合】属性管理器如图9-2所示。下面介绍各选项具体说明。

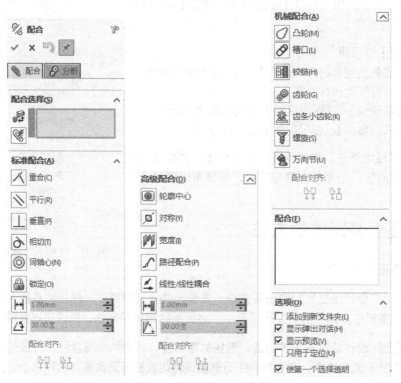

图9-2 【配合】属性管理器

（1）【配合选择】选项组
- 🔧【要配合的实体】：选择要配合在一起的面、边线、基准面等。
- 🔧【多配合模式】：以单一操作将多个零部件与一普通参考进行配合。

（2）【标准配合】选项组

- 人 【重合】：将所选面、边线及基准面定位，这样它们共享同一个基准面。
- 人 【平行】：放置所选项，这样它们彼此间保持等间距。
- ⊥ 【垂直】：将所选实体以垂直方式放置。
- ⌒ 【相切】：将所选项以彼此间相切放置。
- ◎ 【同轴心】：放置所选项，使它们共享同一中心线。
- 🔒 【锁定】：保持两个零部件之间的相对位置和方向。
- ⊢⊣ 【距离】：将所选项以彼此间指定的距离而放置。
- △ 【角度】：将所选项以彼此间指定的角度而放置。

（3）【高级配合】选项组

- ◉ 【轮廓中心】：将矩形和圆形轮廓互相中心对齐，并完全定义组件。
- ⊘ 【对称】：迫使两个相同实体绕基准面或平面对称。
- ⊮ 【宽度】：将标签置中于凹槽宽度内。
- ⌒ 【路径配合】：将零部件上所选的点约束到路径。
- ⌁ 【线性/线性耦合】：在一个零部件的平移和另一个零部件的平移之间建立几何关系。
- ⊢⊣ 【距离限制】：允许零部件在距离配合的一定数值范围内移动。
- △ 【角度限制】：允许零部件在角度配合的一定数值范围内移动。

（4）【机械配合】选项组

- ⊘ 【凸轮】：迫使圆柱、基准面或点与一系列相切的拉伸面重合或相切。
- ⊘ 【槽口】：迫使滑块在槽口中滑动。
- ⚙ 【齿轮】：强迫两个零部件绕所选轴彼此相对而旋转。
- ▦ 【铰链】：将两个零部件之间的移动限制在一定的旋转范围内。
- ⚙ 【齿条小齿轮】：一个零件（齿条）的线性平移引起另一个零件（齿轮）的周转。
- ⚙ 【螺旋】：将两个零部件约束为同心，还在一个零部件的旋转和另一个零部件的平移之间添加纵倾几何关系。
- ⚙ 【万向节】：一个零部件（输出轴）绕自身轴的旋转是由另一个零部件（输入轴）绕其轴的旋转驱动的。

（5）【配合】选项组

【配合】框包含属性管理器打开时添加的所有配合，或正在编辑的所有配合。

（6）【选项】选项组

- 【添加到新文件夹】：勾选该选项后，在特征管理器设计树中的【配合】文件夹中会新建文件夹以放置新的配合。
- 【显示弹出对话框】：勾选该选项后，当添加标准配合时会出现配合弹出工具栏。
- 【显示预览】：勾选该选项后，在为有效配合选择了足够对象后便会出现配合预览。
- 【只用于定位】：勾选该选项后，零部件会移至配合指定的位置，但不会将配合添加到特征管理器设计树中。

9.2.3 【配合】属性管理器【分析】标签

单击【装配体】工具栏中的 ◎【配合】按钮，然后选择【分析】标签；或者选择菜单栏中【插入】|【配合】菜单命令，然后选择【分析】标签。【配合】属性管理器【分析】标签如图 9-3 所示。下面介绍各选项具体说明。

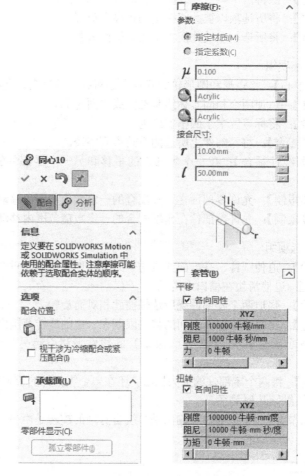

图 9-3　【配合】属性管理器【分析】标签

（1）【选项】选项组

● ☜【配合位置】：以选定的点覆盖默认的配合位置，配合位置点决定零件如何彼此间移动。

● 【视干涉为冷缩配合或紧压配合】：在 SolidWorks Simulation 中视迫使干涉的配合为冷缩配合。

（2）【承载面】选项组

● ☜【承载面/边线】：在图形区域，从被配合引用的任何零部件选取面。

● 【孤立零部件】：单击以显示且仅显示被配合所参考引用的零部件。

（3）【摩擦】选项组

- 【指定材质】：从清单 ⊫¹ 和 ⊫² 中选择零部件的材质。
- 【指定系数】：通过键入数值或在【滑性】和【粘性】之间移动滑杆，来指定 μ【动态摩擦系数】。

（4）【套管】选项组

【平移】中的各选项含义如下。

- 【各向同性】：勾选以应用统一的平移属性。
- 【刚度】：设置平移刚度系数。
- 【阻尼】：设置平移阻尼系数。
- 【力】：设置所应用的预载。

【扭转】中的各选项含义如下。

- 【各向同性】：勾选以应用统一扭转属性。
- 【刚度】：设置扭转刚度系数。
- 【阻尼】：设置扭转阻尼系数。
- 【扭矩】：设置所应用的预载。

9.2.4　最佳配合方法

- 只要可能，将所有零部件配合到一个或两个固定的零部件或参考。长串零部件解出的时间更长，更易产生配合错误。
- 不生成环形配合，它们在以后添加配合时可导致配合冲突。
- 避免冗余配合，尽管 SolidWorks 允许某些冗余配合（除距离和角度外都允许），这些配合解出的时间更长。
- 拖动零部件以测试其可用自由度。
- 尽量少使用限制配合，因为它们解出的时间更长。
- 一旦出现配合错误，尽快修复，添加配合决不会修复先前配合问题。
- 在添加配合前将零部件拖动到大致正确位置和方向，因为这会给配合解算应用程序更佳机会将零部件捕捉到正确位置。
- 如果零部件引起问题，与其诊断每个配合，删除所有配合并重新创建常常更容易。
- 只要可能，在装配体中完全定义每个零件的位置，除非需要该零件移动以直观装配体运动。
- 当给具有关联特征（其几何体参考装配体中其他零部件的特征）的零件生成配合时，避免生成圆形参考。

9.3　干涉检查

在一个复杂的装配体中，如果用视觉检查零部件之间是否存在干涉的情况是件困难的事情。在 SolidWorks 中，装配体可以进行干涉检查，其功能如下。

1）决定零部件之间的干涉。

2）显示干涉的真实体积为上色体积。

3）更改干涉和不干涉零部件的显示设置以便于查看干涉。

4）选择忽略需要排除的干涉，如紧密配合、螺纹扣件的干涉等。

5）选择将实体之间的干涉包括在多实体零件中。

6）选择将子装配体看成单一零部件，这样子装配体零部件之间的干涉将不被报告出。

7）将重合干涉和标准干涉区分开。

9.3.1 菜单命令启动

单击【装配体】工具栏中的 （干涉检查）按钮或者选择【工具】|【干涉检查】菜单命令，弹出【干涉检查】属性管理器框，如图9-4所示。

图9-4 【干涉检查】属性管理器框

9.3.2　属性管理器选项说明

（1）【所选零部件】选项组
- 【要检查的零部件】选择框：显示为干涉检查所选择的零部件。
- 【计算】：单击此按钮，检查干涉情况。

检测到的干涉显示在【结果】选项组中，干涉的体积数值显示在每个列举项的右侧，如图 9-5 所示。

（2）【结果】选项组
- 【忽略】、【解除忽略】：为所选干涉在【忽略】和【解除忽略】模式之间进行转换。
- 【零部件视图】：按照零部件名称而非干涉标号显示干涉。

在【结果】选项组中，可以进行以下操作。

1）选择某干涉，使其在图形区域中以红色高亮显示。

2）展开干涉以显示互相干涉的零部件的名称，如图 9-6 所示。

3）用鼠标右键单击某干涉，在弹出的快捷菜单（如图 9-7 所示）中选择【放大所选范围】命令，在图形区域中放大干涉。

图 9-5　被检测到的干涉

4）用鼠标右键单击某干涉，在弹出的快捷菜单中选择【忽略】命令。

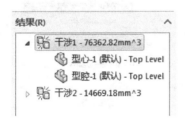

图 9-6　展开干涉

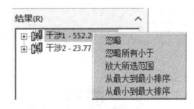

图 9-7　快捷菜单

（3）【选项】选项组
- 【视重合为干涉】：将重合实体报告为干涉。
- 【显示忽略的干涉】：显示在【结果】选项组中被设置为忽略的干涉。
- 【视子装配体为零部件】：取消选择此选项时，子装配体被看作单一零部件，子装配体零部件之间的干涉将不被报告。
- 【包括多体零件干涉】：报告多实体零件中实体之间的干涉。
- 【使干涉零件透明】：以透明模式显示所选干涉的零部件。
- 【生成扣件文件夹】：将扣件（如螺母和螺栓等）之间的干涉隔离为在【结果】选项组中的单独文件夹。

● 【忽略隐藏实体零部件】：忽略被隐藏的实体。

● 【创建匹配的装饰螺纹线文件夹】：生成一个带有螺纹线的文件夹。

（4）【非干涉零部件】选项组

以所选模式显示非干涉的零部件，包括【线架图】、【隐藏】、【透明】、【使用当前项】4 个选项。

9.3.3 干涉检查的操作方法

1）打开一个装配体文件，如图 9-8 所示。

2）单击【装配体】工具栏中的 【干涉检查】按钮或执行【工具】|【干涉检查】命令，系统弹出【干涉检查】属性管理器。

3）设置装配体干涉检查属性，如图 9-9 所示。

① 在【所选零部件】选项组中，系统默认选择整个装配体为检查对象。

② 在【选项】选项组中，勾选【使干涉零件透明】复选框。

③ 在【非干涉零部件】选项组中，选中【使用当前项】单选项。

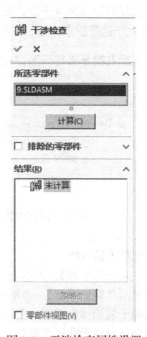

图 9-8　打开装配体　　　　　　　图 9-9　干涉检查属性设置

4）完成上述操作之后，单击【所选零部件】选项组中的【计算】按钮，此时在【结果】选项组中显示检查结果，如图 9-10 所示。

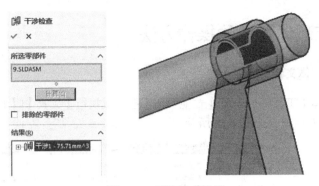

图 9-10 干涉检查结果

9.4 装配体统计

装配体统计可以在装配体中生成零部件和配合报告。

9.4.1 装配体统计的信息

在装配体窗口中，选择【工具】|【评估】|【性能评估】菜单命令，弹出【性能评估】对话框，如图 9-11 所示。

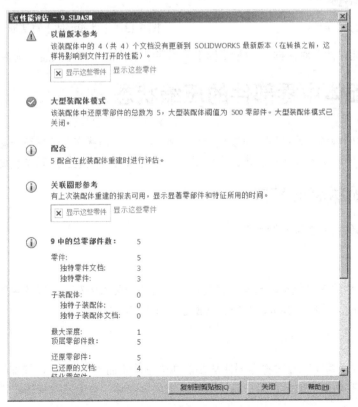

图 9-11 【性能评估】对话框

9.4.2　生成装配体统计的操作方法

1）打开一个装配体文件，如图 9-12 所示。

2）单击【装配体】工具栏中的 【性能评估】按钮或执行【工具】|【性能评估】命令，系统弹出【性能评估】对话框，如图 9-13 所示。

图 9-12　打开装配体　　　　　　　　　　　　　图 9-13　【性能评估】对话框

3）在【性能评估】对话框中，ⓘ图标下列出了装配体的所有相关统计信息。

9.5　装配体中零部件的压缩状态

根据某段时间内的工作范围，可以指定合适的零部件压缩状态，这样可以减少工作时装入和计算的数据量，装配体的显示和重建速度会更快，也可以更有效地使用系统资源。

9.5.1　压缩状态的种类

装配体零部件共有 3 种压缩状态。

1. 还原

装配体零部件的正常状态。完全还原的零部件会完全装入内存，可以使用所有功能及模型数据并可以完全访问、选取、参考、编辑、在配合中使用其实体。

2. 压缩

1）可以使用压缩状态暂时将零部件从装配体中移除（而不是删除），零部件不装入内存，也不再是装配体中有功能的部分，用户无法看到压缩的零部件，也无法选择这个零部件的实体。

2）一个压缩的零部件将从内存中移除，所以装入速度、重建模型速度和显示性能均有提高，由于减少了复杂程度，其余的零部件计算速度会更快。

3）压缩零部件包含的配合关系也被压缩，因此装配体中零部件的位置可能变为"欠定义"，参考压缩零部件的关联特征也可能受影响，当恢复压缩的零部件为完全还原状态时，可能会产生矛盾，所以在生成模型时必须小心使用压缩状态。

3．轻化

可以在装配体中激活的零部件完全还原或者轻化时装入装配体，零件和子装配体都可以为轻化。

1）当零部件完全还原时，其所有模型数据被装入内存。

2）当零部件为轻化时，只有部分模型数据被装入内存，其余的模型数据根据需要被装入。

通过使用轻化零部件，可以显著提高大型装配体的性能，将轻化的零部件装入装配体比将完全还原的零部件装入同一装配体速度更快，因为计算的数据少，包含轻化零部件的装配体重建速度也更快。

零部件的完整模型数据只有在需要时才被装入，所以轻化零部件的效率很高。只有受当前编辑进程中所作更改影响的零部件才被完全还原，可以对轻化零部件不还原而进行多项装配体操作，包括添加（或者移除）配合、干涉检查、边线选择、零部件选择、碰撞检查、插入装配体特征、插入注解、插入测量、插入尺寸、显示截面属性、显示装配体参考几何体、显示质量属性、插入剖面视图、插入爆炸视图、物理模拟、高级显示（或者隐藏）零部件等。零部件压缩状态的比较如表 9-1 所示。

表 9-1　　　　　　　　　压缩状态比较表

	还原	轻化	压缩	隐藏
装入内存	是	部分	否	是
可见	是	是	否	否
在【FeatureManager 设计树】中可以使用的特征	是	否	否	否
可以添加配合关系的面和边线	是	是	否	否
解出的配合关系	是	是	否	是
解出的关联特征	是	是	否	是
解出的装配体特征	是	是	否	是
在整体操作时考虑	是	是	否	是
可以在关联中编辑	是	是	否	否
装入和重建模型的速度	正常	较快	较快	正常
显示速度	正常	正常	较快	较快

9.5.2　压缩零件的方法

压缩零件的方法如下。

1）在装配体窗口中，在【FeatureManager 设计树】中右键单击零部件名称或者在图形区域中单击零部件。

2）在弹出的菜单中选择【压缩】命令，选择的零部件被压缩，在图形区域中该零件被隐藏。

9.6 爆炸视图

出于制造的目的，经常需要分离装配体中的零部件以形象地分析它们之间的相互关系。

装配体的爆炸视图可以分离其中的零部件以便查看该装配体。一个爆炸视图由一个或者多个爆炸步骤组成，每一个爆炸视图保存在所生成的装配体配置中，而每一个配置都可以有一个爆炸视图。在爆炸视图中可以进行如下操作。

1）自动将零部件制成爆炸视图。

2）附加新的零部件到另一个零部件的现有爆炸步骤中。

3）如果子装配体中有爆炸视图，则可以在更高级别的装配体中重新使用此爆炸视图。

9.6.1 爆炸视图命令启动

单击【装配体】工具栏中的 【爆炸视图】按钮或者选择【插入】|【爆炸视图】菜单命令，弹出【爆炸】属性管理器，如图 9-14 所示。

图 9-14 【爆炸】属性管理器

9.6.2　属性管理器选项说明

1.【爆炸步骤】选项组

【爆炸步骤】选择框：爆炸到单一位置的一个或者多个所选零部件。

2.【设定】选项组

- 🗊【爆炸步骤的零部件】：显示当前爆炸步骤所选的零部件。
- 【爆炸方向】选择框：显示当前爆炸步骤所选的方向。
- ↗【反向】：改变爆炸的方向。
- 🔗【爆炸距离】：设置当前爆炸步骤零部件移动的距离。
- 🔧【角度】：设置当前爆炸步骤零部件移动的角度。
- 【离散轴】：按照轴线进行爆炸。
- 【应用】：单击以预览对爆炸步骤的更改。
- 【完成】：单击以完成新的或者已经更改的爆炸步骤。

3.【选项】选项组

- 【拖动时自动调整零部件间距】：沿轴心自动均匀地分布零部件。
- ÷【调整零部件链之间的间距】：调整【拖动时自动调整零部件间距】放置的零部件之间的距离。
- 【选择子装配体零件】：勾选此选项，可以选择子装配体的单个零件；取消选择此选项，可以选择整个子装配体。
- 【显示旋转环】：使用先前在所选子装配体中定义的爆炸步骤。

9.6.3　生成爆炸视图的操作方法

1）打开一个装配体文件，如图 9-15 所示。

图 9-15　打开装配体

2）单击【装配体】工具栏中的🧩【爆炸视图】按钮或执行【插入】|【爆炸视图】命令，系

统弹出【爆炸】属性管理器。

　　3）创建第一个零部件的爆炸视图。

　　① 在【设定】选项组中，定义要爆炸的零件，🎁【爆炸步骤的零部件】选择框选择图形区域中图 9-16 所示的联轴节。

　　② 确定爆炸方向。选取 Z 轴为移动方向。

　　③ 定义移动距离。在📏【爆炸距离】文本框中输入【100.00mm】。

　　4）单击【应用】按钮，出现预览视图，再单击【完成】按钮，完成一个零部件的爆炸视图，如图 9-17 所示。

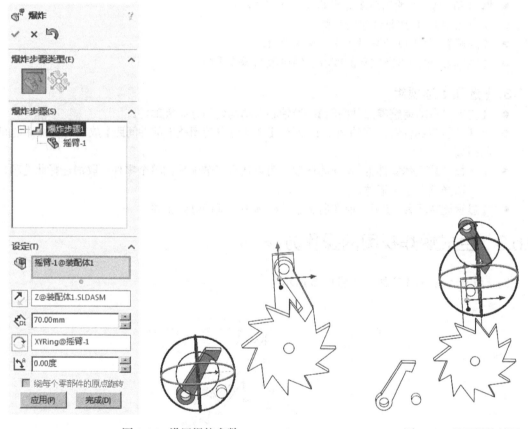

图 9-16　设置爆炸参数　　　　　　　　　　图 9-17　显示爆炸效果

9.7　轴测剖视图

　　隐藏零部件、更改零件透明度等是观察装配体模型的常用手段，但在许多产品中零部件之间的空间关系非常复杂，具有多重嵌套关系，需要进行剖切才能便于观察其内部结构。借助 SolidWorks 中的装配体特征可以实现轴测剖视图的功能。

9.7.1　菜单命令启动

在装配体窗口中，选择【插入】|【装配体特征】|【切除】|【拉伸】菜单命令，弹出【切除-拉伸】属性管理器，如图 9-18 所示。

图 9-18　【切除-拉伸】属性管理器

9.7.2　属性管理器选项说明

【特征范围】选项组通过选择特征范围以选择应包含在特征中的实体，从而应用特征到一个或者多个实体零件中。

- 【所有零部件】：每次特征重新生成时，都要应用到所有的实体。
- 【所选零部件】：应用特征到选择的实体。
- 【自动选择】：当首先以多实体零件生成模型时，特征将自动处理所有相关的交叉零件。
- 【将特征传播到零件】：将特征添加到零件文件中。

9.7.3　生成轴测剖视图的操作方法

1）打开一个装配体文件，如图 9-19 所示。

2）右键单击【FeatureManager 设计树】中的【前视基准面】图标，选择 按钮，进入草图绘制状态。单击【草图】工具栏中的□【边角矩形】按钮，绘制矩形，如图 9-20 所示。

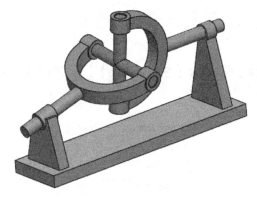

图 9-19　打开装配体

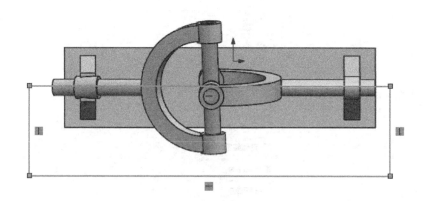

图 9-20　绘制矩形

3）在装配体窗口中，选择【插入】|【装配体特征】|【切除】|【拉伸】菜单命令，弹出【切除-拉伸】属性管理器。在【方向 1】选项组中，设置【终止条件】为【完全贯穿】，如图 9-21 所示。

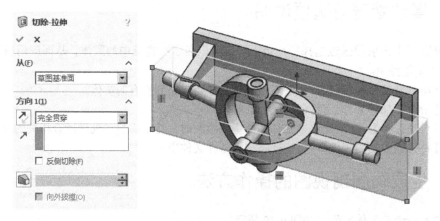

图 9-21　设置选项

4）单击【确定】按钮，装配体将生成轴测剖视图，如图 9-22 所示。

图 9-22　生成轴测剖视图

9.8　范例

本范例讲解万向节模型的装配过程，模型如图 9-23 所示。

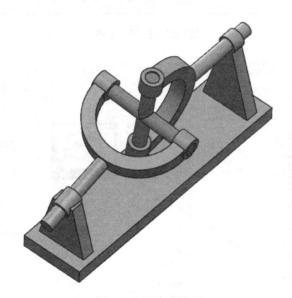

图 9-23　万向节模型

9.8.1　插入零件

1）启动中文版 SolidWorks 软件，单击【标准】工具栏中的【新建】按钮，弹出【新建 SolidWorks 文件】对话框，如图 9-24 所示，单击【装配体】按钮，单击【确定】按钮。

2）弹出【开始装配体】属性管理器，单击【浏览】按钮，在配套光盘中选择【第 9 章/范例文件/底座.SLDPRT】，单击【打开】按钮，如图 9-25 所示，单击【确定】按钮。在图形区域中单击以放置零件。

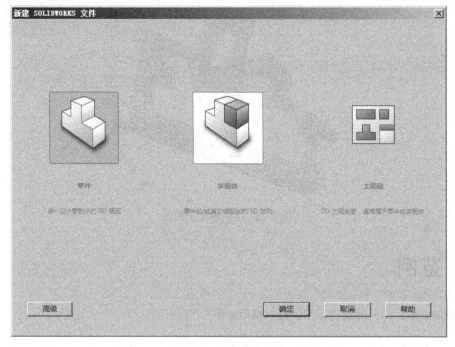

图 9-24 新建装配体

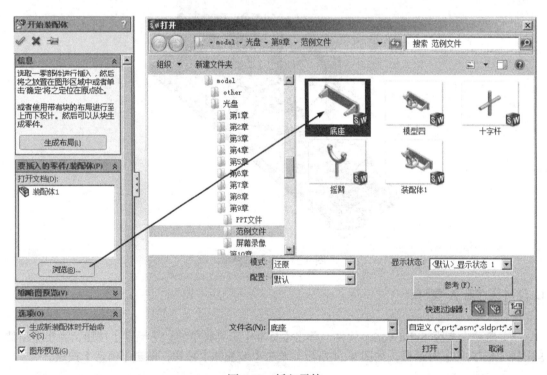

图 9-25 插入零件

3）单击【装配体】工具栏中的🌠【插入零部件】命令按钮，将装配体所需所有零件放置在图形区域中，如图 9-26 所示。

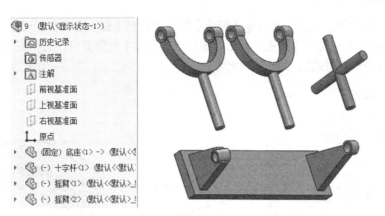

图 9-26　插入所有零件

9.8.2　设置配合

1）为了便于进行配合约束，将零部件进行旋转。单击【装配体】工具栏中的 🎲【移动零部件】 ▾ 下拉按钮，选择【旋转零部件】命令，弹出【旋转零部件】属性管理器，此时鼠标指针变为图标 ↻，旋转至合适位置，单击 ✔ 按钮，如图 9-27 所示。

2）单击【装配体】工具栏中的 ◎【配合】按钮，弹出【配合】属性管理器。单击【标准配合】选项组中的 ◎【同轴心】按钮；在 🗝【要配合的实体】选择框中，选择图 9-28 所示的面，其他保持默认，单击 ✔ 按钮，完成同轴配合。

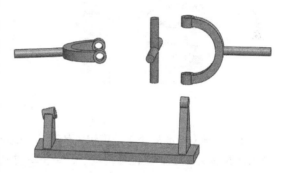

图 9-27　旋转零部件

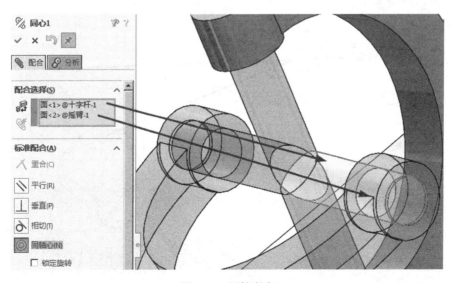

图 9-28　同轴配合

3）单击【装配体】工具栏中的 【配合】按钮，弹出【配合】属性管理器。单击【标准配合】选项组中的 【同轴心】按钮；在 【要配合的实体】选择框中，选择图 9-29 所示的面，其他保持默认，单击  按钮，完成同轴配合。

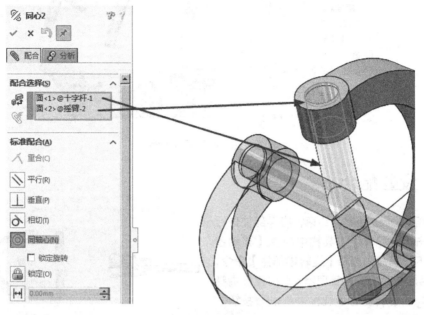

图 9-29　同轴配合

4）单击【标准配合】选项组中的 【同轴心】按钮，在 【要配合的实体】选择框中，选择图 9-30 所示的面，其他保持默认，单击  按钮，完成同轴配合。

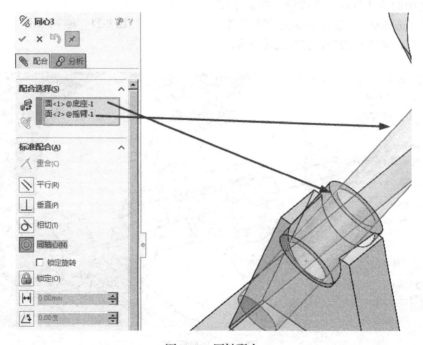

图 9-30　同轴配合

5）单击【标准配合】选项组中的◎【同轴心】按钮；在⁂【要配合的实体】选择框中，选择图 9-31 所示的面，其他保持默认，单击✔按钮，完成同轴配合。

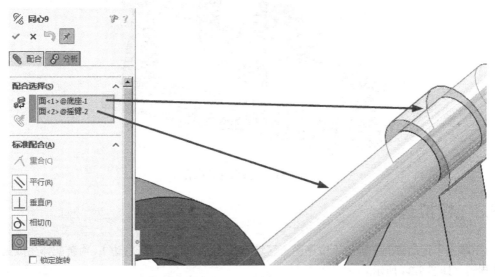

图 9-31　同轴配合

6）单击【标准配合】选项组中的⊬【距离】按钮；在⁂【要配合的实体】选择框中，选择图 9-32 所示的面；在⊬文本框中输入【15.00mm】，其他保持默认，单击✔按钮，完成距离配合。

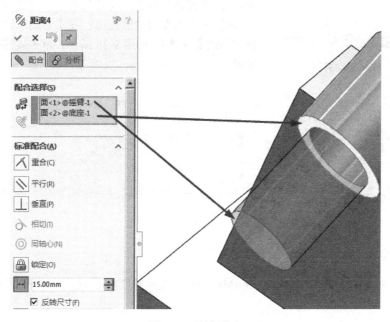

图 9-32　距离配合

7）完成的装配体如图 9-33 所示。

图 9-33　完成装配体配合

9.8.3　模拟运动

1）单击【运动算例】标签（位于图形区域下部【模型】选项卡右边），为装配体生成第一个运动算例，如图 9-34 所示。

2）从运动算例拖动时间栏以设定动画序组的持续时间，如图 9-35 所示。

3）单击装配体【MotionManager】工具栏中的 【马达】。

图 9-34　生成运动算例

4）在【马达】属性管理器中，在【马达类型】选项组中，选择【旋转马达】；在【零部件/方向】选项组中，选择 【马达位置】为摇臂的圆柱面；在【运动】选项组中，选择恒定马达【等速】；如图 9-36 所示，单击 按钮，完成马达设置。

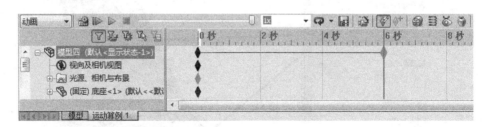

图 9-35　设定动画持续时间

5）完成动画设置后，时间轴如图 9-37 所示。

6）单击 【从头播放】（【MotionManager】工具栏）观看动画，模拟运动完成，如图 9-38 所示。

7）单击【MotionManager】工具栏中的 【保存动画】，弹出【保存动画到文件】对话框。设置文件名称为【模型四】，选择保存类型为 avi 文件，选择保存路径，然后单击【保存】，如图 9-39 所示。

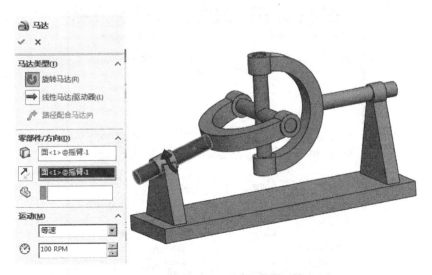

图 9-36 马达设置

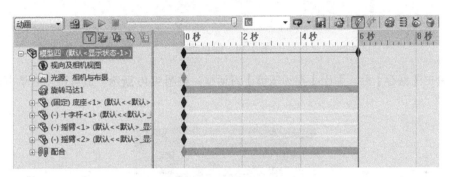

图 9-37 时间轴状态

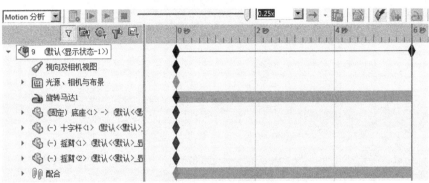

图 9-38 观看动画

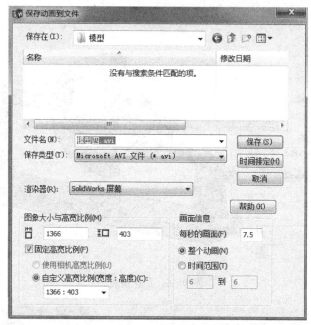

图 9-39　保存动画

8）单击【保存】后，弹出【视频压缩】对话框，如图 9-40 所示，适当调整后单击【确定】按钮。

图 9-40　压缩视频

第 10 章
动画设计

动画是用连续的图片来表述物体的运动，给人的感觉更直观和清晰。SolidWorks 利用自带插件 Motion 可以制作产品的动画演示，并可做运动分析。本章主要介绍运动算例简介、装配体爆炸动画、旋转动画、视像属性动画、距离和角度配合动画以及物理模拟动画。

重点与难点

- 运动算例简介
- 装配体爆炸动画
- 旋转与视像动画
- 距离与角度配合动画
- 物理模拟动画

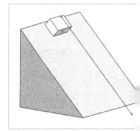

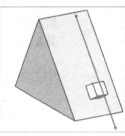

10.1　运动算例简介

运动算例是装配体模型运动的图形模拟，并可将诸如光源和相机透视图之类的视觉属性融合到运动算例中。

可从运动算例使用 MotionManager 运动管理器，此为基于时间线的界面，包括以下运动算例工具。

1）动画（可在核心 SolidWorks 内使用）：可使用动画来演示装配体的运动，例如添加马达来驱动装配体一个或多个零件的运动；使用设定键码点在不同时间规定装配体零部件的位置。

2）基本运动（可在核心 SolidWorks 内使用）：可使用基本运动在装配体上模仿马达、弹簧、碰撞以及引力，基本运动在计算运动时考虑到质量。

3）运动分析（可在 SolidWorks Premium 的 SolidWorks Motion 插件中使用）：可使用运动分析装配体上精确模拟和分析运动单元的效果（包括力、弹簧、阻尼以及摩擦）。运动分析使用计算能力强大的动力求解器，在计算中考虑到材料属性和质量及惯性。

10.1.1　时间线

时间线是动画的时间界面，它显示在动画特征管理器设计树的右侧。当定位时间栏、在图形区域中移动零部件或者更改视像属性时，时间栏会使用键码点和更改栏显示这些更改。

时间线被竖直网格线均分，这些网络线对应于表示时间的数字标记。数字标记从 00:00:00 开始，其间距取决于窗口的大小。例如，沿时间线可能每隔 1s、2s 或者 5s 就会有一个标记，如图 10-1 所示。

图 10-1　时间线

如果需要显示零部件，可以沿时间线单击任意位置，以更新该点的零部件位置。定位时间栏和图形区域中的零部件后，可以通过控制键码点来编辑动画。在时间线区域中用鼠标右键单击，然后在弹出的快捷菜单中进行选择，如图 10-2 所示。

1）【放置键码】：添加新的键码点，并在指针位置添加一组相关联的键码点。

2）【动画向导】：可以调出【动画向导】对话框。

沿时间线用鼠标右键单击任一键码点，在弹出的快捷菜单中可以选择需要执行的操作，如图 10-3 所示。

图 10-2　快捷菜单　　　　　　　　　　图 10-3　快捷菜单

1)【剪切】、【删除】：对于 00:00:00 标记处的键码点不可用。

2)【替换键码】：更新所选键码点以反映模型的当前状态。

3)【压缩键码】：将所选键码点及相关键码点从其指定的函数中排除。

4)【插值模式】：在播放过程中控制零部件的加速、减速或者视像属性。

10.1.2　键码点和键码属性

每个键码画面在时间线上都包括代表开始运动时间或者结束运动时间的键码点。无论何时定位一个新的键码点，它都会对应于运动或者视像属性的更改。

- 键码点：对应于所定义的装配体零部件位置、视觉属性或模拟单元状态的实体。
- 关键帧：键码点之间可以为任何时间长度的区域，此定义为零部件运动或视觉属性发生更改时的关键点。

当将鼠标指针移动至任一键码点上时，零件序号将会显示此键码点的键码属性。如果零部件在动画特征管理器设计树中没有展开，则所有的键码属性都会包含在零件序号中，如表 10-1 所示。

表 10-1　　　　　　　　　　　　　　　　键码属性

键　码　属　性	描　　　述
摇臂〈1〉5.100 秒	特征管理器设计树中的零部件摇臂
🔄	移动零部件
⌐	爆炸步骤运动
●=⊠	应用到零部件的颜色
▱	零部件显示：上色

10.2 装配体爆炸动画

装配体爆炸动画是将装配体爆炸的过程制作成动画形式，方便用户观看零件的装配和拆卸过程。通过单击 🎞【动画向导】按钮，可以生成爆炸动画，即将装配体的爆炸视图步骤按照时间先后顺序转化为动画形式。

生成爆炸动画的具体操作方法如下。

1）打开一个装配体文件，如图 10-4 所示。

2）单击图形区域下方的【运动算例 1】标签，在下拉列表框中选择【动画】选项，在图形区域下方出现【MotionManager】工具栏和时间线。单击【MotionManager】工具栏中的 🎞（动画向导）按钮，弹出【选择动画类型】对话框，如图 10-5 所示。

3）单击【爆炸】单选按钮，单击【下一步】按钮，弹出【动画控制选项】对话框，如图 10-6 所示。

4）在【动画控制选项】对话框中，设置【时间长度（秒）】为【4】，单击【完成】按钮，完成爆炸动画的设置。单击【MotionManager】工具栏中的 ▷【播放】按钮，观看爆炸动画效果，如图 10-7 所示。

图 10-4 打开装配体

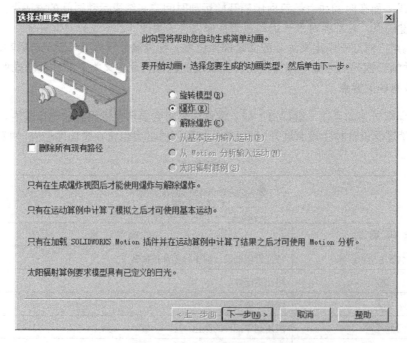

图 10-5 【选择动画类型】对话框

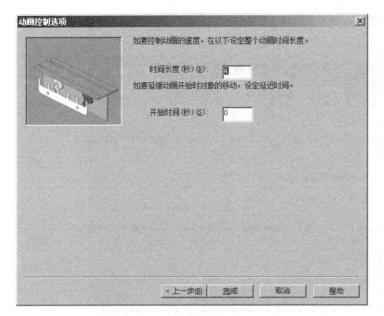

图 10-6　【动画控制选项】对话框

图 10-7　爆炸动画完成效果

10.3　旋转动画

　　旋转动画是将零件或装配体沿某一个轴线的旋转状态制作成动画形式，方便用户全方位地观看物体的外观。

　　通过单击 【动画向导】按钮，可以生成旋转动画，即模型绕着指定的轴线进行旋转的动画。

　　生成旋转动画的具体操作方法如下。

　　1）打开一个装配体文件，如图 10-8 所示。

　　2）单击图形区域下方的【运动算例 1】标签，在下拉列表框中选择【动画】选项，在图形区域下方出现【MotionManager】工具栏和时间线，如图 10-9 所示。单击【MotionManager】工具栏中的 【动画向导】按钮，弹出【选择动画类型】对话框，如图 10-10 所示。

图 10-8　打开装配体

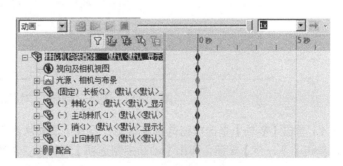

图 10-9　运动算例界面

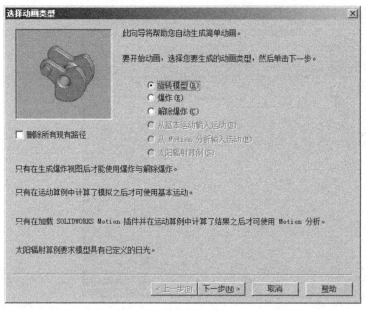

图 10-10 【选择动画类型】对话框

3）单击【旋转模型】单选按钮，如果删除现有的动画序列，则勾选【删除所有现有路径】选项，单击【下一步】按钮，弹出【选择一旋转轴】对话框，如图 10-11 所示。

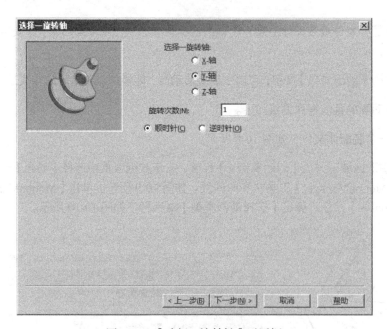

图 10-11 【选择一旋转轴】对话框

4）单击【Y-轴】单选按钮选择旋转轴，设置【旋转次数】为【1】，单击【顺时针】单选按钮，单击【下一步】按钮，弹出【动画控制选项】对话框，如图 10-12 所示。

5）设置动画播放的【时间长度（秒）】为【10】，运动延迟的【开始时间（秒）】为【0】（时间线含有相应的更改栏和键码点，具体取决于【时间长度（秒）】和【开始时间（秒）】的设置），单击【完成】按钮，完成旋转动画的设置。单击【MotionManager】工具栏中的▶【播放】按钮，观看旋转动画效果。

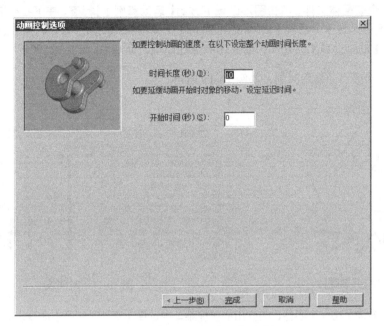

图 10-12 【动画控制选项】对话框

10.4 视像属性动画

可以动态改变单个或者多个零部件的显示，并且在相同或者不同的装配体零部件中组合不同的显示选项。如果需要更改任意一个零部件的视像属性，沿时间线选择一个与想要影响的零部件相对应的键码点，然后改变零部件的视像属性即可。单击【MotionManager】工具栏中的▶（播放）按钮，该零部件的视像属性将会随着动画的进程而变化。

1. 视像属性动画的属性设置

在动画特征管理器设计树中，用鼠标右键单击想要影响的零部件，在弹出的菜单中进行选择。

- ⬡【隐藏】：隐藏或者显示零部件。
- ▣【更改透明度】：向零部件添加透明度。如果已经添加了透明度，则选择【更改透明度】命令以删除透明度。
- 【零部件显示】：更改零部件的显示方式，如图 10-13 所示。
- ⬥【以三重轴移动】：将参考轴添加到图形区域中的任意位置，使基于 x、y、z 轴的装配体移动和定向更加方便。

图 10-13 快捷菜单

● 【外观】：改变零部件的外观属性。

2. 生成视像属性动画的操作方法

1）打开一个装配体文件，单击图形区域下方的【运动算例1】标签，在下拉列表框中选择【动画】选项，在图形区域下方出现【MotionManager】工具栏和时间线。首先利用【MotionManager】工具栏中的🐈【动画向导】按钮制作装配体的爆炸动画，如图 10-14 所示。

2）单击时间线上的最后时刻，如图 10-15 所示。

图 10-14 打开装配体

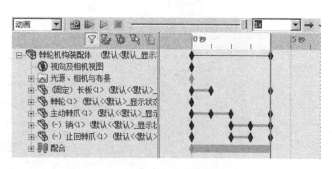

图 10-15 时间线

3）用鼠标右键单击一个零件，在弹出的快捷菜单中选择【更改透明度】命令，如图 10-16 所示。

4）按照上面的步骤可以为其他零部件更改透明度属性，单击【MotionManager】工具栏中的 ▶【播放】按钮，观看动画效果。被更改了透明度的零件在装配后变成了半透明效果，如图 10-17 所示。

图 10-16 选择【更改透明度】命令

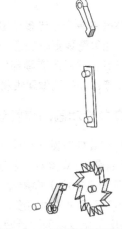

图 10-17 更改透明度后的效果

10.5 距离或者角度配合动画

可使用配合为运动算例约束零部件之间的运动。可为距离和角度配合设定值，并为动画中不同点更改这些值。

在 SolidWorks 中可以添加限制运动的配合，这些配合也影响到 SolidWorks Motion 中的零件的运动。

生成距离配合动画的具体操作方法如下。

1）打开一个装配体文件，如图 10-18 所示。

2）单击图形区域下方的【运动算例 1】标签，在下拉列表框中选择【动画】选项，在图形区域下方出现【MotionManager】工具栏和时间线。单击小滑块零件，沿时间线拖动时间栏，设置动画顺序的时间长度，单击动画的最后时刻，如图 10-19 所示。

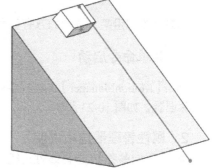

图 10-18　打开装配体

3）在动画特征管理器设计树中，双击【距离 1】图标，在弹出的【修改】对话框中，更改数值为 60，如图 10-20 所示。

图 10-19　设定时间栏长度

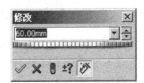

图 10-20　【修改】对话框

4）单击【MotionManager】工具栏中的 ▶【播放】按钮，当动画开始时，端点和参考直线上端点之间距离是 10 mm，如图 10-21 所示；当动画结束时，滑块和参考直线上端点之间距离是 60 mm，如图 10-22 所示。

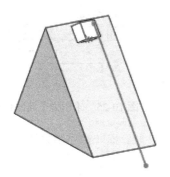

图 10-21　动画开始时

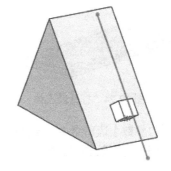

图 10-22　动画结束时

10.6　物理模拟动画

物理模拟可以模拟马达、弹簧及引力等在装配体上的效果。物理模拟将模拟成分与 SolidWorks

工具相结合以围绕装配体移动零部件。物理模拟包括引力、线性或者旋转马达、线性弹簧等。

10.6.1 引力

引力是模拟沿某一方向的万有引力，在零部件自由度之内逼真地移动零部件。

1. 菜单命令启动

单击【MotionManager】工具栏中的 ᵇ【引力】按钮，弹出【引力】属性管理器，如图 10-23 所示。

图 10-23 【引力】属性管理器

2. 属性管理器选项说明

- 【方向参考】：选择线性边线、平面、基准面或者基准轴作为引力的方向参考。
- ↗【反向】：改变引力的方向。
- 【数字引力值】文本框：可以设置数字引力值。

3. 生成引力的操作方法

1）打开一个装配体文件，其中地板属性设置为固定，如图 10-24 所示。

2）单击图形区域下方的【运动算例 1】标签，在下拉列表框中选择【基本运动】选项，在图形区域下方出现【MotionManager】工具栏和时间线。在【MotionManager】工具栏中单击 ᵇ（引力）按钮，弹出【引力】属性管理器，如图 10-25 所示。

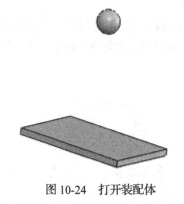

图 10-24 打开装配体

图 10-25 【引力】属性管理器

3）在【引力参数】选项组中，设置引力方向为【Z】轴，🌐（数字引力值）使用默认值，单击✔（确定）按钮，完成引力的添加。

4）在【MotionManager】工具栏中单击 ᵇ【接触】按钮，弹出【接触】属性管理器，如图 10-26 所示，选择绘图区中的球形零件和矩形零件的上表面。

5）单击【MotionManager】工具栏中的 ▶【播放】按钮，当动画开始时，球和地板之间有一段距离，如图 10-27 所示；当动画结束时，球和地板接触了，如图 10-28 所示。

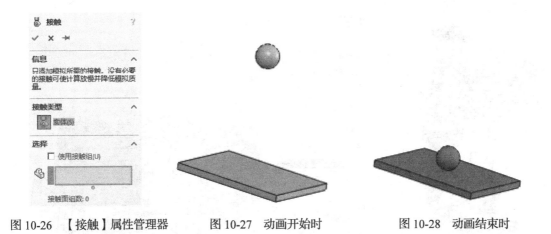

图 10-26　【接触】属性管理器　　　图 10-27　动画开始时　　　图 10-28　动画结束时

10.6.2　线性马达和旋转马达

线性马达和旋转马达为使用物理动力围绕一个装配体移动零部件的模拟成分。

1. 线性马达

单击【MotionManager】工具栏中的 【马达】按钮，弹出【马达】属性管理器，如图 10-29 所示。

（1）属性管理器选项说明

- 【马达位置】选择框：选择零部件的一个点。
- 【反向】：改变线性马达的方向。
- 【参考零部件】：
- 【类型】下拉选框：为线性马达选择类型，包括【等速】、【距离】、【振荡】、【插值】、【表达式】和【伺服马达】。
- 【速度】文本框：可以设置速度数值。

（2）生成线性马达的操作方法

1）打开一个装配体文件，如图 10-30 所示。

2）单击图形区域下方的【运动算例 1】标签，在下拉列表框中选择【基本运动】选项，在【MotionManager】工具栏中单击 【马达】按钮，弹出【马达】属性管理器。

图 10-29　【马达】
属性管理器

3）在【马达类型】选项组下，选择 【线性马达（驱动器）】按钮。在【零部件/方向】选项组下，【马达位置】文本框中选择滑块的表面，单击 【反向】按钮，出现图 10-31 中所示箭头。在【运动】选项组下，【类型】下拉选框中选择【等速】选项， 【速度】设置为【10mm/s】。单击 【确定】按钮，完成线性马达的添加。

4）单击【MotionManager】工具栏中的 【播放】按钮，当动画开始时，滑块距离机架较近，如图 10-32 所示；当动画结束时，滑块距离机架较远，如图 10-33 所示。

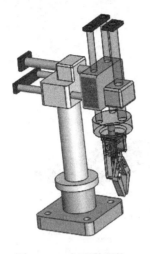

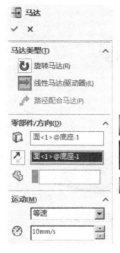

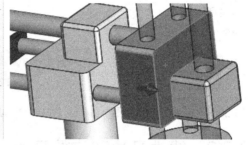

图 10-30　打开装配体　　　　　　　　　　　图 10-31　【马达】属性管理器

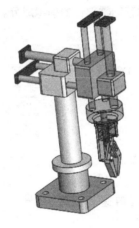

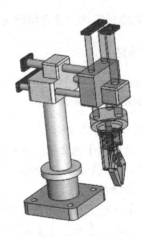

图 10-32　动画开始时　　　　　　　　　　　图 10-33　动画结束时

2. 旋转马达

单击【MotionManager】工具栏中的 【马达】按钮，弹出【马达】属性管理器，在【马达类型】选项组中单击【旋转马达】按钮，如图 10-34 所示。

（1）属性管理器选项说明

旋转马达的属性设置与线性马达类似，这里不再赘述。

（2）生成旋转马达的操作方法

1）打开一个装配体文件，如图 10-35 所示。

2）单击图形区域下方的【运动算例 1】标签，在下拉列表框中选择【基本运动】选项，在图形区域下方出现【MotionManager】工具栏和时间线。在【MotionManager】工具栏中单击 （马达）按钮，弹出【马达】属性管理器。

图 10-34　【马达】属性管理器

图 10-35　打开装配体

3）在【马达类型】选项组下，选择 ⟳【旋转马达】按钮。在【零部件/方向】选项组下，【马达位置】文本框中选择曲柄上的一个面，如图 10-36 所示。在【运动】选项组下，【类型】下拉选框中选择【等速】选项，⟳【速度】设置为【100RPM】。单击 ✓【确定】按钮，完成旋转马达的添加。

4）单击【MotionManager】工具栏中的 ▶【播放】按钮，可以看到曲柄在转动，摇杆在摆动，连杆在做平面运动，如图 10-37 所示。

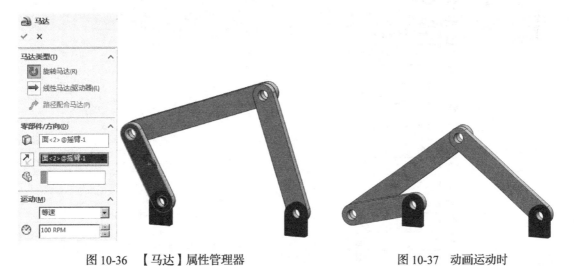

图 10-36　【马达】属性管理器

图 10-37　动画运动时

10.6.3　线性弹簧

线性弹簧为使用物理动力围绕一个装配体移动零部件的模拟成分。

1. 菜单命令启动

单击【MotionManager】工具栏中的 ▤【弹簧】按钮，弹出【弹簧】属性管理器，如图 10-38 所示。

2. 属性管理器选项说明

（1）【弹簧参数】选项组
- ▢：为弹簧端点选取两个特征。
- kx^e：根据弹簧的函数表达式选取弹簧力表达式指数。
- k：根据弹簧的函数表达式设定弹簧常数。
- ▤：设定自由长度，初始距离为当前在图形区域中显示的零件之间的长度。

（2）【阻尼】选项组
- cv^e：选取阻尼力表达式指数。
- C：设定阻尼常数。

3. 生成线性弹簧的操作方法

1）打开一个装配体文件，如图 10-39 所示。

图 10-38　【弹簧】属性管理器

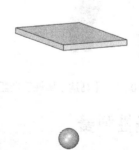

图 10-39　打开装配体

2）单击图形区域下方的【运动算例 1】标签，在下拉列表框中选择【基本运动】选项，在图形区域下方出现【MotionManager】工具栏和时间线。首先在【MotionManager】工具栏中单击 🔽【引力】按钮，给小球施加一个重力，然后再单击【MotionManager】工具栏中的 📊【弹簧】按钮，弹出【弹簧】属性管理器。

3）在【弹簧类型】选项组中，单击 ➡【线性弹簧】按钮。在【弹簧参数】选项组中，单击 🔲【弹簧端点】选择框，然后在图形区域中先选中平板的下表面，然后再选择球面，其他参数使用系统默认值，如图 10-40 所示。单击 ✔【确定】按钮，完成线性弹簧的添加。

4）单击【MotionManager】工具栏中的 ▶【播放】按钮，可以看到小球随着弹簧上下运动，如图 10-41 所示。

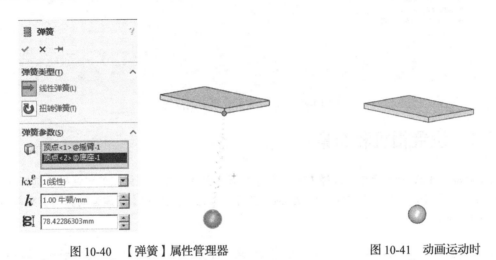

图 10-40　【弹簧】属性管理器　　　　　　图 10-41　动画运动时

10.7　产品介绍动画制作范例

本例将生成一个装配体介绍的动画制作范例，主要介绍了装配体随着时间参数的变化发生观阅角度变化，以及装配体中零部件的外观和透明度的变化，如图 10-42 所示。

主要步骤如下。

1）设置相机和布景。

2）设置零部件外观。

3）制作动画。

4）更改零部件透明度。

5）播放动画。

具体步骤如下。

图 10-42　产品零件介绍动画范例

10.7.1　设置相机和布景

1）启动 SolidWorks 软件，选择【文件】|【打开】菜单命令，在弹出的对话框中选择本书配套资料中的"第 10 章\范例文件\10.SLDASM"文件，单击【插入】|【新建运动算例】菜单命令，如图 10-43 所示。

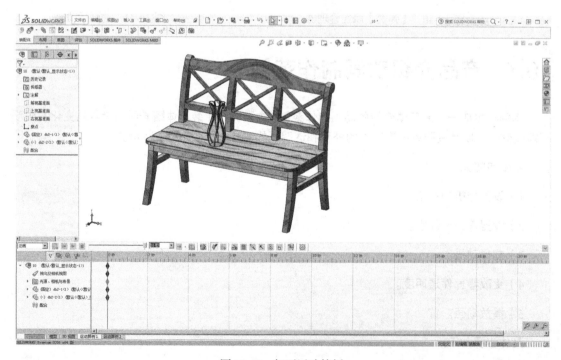

图 10-43　打开运动算例

2）在动画特征管理器设计树中，右键单击【光源、相机和布景】文件夹，在快捷菜单中选择【添加相机】菜单命令，如图 10-44 所示。

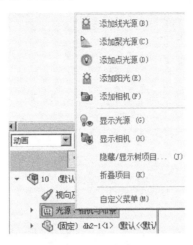

图 10-44　添加相机

3）此时弹出【相机】属性管理器，图形区域分割成两个视口，相机视图位于右侧，如图 10-45 所示。

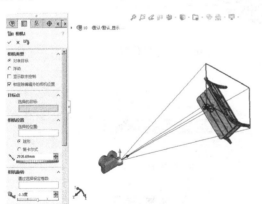

图 10-45　界面视图

4）在【相机】属性管理器中，在【相机类型】选项组中，选择【对准目标】，勾选【锁定除编辑外的相机位置】，防止除相机以外的其他位移；在【相机位置】选项组中选择【球形】，【离目标的距离】设置为【2730mm】；在【视野选项组】中设置【视图角度】为【25.99 度】，【视图矩形的距离】为【2024mm】，【视图矩形的高度】为【934mm】，【高宽比例（宽度：高度）】为【11:8.5】，如图 10-46 所示。

5）设置完成后，单击 ✔【确定】按钮，完成相机的设置，如图 10-47 所示。

6）在界面空白处单击右键，在快捷菜单中选择【编辑布景】菜单命令，如图 10-48 所示。

7）弹出【编辑布景】属性管理器，在【背景】选项中选择【图像】，勾选【伸展图像以适合SOLIDWORKS 窗口】，如图 10-49 所示。

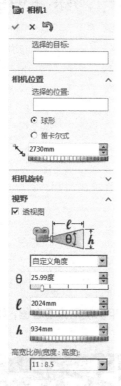

图 10-46　【相机】属性设置

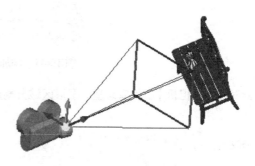

图 10-47　相机位置

图 10-48　选择【编辑布景】

图 10-49　【编辑布景】属性设置

10.7.2　设置零部件外观

为装配体中的零部件设置外观。在动画特征管理器设计树中，右键单击零部件，在快捷菜单中单击【外观】命令，在弹出的任务窗格中选取【有机】|【木材】|【柚木】|【抛光柚木横切面】选项；在属性管理器中，在【所选几何体】选项组中选择【应用到零部件层】，单击 ✓【确定】按钮，完成零部件外观的设置，如图 10-50 所示。

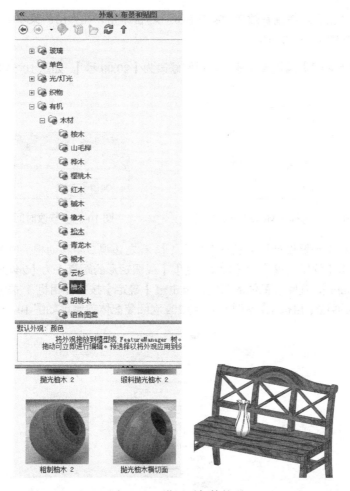

图 10-50　设置零部件外观

10.7.3　制作动画

1）启用观阅键码生成。右键单击动画特征管理器设计树中的【视向及相机视图】，在快捷菜单中选择【禁用观阅键码播放】菜单命令，如图 10-51 所示。

2）在动画特征管理器设计树中右键单击【相机 1】，在弹出菜单中选择打开【相机视图】，如图 10-52 所示。

图 10-51　启用观阅键码

图 10-52　打开相机视图

3）观阅装配体前侧。将指针放在 20s 左右处，右键单击，在弹出的菜单中单击【Move Time Bar】菜单命令，如图 10-53 所示。

4）弹出【编辑时间】属性管理器，将时间修改为【20.00 秒】，如图 10-54 所示。

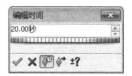

图 10-53　选择【Move Time Bar】　　　　图 10-54　修改时间

5）在动画特征管理器设计树中双击【相机 1】，在左边视口中移动相机位置至【离目标的距离】为【2632mm】,【视图角度】为【17.98 度】,【视图矩形的距离】为【2449mm】,【视图矩形的高度】为【775mm】，观阅装配体的前侧，单击 ✅【确定】按钮，相机 1 关键帧中的更改栏变成米色，表示动画通过【相机 1】从时间 0s 到 20s 观阅装配体前侧，如图 10-55 所示。

图 10-55　前侧观阅时间

6）此时在相机视图中，装配体已显示至图 10-56 所示的位置。

图 10-56　20s 的显示位置

7）观阅装配体右侧。将指针放在 40s 左右处，右键单击，在弹出的菜单中选择【Move Time Bar】菜单命令，弹出【编辑时间】属性管理器，将时间修改为【40.00 秒】。

8）在动画特征管理器设计树中双击【相机 1】，在左边视口中移动相机位置至【离目标的距离】为【2019mm】，【视图角度】为【14 度】，【视图矩形的距离】为【2819mm】，【视图矩形的高度】为【692.26mm】，如图 10-57 所示，观阅装配体的右侧，单击 ✔【确定】按钮，相机 1 关键帧中的更改栏变成米色，表示动画通过【相机 1】从时间 20s 到 40s 观阅装配体右侧。

9）此时在相机视图中，装配体已显示至图 10-58 所示的位置。

图 10-57　移动相机　　　　　　　　图 10-58　40s 的显示位置

10）观阅装配体后侧。将指针放在 60s 左右处，右键单击，在弹出的菜单中选择【Move Time Bar】菜单命令，弹出【编辑时间】属性管理器，将时间修改为【60.00 秒】。在动画特征管理器设计树中双击【相机 1】，在左边视口中移动相机位置至【离目标的距离】为【1819mm】，【视图角度】为【23 度】，【视图矩形的距离】为【2639mm】，【视图矩形的高度】为【1073.82mm】，如图 10-59 所示，单击 ✅【确定】按钮，相机 1 关键帧中的更改栏变成米色，表示动画通过【相机 1】从时间 40s 到 60s 观阅装配体后侧。

11）此时在相机视图中，装配体已显示至图 10-60 所示的位置。

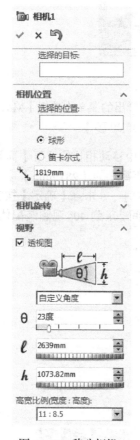

图 10-59　移动相机

图 10-60　60s 的显示位置

12）观阅装配体左侧。将指针放在 80s 左右处，右键单击，在弹出的菜单中选择【Move Time Bar】菜单命令，弹出【编辑时间】属性管理器，将时间修改为【80.00 秒】。在动画特征管理器设计树中双击【相机 1】，在左边视口中移动相机的位置至【离目标的距离】为【2338mm】，【视图角度】为【20.62 度】，【视图矩形的距离】为【2839mm】，【视图矩形的高度】为【1033mm】，如图 10-61 所示，观测装配体的左侧，单击 ✅【确定】按钮，相机 1 关键帧中的更改栏变成米色，表示动画通过【相机 1】从时间 60s 到 80s 观阅装配体左侧。

13）此时在相机视图中，装配体已显示至图 10-62 所示的位置。

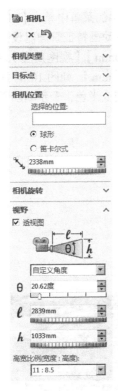

图 10-61　移动相机

图 10-62　80s 处的显示位置

10.7.4　更改零部件透明度

1）为装配体中的零部件更改透明度。在动画特征管理器设计树中右键单击零部件，弹出快捷菜单，选择【更改透明度】选项，在视口空白处单击以完成透明度的设置，如图 10-63 所示。

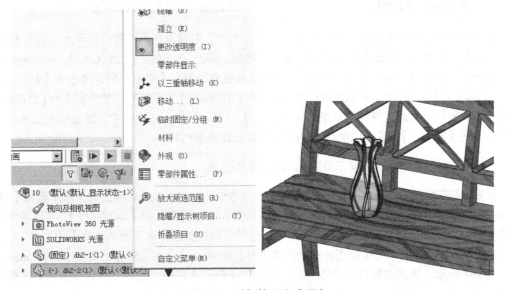

图 10-63　零部件更改透明度

2）观阅装配体上侧。将指针放在 100s 左右处，右键单击，在弹出的菜单中单击【Move Time Bar】，弹出【编辑时间】属性管理器，将时间修改为【100.00 秒】。在动画特征管理器设计树中双击【相机 1】，在左边视口中移动相机位置至【离目标的距离】为【1800mm】，【视图角度】为【18.86度】，【视图矩形的距离】为【3049mm】，【视图矩形的高度】为【1013mm】，如图 10-64 所示，观测装配体的上侧，单击 ✓【确定】按钮，相机 1 关键帧中的更改栏变成米色，表示动画通过【相机 1】从时间 80s 到 100s 观阅装配体上侧。

3）此时在相机视图中，装配体已显示至图 10-65 所示的位置。

图 10-64　移动相机　　　　　　　　　　图 10-65　　100s 处的显示位置

4）观阅装配体内部结构。将指针放在 120s 左右处，右键单击，在弹出的菜单中选择【Move Time Bar】菜单命令，弹出【编辑时间】属性管理器，将时间修改为【120.00 秒】。在动画特征管理器设计树中双击【相机 1】，在左边视口中移动相机的位置至【离目标的距离】为【1133mm】，【视图角度】为【21.06 度】，【视图矩形的距离】为【3129mm】，【视图矩形的高度】为【1163mm】，如图 10-66 所示，观测内部结构，单击 ✓【确定】按钮，相机 1 关键帧中的更改栏变成米色，表示动画通过【相机 1】从时间 100s 到 120s 观阅装配体内部结构。

5）此时在相机视图中，显示至图 10-67 所示的位置。

6）观阅装配体整体结构。将指针放在 140s 左右处，右键单击，在弹出的菜单中选择【Move Time Bar】菜单命令，弹出【编辑时间】属性管理器，将时间修改为【140.00 秒】。在动画特征管理器设计树中双击【相机 1】，在左边视口中移动相机的位置至【离目标的距离】为【2450mm】，【视图角度】为【17.62 度】，【视图矩形的距离】为【3429mm】，【视图矩形的高度】为【1063mm】，如图 10-68 所示，观测装配体的整体结构，单击 ✓【确定】按钮，相机 1 关键帧中的更改栏变成米色，表示动画通过【相机 1】从时间 120s 到 140s 观阅装配体整体结构。

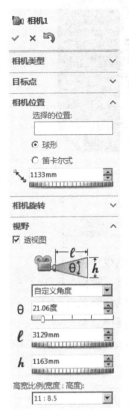

图 10-66　移动相机

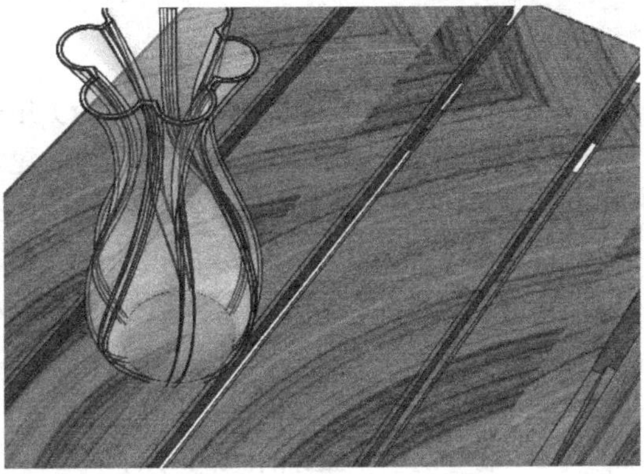

图 10-67　120s 处的显示位置

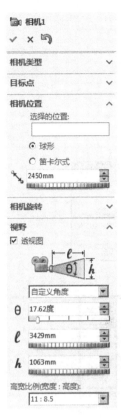

图 10-68　移动相机

7）此时在相机视图中，显示至图 10-69 所示的位置。

8）在【播放速度】选项中选择【5×】，如图 10-70 所示。

图 10-69　140s 处的显示位置

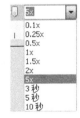

图 10-70　选择播放速度

10.7.5　播放动画

单击 ▷ 按钮，即可播放所生成的动画。

第 11 章
线路设计

线路设计模块（SolidWorks Routing）用来生成一种特殊类型的子装配体，以在零部件之间创建管道、管筒或其他材料的路径，帮助设计人员轻松快速完成线路系统设计任务。本章主要介绍线路模块的简介、连接点与线路点的使用方法以及管筒与管道设计的实例。

重点与难点

- 线路模块简介
- 连接点的概念
- 线路点的概念

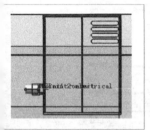

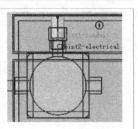

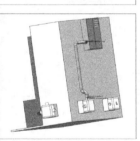

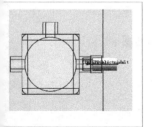

11.1　线路模块（Routing）概述

11.1.1　激活 SolidWorks Routing

激活 SolidWorks Routing 步骤如下。

1）单击【工具】|【插件】菜单命令。

2）勾选【SolidWorks Routing】选项。

3）单击【确定】按钮，如图 11-1 所示。

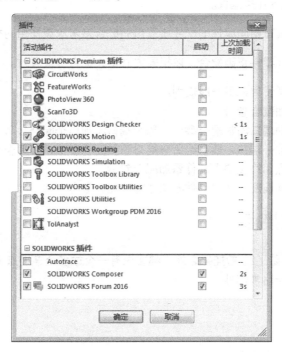

图 11-1　激活 SolidWorks Routing 插件

线路子装配体总是顶层装配体的零部件。

用户通过生成线路路径中心线的 3D 草图来造型线路，软件将沿中心线生成管道、管筒或电缆。

11.1.2　步路模板

在用户插入 SolidWorks Routing 后，第一次创建装配体文档时，将生成一步路模板。步路模板使用与标准装配体模板相同的设置，但也包含与步路相关的特殊模型数据。

自动生成的模板命名为 routeAssembly.asmdot，位于默认模板文件夹中（通常是 C:\DocumentsandSettings\AllUsers\ApplicationData\SolidWorks\SolidWorks<版本>\templates ）。

生成自定义步路模板的步骤如下。

1）打开自动生成的步路模板。

2）进行用户的更改。

3）单击【文件】|【另存为】菜单命令，然后以新名称保存文档，必须使用.asmdot 作为文件扩展名。

11.1.3　配合参考

使用配合参考来放置零件比使用 SmartMates（智能装配）时更可靠并更具有预见性。

对于配合参考有如下几条建议。

1）为一个设备上具有相同属性的配件所应用的配合参考应该使用同样的名称。

2）要确保线路设计零件正确配合，以相同方式定义配合参考属性。

3）为放置配合参考使用以下一般规则。
- 给线路配件添加配合参考。
- 给设备零件上的端口添加配合参考，每个端口添加一个配合参考。
- 如果一仪器有数个端口，要么给所有端口添加配合参考，要么全部都不添加。
- 给用于线路起点和终点的零部件添加配合参考。
- 给电气接头和其匹配插孔零部件添加匹配的配合参考。

11.1.4　使用连接点

所有步路零部件（除了线夹/挂架之外）都要求有一个或多个连接点（CPoints）。
- 标记零部件为步路零部件。
- 识别连接类型。
- 识别子类型。
- 定义其他属性。
- 标记管道的起点和终点。

对于电气接头，只使用一个连接点，并将之定位在电线或电缆退出接头的地方。用户可为每个管脚添加一个连接点，但用户必须使用连接点图解销 id 来定义管脚号。

对于管道设计零部件，为每个端口添加一个连接点。例如，法兰有一个连接点，而 T 型则有 3 个连接点。

11.1.5　维护库文件

针对维护库文件有如下几条建议。

1）将文件保留在线路设计库文件夹中，不要将之保存在其他文件夹内。

2）要避免带有相同名称的多个文件所引起的错误，将用户所复制的任何文件重新命名。

3）除了零部件模型之外，电气设计还需要以下两个库数据文件。

● 零部件库文件。

● 电缆库文件。

4）将所有电气接头储存在包含零部件库文件的同一文件夹中。默认位置为 C:\DocumentsandSettings\AllUsers\ApplicationData\SolidWorks\SolidWorks\版本\designlibrary\routing\ electrical\ component.xml，在 Windows 7 中，位置为 C:\ProgramData\SolidWorks\版本\designlibrary\ routing\electrical。库零件的名称由库文件夹和步路文件夹的位置所决定。

11.2　连接点和线路点

11.2.1　线路点（RoutePoint）

线路点为配件（法兰、弯管、电气接头等）中用于将配件定位在线路草图中的交叉点。在具有多个端口的接头（如 T 型或十字型）中，用户在添加线路点之前必须在接头的轴线交叉点处生成一个草图点。

生成线路点步骤如下。

1）单击 【生成线路点】（【Routing 工具】工具栏）按钮或单击【Routing】|【Routing 工具】|【生成线路点】按钮。

2）在属性管理器中的【选择】下，通过选取草图或顶点来定义线路点的位置。

● 对于硬管道和管筒配件，在图形区域中选择一草图点。

● 对于软管配件或电力电缆接头，在图形区域中选择一草图点和一平面。

● 在具有多个端口的配件中，选取轴线交叉点处的草图点。

● 在法兰中，选取与零件的圆柱面同轴心的点。

3）单击 按钮，如图 11-2 所示。

 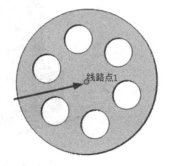

图 11-2　生成线路点

11.2.2　连接点

连接点是接头（法兰、弯管、电气接头等）中的一个点，步路段（管道、管筒或电缆）由此开始或终止。管路段只有在至少有一端附加在连接点时才能生成。每个接头零件的每个端口都必须包含一个连接点，定位于相邻管道、管筒或电缆开始或终止的位置。

生成连接点的步骤如下。

1）生成一个草图点用于定位连接点。连接点的位置定义相邻管路段的端点。

2）单击 【生成连接点】（【Routing 工具】工具栏）按钮，或单击【Routing】|【Routing 工具】|【生成连接点】菜单命令。

3）在属性管理器中编辑属性。

4）单击 ✅ 按钮，如图 11-3 所示。

图 11-3　生成连接点

11.3　管筒线路设计范例

本范例介绍电力管筒线路的设计过程，模型如图 11-4 所示。

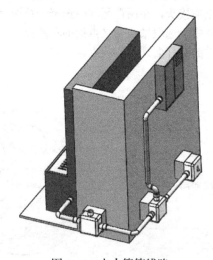

图 11-4　电力管筒线路

具体步骤如下。

11.3.1　创建第一条电力管筒线路

1）启动中文版 SolidWorks 软件，单击快速访问工具栏中的 ⬇ 【打开】按钮，在弹出的【打开】对话框中选择配套光盘中【第 11 章/范例文件/11.3/11.3.SLDASM】，单击【打开】按钮，装配体如图 11-5 所示。

2）选择线路零部件。单击主界面右侧任务窗格的第二个标签，依次打开【设计库】标签中的"Design Library/routing/conduit"文件夹。在设计库的下方显示【conduit】文件夹中各种管道标准零部件，选择【pvc conduit-male terminal adapter】接头为拖放对象，如图 11-6 所示。

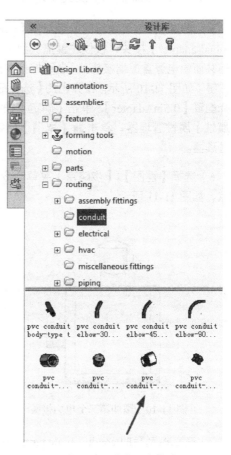

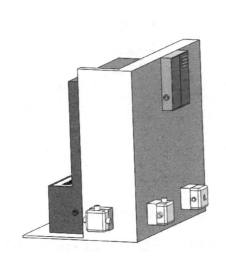

图 11-5　打开装配体文件　　　　　　　　图 11-6　【设计库】窗格

3）按住左键拖放【pvc conduit-male terminal adapter】接头到装配体中总控制箱的接头处不放，由于设计库中标准件自带有配合参考，电力管筒接头会自动捕捉配合，然后松开左键，如图 11-7 所示。在弹出的【选择配置】对话框中，选择配置【0.5inAdapter】，单击【确定】按钮，如图 11-8 所示。

4）弹出【线路属性】属性管理器，单击 ✖ 【取消】按钮，关闭该属性管理器，如图 11-9 所示。

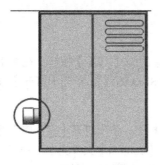

图 11-7　添加第一个电力接头图

图 11-8　【选择配置】对话框

5）单击选择与上述相同的零部件【pvc conduit-male terminal adapter】接头，按住左键拖放到装配体中与总控制箱共面的电源盒上端接头处，自动捕捉到配合后松开鼠标左键，如图 11-10 所示。在弹出的【选择配置】窗口中，选择配置【0.5inAdapter】，单击【确定】按钮。弹出【线路属性】属性管理器，单击 ✖ 【取消】按钮，关闭该属性管理器。

图 11-9　关闭【线路属性】属性管理器

6）选择【视图】|【步路点】菜单命令，显示装配体中刚刚插入的两个电力接头上所有的连接点，如图 11-11 所示。

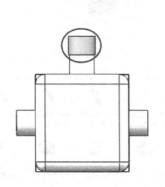

图 11-10　添加第二个电力接头

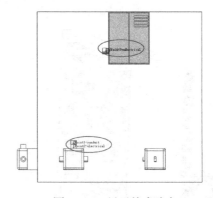

图 11-11　显示的步路点

7）在总控制箱的 conduit-male terminal adapter 接头上右键单击连接点 CPoint1-conduit，从快捷菜单中选择【开始步路】命令，如图 11-12 所示。

8）弹出【线路属性】属性管理器，在【文件名称】选项组下命名线路子装配体；在【折弯-弯管】选项组下选择【始终形成折弯】选项，【折弯半径】文本框中输入半径值【20】，其余选项使用默认设置，单击 ✔ 【确定】按钮，完成线路属性设置，如图 11-13 所示。

9）【线路属性】设置完成后，弹出【SolidWorks】提示，单击【确定】按钮。此时，从连接点延伸出一小段端头，可以拖动端头端点伸长或缩短端头长度，如图 11-14 所示。弹出【自动步路】属性管理器，单击 ✖ 【取消】按钮，关闭该属性管理器。

图 11-12　选择【开始步路】命令

图 11-13　【线路属性】属性管理器

10）右键单击电源盒上端接头的连接点 CPoint1-conduit，从快捷菜单里选择【添加到线路】命令，如图 11-15 所示。此时，从连接点延伸出一小段端头，拖动端头的端点就可以改变端头的长度，如图 11-16 所示。

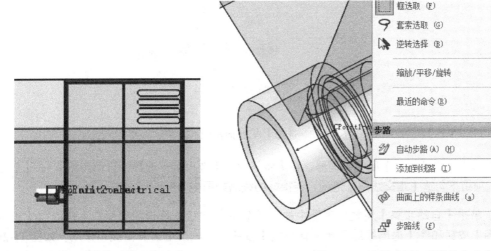

图 11-14　连接点延伸出的端头

图 11-15　选择【添加到线路】命令

11）按住 Ctrl 键选中上面生成的两个端头的端点，如图 11-17 所示，单击右键弹出快捷菜单，选择【自动步路】命令，如图 11-18 所示。

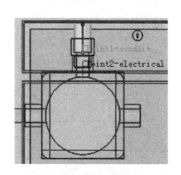

图 11-16　添加连接点到线路

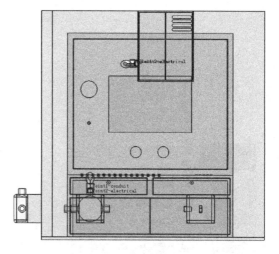

图 11-17　选择步路端点

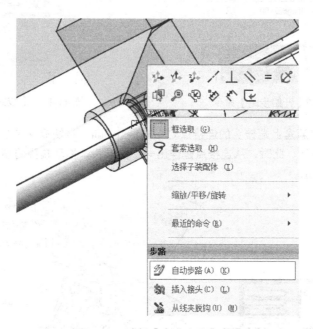

图 11-18　选择【自动步路】命令

12）弹出【自动步路】属性管理器，在【步路模式】选项组下选择【自动步路】，在【自动步路】选项组下勾选【正交线路】选项，连接好的线路如图 11-19 所示。

13）单击【自动步路】属性管理器中的 ✔【确定】按钮，单击主界面右上角的 💁【退出路径草图】按钮和 💁【退出线路子装配体环境】按钮，第一条电力管筒线路生成，如图 11-20 所示。

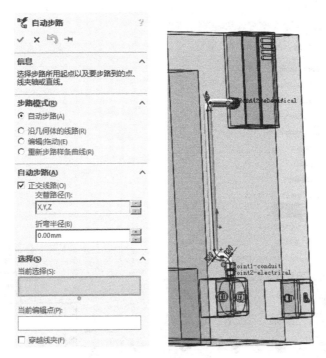

图 11-19 连接好的线路

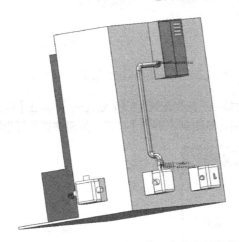

图 11-20 生成第一条电力管筒线路

11.3.2 创建第二条电力管筒线路

1）选择线路零部件。单击主界面右侧任务窗格的第二个标签，依次打开【设计库】标签中的"Design Library/routing/conduit"文件夹。在设计库的下方显示【conduit】文件夹中各种管道标准零部件，选择【pvc conduit-male terminal adapter】接头为拖放对象。按住左键拖放【pvc conduit-male terminal adapter】接头到装配体中与总控制箱共面的电源盒左端的接头处不放，由于设计库中标准件自带有配合参考，电力管筒接头会自动捕捉配合，然后松开左键，如图 11-21 所示。

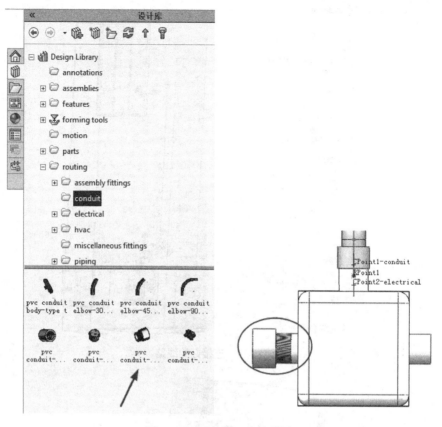

图 11-21　添加第一个接头图

2）在弹出的【选择配置】对话框中，选择配置【0.5inAdapter】，单击【确定】按钮，如图 11-22 所示。弹出【线路属性】属性管理器，单击 ✖️【取消】按钮，关闭该属性管理器，如图 11-23 所示。

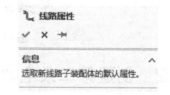

图 11-22　选择配置　　　　　　　　　　　　图 11-23　取消属性设置

3）单击选择和上述相同的零部件【pvc conduit-male terminal adapter】接头，左键按住拖放到装配体中的左墙面与上述电源盒相邻的电源盒的右端接头处不放，自动捕捉到配合后松开鼠标左键，如图 11-24 所示。在弹出的【选择配置】对话框中，选择配置【0.5inAdapter】，单击【确定】按钮。弹出【线路属性】属性管理器，单击 ✖️【取消】按钮，关闭该属性管理器。

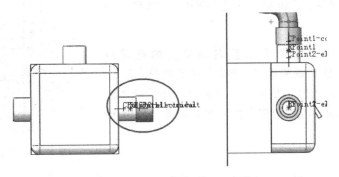

图 11-24　添加第二个接头

4）在第一个电源盒左端的 conduit-male terminal adapter 接头上右键单击连接点 CPoint1-conduit，从快捷菜单中选择【开始步路】命令，如图 11-25 所示。

5）弹出【线路属性】属性管理器，在【文件名称】选项组下命名步路子装配体；在【折弯-弯管】选项组下选择【始终形成折弯】选项，【折弯半径】文本框中输入半径值【20】，其余选项使用默认设置，单击【确定】按钮完成线路属性设置，如图 11-26 所示。

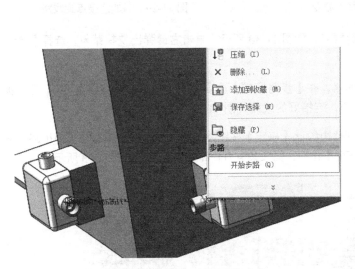

图 11-25　选择【开始步路】命令

图 11-26　【线路属性】属性管理器

6）【线路属性】设置完成后，弹出【SolidWorks】提示，单击【确定】按钮。此时，从连接点延伸出一小段端头，可以拖动端头端点伸长或缩短端头长度，如图 11-27 所示。弹出【自

动步路】属性管理器，单击 ✖【取消】按钮，关闭该属性
管理器。

7）右键单击第二个电源盒右端接头的连接点
CPoint1-conduit，从快捷菜单里选择【添加到线路】命令，
如图 11-28 所示。此时，从连接点延伸出一小段端头，
拖动端头的端点就可以改变端头的长度，如图 11-29 所
示。

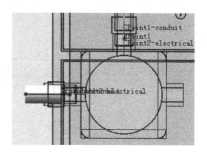

图 11-27　连接点延伸出的端头

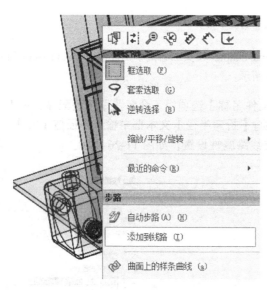

图 11-28　选择【添加到线路】命令

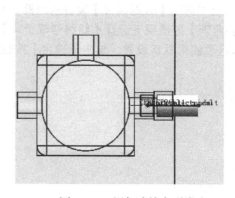

图 11-29　添加连接点到线路

8）选中上面生成的两个端头的端点，如图 11-30 所示，单击右键弹出快捷菜单，选择【自动
步路】命令，如图 11-31 所示。

9）弹出【自动步路】属性管理器，在【步路模式】选项组下选择【自动步路】，在【自动步
路】选项组下勾选【正交线路】选项，连接好的线路如图 11-32 所示。

10）单击【自动步路】属性管理器中的 ✔【确定】按钮，单击主界面右上角的 ⬒【退出路径草
图】按钮和 ⬒【退出线路子装配体环境】按钮，第二条电力管筒线路生成，如图 11-33 所示。

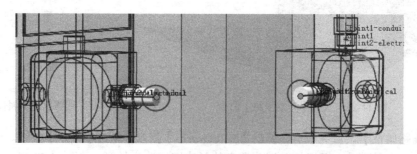

图 11-30　选择步路端点

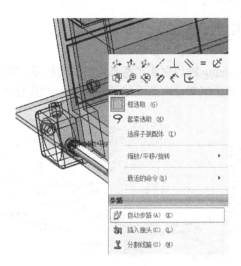

图 11-31　选择【自动步路】命令

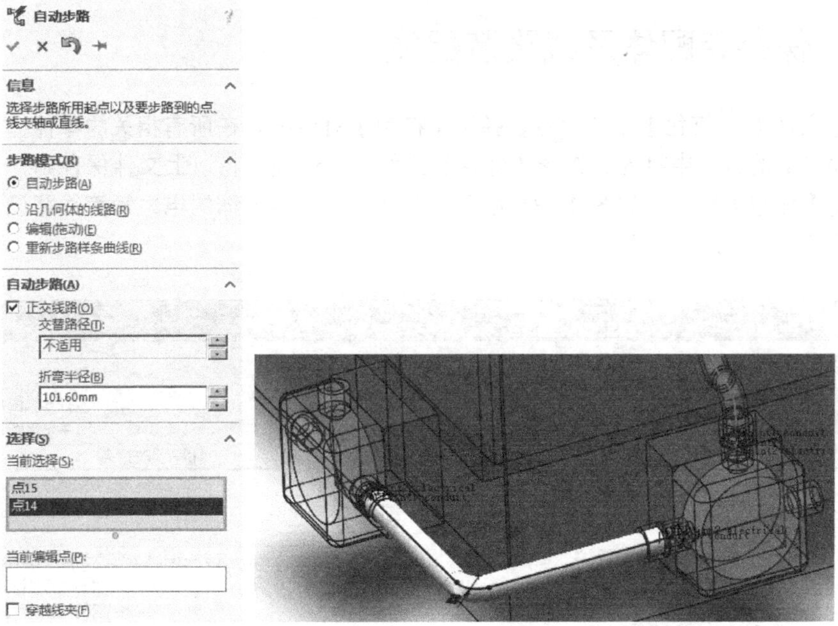

图 11-32　连接好的线路

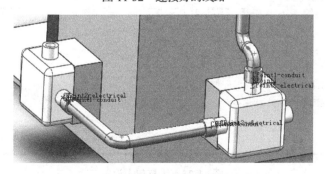

图 11-33　生成第二条电力管筒线路

11.3.3 创建其余电力管筒线路

前面利用 SolidWorks Routing 插件生成了两条电力管筒线路，剩下的零部件使用和前两条线路相同的步路方法和操作步骤生成其余两条线路子装配体，如图 11-34 所示。

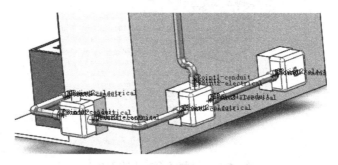

图 11-34　完成其余两条电力管筒线路

11.3.4 保存装配体及线路装配体

选择【文件】|【打包】菜单命令，弹出【打包】对话框，在所有相关的零件、子装配体和装配体文件前面的方框中打勾，选择【保存到文件夹】选项，将以上文件保存到一个指定文件夹中，单击【保存】按钮，如图 11-35 所示。至此，一个装配体的电力管筒线路设计完成，如图 11-36 所示。

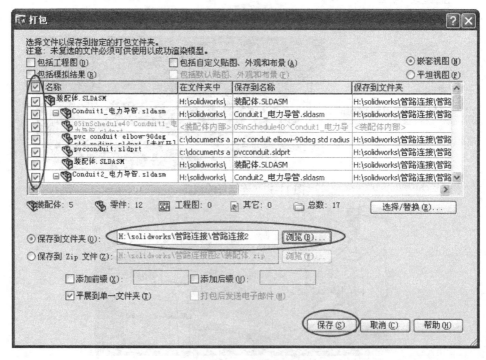

图 11-35　【打包】设置

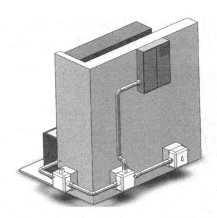

图 11-36　电力管筒线路设计完成图

11.4　管道线路设计范例

本范例介绍管道线路设计过程，模型如图 11-37 所示。

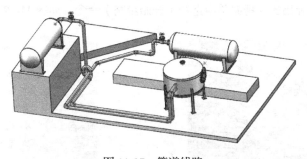

图 11-37　管道线路

具体步骤如下。

11.4.1　创建第一条管道线路

1）启动中文版 SolidWorks 软件，单击【标准】工具栏中的 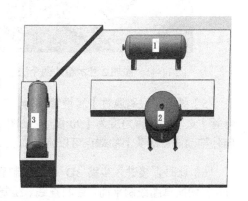【打开】按钮，弹出【打开】对话框，在配套光盘中选择【第 11 章/范例文件/11.4/11.4.SLDASM】，单击【打开】按钮，在图形区域中显示出模型，如图 11-38 所示。

2）选择管道配件。打开绘图区右侧窗格 ▥【设计库】中的"routing\piping\flanges"文件夹，选择【slip on weld flange】法兰为拖放对象，按住左键拖放到装配体的 1 号水箱上方的出口。由于设计库中标准件自带有配合参考，配件会自动捕捉配合，松开左键，如图 11-39

图 11-38　打开装配体

所示。在弹出的【选择配置】对话框中，选择【Slip On Flange 150-NPS5】配置，单击【确定】按钮，如图 11-40 所示。弹出【线路属性】属性管理器，单击【取消】按钮关闭属性管理器。

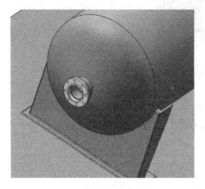

图 11-39 添加 1 号水箱法兰

图 11-40 选择法兰配置

3）利用同样的方法为 2 号水箱添加两个相同配置的【slip on weld flange】法兰，如图 11-41 所示。

4）选择【视图】|【步路点】菜单命令，显示装配体中配件上所有连接点。然后右键单击 1 号水箱上的法兰，在弹出的快捷菜单中选择【开始步路】命令，如图 11-42 所示。

图 11-41 添加 2 号水箱的两个法兰

图 11-42 开始步路

5）弹出【线路属性】属性管理器，在【文件名称】选项组下命名步路子装配体；在【折弯-弯管】选项组设置角度为【90 度】，如图 11-43 所示。单击 ✓【确定】按钮，完成法兰的添加。向外拖动法兰端头上的端点可以延长端头长度到合适位置，如图 11-44 所示。

6）此时直接进入步路 3D 草图绘制界面中。选中【草图】工具栏的 ✐【直线】按钮，使用 Tab 键切换草图绘制平面，绘制直线。绘制完成的直线自动添加上管道并在直角处自动生成弯管，如图 11-45 所示。

7）按住 Ctrl 键，选取图 11-46 所示箭头所指的两条直线，在弹出的【属性】属性管理器里单击⊥【垂直】按钮。用同样方法为所有的相应 90°转折线之间都添加垂直约束，以便系统自动添加所有转折处的弯管。

图 11-43 【线路属性】属性管理器

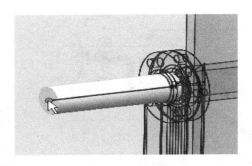

图 11-44 拖动端点

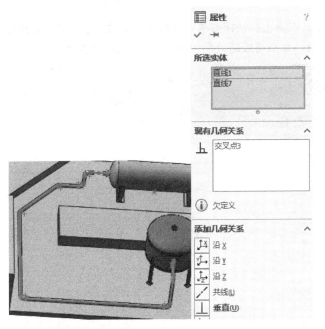

图 11-45 草图绘制

图 11-46 添加垂直约束

8）添加箭头所指的最后一条直线与法兰接头平面的垂直约束，如图 11-47 所示。

9）单击【草图】工具栏中的 ◇【智能尺寸】按钮，为草图添加必要的尺寸，如图 11-48 和图 11-49 所示。

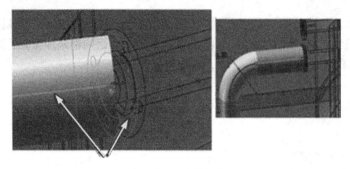

图 11-47　垂直约束

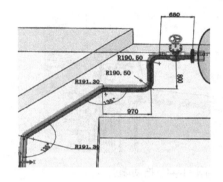

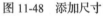

图 11-48　添加尺寸

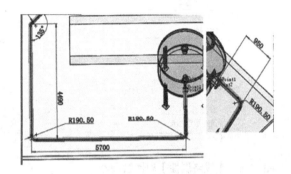

图 11-49　添加尺寸

10）右键单击刚刚生成的线路草图，在弹出的快捷菜单中选择【分割线路】命令。单击第一条直线的中点，即生成了一个分割点 JP1，此点将线路分割为两段，如图 11-50 所示。

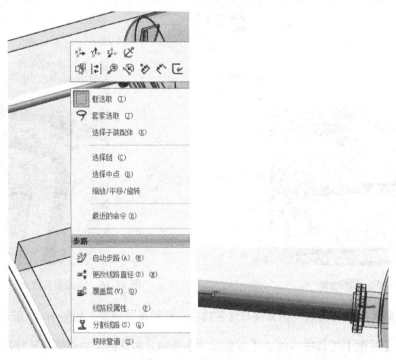

图 11-50　分割线路

11）打开设计库中的 "routing\piping\valves" 文件夹，选择【globe valve (asmeb16.34) bw-150-2500】阀门为拖放对象，按住左键拖放到装配体的分割点 JP1 处，由于设计库中标准件自带有配合参考，配件会自动捕捉配合。通过 Tab 键调整放置方向，然后松开左键。在弹出的【选择配置】对话框中，采用系统默认选择的配置，单击【确定】按钮，如图 11-51 所示。完成阀门的添加，如图 11-52 所示。

图 11-51　选择阀门配置

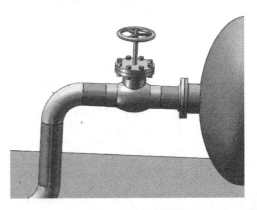

图 11-52　添加阀门

12）添加 45°弯管。单击右上角 图标，退出草图绘制。系统会自动弹出【折弯-弯管】对话框，如图 11-53 所示。线路中的第一个 45°弯管呈高亮显示，如图 11-54 所示。单击【浏览】按钮，打开在路径 "C:\ProgramData\SolidWorks\SolidWorks 2015\design library\routing\piping\elbows\45 degrees" 下的 45°弯管文件，并双击选择图中矩形框内的弯管文件，如图 11-55 所示。弹出【折弯-弯管】对话框，在【配置】里显示了刚才选择的弯管文件的配置，然后选择图中矩形框内的配置，单击【确定】按钮，完成 45°弯管的添加，如图 11-56 所示。

13）系统将弹出【折弯-弯管】对话框，并且线路中的第二个 45°弯管呈高亮显示，用同样的方法选择相同配置添加第二个 45°弯管，单击 完成第一条管道的绘制，如图 11-57 所示。

图 11-53　【折弯-弯管】对话框

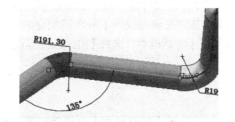

图 11-54　高亮显示 45°弯管

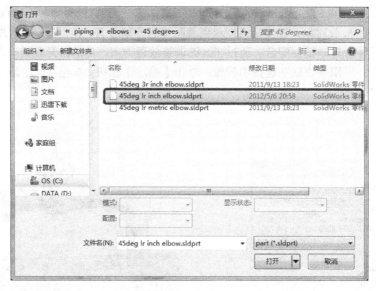

图 11-55　选择弯管

图 11-56　选择弯管配置

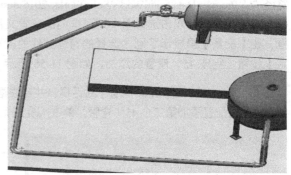

图 11-57　完成第一条管道线路

11.4.2　创建第二条管道线路

1）打开设计库中的"routing \piping\flanges"文件夹，选择【slip on weld flange】法兰为拖放对象，按住左键拖放到 1 号水箱侧面的出口，配件会自动捕捉配合，然后松开左键。在弹出的【选择配置】对话框中，选择【Slip On Flange 150-NPS5】配置，单击【确定】按钮，如图 11-58 所示。

2）右键单击 3 号水箱上的法兰，在弹出的快捷菜单中单击【开始步路】命令，如图 11-59 所示。

3）弹出【线路属性】属性管理器，在【文件名称】选项组下命名步路子装配体；在【折弯-弯管】选项组设置角度为【90 度】，其余选项使用默认设置，如图 11-60 所示。

4）这时法兰连接点延伸出一小段端头，向外拖动端头上的端点以延长端头长度。选中【草图】工具栏中的 ✏️【直线】按钮，使用 Tab 键切换草图绘制平面，绘制直线，绘制完成的直线自动添加上管道并在直角处自动生成弯管，绘制图 11-61 所示的第二条管道线的第一部分 3D 草图。

图 11-58　添加法兰

图 11-59　选择【开始步路】菜单命令

图 11-60　【线路属性】设置

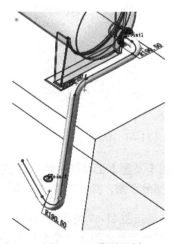

图 11-61　草图绘制

5）在图 11-62 示箭头所指两条直线处添加平行约束，以便系统自动生成 180°弯管。

6）选中【草图】工具栏中的 ◇【智能尺寸】按钮，为刚绘制的草图添加必要尺寸，如图 11-63 所示。

7）选中【草图】工具栏中的 ╱【直线】按钮，使用 Tab 键切换草图绘制平面，单击第一部分草图的末端后，沿着图 11-64 所示箭头所指的最后一条直线向后拖动鼠标，再向前拖动鼠标使之变为黄色后，这时便可以绘制与之相切圆弧（这种方法在绘制其他草图的时候同样适用），注意添加圆弧两端分别与两条直线的相切约束并标注尺寸，完成第二条管道的第二部分草图的绘制，如图 11-65 所示。

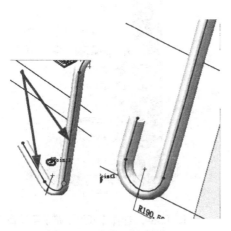

图 11-62　添加平行约束

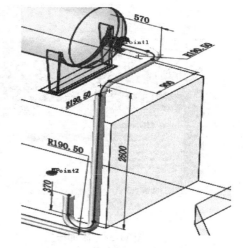

图 11-63　添加尺寸

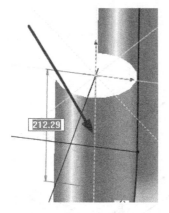

图 11-64　草图绘制

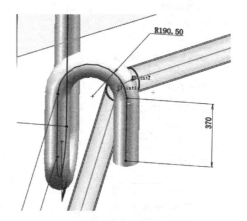

图 11-65　第二部分草图

8）单击【草图】工具栏中的 ╱【直线】按钮，使用 Tab 键切换草图绘制平面，绘制第二条管道的第三部分草图，并用前面的方法添加垂直约束和标注尺寸，如图 11-66 所示。

9）右键单击图 11-67 所示箭头所指的直线，在弹出的快捷菜单中选择【分割线路】命令，单击线路草图上一点即生成了一个分割点 JP1，此点将线路分割为两段。

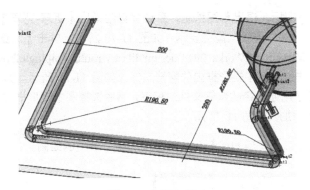

图 11-66　添加尺寸

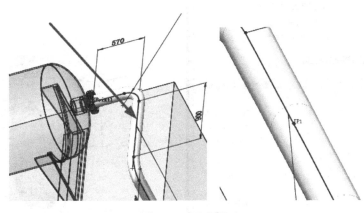

图 11-67　分割线路

10）打开设计库中的"routing\piping\valves"文件夹，选择【globe valve (asme b16.34) bw
-150-2500】阀门为拖放对象，按住左键拖放到装配体的分割点 JP1 处。由于设计库中标准件自带有
配合参考，配件会自动捕捉配合。通过 Tab 键调整放置方向，然后松开左键。在弹出的【选择配置】
对话框中，采用系统默认选择的配置，单击【确定】按钮，完成阀门的添加，如图 11-68 所示。

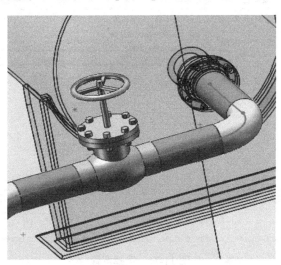

图 11-68　添加阀门

11）单击右上角  图标，退出草图绘制，系统会自动弹出【折弯-弯管】对话框，如图 11-69 所示。线路中的第一个 180° 弯管呈高亮显示，如图 11-70 所示。单击【浏览】按钮，打开在路径 "C:\ProgramData\SolidWorks\SolidWorks 2014\design library\routing\piping\elbows\180 degrees" 下的 180° 弯管文件，并双击选择图中矩形框内的弯管文件，如图 11-71 所示。弹出【折弯-弯管】对话框，在【配置】里显示了刚才选择的弯管文件的配置，然后选择图中矩形框内的配置，单击【确定】按钮完成 180° 弯管的添加，如图 11-72 所示。

12）单击  完成第二条管道的绘制，也就完成了整个管道的绘制，如图 11-73 所示。

图 11-69 【折弯-弯管】对话框

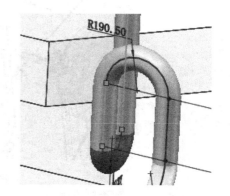

图 11-70 高亮显示 180° 弯管

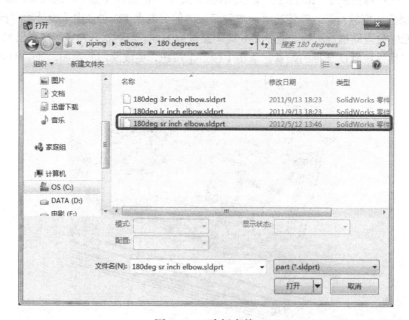

图 11-71 选择弯管

图 11-72 折弯-弯管设置

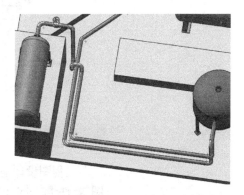

图 11-73 第二条管道完成

第 12 章
工程图设计

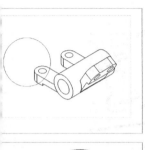

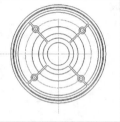

　　工程图设计是 SolidWorks 软件三大功能之一。工程图文件是 SolidWorks 设计文件的一种。在一个 SolidWorks 工程图文件中，可以包含多张图纸，这使得用户可以利用同一个文件生成一个零件的多张图纸或者多个零件的工程图。本章主要介绍工程图基本设置、建立工程视图、标注尺寸以及添加注释。

重点与难点

- 基本设置
- 建立视图
- 标注尺寸
- 添加注释

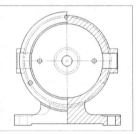

12.1 基本设置

12.1.1 图纸格式的设置

1. 标准图纸格式

SolidWorks 提供了各种标准图纸大小的图纸格式。可以在【图纸格式/大小】对话框的【标准图纸大小】列表框中进行选择。单击【浏览】按钮，可以加载用户自定义的图纸格式。【图纸格式/大小】对话框如图 12-1 所示，其中勾选【显示图纸格式】选项可以显示边框、标题栏等。

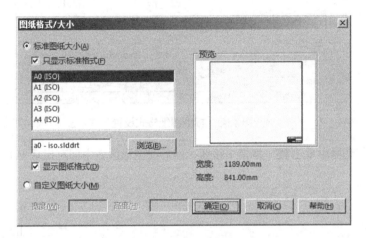

图 12-1　【图纸格式/大小】对话框

2. 无图纸格式

【自定义图纸大小】选项可以定义无图纸格式，即选择无边框、无标题栏的空白图纸。此选项要求指定纸张大小，也可以定义用户自己的格式，如图 12-2 所示。

图 12-2　单击【自定义图纸大小】单选按钮

3. 使用图纸格式的操作方法

1）单击【标准】工具栏中的【新建】按钮，在【新建 SolidWorks 文件】对话框中选择【工程图】并单击【确定】按钮，弹出【图纸格式/大小】对话框，选中【标准图纸大小】单选按钮，在列表框中选择【A1（ISO）】，单击【确定】按钮，如图 12-3 所示。

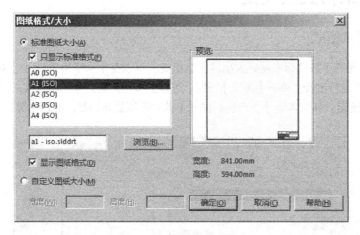

图 12-3 标准图纸格式设置

2）在属性管理器中单击 ✖（取消）按钮，然后在图形区域中即可出现 A1 格式的图纸，如图 12-4 所示。

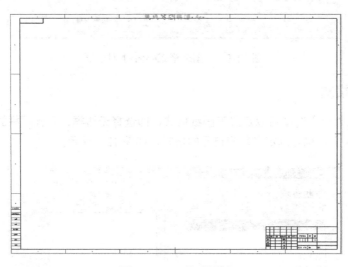

图 12-4 A1 格式图纸

12.1.2 线型设置

对于视图中图线的线色、线粗、线型、颜色显示模式等，可以利用【线型】工具栏进行设置。【线型】工具栏如图 12-5 所示，其中的工具按钮介绍如下。

- （图层属性）：设置图层属性（如颜色、厚度、样式等），将实体移动到图层中，然后为新的实体选择图层。
- （线色）：可以对图线颜色进行设置。
- （线粗）：单击该按钮，会弹出图 12-6 所示的【线粗】菜单，可以对图线粗细进行设置。

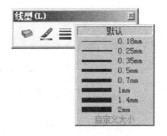

图 12-5　【线型】工具栏　　　　　　　图 12-6　【线粗】菜单

- （线条样式）：单击该按钮，会弹出图 12-7 所示的【线条样式】菜单，可以对图线样式进行设置。
- （隐藏和显示边线）：单击此按钮，在隐藏边线和显示边线之间进行切换。
- （颜色显示模式）：单击该按钮，线色会在所设置的颜色中进行切换。

在工程图中如果需要对线型进行设置，一般在绘制草图实体之前进行，先利用【线型】工具栏中的【线色】、【线粗】和【线条样式】按钮对将要绘制的图线设置所需的格式，这样可以使被添加到工程图中的草图实体均使用指定的线型格式，直到重新设置另一种格式为止。

图 12-7　【线条样式】菜单

12.1.3　图层设置

在工程图文件中，可以根据用户需求建立图层，并为每个图层上生成的新实体指定线条颜色、线条粗细和线条样式。新的实体会自动添加到激活的图层中，图层可以被隐藏或者显示，另外，还可以将实体从一个图层移动到另一个图层。创建好工程图的图层后，可以分别为每个尺寸、注解、表格和视图标号等局部视图选择不同的图层设置。如果将*.DXF 或者*.DWG 文件输入到SolidWorks 工程图中，会自动生成图层。在最初生成*.DXF 或者*.DWG 文件的系统中指定的图层信息（如名称、属性和实体位置等）将被保留。

层的操作方法如下。

1）新建一张空白的工程图。

2）在工程图中，单击【线型】工具栏中的 （图层属性）按钮，弹出图 12-8 所示的【图层】对话框。

3）单击【新建】按钮，输入新图层名称"中心线"，如图 12-9 所示。

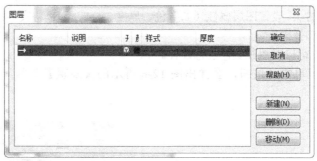

图 12-8　【图层】对话框

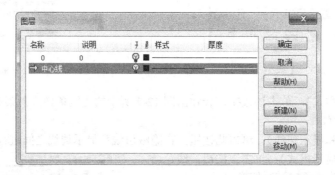

图 12-9　新建图层

4）更改图层默认图线的颜色、样式和粗细等。

①【颜色】：单击【颜色】下的方框，弹出【颜色】对话框，可以选择或者设置颜色，这里选择红色，如图 12-10 所示。

②【样式】：单击【样式】下的图线，在弹出的菜单中选择图线样式，这里选择【中心线】样式，如图 12-11 所示。

③【厚度】：单击【厚度】下的直线，在弹出的菜单中选择图线的粗细，这里选择【0.18mm】所对应的线宽，如图 12-12 所示。

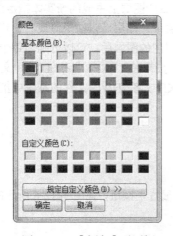

图 12-10　【颜色】对话框

图 12-11　选择样式

5）单击【确定】按钮，即完成为文件建立新图层的操作，如图 12-13 所示。

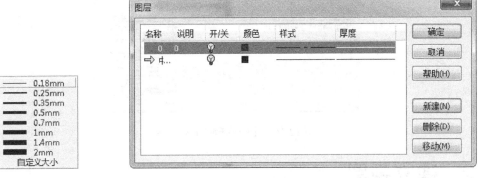

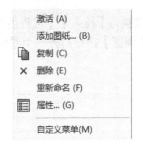

图 12-12　选择厚度　　　　　　　　图 12-13　图层新建完成

当生成新的工程图时，必须选择图纸格式。图纸格式可以采用标准图纸格式，也可以自定义和修改图纸格式。通过对图纸格式的设置，有助于生成具有统一格式的工程图。

12.1.4　激活图纸

如果需要激活图纸，可以采用如下方法之一。

● 在图纸区域下方单击要激活的图纸的图标。
● 用鼠标右键单击图纸区域下方要激活的图纸的图标，在弹出的菜单中选择【激活】命令，如图 12-14 所示。
● 用鼠标右键单击【FeatureManager 设计树】中的图纸图标，在弹出的菜单中选择【激活】命令，如图 12-15 所示。

图 12-14　快捷菜单　　　　　　　　图 12-15　快捷菜单

12.1.5　删除图纸

删除图纸的方法如下。

1）用鼠标右键单击【FeatureManager 设计树】中要删除的图纸图标，在弹出的菜单中选择【删除】命令。

2）弹出【确认删除】对话框，单击【是】按钮即可删除图纸，如图 12-16 所示。

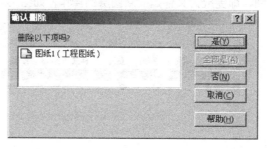

图 12-16 【确认删除】对话框

12.2 建立视图

12.2.1 标准三视图

标准三视图可以生成 3 个默认的正交视图，其中主视图方向为零件或者装配体的前视，其他两个视图依照投影方法的不同而不同。

在标准三视图中，主视图、俯视图及左视图有固定的对齐关系。主视图与俯视图长度方向对齐，主视图与左视图高度方向对齐，俯视图与左视图宽度相等。俯视图可以竖直移动，左视图可以水平移动。

生成标准三视图的操作方法如下。

1）新建一张空白 A3 格式的工程图。

2）单击【工程图】工具栏中的 【标准三视图】按钮或执行【插入】|【工程图视图】|【标准三视图】命令，出现【标准三视图】属性管理器，单击【浏览】按钮打开一个零件文件，工程图中出现了三视图，如图 12-17 所示。

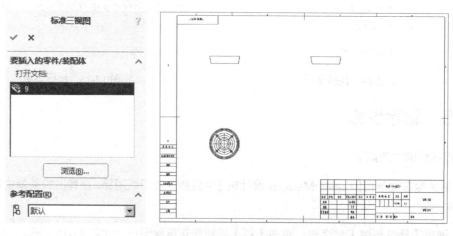

图 12-17 创建标准三视图

12.2.2　投影视图

投影视图是根据已有视图利用正交投影生成的视图。投影视图的投影方法是根据在【图纸属性】属性管理器中所设置的第一视角或者第三视角投影类型而确定的。

1. 投影视图的属性设置

单击【工程图】工具栏中的🔲【投影视图】按钮（或者选择【插入】|【工程图视图】|【投影视图】菜单命令，弹出【投影视图】属性管理器，如图 12-18 所示，鼠标指针变为🔲形状。

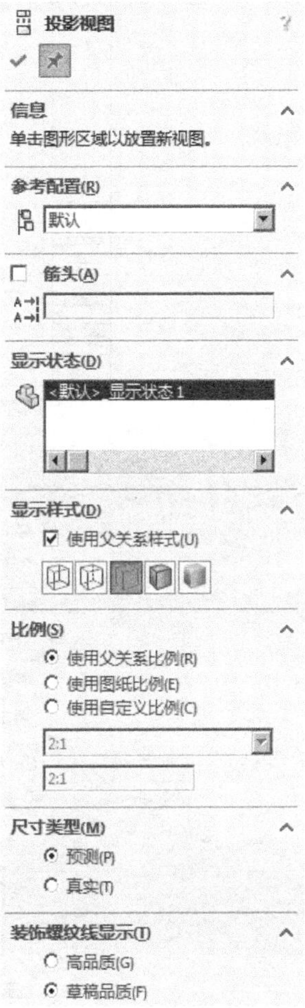

（1）【箭头】选项组

【标号】：表示按相应父视图的投影方向得到的投影视图的名称。

（2）【显示样式】选项组

【使用父关系样式】：取消选择此选项，可以选择与父视图不同的显示样式，显示样式包括🔲【线架图】、🔲【隐藏线可见】、🔲【消除隐藏线】、🔲【带边线上色】和🔲【上色】。

（3）【比例】选项组
- 【使用父关系比例】选项：可以应用为父视图所使用的相同比例。
- 【使用图纸比例】选项：可以应用为工程图图纸所使用的相同比例。
- 【使用自定义比例】选项：可以根据需要应用自定义的比例。

图 12-18　【投影视图】属性管理器

2. 生成投影视图的操作方法

1）打开一张带有模型的工程图，如图 12-19 所示。

2）单击【工程图】工具栏中的🔲【投影视图】按钮或执行【插入】|【工程图视图】|【投影视图】命令，出现【投影视图】属性管理器，点选要投影的视图，移动指针到视图适当位置，然后单击放置，如图 12-20 所示。

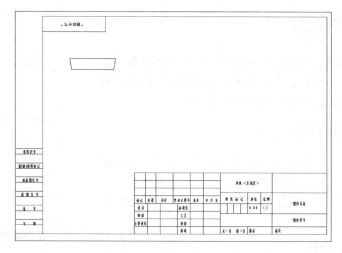

图 12-19　打开工程图文件

图 12-20　创建投影视图

12.2.3　剖面视图

剖面视图是通过一条剖切线切割父视图而生成的，属于派生视图，可以显示模型内部的形状和尺寸。剖面视图可以是剖切面或者是用阶梯剖切线定义的等距剖面视图，并可以生成半剖视图。

1．剖面视图的属性设置

单击【草图】工具栏中的╱【中心线】按钮，在激活的视图中绘制单一或者相互平行的中心线（也可以单击【草图】工具栏中的╱【直线】按钮，在激活的视图中绘制单一或者相互平行的直线段）。选择绘制的中心线（或者直线段），单击【工程图】工具栏中的↕【剖面视图】按钮（或者选择【插入】｜【工程图视图】｜【剖面视图】菜单命令），弹出【剖面视图 A-A】（根据生成的剖面视图，字母顺序排序）属性管理器，如图 12-21 所示。

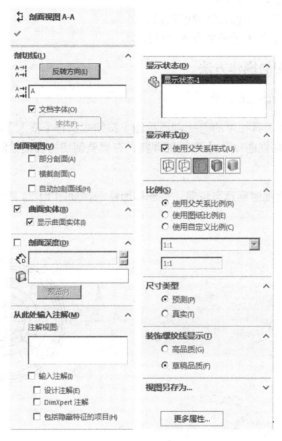

图 12-21　【剖面视图 A-A】属性管理器

（1）【剖切线】选项组

● ↕【反转方向】：反转剖切的方向。

● ↕【标号】：编辑与剖切线或者剖面视图相关的字母。

● 【字体】：可以为剖切线或者剖面视图相关字母选择其他字体。

（2）【剖面视图】选项组

● 【部分剖面】：当剖切线没有完全切透视图中模型的边框线时，会弹出剖切线小于视图几何体的提示信息，并询问是否生成局部剖视图。

● 【横截剖面】：只有被剖切线切除的曲面出现在剖面视图中。

● 【自动加剖面线】：勾选此选项，系统可以自动添加必要的剖面（切）线。

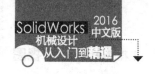

（3）【曲面实体】选项组

【显示曲面实体】：勾选此选项，系统将显示曲面实体。

（4）【剖面深度】选项组

- 【深度】：设置剖切深度数值。
- 【深度参考】：为剖切深度选择的边线或基准轴。

（5）【从此处输入注解】选项组

- 【注解视图】：选择要输入注解的视图。
- 【输入注解】：输入关于模型有关尺寸注解。

2. 生成剖面视图的操作方法

1）打开一张带有模型的工程图。

2）单击【工程图】工具栏中的 （剖面视图）按钮或执行【插入】|【工程图视图】|【剖面视图】命令，出现【剖面视图 A-A】属性管理器，在需要剖切的位置绘制一条直线，如图 12-22 所示。

3）移动指针，放置视图到适当位置，得到剖面视图，如图 12-23 所示。

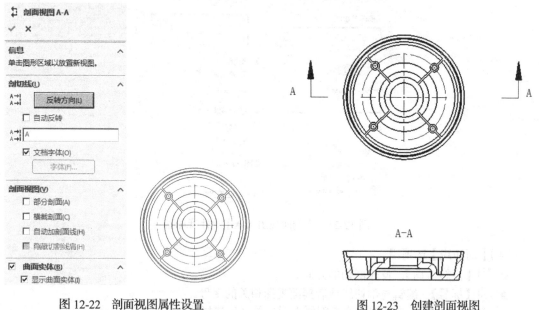

图 12-22　剖面视图属性设置　　　　图 12-23　创建剖面视图

12.2.4　辅助视图

辅助视图类似于投影视图，它的投影方向垂直于所选视图的参考边线，但参考边线一般不能为水平或者垂直，否则生成的就是投影视图。辅助视图相当于技术制图表达方法中的斜视图，可以用来表达零件的倾斜结构。

生成辅助视图的操作方法如下。

1）打开一张带有模型的工程图，如图 12-24 所示。

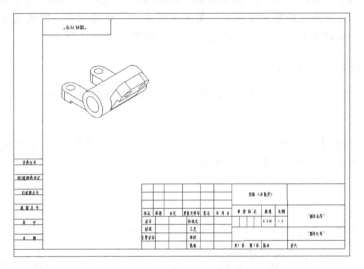

图 12-24　打开工程图文件

2）单击【工程图】工具栏中的 ⚙【辅助视图】按钮或执行【插入】|【工程图视图】|【辅助视图】命令，出现【辅助视图】属性管理器，然后单击参考视图的边线（参考边线不可以是水平或垂直的边线，否则生成的就是标准投影视图），移动指针到视图适当位置，然后单击放置，如图 12-25 所示。

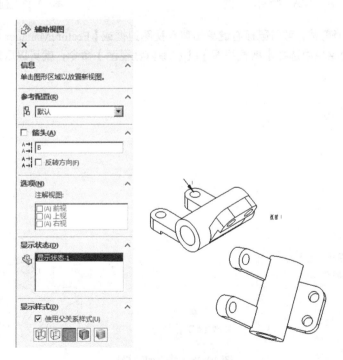

图 12-25　创建辅助视图

12.2.5 剪裁视图

在 SolidWorks 工程图中，剪裁视图是由除了局部视图、已用于生成局部视图的视图或者爆炸视图之外的任何工程视图经剪裁而生成的。剪裁视图类似于局部视图，但是由于剪裁视图没有生成新的视图，也没有放大原视图，因此可以减少视图生成的操作步骤。

生成剪裁视图的操作方法如下。

1）打开一张带有模型的工程图，使用草图绘制工具在视图上绘制一个圆（也可以是其他封闭图形），如图 12-26 所示。

2）单击【工程图】工具栏中的📷【剪裁视图】按钮或执行【插入】|【工程图视图】|【剪裁视图】命令，得到剪裁视图，如图 12-27 所示。

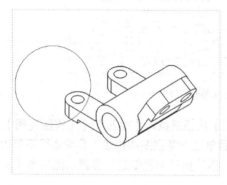

图 12-26　绘制一个圆　　　　　　　　　图 12-27　创建剪裁视图

3）如果要取消剪裁，可用鼠标右键单击剪裁视图边框或【FeatureManager 设计树】中视图的名称，然后在快捷菜单中选择【剪裁视图】|【移除剪裁视图】命令，就可以取消剪裁操作，如图 12-28 所示。

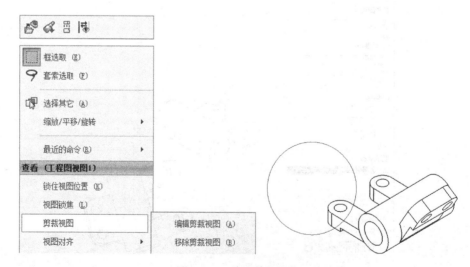

图 12-28　移除剪裁操作

12.2.6　局部视图

局部视图是一种派生视图，可以用来显示父视图的某一局部形状，通常采用放大比例显示。局部视图的父视图可以是正交视图、空间（等轴测）视图、剖面视图、剪裁视图、爆炸装配体视图或者另一局部视图，但不能在透视图中生成模型的局部视图。

1. 局部视图的属性设置

单击【工程图】工具栏中的  【局部视图】按钮，或者选择【插入】|【工程图视图】|【局部视图】菜单命令，弹出【局部视图】属性管理器，如图 12-29 所示。

（1）【局部视图图标】选项组

- 【样式】：可以选择一种样式，如图 12-30 所示。
- 【标号】：编辑与局部视图相关的字母。
- 【字体】：如果要为局部视图标号选择文件字体以外的字体，取消选择【文件字体】选项，然后单击【字体】按钮。

图 12-29　【局部视图】属性管理器　　　　图 12-30　【样式】选项

（2）【局部视图】选项组

● 【完整外形】：局部视图轮廓外形全部显示。

● 【钉住位置】：可以阻止父视图比例更改时局部视图发生移动。

● 【缩放剖面线图样比例】：可以根据局部视图的比例缩放剖面线图样比例。

2. 生成局部视图的操作方法

1）打开一张带有模型的工程图。

2）单击【工程图】工具栏中的 ⒶⒶ【局部视图】按钮或执行【插入】|【工程图视图】|【局部视图】命令，在需要局部视图的位置绘制一个圆，出现【局部视图】属性管理器，在【比列】选项组中可以选择不同的缩放比例，这里选择【1：2】缩小比例，如图 12-31 所示。

3）移动指针，放置视图到适当位置，得到局部视图，如图 12-32 所示。

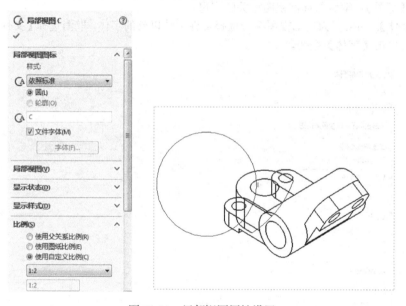

图 12-31　局部视图属性设置

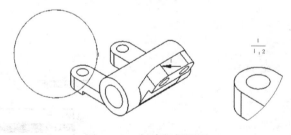

图 12-32　创建局部视图

12.2.7　旋转剖视图

旋转剖视图可以用来表达具有回转轴的零件模型的内部形状，生成旋转剖视图的剖切线，必须由两条连续的线段构成，并且这两条线段必须具有一定的夹角。

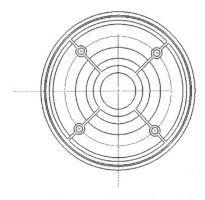

图 12-33　绘制折线段

生成旋转剖视图的操作方法如下。

1）打开一张带有模型的工程图，使用【草图】工具栏中的 ⁄【直线】或 ⁄【中心线】按钮绘制折线，如图 12-33 所示。

2）按住 Ctrl 键，选中两条线段，单击【工程图】工具栏中的 ⁵ˣ【旋转剖视图】按钮或执行【插入】|【工程图视图】|【旋转剖视图】命令，出现【剖面视图辅助】属性管理器，移动指针，放置视图到适当位置，得到旋转剖视图，如图 12-34 所示。

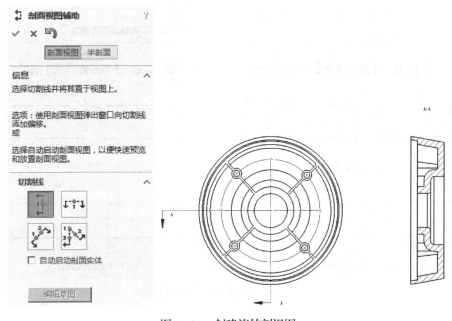

图 12-34　创建旋转剖视图

12.2.8　断裂视图

对于一些较长的零件（如轴、杆、型材等），如果沿着长度方向的形状统一（或者按一定规律）变化时，可以用折断显示的断裂视图来表达，这样就可以将零件以较大比例显示在较小的工程图纸上。断裂视图可以应用于多个视图，并可根据要求撤销断裂视图。

1．断裂视图的属性设置

单击【工程图】工具栏中的 ⁰ᵖ【断裂视图】按钮，或者选择【插入】|【工程图视图】|【断裂视图】菜单命令，弹出【断裂视图】属性管理器，如图 12-35 所示。

- ⁰ᵖ【添加竖直折断线】：生成断裂视图时，将视图沿水平方向断开。
- ⁸⁼【添加水平折断线】：生成断裂视图时，将视图沿竖直方向断开。

- 【缝隙大小】：改变折断线缝隙之间的间距。
- 【折断线样式】：定义折断线的类型，如图12-36所示，其效果如图12-37所示。

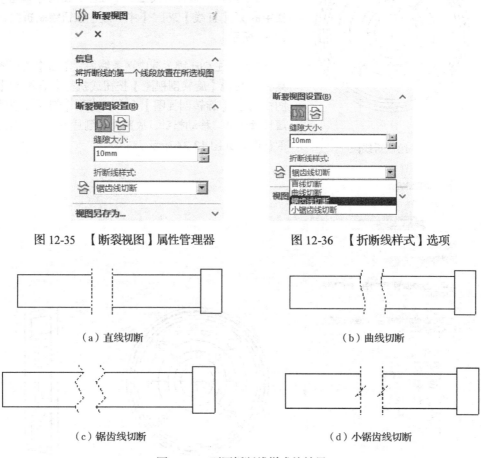

图12-35　【断裂视图】属性管理器　　　　图12-36　【折断线样式】选项

（a）直线切断　　　　　　　　　　　（b）曲线切断

（c）锯齿线切断　　　　　　　　　　（d）小锯齿线切断

图12-37　不同折断线样式的效果

2. 生成断裂视图的操作方法

1）打开一张带有模型的工程图，如图12-38所示。

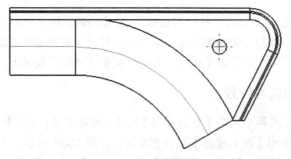

图12-38　打开工程视图

　　2）选择要断裂的视图，然后单击【工程图】工具栏中的 【断裂视图】按钮或执行【插入】|【工程图视图】|【断裂视图】命令，出现【断裂视图】属性管理器，在【断裂视图设置】选项组中，选择 【添加竖直折断线】选项，在【缝隙大小】文本框中输入【10mm】,【折断线样式】选择【锯齿线切断】，在图形区域中出现了折断线，如图 12-39 所示。

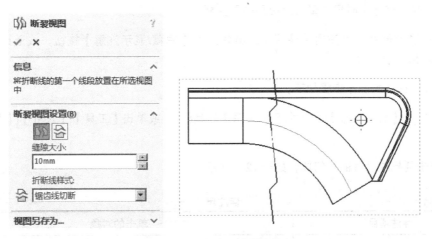

图 12-39　断裂视图属性设置

　　3）移动指针，选择两个位置放置折断线，单击放置折断线，得到断裂视图，如图 12-40 所示。

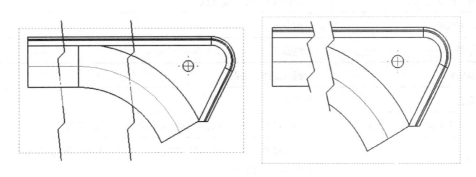

图 12-40　创建断裂视图

12.3　标注尺寸

12.3.1　绘制草图尺寸

　　工程图中的尺寸标注是与模型相关联的，而且模型中的变更将直接反映到工程图中。

　　模型尺寸。通常在生成每个零件特征时即生成尺寸，然后将这些尺寸插入各个工程视图中。

参考尺寸。也可以在工程图文档中添加尺寸，但是这些尺寸是参考尺寸，并且是从动尺寸，不能编辑参考尺寸的数值而更改模型。

颜色。在默认情况下，模型尺寸标注为黑色。

箭头。尺寸被选中时尺寸箭头上出现圆形控标。

隐藏和显示尺寸。可使用【注解】工具栏上的【隐藏/显示注解】按钮，或通过【视图】菜单来隐藏和显示尺寸。

添加尺寸标注的操作步骤如下。

1）单击【智能尺寸】（【尺寸/几何关系】工具栏），或单击【工具】|【尺寸】|【智能尺寸】菜单命令。

2）单击要标注尺寸的几何体，如表 12-1 所示。

表 12-1　　　　　　　　　　　　　　标注尺寸

标注项目	单击的对象
直线或边线的长度	直线
两直线之间的角度	两条直线或一直线和模型上的一边线
两直线之间的距离	两条平行直线，或一条直线与一条平行的模型边线
点到直线的垂直距离	点以及直线或模型边线
两点之间的距离	两个点
圆弧半径	圆弧
圆弧真实长度	圆弧及两个端点
圆的直径	圆周
一个或两个实体为圆弧或圆时的距离	圆心或圆弧/圆的圆周及其他实体（直线、边线、点等）
线性边线的中点	用右键单击要标注中点尺寸的边线，然后单击选择中点；接着选择第二个要标注尺寸的实体

3）单击以放置尺寸。

12.3.2　添加尺寸标注的操作方法

1）打开一张带有模型的工程图，如图 12-41 所示。

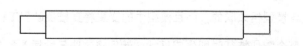

图 12-41　打开工程视图

2）单击【注解】工具栏中的 ✎【智能尺寸】按钮，出现【尺寸】属性管理器，属性管理器中各选项保持默认设置，在绘图区单击图纸的边线，将自动生成直线标注尺寸，如图 12-42 所示。

3）在绘图区继续单击圆形边线，将自动生成直径的标注线，如图 12-43 所示。

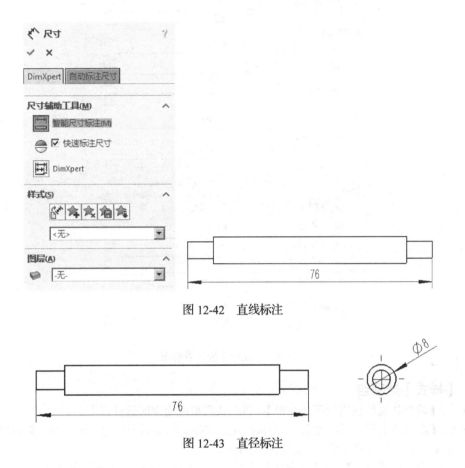

图 12-42　直线标注

图 12-43　直径标注

12.4　添加注释

利用注释工具可以在工程图中添加文字信息和一些特殊要求的标注形式。注释文字可以独立浮动，也可以指向某个对象（如面、边线或者顶点等）。注释中可以包含文字、符号、参数文字或者超文本链接。如果注释中包含引线，则引线可以是直线、折弯线或者多转折引线。

12.4.1　注释的属性设置

单击【注解】工具栏中的 Ａ【注释】按钮，或者选择【插入】|【注解】|【注释】菜单命令，弹出【注释】属性管理器，如图 12-44 所示。

12-44 【注释】属性管理器

1. 【样式】选项组

- ![icon]【将默认属性应用到所选注释】：将默认类型应用到所选注释中。
- ![icon]【添加或更新常用类型】：单击该按钮，在弹出的对话框中输入新名称，然后单击【确定】按钮，即可将常用类型添加到文件中。
- ![icon]【删除常用类型】：从【设定当前常用类型】下拉列表框中选择一种样式，单击该按钮，即可将常用类型删除。
- ![icon]【保存常用类型】：在【设定当前常用类型】下拉列表框中显示一种常用类型，单击该按钮，在弹出的【另存为】对话框中，选择保存该文件的文件夹，编辑文件名，最后单击【保存】按钮。
- ![icon]【装入常用类型】：单击该按钮，在弹出的【打开】对话框中选择合适的文件夹，然后选择一个或者多个文件，单击【打开】按钮，装入的常用尺寸出现在【设定当前常用类型】列表中。

2. 【文字格式】选项组

- 文字对齐方式：包括![icon]【左对齐】、![icon]【居中】、![icon]【右对齐】和![icon]【两端对齐】。
- ![icon]【角度】：设置注释文字的旋转角度（正角度值表示逆时针方向旋转）。
- ![icon]【插入超文本链接】：单击该按钮，可以在注释中包含超文本链接。
- ![icon]【链接到属性】：单击该按钮，可以将注释链接到文件属性。

- 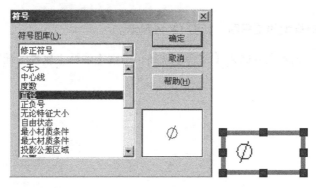【添加符号】：单击【添加符号】按钮，弹出【符号】对话框，选择一种符号，单击【确定】按钮，符号显示在注释中，如图 12-45 所示。

图 12-45　选择符号

- 　【锁定/解除锁定注释】：将注释固定到位。当编辑注释时，可以调整其边界框，但不能移动注释本身（只可用于工程图）。
- 　【插入形位公差】：可以在注释中插入形位公差符号。
- 　【插入表面粗糙度符号】：可以在注释中插入表面粗糙度符号。
- 　【插入基准特征】：可以在注释中插入基准特征符号。
- 【使用文档字体】：勾选该选项，使用文件设置的字体。

3.【引线】选项组

- 单击　【引线】、　【多转折引线】、　【无引线】或者　【自动引线】按钮确定是否选择引线。
- 单击　【引线靠左】、　【引线向右】、　【引线最近】按钮，确定引线的位置。
- 单击　【直引线】、　【折弯引线】、　【下划线引线】按钮，确定引线样式。
- 从【箭头样式】中选择一种箭头样式。
- 【应用到所有】：将更改应用到所选注释的所有箭头。

4.【引线样式】选项组

- 【使用文档显示】：勾选此选项可使用文档注释中所配置的样式和线粗。
- 　【样式】：设定引线的样式。
- 　【线粗】：设定引线的粗细。

5.【参数】选项组

通过输入 X 坐标和 Y 坐标来指定注释的中央位置。

6.【图层】选项组

在工程图中选择一图层。

7.【边界】选项组

- 【样式】：指定边界（包含文字的几何形状）的形状或者无。
- 【大小】：指定文字是否为【紧密配合】或者固定的字符数。

12.4.2 添加注释的操作方法

1）打开一张带有模型的工程图，如图 12-46 所示。

2）单击【注解】工具栏中的 **A**【注释】按钮，出现【注释】属性管理器，保持默认设置，如图 12-47 所示。

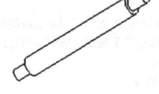

图 12-46 打开工程视图　　　　　　　图 12-47 注释属性设置

3）移动指针，在绘图区单击空白处，出现文字输入框，在其内输入文字，形成注释，如图 12-48 所示。

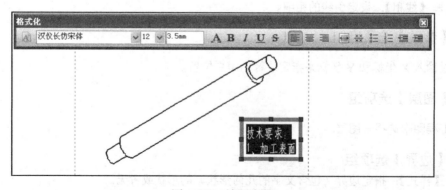

图 12-48 填写注释

12.5　泵体零件图范例

本例将生成一个泵体（如图 12-49 所示）的零件图，如图 12-50 所示。

图 12-49　泵体零件模型

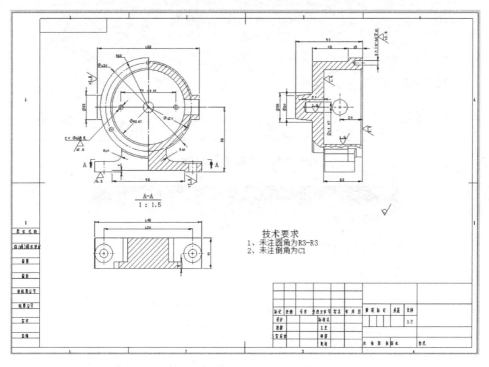

图 12-50　泵体零件图

12.5.1　建立工程图前准备工作

（1）打开零件

启动中文版 SolidWorks 软件，选择【文件】|【打开】命令，在弹出的【打开】对话框中选择配套光盘中【第 12 章/范例文件/12.5/泵体.SLDPRT】。

（2）新建工程图纸

单击【文件】|【新建】菜单命令，弹出【新建 SolidWorks 文件】对话框，如图 12-51 所示，单击【高级】按钮，可选 SolidWorks 自带的图纸模板，如图 12-52 所示，选取国标 A3 图纸格式。

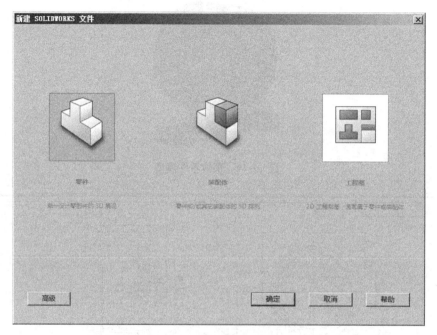

图 12-51　【新建】对话框

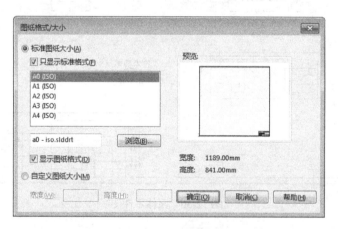

图 12-52　模板选取

（3）设置绘图标准

1）单击【工具】|【选项】按钮，弹出【文档属性】对话框，如图 12-53 所示，单击【文档属性】选项卡。

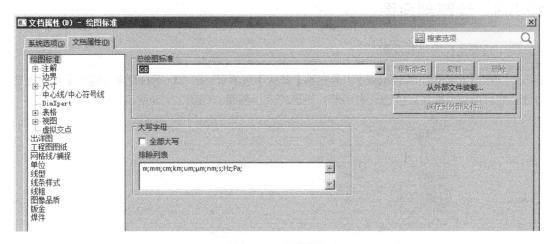

图 12-53　文档属性

2）按照图中所示将【总绘图标准设置】为【GB】（国标），单击【确定】按钮结束。

12.5.2　插入视图

1）单击【插入】|【工程图视图】|【标准三视图】菜单命令，弹出【标准三视图】属性管理器，如图 12-54 所示。

2）在【打开文档】一栏中选择【泵体】，单击 按钮继续。

3）插入标准三视图后，如图 12-55 所示。

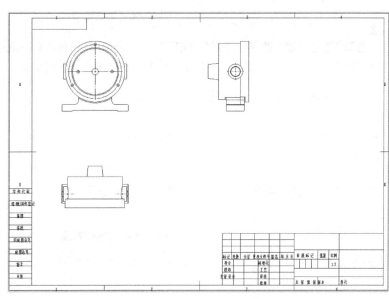

图 12-54　【标准三视图】
　　　　　属性管理器

图 12-55　插入标准三视图

12.5.3 绘制剖面图

（1）绘制主视图半剖视图

1）单击【CommandManager】工具栏的【草图】选项卡，在 □· 下拉菜单中选择【边角矩形】命令，然后用矩形框住主视图的右半部，矩形的大小随意，如图 12-56 所示。

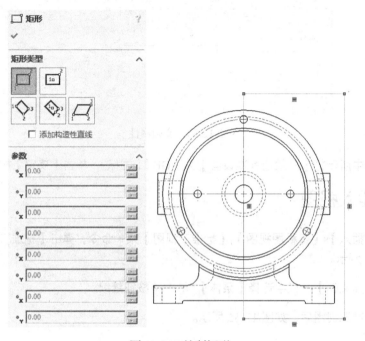

图 12-56　绘制矩形

2）按住 Ctrl 键，选择刚刚绘制的矩形的 4 条边，然后单击【CommandManager】工具栏的【视图布局】选项卡，单击█按钮，弹出【断开的剖视图】属性管理器，如图 12-57 所示。

3）从主视图中选择一条隐藏线，如图 12-58 所示。

图 12-57　【断开的剖视图】
　　　　　属性管理器

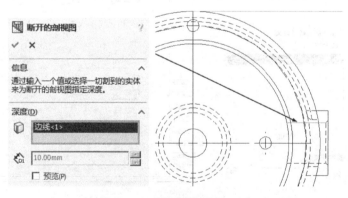

图 12-58　设置剖切深度

4）单击 ✔ 按钮继续，生成的剖切图如图 12-59 所示。

（2）绘制左视图局部剖图

1）与绘制半剖图大同小异，单击【CommandManager】工具栏的【草图】选项卡，在样条曲线工具 ∿ ˙ 的帮助下，将右视图进行局部剖的部分框住，图框大小及形状如图 12-60 所示。

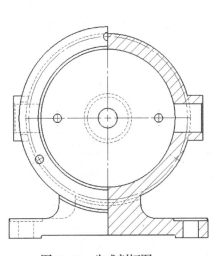

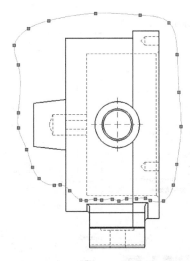

图 12-59　生成剖切图

图 12-60　绘制局部剖切区域

2）按住 Ctrl 键，选择刚刚绘制的曲线，然后单击【CommandManager】工具栏的【视图布局】选项卡，单击 🔣 按钮，弹出【剖面视图】对话框，勾选【自动打剖面线】选项，单击【确定】按钮继续。

3）弹出【断开的剖视图】属性管理器从左视图中选择一条隐藏线，确定剖切深度，如图 12-61 所示。

4）单击 ✔ 按钮继续，生成图 12-62 所示的剖切图。

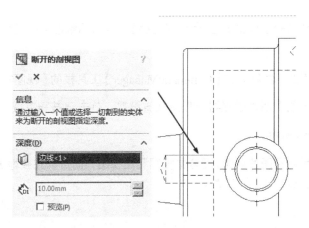

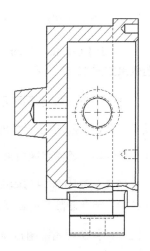

图 12-61　设置剖切深度

图 12-62　生成剖切图

（3）消除隐藏线

1）单击主视图，弹出【工程图视图】属性管理器如图 12-63 所示。

2）在【显示样式】选项组中单击【消除隐藏线】按钮，单击 ✔ 按钮继续。最后的视图如图 12-64 所示。

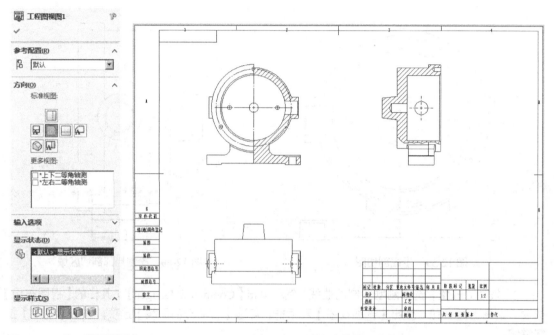

图 12-63　【工程图视图】
　　　属性管理器

图 12-64　消除隐藏线后的视图

12.5.4　绘制剖切视图

（1）绘制主视图的 A-A 剖切面

1）单击【CommandManager】工具栏的【草图】选项卡，在直线工具 ✏ 的帮助下绘制直线。视图效果如图 12-65 所示。

2）按住 Ctrl 键，选择刚刚绘制的直线，然后单击【CommandManager】工具栏的【视图布局】选项卡，单击 剖面视图 按钮，弹出【剖面视图】属性管理器，保持缺省设置，单击 ✔ 按钮完成 A-A 剖切面的绘制，最终视图效果如图 12-66 所示。

由于 A-A 剖切面已经完全可以满足俯视图的要求，配合主视图和左视图一同可以完整地表达零件结构，因此删除原有俯视图，调整 A-A 剖切面位置。

（2）调整工程图视图布局

1）删除俯视图。

2）单击 A-A 剖切面并进行移动，安排在合理的位置，调整后的工程图效果如图 12-67 所示。

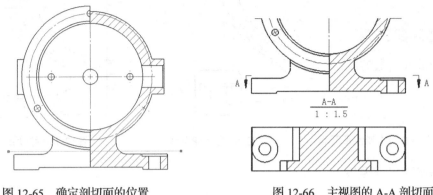

图 12-65 确定剖切面的位置　　　　　　　　图 12-66 主视图的 A-A 剖切面

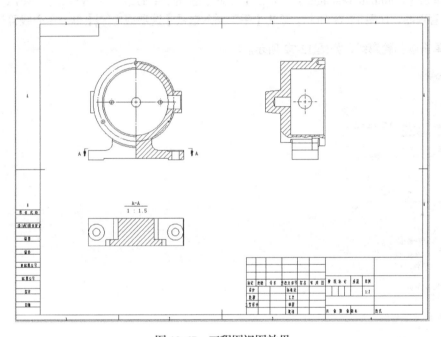

图 12-67 工程图视图效果

12.5.5 标注零件图尺寸

（1）标注中心线

1）单击【CommandManager】工具栏【注解】选项卡中的 中心线 按钮，弹出【中心线】属性管理器，如图 12-68 所示。

2）单击两条竖直的轮廓线，如图 12-69 所示。

3）标注后的中心线如图 12-70 所示。

4）以此类推，将整个工程图的孔/轴类部件全部标上中心线。

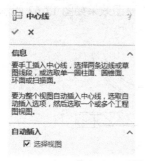

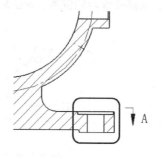

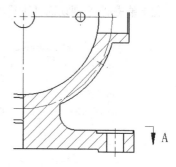

图 12-68　【中心线】属性管理器　　　图 12-69 选择轮廓线　　　　图 12-70 标注后的中心线

（2）标注中心符号线

1）单击【CommandManager】工具栏【注解】选项卡中的 ⊕ 中心符号线 按钮，弹出【中心符号线】属性管理器，如图 12-71 所示，单击【手工插入选项】选项组中 ▦【单一中心线符号】按钮。

2）单击圆的轮廓线，如图 12-72 所示。

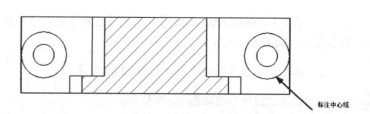

图 12-71　【中心线符号】属性管理器　　　　　图 12-72　选择圆的轮廓线

3）标注完如图 12-73 所示。

（3）手工为零件体标注线段尺寸

1）单击【CommandManager】工具栏的【注解】选项卡，单击 按钮。

2）单击要标注的线段，出现标注的数值，选择合适位置放置，如图 12-74 所示。

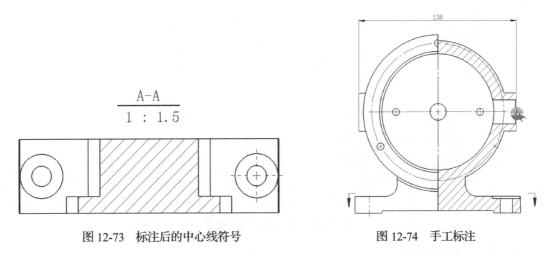

图 12-73　标注后的中心线符号　　　　　图 12-74　手工标注

3）依照此方法，将图中需要标注长度的线段一一进行标注，完成的效果如图 12-75 所示。

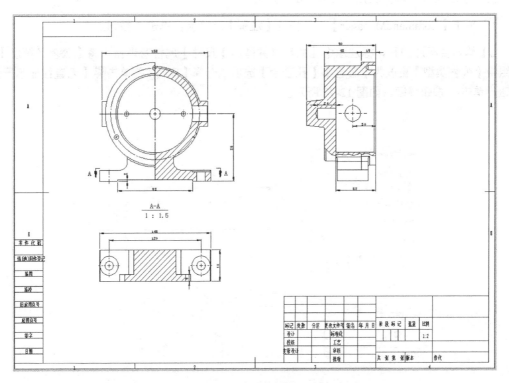

图 12-75　手工标注线段尺寸

（4）手工为零件体标注带公差的线段尺寸

1）标注带公差的外形尺寸，同之前的标注一样，单击【CommandManager】工具栏的【注解】选项卡，单击 🖊 按钮，单击要标注的图线，弹出【尺寸】属性管理器，将【公差/精度】选项组中【公差类型】更改为【对称】,【最大变量】更改为【0.02mm】，如图 12-76 所示。

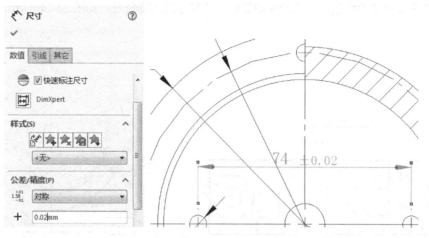

图 12-76　标注带公差的尺寸

2）单击 ✔ 按钮继续。

（5）手工为零件体标注孔、圆弧及定位尺寸

1）单击【CommandManager】工具栏的【注解】选项卡，单击 🖊 按钮。

2）单击要标注的孔，标注图中孔的尺寸并弹出【尺寸】属性管理器，将【公差 / 精度】选项组中【公差类型】更改为【套合】,【孔套合】选项中选择【H7】，并单击 🔲【无直线显示层叠】按钮，单击 ✔ 按钮继续，如图 12-77 所示。

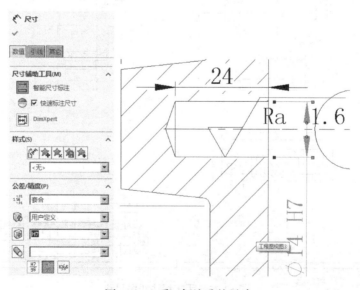

图 12-77　手工标注孔的尺寸

3）依照此方法，将图中需要标注的孔、圆弧及公差——进行标注，完成的效果如图 12-78 所示。

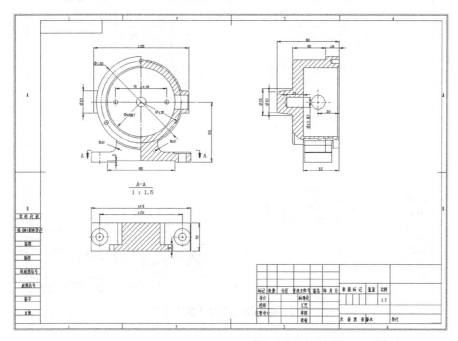

图 12-78 手工完成孔、圆弧及定位尺寸标注

（6）手工为零件体标注需要更改标注文字的尺寸

1）单击【CommandManager】工具栏的【注解】选项卡，单击 按钮。

2）单击要标注的孔，在弹出的【尺寸】属性管理器中，更改【标注尺寸文字】选项中的内容，内容更改为【2×<MOD-DIAM><DIM>通孔】，单击 按钮继续，如图 12-79 所示。

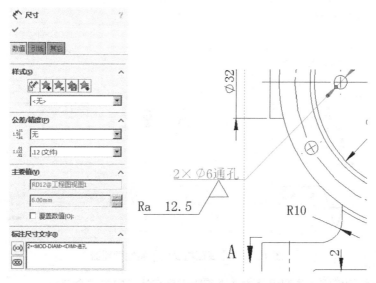

图 12-79 更改标注尺寸文字

3）全部标注完成的尺寸、中心线和中心线符号如图 12-80 所示。

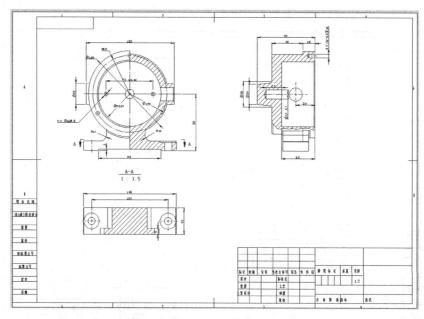

图 12-80 标注完尺寸的工程图

12.5.6 标注零件图的粗糙度

1）单击【CommandManager】工具栏的【注解】选项卡，单击 √ 表面粗糙度符号 按钮。

2）单击要标注的表面，确定粗糙度符号的位置，并设定粗糙度符号的标注参数。在【符号】选项组中选择【要求切削加工】选项，数值输入【6.3】；在【角度】选项组中选择【垂直】选项；在【引线】选项组中选择【无引线】选项，如图 12-81 所示。

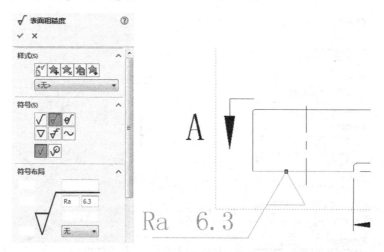

图 12-81 【表面粗糙度】属性管理器

3）单击 √ 按钮继续。依照上述方法进行粗糙度标注，完成其余部分。

12.5.7　加注注释文字

1）单击【CommandManager】工具栏的【注解】选项卡，单击 按钮。

2）选择注释所添加的位置，输入"技术要求 1、未注圆角为 R2-R3；2、未注倒角为 C1"，字体大小为 20。单击 ✔ 按钮完成注释文字标注，如图 12-82 所示。

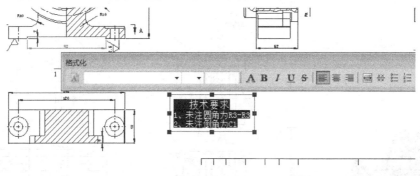

图 12-82　添加注释

至此，工程图已绘制完毕

12.5.8　保存

（1）常规保存

如同编辑其他的文档一样，单击【标准】工具栏中的 即可保存文件。

（2）保存分离的工程图

1）单击【文件】|【另存为】，弹出【另存为】对话框，如图 12-83 所示。

图 12-83　【另存为】对话框

2）在【保存类型】中选择【分离的工程图（*.slddrw）】。

12.6 定滑轮装配图范例

本例生成一个定滑轮模型（如图 12-84 所示）的装配图，如图 12-85 所示。

图 12-84 定滑轮装配体模型

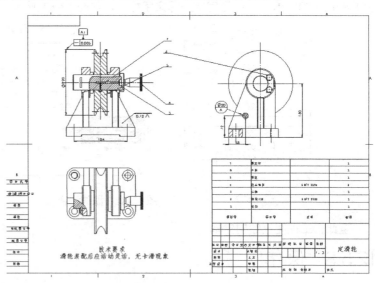

图 12-85 定滑轮装配图

具体步骤如下。

12.6.1 设置图纸格式

1）启动中文版 SolidWorks 软件，单击【文件】|【新建】命令，弹出【新建 SolidWorks 文件】对话框。

2）单击█【工程图】选项，单击 确定 ，出现【图纸格式/大小】对话框，如图 12-86 所示。单击【标准图纸大小】单选按钮，勾选【只显示标准格式】选项，选择【A3(ISO)】选项，新建一个图纸格式为 A3 横向的工程图文件。

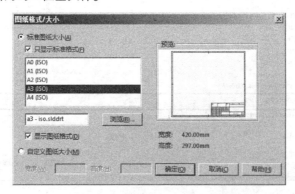

图 12-86 【图纸格式/大小】对话框

3）单击 ▭确定▭ 按钮，出现图纸，如图 12-87 所示。

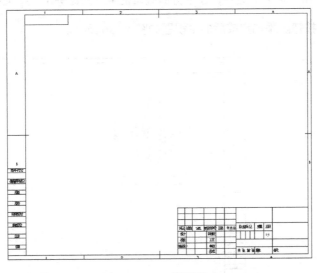

图 12-87　A3 图纸格式

12.6.2　添加主视图

1）在图纸格式设置完成后，屏幕左侧出现【模型视图】属性管理器，单击 ▭浏览(B)...▭ 按钮添加事先画好的装配体，此时选择未添加夹板的装配体，如图 12-88 所示，在配套光盘中选择【第12 章/范例文件/12.6/装配体 2.SLDPRT】。

图 12-88　装配体所在文件夹

2）在【模型视图】属性管理器中的【比例】选项组中，单击【使用自定义比例】单选按钮，在下拉菜单中选择【用户定义】选项，在下方的编辑框中输入比例 1∶3，如图 12-89 所示。

3）单击 ✔ 确认按钮。添加完成后的主视图如图 12-90 所示。

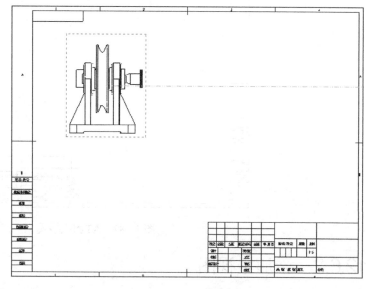

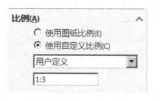

图 12-89　改变比例　　　　　　　　　　　　图 12-90　添加主视图

12.6.3　添加左视图和俯视图

1）由于左视图和俯视图的装配体是添加了夹板的，因此需要添加一个有夹板的装配体（同一目录下的【装配体 1】文件），如图 12-91 所示。

2）按照 12.6.2 步骤添加视图，添加完左视图和俯视图后如图 12-92 所示。

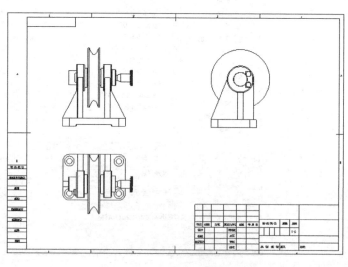

图 12-91　有夹板装配体　　　　　　　　　　　图 12-92　添加左视图和俯视图

12.6.4 添加各视图中心线

1）在【CommandManager】工具栏中选择【草图】选项卡，单击 【中心线】按钮，如图 12-93 所示，开始绘制中心线。

2）在视图所需位置绘制中心线，如图 12-94 所示。

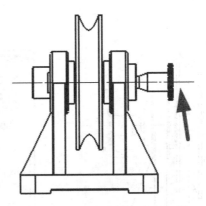

图 12-93 单击【中心线】按钮　　　　图 12-94 绘制第一条中心线

3）以同样的方式绘制其他中心线，绘制完成后如图 12-95 所示。

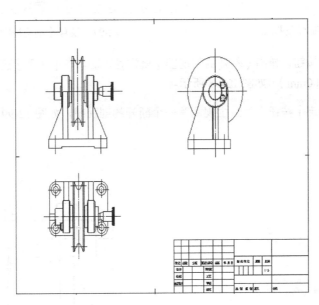

图 12-95 中心线添加完成

12.6.5 添加断开的剖视图

1. 添加主视图第一个断开的剖视图

1）在【CommandManager】工具栏中，单击【视图布局】选项卡中的 【断开的剖视图】

按钮，出现【断开的剖视图】属性管理器。在主视图中绘制一条闭环样条曲线来生成截面，绘制的闭环样条曲线如图 12-96 所示。

2）绘制完闭环样条曲线后，单击样条曲线，出现【剖面视图】对话框，在【剖面视图】对话框中勾选【自动打剖面线】选项，在【不包括零部件/筋特征】中选择心轴和旋盖油杯，如图12-97 所示。

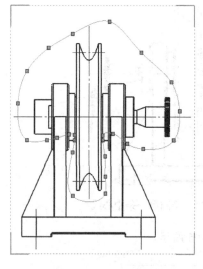

图 12-96　绘制样条曲线

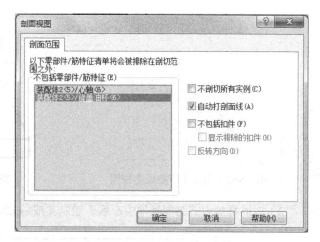

12-97　设置【剖面视图】对话框

3）单击 确定 按钮，弹出【断开的剖视图】属性管理器。在【深度】选项组中的 【深度】文本框中输入【130.00mm】，如图 12-98 所示。

4）单击 【确定】按钮，生成主视图第一个断开的剖视图，如图 12-99 所示。

图 12-98　编辑后的【断开的剖视图】
属性管理器

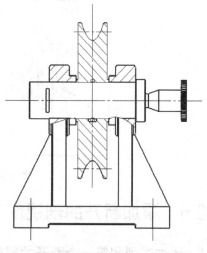

图 12-99　生成主视图第一个断开剖视图

2. 添加主视图第二个断开的剖视图

1）在【CommandManager】工具栏中，单击【视图布局】中的 🔲【断开的剖视图】按钮。在主视图中绘制一条闭环样条曲线，如图 12-100 所示。

2）绘制完闭环样条曲线后，单击样条曲线，出现【剖面视图】对话框。在【剖面视图】对话框中勾选【自动打剖面线】和【不包括扣件】选项，在【不包括零部件/筋特征】中选择旋盖油杯，单击 **确定** 按钮，弹出【断开的剖视图】属性管理器。在【深度】选项组中的 🔲【深度】文本框中输入【130.00mm】，编辑后的【断开的剖视图】属性管理器如图 12-101 所示。

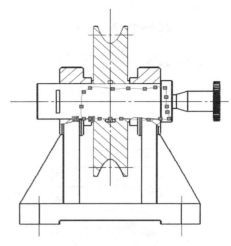

图 12-100　绘制样条曲线

3）单击 ✔【确定】按钮后，生成主视图第二个断开的剖视图，如图 12-102 所示。

图 12-101　编辑后的【断开的剖视图】
属性管理器

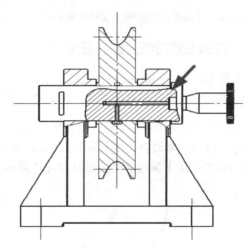

图 12-102　生成主视图第二个断开剖视图

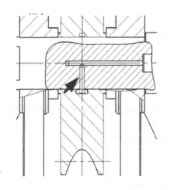

图 12-103　选择固定螺钉剖面线

4）由于固定螺钉也是不需要剖的，但是在进行断开的剖视图过程中，【不包括零部件/筋特征】中无法选择该固定螺钉，因此需要进一步处理。单击固定螺钉中的剖面线，如图 12-103 所示。

5）弹出【断开的剖视图】属性管理器。在【属性】选项组中，取消选择【材质剖面线】选项，此时该选项组中的其他选项激活，选择【无】选项，如图 12-104 所示。

6）单击 ✔【确定】按钮，固定螺钉的剖面线被取消，如图 12-105 所示。

图 12-104 【断开的剖视图】属性管理器

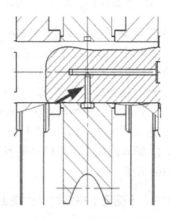

图 12-105 取消剖面线

3. 添加左视图断开的剖视图

1）在【CommandManager】工具栏中，单击【视图布局】中的 【断开的剖视图】按钮。在主视图中绘制一条闭环样条曲线，如图 12-106 所示。

2）绘制完闭环样条曲线后，单击样条曲线，再单击弹出对话框中的 确定 按钮，弹出【断开的剖视图】属性管理器。在【深度】选项组中的 【深度】文本框中输入【25.00mm】，编辑后的【断开的剖视图】属性管理器如图 12-107 所示。

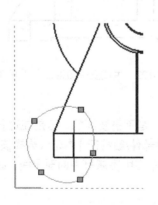

图 12-106 绘制样条曲线

图 12-107 编辑后的【断开的剖视图】属性管理器

3）单击 【确定】按钮，生成左视图断开的剖视图，如图 12-108 所示。

4. 添加俯视图断开的剖视图

1）在【CommandManager】工具栏中，单击【视图布局】中的 【断开的剖视图】按钮。在主视图中绘制一条闭环样条曲线，如图 12-109 所示。

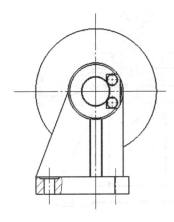

图 12-108　生成左视图断开剖视图

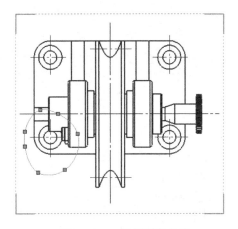

图 12-109　绘制样条曲线

2）绘制完闭环样条曲线后，单击样条曲线，出现【剖面视图】对话框。在【剖面视图】对话框中勾选【自动打剖面线】和【不包括扣件】选项，再单击 确定 按钮，弹出【断开的剖视图】属性管理器。在【深度】选项组中的【深度】文本框中输入【130.00mm】，编辑后的【断开的剖视图】属性管理器如图 12-110 所示。

3）单击 ✔【确定】按钮后，生成俯视图断开的剖视图，如图 12-111 所示。

图 12-110　编辑后的【断开的剖视图】属性管理器

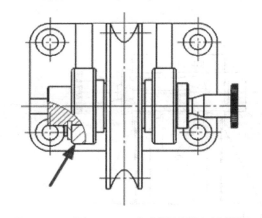

图 12-111　生成俯视图断开剖视图

12.6.6　标注尺寸

1. 标注水平尺寸

1）单击【CommandManager】工具栏【注解】选项卡中【智能尺寸】中的【水平尺寸】命令，如图 12-112 所示。

2）选择要标注的两条线段，如图 12-113 所示。

3）选择两条线段之后会自动出现尺寸，在屏幕左侧弹出【尺寸】属性管理器，单击 ✔【确定】按钮后，水平尺寸标注完成，如图 12-114 所示。

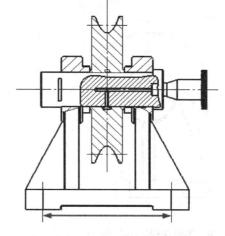

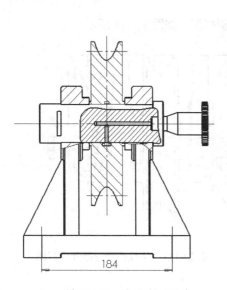

图 12-112　选择【水平尺寸】命令　　　　　图 12-113　选择两条线段

4）其他水平尺寸的标注步骤与上述步骤类似，标注完成后如图 12-115 所示。

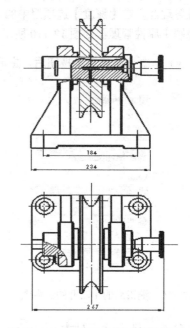

图 12-114　生成水平尺寸　　　　　　图 12-115　所有水平尺寸标注完成

2. 标注竖直尺寸

1）单击【CommandManager】工具栏【注解】选项卡中 ✎【智能尺寸】中的【竖直尺寸】命令，如图 12-116 所示。弹出【尺寸】属性管理器。

2）选择要标注的两条线段，如图 12-117 所示。

3）选择两条线段之后会自动出现尺寸，单击 ✔ 确认后，竖直尺寸标注完成，如图 12-118 所示。

4）其他竖直尺寸的标注步骤与上述步骤类似，以同样的方法标注，标注完成后如图 12-119 所示。

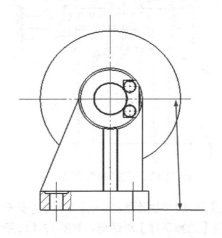

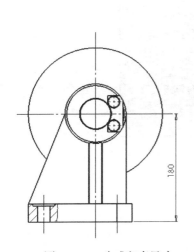

图 12-116　选择【竖直尺寸】命令　　　　　　图 12-117　选择两条线段

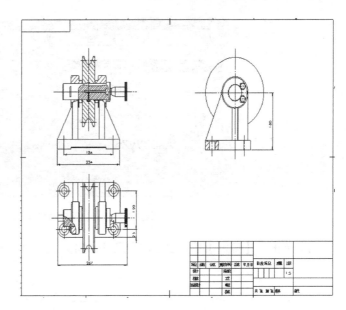

图 12-118　生成竖直尺寸　　　　　　图 12-119　所有竖直尺寸标注完成

3.　标注配合尺寸

1）单击【CommandManager】工具栏【注解】选项卡中的 ✎【智能尺寸】按钮，弹出【尺寸】属性管理器。选择要标注公差的两条边线，如图 12-120 所示。

2）在【尺寸】属性管理器中的【公差/精度】选项组的 ⬚【公差类型】后有一个下拉菜单，选择【套合】，在 ⬚【孔套合】中选择【K8】，在 ⬚【轴套合】中选择【h7】，单击【无直线显示层叠】按钮，如图 12-121 所示。

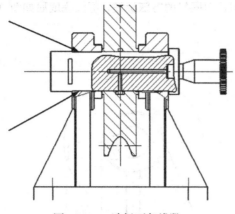

图 12-120　选择两条线段 　　　　　图 12-121　编辑后的【公差/精度】选项组

3）在【尺寸】属性管理器中的【其他】选项卡中，取消选择【使用文档字体】选项，单击 字体(F)... 按钮，出现【选择字体】对话框，如图 12-122 所示，在【字体】选项组中将字体选为【汉仪长仿宋体】，在【高度】选项组中将【单位】改为【3.50mm】，单击 确定 退出对话框。

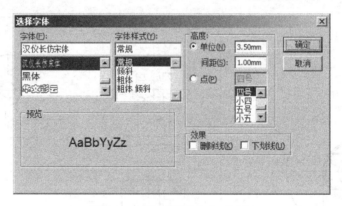

图 12-122　【选择字体】对话框

4）单击 ✓【确定】后，生成配合尺寸，如图 12-123 所示。

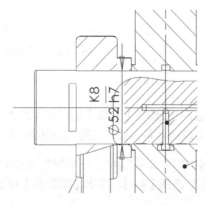

图 12-123　生成配合尺寸

4. 标注锪孔尺寸

1）单击【注释】工具栏中的 ⊔⌀【孔标注】按钮，单击图 12-124 所示的锪孔。

2）单击孔的边线后自动出现图 12-125 所示的尺寸。

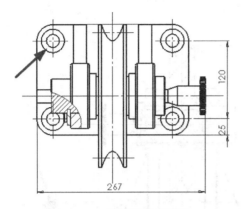

图 12-124 所要标注的锪孔

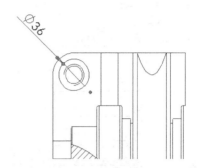

图 12-125 锪孔的自动尺寸

3）在屏幕左端弹出【尺寸】属性管理器，如图 12-126 所示。

4）在【标注尺寸文字】选项组中，将内容改为【4×<MOD-DIAM>20<HOLE-SPOT><MOD-DIAM><DIM>】，单击 ✓ 确认后生成锪孔的尺寸，如图 12-127 所示。

图 12-126 【尺寸】属性管理器

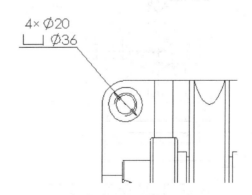

图 12-127 生成锪孔尺寸

12.6.7 添加零件序号

1）单击【注解】工具栏中的 ♪【零件序号】按钮，单击生成的主视图中要标注的零件，弹出【零件序号】属性管理器，如图 12-128 所示。

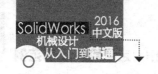
2）出现零件序号，将标号拖放在合适的位置，如图 12-129 所示。

图 12-128　【零件序号】属性管理器

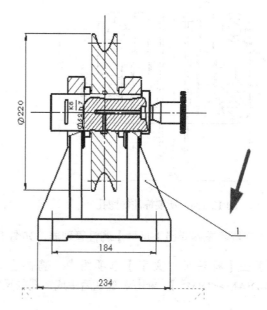

图 12-129　生成第一个零件序号

3）依次生成其余零件序号，如图 12-130 所示。

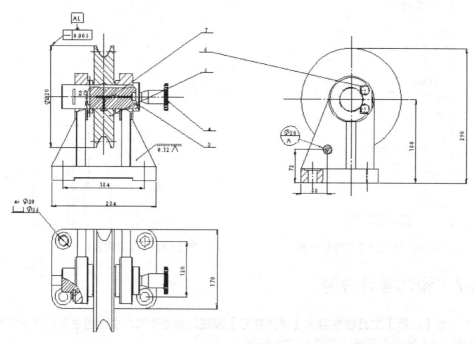

图 12-130　生成零件序号

12.6.8　添加技术要求

1）在【注解】工具栏中单击 **A**【注释】按钮，弹出【注释】属性管理器。在图 12-131 所示的空白位置单击，出现一个文本框。

2）在出现文本框的同时，在屏幕中会弹出【格式化】工具栏，如图 12-132 所示，将文字字体改为【仿宋】，字号大小改为【22】。

3）单击 × 按钮，在编辑框中输入以下文字"技术要求滑轮装配后应活动灵活，无卡滞现象"，如图 12-133 所示。

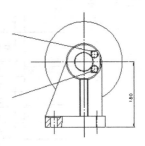

图 12-131　出现文本框

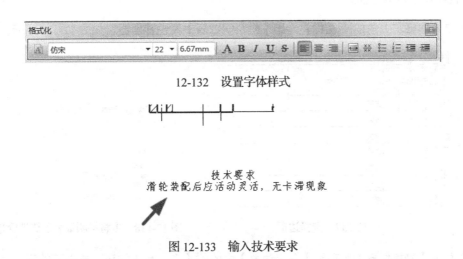

12-132　设置字体样式

图 12-133　输入技术要求

12.6.9　添加材料明细表

1）单击【注解】工具栏中的 按钮，弹出下拉菜单，如图 12-134 所示，选择【材料明细表】命令。

2）弹出【材料明细表】属性管理器，然后单击主视图，如图 12-135 所示。

图 12-134　选择【材料明细表】命令　　　　图 12-135　【材料明细表】属性管理器

3）勾选【附加到定位点】选项，单击 √【确定】按钮继续，生成表如图 12-136 所示。

项目号	零件号	说明	数量
1	支架		1
2	滑轮		1
3	卡板		1
4	螺栓		2
5	固定钉		1
6	心轴		1
7	旋盖油杯		1

图 12-136 材料明细表

4）生成的材料明细表在图纸外，需要稍加移动。将鼠标指针移动到刚生成的表格处，便可出现图 12-137 所示的边框。

5）单击边框左上角的  图标，弹出【材料明细表】属性管理器，如图 12-138 所示。

图 12-137 选择边框   图 12-138 【材料明细表】属性管理器

6）单击【表格位置】选项组【恒定边角】中的 ▦【右下点】按钮，单击 ✔ 按钮，生成的表格即可与图纸外边框对齐，如图 12-139 所示。

项目号	零件号	说明	数量
1	支架		1
2	滑轮		1
3	卡板		1
4	螺栓		2
5	固定钉		1
6	心轴		1
7	旋盖油杯		1

标记	处数	分区	更改文件号	签名	年 月 日	阶段标记	重量	比例	
设计			标准化						
校核			工艺				1:5		
管设计			审核						
			批准			共 张 第 张 版本		替代	

图 12-139 与外边框对齐的材料明细表

7）鼠标右键单击要更改的列，在弹出的快捷菜单中选择【格式化】|【列宽】菜单命令，如图 12-140 所示。在弹出的【列宽】对话框中输入【45mm】，如图 12-141 所示。

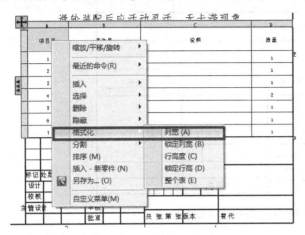

图 12-140　快键菜单　　　　　　　　　　　　图 12-141　输入数值

8）在后面的 3 个列中都执行相同的操作，最后表格如图 12-142 所示。

12-142　对齐的表格

9）将鼠标指针移动到此表格任意位置并单击，弹出【表格工具】工具栏，如图 12-143 所示。

12-143　表格工具

10）单击【表格标题在上】按钮，便可出现符合国标的排序，如图 12-144 所示。

11）在表格的【说明】一栏中填入各个零件的材料，完成后如图 12-145 所示。

12）在图纸空白处右键单击，在弹出的快捷菜单中选择【编辑图纸格式】命令，在标题栏中输入【定滑轮】，单击 ✓【确定】按钮后，生成标题如图 12-146 所示。

7	旋盖油杯		1
6	心轴		1
5	固定钉		1
4	螺栓		2
3	卡板		1
2	滑轮		1
1	支架		1
项目号	零件号	说明	数量

标记	处数	分区	更改文件	签名	年 月 日	阶 段 标 记	重量	比例
设计			标准化					1:5
校核			工艺					
主管设计			审核					
			批准			共 张第 张版本	替代

图 12-144　排序后的表格

7	固定钉		1
6	卡板		1
5	滑轮		1
4	旋盖油杯	GB/T 1154	2
3	心轴		1
2	螺栓M10	GB/T 5782	1
1	支架		1
项目号	零件号	说明	数量

标记	处数	分区	更改文件	签名	年 月 日	阶 段 标 记	重量	比例
设计			标准化					1:5
校核			工艺					
主管设计			审核					
			批准			共 张第 张版本	替代

图 12-145　添加材料

7	固定钉		1
6	卡板		1
5	滑轮		1
4	旋盖油杯	GB/T 1154	2
3	心轴		1
2	螺栓M10	GB/T 5782	1
1	支架		1
项目号	零件号	说明	数量

标记	处数	分区	更改文件	签名	年 月 日	阶 段 标 记	重量	比例	定滑轮
设计			标准化					1:3	
校核			工艺						
主管设计			审核						
			批准			共 张第 张版本	替代	

图 12-146　生成标题

13）至此，装配图已绘制完毕，如图 12-147 所示。

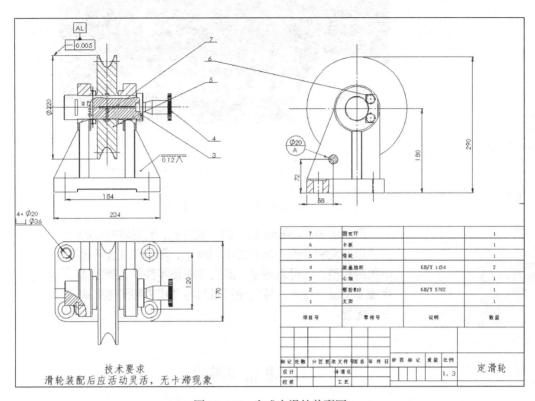

7	固定钉		1
6	卡板		1
5	滑轮		1
4	能盖挡杆	GB/T 1154	2
3	心轴		1
2	螺栓M10	GB/T 5782	1
1	支架		1
项目号	零件号	说明	数量

技术要求
滑轮装配后应活动灵活，无卡滞现象

图 12-147 生成定滑轮装配图

第 13 章
配置与系列零件表

配置是 SolidWorks 软件的一大特色，它提供简便的方法以开发和管理一组有着不同尺寸、零部件或者其他参数的模型，并可以在单一的文件中使零件或者装配体生成多个设计变化。可以使用系列零件或者装配体生成多个配置。

重点与难点

- 配置项目
- 设置配置的方法
- 零件设计表

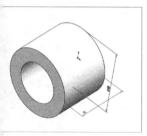

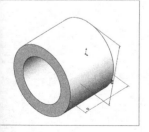

13.1　配置项目

下面介绍零件和装配体的配置项目。

13.1.1　零件的配置项目

零件的配置项目主要包括以下各项。
- 修改特征尺寸和公差。
- 压缩特征、方程式和终止条件。
- 指定质量和引力中心。
- 使用不同的草图基准面、草图几何关系和外部草图几何关系。
- 设置单独的面颜色。
- 控制基体零件的配置。
- 控制分割零件的配置。
- 控制草图尺寸的驱动状态。
- 生成派生配置。
- 定义配置属性。

对于零件，可以在设计表中设置特征的尺寸、压缩状态和主要配置属性，包括材料明细表中的零件编号、派生的配置、方程式、草图几何关系、备注以及自定义属性。

13.1.2　装配体的配置项目

装配体配置的项目主要包括以下各项。
- 改变零部件的压缩状态（如压缩、还原等）。
- 改变零部件的参考配置。
- 更改显示状态。
- 改变距离或者角度配合的尺寸或者压缩不需要的配合。
- 修改属于装配体特征的尺寸、公差或者其他参数，包括属于装配体（而不是属于装配体的一个零部件）的装配特征（如切除和孔等）、零部件阵列、参考几何体和草图等。
- 指定质量和引力中心。
- 压缩属于装配体的特征。
- 定义配置特定的属性（如终止条件和草图几何关系等）。
- 生成派生配置。
- 更改【FeatureManager 设计树】中【模拟】文件夹的压缩状态以及【FeatureManager 设计树】的模拟成分（压缩文件夹也压缩其成分）。

使用设计表可以生成配置，通过在嵌入的 Microsoft Excel 工作表中指定参数，可以使用材料明细表构建多个不同配置的零件或者装配体。设计表保存在模型文件中，并且不会链接到原来的 Excel 文件，在模型中所进行的更改不会影响原来的 Excel 文件。如果需要，也可以将模型文件链接到 Excel 文件。

对于装配体，可以在装配体设计表中控制以下参数。

1）零部件中的压缩状态、参考配置。

2）装配体特征中的尺寸、压缩状态。

3）配合中距离和角度的尺寸、压缩状态。

4）配置属性，如零件编号及其在材料明细表中的显示（作为子装配体使用时）、派生的配置、方程式、草图几何关系、备注、自定义属性以及显示状态。

13.2　设置配置

下面介绍手动生成配置的方法，并对激活和编辑配置进行介绍。

13.2.1　手动生成配置

如果手动生成配置，需要先指定其属性，然后修改模型以在新配置中生成不同的设计变化。

1）在零件或者装配体文件中，单击 ⅛【ConfigurationManager】选项卡，切换到【ConfigurationManager】。

2）在【ConfigurationManager】中，用鼠标右键单击零件或者装配体的图标，在弹出的菜单中选择【添加配置】命令，如图 13-1 所示，弹出【添加配置】属性管理器，如图 13-2 所示，键入配置名称并指定新配置的相关属性，单击 ✅【确定】按钮。

图 13-1　快捷菜单　　　　　　　　图 13-2　【添加配置】属性管理器

按照需要，修改模型以生成设计变体，保存该模型。

13.2.2 激活配置

1）单击 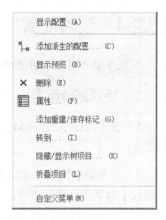 【 ConfigurationManager 】选项卡，切换到【 ConfigurationManager 】。

2）在所要显示的配置图标上单击鼠标右键，在弹出的菜单中选择【显示配置】命令（如图 13-3 所示）或者双击该配置的图标。

此配置成为激活的配置，模型视图立即更新以反映新选择的配置。

图 13-3 快捷菜单

13.2.3 编辑配置

编辑配置主要包括编辑配置本身和编辑配置属性。

1. 编辑配置

激活所需的配置，切换到【 FeatureManager 设计树 】。

1）在零件文件中，根据需要改变特征的压缩状态或者修改尺寸等。

2）在装配体文件中，根据需要改变零部件的压缩状态或者显示状态等。

2. 编辑配置属性

切换到【 ConfigurationManager 】中，用鼠标右键单击配置名称，在弹出的菜单中选择【属性】命令，如图 13-4 所示，弹出【配置属性】属性管理器，如图 13-5 所示。根据需要，设置【配置名称】、【说明】、【备注】等属性，单击【自定义属性】按钮添加或者修改配置的自定义属性，设置完成后，单击 ✔【确定】按钮。

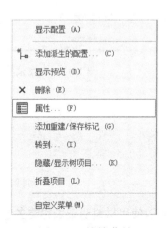

图 13-4 快捷菜单

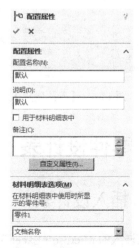

图 13-5 【配置属性】属性管理器

13.2.4　删除配置

可以手动或者在设计表中删除配置。

1. 手动删除配置

1）在【ConfigurationManager】中激活一个想保留的配置（想要删除的配置必须处于非激活状态）。

2）在想要删除的配置图标上单击鼠标右键，在弹出的菜单中选择【删除】命令，弹出【确认删除】对话框，确认删除配置的操作，如图 13-6 所示，单击【是】按钮，所选配置被删除。

2. 在设计表中删除配置

1）在【ConfigurationManager】中激活一个想保留的配置（想要删除的配置必须处于非激活状态）。

2）在【FeatureManager 设计树】中，用鼠标右键单击【系列零件设计表】图标，在弹出的菜单中选择【编辑表格】命令（或者选择【在单独窗口中编辑表格】命令），如图 13-7 所示，工作表会出现在图形区域中（如果选择【在单独窗口中编辑表格】命令，则工作表会出现在单独的 Excel 软件窗口中）。

3）在要删除的配置名称旁的编号单元格上单击（这样可以选择整行），选择【编辑】|【删除】菜单命令，也可以用鼠标右键单击编号单元格，在弹出的菜单中选择【删除】命令。

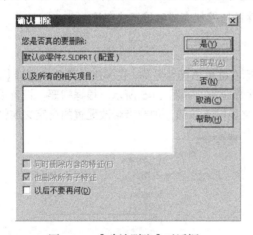

图 13-6　【确认删除】对话框

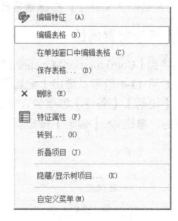

图 13-7　快捷菜单

13.3　零件设计表

13.3.1　插入设计表

通过在嵌入的 Microsoft Excel 工作表中指定参数，可以使用材料明细表构建多个不同配置的零件或者装配体。

其注意事项如下。

1）在 SolidWorks 软件中使用设计表时，将表格妥当格式化很重要。

2）如果需要使用设计表，在计算机中必须安装有 Microsoft Excel 软件。

插入设计表有多种不同的方法。

1. 通过 SolidWorks 软件自动插入设计表

1）在零件或者装配体文件中，单击【工具】工具栏中的 【系列零件设计表】按钮（或者选择【插入】|【表格】|【设计表】菜单命令），弹出【系列零件设计表】属性管理器，如图 13-8 所示。

2）在【源】选项组中，单击【自动生成】单选按钮。根据需要，设置【编辑控制】和【选项】选项组参数，单击 【确定】按钮，一个嵌入的工作表出现在图形区域中，并且 Excel 工具栏会替换 SolidWorks 工具栏，单元格 A1 标识工作表为【系列零件设计表是为：<模型名称>】。

3）在表格以外的任何地方（在图形区域中）单击以关闭设计表。

2. 插入空白设计表

1）在零件或者装配体文件中，单击【工具】工具栏中的 【系列零件设计表】按钮（或者选择【插入】|【设计表】菜单命令），弹出【系列零件设计表】属性管理器。

2）在【源】选项组中，单击【空白】单选按钮。根据需要，设置【编辑控制】和【选项】选项组参数，单击 【确定】按钮。根据所选择的设置，弹出【系列添加行和列】对话框，询问希望添加的配置或者参数，如图 13-9 所示。

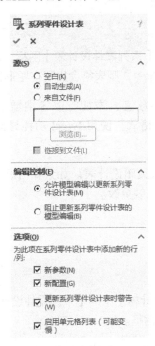

图 13-8　【系列零件设计表】属性管理器

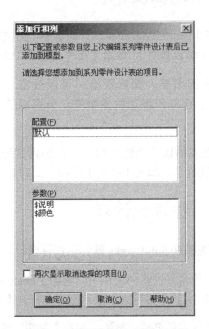

图 13-9　【添加行和列】对话框

3）单击【确定】按钮，一个嵌入的工作表出现在图形区域中。在【FeatureManager 设计树】中显示出 ⬚【系列零件设计表】图标，并且 Excel 工具栏会替换 SolidWorks 工具栏。A1 单元格显示工作表的名称为【系列零件设计表是为：<模型名称>】，A3 单元格显示第一个新配置的默认名称。

4）在行 2 可以键入想控制的参数，保留单元格 A2 为空白。在列 A（如单元格 A3、A4 等）中键入想生成的配置名称，名称可以包含数字，但不能包含正斜线 "/" 或者 "@" 字符。在工作表单元格中键入参数值。

5）完成向工作表中添加信息后，在表格以外的任何地方（在图形区域中）单击以关闭设计表。

13.3.2　插入外部 Microsoft Excel 文件为设计表

1）在零件或者装配体文件中，单击【工具】工具栏中的 ⬚【系列零件设计表】按钮（或者选择【插入】|【设计表】菜单命令），弹出【系列零件设计表】属性管理器。

2）在【源】选项组中，单击【来自文件】单选按钮，再单击【浏览】按钮选择 Excel 文件。如果需要将设计表链接到模型，勾选【链接到文件】选项，链接的设计表可以从外部 Excel 文件中读取其所有信息。

3）根据需要，设置【编辑控制】和【选项】选项组参数，单击 ✔【确定】按钮。一个嵌入的工作表出现在图形区域中，并且 Excel 工具栏会替换 SolidWorks 工具栏。

4）在表格以外的任何地方（在图形区域中）单击以关闭设计表。

13.3.3　编辑设计表

1）在【FeatureManager 设计树】中，用鼠标右键单击【系列零件设计表】图标，在弹出的菜单中选择【编辑表格】（或者【在单独窗口中编辑表格】）命令，则表格会出现在图形区域中。

2）根据需要，编辑表格。可以改变单元格中的参数值、添加行以容纳增加的配置或者添加列以控制所增加的参数等，也可以编辑单元格的格式，使用 Excel 功能修改字体、边框等。

3）在表格以外的任何地方（在图形区域中）单击以关闭设计表。如果弹出设计表生成新配置的确认信息，单击【确定】按钮，此时配置被更新以反映更改。

13.3.4　保存设计表

可以直接在 SolidWorks 软件中保存设计表。

1）在包含设计表的文件中，单击【FeatureManager 设计树】中的【系列零件设计表】图标，再选择【文件】|【另存为】菜单命令，打开【另存为】对话框。

2）键入文件名称，单击【保存】按钮，设计表保存为 Excel 文件（*.XLS）。

13.4　套筒系列零件范例

本范例以套筒为例来说明如何利用系列零件设计表生成配置，采用的方法是插入外部 Excel 文件为系列零件设计表。

13.4.1　创建表格

1）启动中文版 SolidWorks 软件，单击【标准】工具栏中的 【打开】按钮，弹出【打开】对话框，在配套光盘中选择【第 13 章/范例文件/套筒.SLDPRT】，单击【打开】按钮，在图形区域中显示出模型，如图 13-10 所示。

2）运行 Microsoft Excel 软件，新建一个 Microsoft Excel 文件，并命名为"系列零件设计表"。

3）在表格的第一列（单元格 A2、A3 等）中键入想要生成的配置名称，保留单元格 A1 为空白，如图 13-11 所示。注意名称可以包括数字，但不能包含正斜线（/）或@字符。

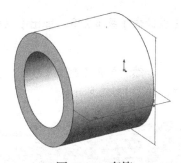

图 13-10　套筒

图 13-11　输入名称

4）在 SolidWorks 中，双击零件模型后便显示模型的具体尺寸，如图 13-12 所示，指针移动到一个尺寸时就会显示该尺寸的参数名称。例如，指针靠近尺寸"8"时，显示它的参数名称为"D1@草图 1"。用同样的方法获取其他两个尺寸的参数名称，故控制该零件模型的尺寸参数为"D1@草图 1""D2@草图 1"和"D1@凸台-拉伸 1"。

5）在第一行（单元格 B1、C1 等）中键入想要控制的参数，即"D1@草图 1""D2@草图 1"和"D1@凸台-拉伸 1"，如图 13-13 所示。

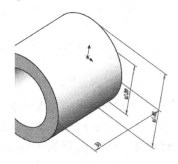

图 13-12　获取参数名称

图 13-13　输入参数名称

6）在 Excel 表格中的 B2、C2、D2 中输入"A20"配置的具体参数值，如图 13-14 所示。

7）采用同样的方法输入配置"A30"和"A40"的具体参数值，如图 13-15 所示。

图 13-14　键入参数值

图 13-15　键入参数值

8）单击【文件】|【保存】菜单命令，将【系列零件设计表】表格保存。

13.4.2　插入设计表

1）在 SolidWorks 软件中，单击【插入】|【表格】|【设计表】菜单命令，弹出【系列零件设计表】属性管理器，如图 13-16 所示。

2）在属性管理器的【源】选项组中，选择【来自文件】，然后单击【浏览】按钮，弹出【打开】对话框，在目录中找到的之前创建的系列零件设计表，如图 13-17 所示。

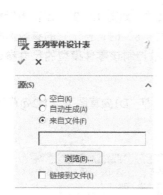

图 13-16　【系列零件设计表】属性管理器

图 13-17　【打开】对话框

3）单击【打开】按钮后，Excel 文件的路径就出现在【浏览】按钮上面的文本框中。勾选【链接到文件】，将表格链接到模型。链接的系列零件设计表可从外部 Excel 文件读取其所有信息。当系列零件设计表被链接时，在 SolidWorks 以外对表格所作的任何更改将反映在 SolidWorks 模型内部的表格中，反之亦然。

4）在【编辑控制】选项组中，选择【允许模型编辑以更新系列零件设计表】，如图 13-18 所示。

5）在【选项】选项组中，勾选【新参数】、【新配置】和【更新系列零件设计表时警告】，如图 13-19 所示。

图 13-18　【编辑控制】选项组　　　　　　　　图 13-19　【选项】选项组

6）单击 ✔ 按钮，工作表出现在绘图区中，而且 Excel 菜单和工具栏会替换 SolidWorks 的菜单和工具栏，如图 13-20 所示。

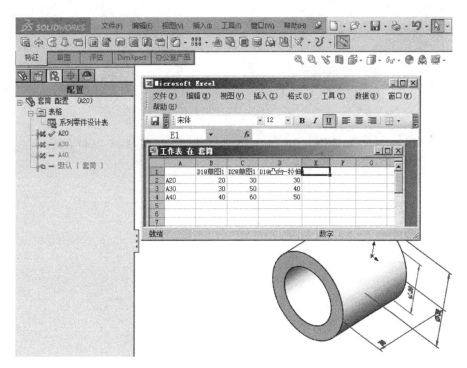

图 13-20　工作表出现在绘图区中

7）单击工作表以外的地方即可关闭该表格。然后，弹出一信息提示框，显示由系列零件设计表所生成的新的配置名称。

8）单击【确定】按钮后，在【ConfigurationManager】中出现了新添加的 3 个配置，如图 13-21 所示。

9）在【ConfigurationManager】中双击任何一个配置，图形区域中的模型会显示相应的配置。例如，双击配置"A20"，绘图区便显示配置"A20"的尺寸值，如图 13-22 所示。

图 13-21　新的配置

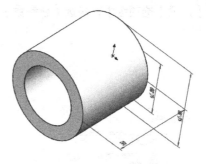

图 13-22　A20 套筒

10）"A 30"和"A40"的配置显示如图 13-23 和如图 13-24 所示。

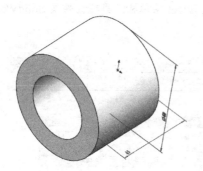

图 13-23　A30 套筒

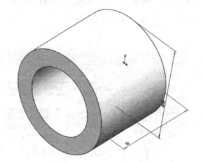

图 13-24　A40 套筒

第 14 章
仿真分析

SolidWorks 为用户提供了多种仿真分析工具，包括 SimulationXpress（有限元分析）、FloXpress（流体分析）、TolAnalyst（公差分析）、DFMXpress（数控加工分析）和 Plastics（注塑模分析），使用户可以在计算机中测试设计的合理性，无需进行昂贵而费时的现场测试，因此有助于减少成本、缩短时间。本章主要介绍公差分析的方法、有限元分析的方法、流体分析的方法和数控加工分析的方法。

重点与难点

- 公差分析
- 有限元分析
- 流体分析
- 数控加工分析
- 注塑模分析

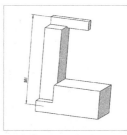

14.1 公差分析（TolAnalyst）

TolAnalyst 是一种公差分析工具，用于研究公差和装配体方法对一个装配体的两个特征间的尺寸所产生的影响。每次研究的结果为一个最小与最大公差、一个最小与最大和方根（RSS）公差以及基值特征和公差的列表。

使用 TolAnalyst 完成分析需要以下 4 个步骤。

1）测量。

2）定义装配体安装顺序。

3）定义装配体约束。

4）分析结果。

14.1.1 测量目标面

测量目标面指测量两个 DimXpert 特征之间的直线距离。【测量】属性管理器如图 14-1 所示。

在【测量】属性管理器中，各选项的含义如下。

1）⚪【从此处测量】：选择特征表面作为测量的基准面。

2）⚪【测量到】：选择特征表面作为测量的目标面。

3）【测量方向】：在将测量应用于两个轴（包括切口轴）之间时，设定尺寸的方向。其中，各项含义如下。

- X、Y 和 Z：这些选项与坐标系相对，适用于每个与特征轴相垂直的轴。
- N：法向，确定垂直于两个轴的最短距离尺寸。
- U：用户定义，确定沿所选直线方向或垂直于所选平面区域的尺寸。

图 14-1　【测量】属性管理器

14.1.2 装配体顺序

定义装配体的安装顺序，其属性管理器如图 14-2 所示。

在【公差装配体】选项组中，各选项含义如下。

- 🌐（基体零件）：定义简化装配体中的第一个零件，基体零件是固定的，需设定要评估的测量的原点。
- 【零部件和顺序】：定义简化装配体中的其余零件，以反映实际或计划的装配流程的顺序选择零件。

图 14-2　【装配体顺序】属性管理器

14.1.3　装配体约束

装配体约束与配合类似。约束依据 DimXpert（标注专家）特征之间的几何关系，而配合则依据几何实体之间的几何关系。此外，约束按顺序应用，应用顺序非常重要，将对结果产生重大影响。【装配体约束】属性管理器如图 14-3 所示。

图 14-3　【装配体约束】属性管理器

1)【约束过滤器】选项组：使用约束过滤器可隐藏或显示约束类型。

● 约束类型：包括重合、同轴心、距离、相切。

● 【显示阵列】：显示阵列约束。

● 【使用智能过滤器】：隐藏不必要的约束。

2)【公差装配体】选项组：列出零件及其约束状态。

14.1.4 分析结果

分析结果的属性管理器如图 14-4 所示。

在【Result】属性管理器中，各选项含义如下。

1）以下分析参数用于设定评估准则和结果的精度。

● 【方位公差】：将几何方位公差以及角度加减位置公差加入最糟情形条件的评估中。

● 【垂直于原点特征】：更新测量向量，这里的测量向量指将垂直于基准面从此处测量特征的轴的向量。

● 【浮动扣件和销钉】：使用孔和扣件之间的间隙来增大最糟情形的最小和最大结果，每个零件可以在等于孔与扣件之间径向距离的范围内移动。

● 【公差精度】：设定分析摘要给出的结果的精度。

2)【重算】：运行分析。

3)【分析摘要】：显示结果，这些结果是可以输出的。

4)【输出结果】：单击将结果保存为 Excel、XML 或 HTML 文件。

5)【分析数据和显示】：列出促进值并管理图形区域的显示，可以设定最小和最大情形条件的数据和显示。

图 14-4 【Result】属性管理器

14.1.5 公差分析范例

1. 准备模型

1）启动中文版 SolidWorks 软件，单击【标准】工具栏中的【打开】按钮，弹出【打开】对话框，在配套光盘中选择【第 14 章/范例文件/14.1/tol.SLDASM】，单击【打开】按钮，在图形区域中显示出模型，如图 14-5 所示。

2）选择【工具】|【插件】菜单命令，弹出【插件】对话框，勾选【TolAnalyst】选项，如图 14-6 所示。

3）单击【DimXpertManager】标签，属性管理器将切换到公差分析模块中，如图 14-7 所示。

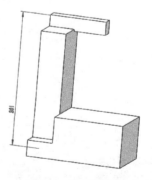

图 14-5 打开模型

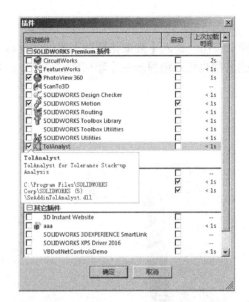

图 14-6 启动 SolidWorks TolAnalyst 插件

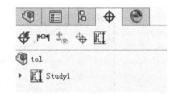

图 14-7 选择【DimXpertManager】标签

2. 测量

单击 ⊕【DimXpertManager】标签栏中的 🔣（TolAnalyst）按钮，弹出【测量】属性管理器，在【从此处测量】选项组中选择绘图区中模型的底面，在【测量到】选项组中选择模型的顶面，按住鼠标左键将指针拖动到合适地点，释放左键，屏幕上将出现相应的测量数值，同时【信息】栏中将显示"测量已定义。从可用选项中作选择或单击下一步"文字提示，代表已经获得测量的数值，如图 14-8 所示。

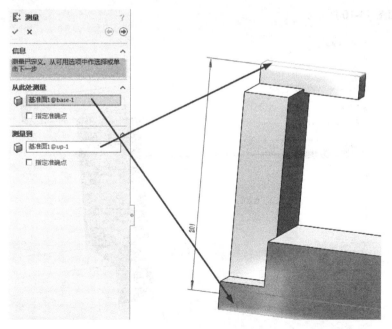

图 14-8 测量两个表面

3. 装配体顺序

1）单击【测量】属性管理器中的 ⊕（下一步）按钮，进入【装配体顺序】属性管理器。在绘图区中单击 base-1，代表首先装配底座，底座的名称也相应地显示在【零部件和顺序】选择框中，如图 14-9 所示。

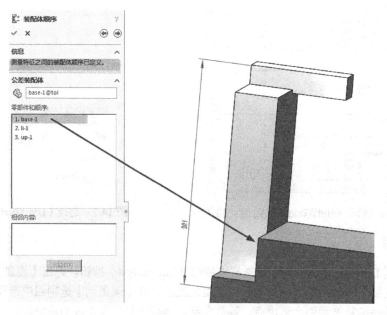

图 14-9　装配底座

2）在绘图区中单击 li-1，表示第二步装配立柱，立柱的名称也相应地显示在【零部件和顺序】选择框中，如图 14-10 所示。

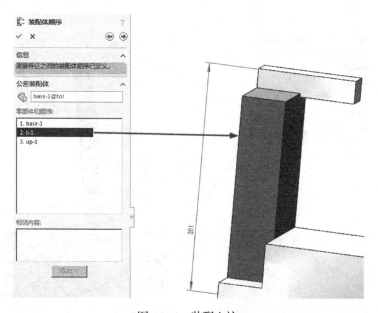

图 14-10　装配立柱

3）在绘图区中单击 up-1，表示第三步装配顶板，顶板的名称也相应地显示在【零部件和顺序】选择框中，如图 14-11 所示。

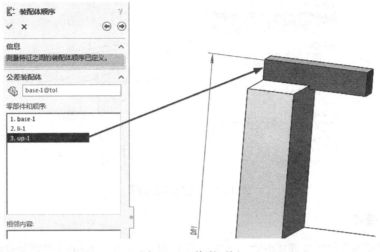

图 14-11　装配顶板

4. 装配体约束

1）单击【测量】属性管理器中的 ⊙（下一步）按钮，进入【装配体约束】属性管理器。在绘图区中单击选择立柱的重合配合为 ①，表示立柱的重合配合为第一约束，如图 14-12 所示。

2）在绘图区中单击选择顶板的重合配合为 ①，表示顶板的重合配合为第一约束，如图 14-13 所示。

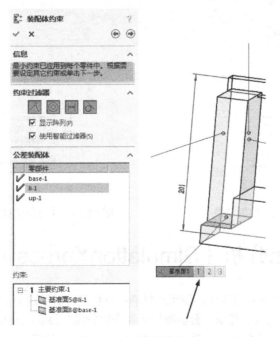

图 14-12　选定重合约束

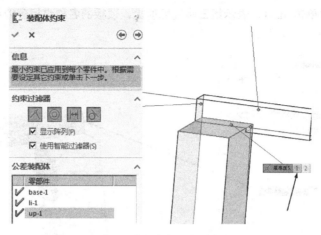

图 14-13　选定重合约束

5. 分析结果

1）单击【测量】属性管理器中的 ⊕（下一步）按钮，进入【Result】属性管理器。从【分析摘要】选项框中可见名义误差为 201，最大误差能达到 202.5，最小误差为 199.5，如图 14-14 所示。

2）在【分析数据和显示】选项组中将显示出误差的主要来源，如图 14-15 所示。

图 14-14　分析结果　　　　　图 14-15　【分析数据和显示】选项组

14.2　有限元分析（SimulationXpress）

SimulationXpress 根据有限元法，使用线性静态分析从而计算应力。SimulationXpress 属性管理器向导将定义材质、约束、载荷、分析模型以及查看结果。每完成一个步骤，SimulationXpress 会立即将其保存。如果关闭并重新启动 SimulationXpress，但不关闭该模型文件，则可以获取该信息，必须保存模型文件才能保存分析数据。

选择【工具】|【SimulationXpress】菜单命令，弹出【SolidWorksSimulationXpress】任务窗格，如图 14-16 所示。

1）【夹具】选项卡：应用约束到模型的面。

2）【载荷】选项卡：应用力和压力到模型的面。

3）【材料】选项卡：指定材质到模型。

4）【运行】选项卡：可以选择使用默认设置进行分析或者更改设置。

5）【结果】选项卡：查看分析结果。

6）【优化】选项卡：根据特定准则优化模型尺寸。

使用 SimulationXpress 完成静力学分析需要以下 5 个步骤。

1）应用约束。

2）应用载荷。

3）定义材质。

4）分析模型。

5）查看结果。

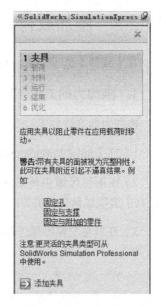

图 14-16
【SolidWorksSimulationXpress】
任务窗格

14.2.1　添加夹具

在【夹具】选项卡中定义约束。每个约束可以包含多个面，受约束的面在所有方向上都受到约束，必须至少约束模型的一个面，以防止由于刚性实体运动而导致分析失败。在【SolidWorksSimulationXpress】任务窗格中，单击【添加夹具】按钮。在图形区域中单击希望约束的面（如图 14-17 所示），在屏幕左侧出现夹具的列表，如图 14-18 所示，即可完成约束的定义。

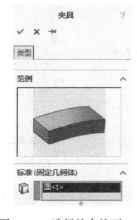

图 14-17　选择约束的面

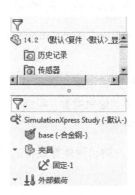

图 14-18　出现约束组的列表

14.2.2　施加载荷

在【载荷】选项卡中，可以应用力和压力载荷到模型的面。

1. 施加力的方法

施加力的方法如下。

1）在【SolidWorksSimulationXpress】任务窗格中，单击【添加力】按钮。

2）在图形区域中单击需要应用载荷的面，选择力的单位，输入力的数值，如果需要，勾选【反向】选项以反转力的方向，如图 14-19 所示。

3）在屏幕左侧出现外部载荷的列表，如图 14-20 所示。

图 14-19　【力】属性管理器

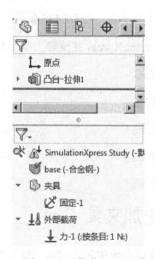

图 14-20　载荷组的列表

2. 施加压力的方法

可以应用多个压力到单个或者多个面。SimulationXpress 垂直于每个面应用压力载荷。具体操作方法如下。

1）在【SolidWorksSimulationXpress】任务窗格中，单击【添加压力】按钮。

2）在图形区域中单击需要应用载荷的面，选择力的单位，输入压力的数值，如果需要，勾选【反向】选项以反转力的方向，如图 14-21 所示。

3）在屏幕左侧出现外部载荷的列表，如图 14-22 所示。

图 14-21　【压力】属性管理器

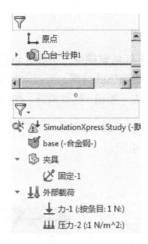

图 14-22 载荷组的列表

14.2.3 定义材质

SimulationXpress 通过材质库给模型指定材质。如果指定给模型的材质不在材质库中，退出 SimulationXpress，将所需材质添加到库，然后重新打开 SimulationXpress。

材质可以是各向同性、正交各向异性或者各向异性，SimulationXpress 只支持各向同性材质，设定材质的对话框如图 14-23 所示。

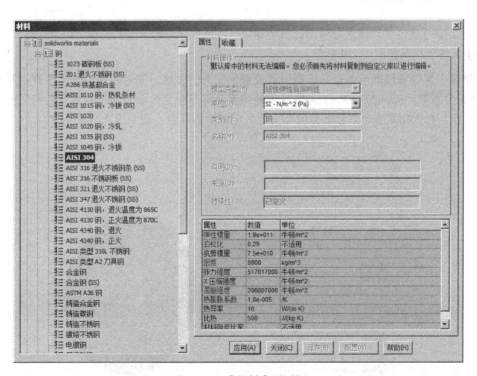

图 14-23 【材料】对话框

14.2.4　运行分析

图 14-24　更改网格密度

在【SolidWorksSimulationXpress】任务窗格中，选择【运行】选项卡，可以选择【更改设定】。如果希望获取更精确的结果，可以向右（良好）拖动滑杆；如果希望进行快速估测，可以向左（粗糙）拖动滑杆，如图 14-24 所示。

单击【运行模拟】按钮，进行分析运算，如图 14-25 所示。分析进行时，将动态显示分析进度，如图 14-26 所示。

图 14-25　单击【运行模拟】按钮

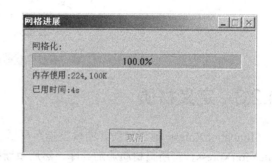

图 14-26　显示分析进度

14.2.5　查看结果

在【结果】属性管理器上显示出计算的结果，并且可以查看当前的材质、约束和载荷等内容，【结果】属性管理器如图 14-27 所示。

【结果】属性管理器可以显示模型所有位置的应力、位移、变形和最小安全系数。对于给定的最小安全系数，SimulationXpress 会将可能的安全与非安全区域分别绘制为蓝色和红色，如图 14-28 所示，根据指定安全系数划分的非安全区域显示为红色（图中浅色区域）。

图 14-27　【结果】属性管理器

图 14-28　按安全区域绘图

14.2.6 有限元分析范例

1. 设置单位

1）启动中文版 SolidWorks 软件，单击【标准】工具栏中的 【打开】按钮，弹出【打开】对话框，在配套光盘中选择【第 14 章/范例文件/14.2/14.2.SLDPRT】，单击【打开】按钮，在图形区域中显示出模型，如图 14-29 所示。

2）选择【工具】|【SimulationXpress】菜单命令，弹出【SolidWorksSimulationXpress】任务窗格，如图 14-30 所示。

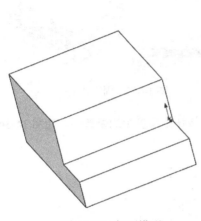

图 14-29 打开模型　　　　　　　　图 14-30 【SimulationXpress】任务窗格

3）在欢迎界面中，单击【选项】按钮，弹出【SimulationXpress 选项】对话框，设置【单位系统】为【公制】，并指定文件保存的【结果位置】，如图 14-31 所示，最后单击【确定】按钮。

图 14-31 【SimulationXpress 选项】对话框

2. 应用约束

1）选择【夹具】选项卡，出现应用约束界面，如图 14-32 所示。

2）单击【添加夹具】按钮，出现定义约束组的界面，在图形区域中单击模型的一个侧面，则约束固定符号显示在该面上，如图 14-33 所示。

图 14-32　选择【夹具】选项卡

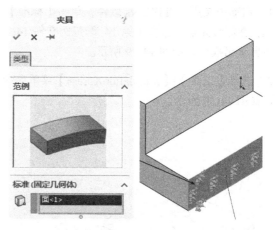

图 14-33　固定约束

3）单击 ✅【确定】按钮。可以通过【添加夹具】按钮定义多个约束条件，如图 14-34 所示。单击【下一步】按钮，进入下一步骤。

图 14-34　定义约束组

3. 应用载荷

1）选择【载荷】选项卡，出现应用载荷界面，如图 14-35 所示。

2）单击【添加压力】按钮，弹出【压力】属性设置框。

3）在图形区域中单击模型的圆柱面，如图 14-36 所示，单击【选定的方向】文本框，并选择模型的上表面，输入压力数值【32000000】，单击 ✅（确定）按钮，完成载荷的设置，最后单击【下一步】按钮。

图 14-35　选择【载荷】选项卡

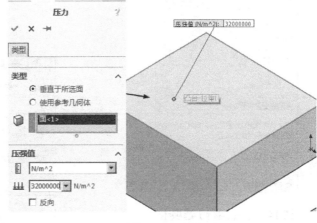

图 14-36　压力面

4. 定义材质

在【材料】对话框，可以选择 SolidWorks 预置的材质。这里选择【合金钢】选项，单击【应用】按钮，合金钢材质被应用到模型上，如图 14-37 所示，单击【关闭】按钮，完成材质的设定，如图 14-38 所示，最后单击【下一步】按钮。

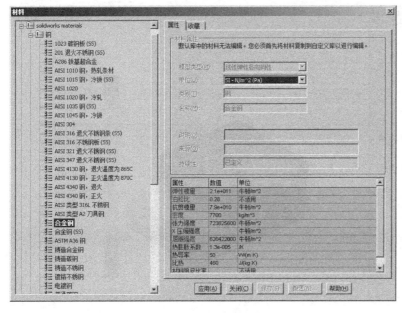

图 14-37　定义材质

图 14-38　定义材质完成

5. 运行分析

选择【运行】选项卡，再单击【运行模拟】按钮，如图 14-39 所示，屏幕上显示出运行状态以及分析信息，如图 14-40 所示。

图 14-39 【运行】选项卡

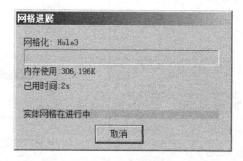

图 14-40 运行状态

6. 观察结果

1）运行分析完成，变形的动画将自动显示出来，如图 14-41 所示，单击【停止动画】按钮。

2）在【结果】选项卡中，单击【是，继续】按钮，进入下一个页面，单击【显示 von Mises 应力】按钮，绘图区中将显示模型的应力结果，如图 14-42 所示。

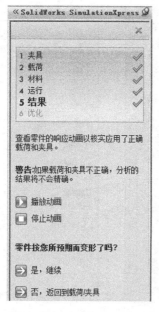

图 14-41 【结果】选项卡

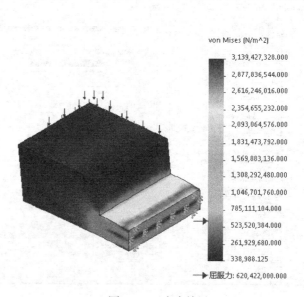

图 14-42 应力结果

3）单击【显示位移】按钮，绘图区中将显示模型的位移结果，如图 14-43 所示。

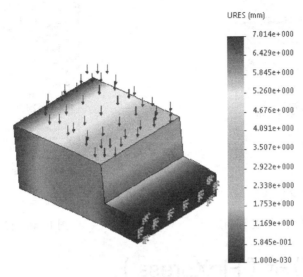

图 14-43　位移结果

4）单击【在以下显示安全系数（FOS）的位置：】按钮，并在文本框中输入【2】，绘图区中将显示模型在安全系数是 2 时的危险区域，如图 14-44 所示。

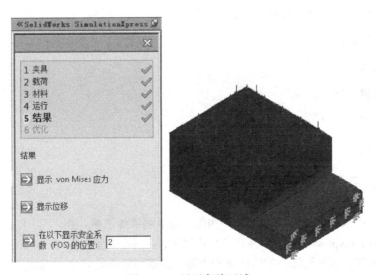

图 14-44　显示危险区域

5）在【结果】选项卡中，单击【生成报表】按钮，分析报告将自动生成，如图 14-45 所示。

6）关闭报表文件，进入下一个页面，在【您想优化您的模型吗？】提问下，选择【否】，如图 14-46 所示。

7）完成应力分析。

图 14-45　单击【生成报表】按钮

图 14-46　优化询问界面

14.3　流体分析（FloXpress）

SolidWorks FloXpress 是一个流体力学应用程序，可计算流体是如何穿过零件或装配体模型的。根据算出的速度场，可以找到设计中有问题的区域，以及在制造任何零件之前对零件进行改进。

使用 FloXpress 完成分析需要以下 5 个步骤。

1）检查几何体。

2）选择流体。

3）设定边界条件。

4）求解模型。

5）查看结果。

14.3.1　检查几何体

SolidWorks FloXpress 可计算模型单一内部型腔中的流体流量。要进行 SolidWorks FloXpress 分析，软件会检查几何体，必须在模型内有完全封闭的单型腔。如果型腔内的流体体积为零，则该型腔不是完全封闭的，并且会出现一则警告，其注意事项如下。

- 必须使用盖子闭合所有型腔开口。
- 要在装配体中生成盖子，需要生成新零件以完全盖住入口和出口。
- 要在零件中生成盖子，需要生成实体特征以完全盖住开口。
- 盖子必须由实体特征（如拉伸）组成，曲面对于作为盖子而言无效。

【检查几何体】属性管理器如图 14-47 所示。

图 14-47　【检查几何体】
属性管理器

其中，【流体体积】选项组中的参数介绍如下。

图 14-48　选择流体

- <img/>（查看流体体积）：将模型转为线架图视图，然后放大以显示流体体积。
- <img/>（最小的流道）：定义用于最小的流道的几何体。

14.3.2　选择流体

可以选择水或空气作为计算的流体，但不可以同时使用不同的流体。选择流体的属性管理器如图 14-48 所示。

14.3.3　设定边界条件

设定边界条件包括设定入口条件和设定出口条件。

1. 设定入口条件

必须指定应用入口边界条件和参数的面。设定入口条件的属性设置框如图 14-49 所示。

在【入口】选项组中，各选项的含义如下。

- <img/>（压力）：使用压力作为流量公制单位。SolidWorks FloXpress 将此值假设为入口流量的总压力和出口流量的静态压力。
- <img/>（容积流量比）：将流量容积作为流量公制单位。
- <img/>（质量流量比）：将流量质量作为流量公制单位。
- <img/>（要应用入口边界条件的面）：设定用于入口边界的面。
- <img/>（温度）：设定流进流体的温度。

2. 设定出口条件

必须选择应用出口边界条件和参数的面。设定出口条件的属性管理器如图 14-50 所示。

【出口】选项组中的属性与【入口】选项组的设置属性基本相同，在此不再赘述。

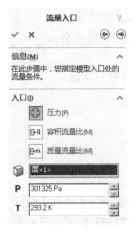

图 14-49　流量入口

图 14-50　流量出口

14.3.4 求解模型

运行分析以计算流体参数，其属性管理器如图 14-51 所示。

图 14-51　【解出】属性管理器

14.3.5 查看结果

SolidWorks FloXpress 完成分析后，可以检查分析结果，其结果属性
管理器如图 14-52 所示。

（1）【速度图表】选项组

（轨迹）：显示轨迹的动态速度图解。

（2）【图解设定】选项组

- 【入口】和【出口】：以入口或出口透视图视角展示流体在零件
  内的移动情况。
- （轨迹数）：轨迹的个数。
- （管道）：以管道代表轨迹。
- （滚珠）：以滚珠代表轨迹。

（3）【报表】选项组

- （捕捉图像）：将流动轨迹快照保存为 JPEG 图像，图像会自
  动保存在名为"fxp1"的文件夹中，该文件夹与模型位于同一文
  件夹内。
- 生成报表：生成 Microsoft Word 报告，其中包含所有项目信息、
  最高流速和任何快照图像。

图 14-52　【观阅结果】
属性管理器

14.3.6 流体分析范例

1. 检查几何体

1）启动中文版 SolidWorks 软件，单击【标准】工具栏中的 【打开】按钮，弹出【打开】
对话框，在配套光盘中选择【第 14 章/范例文件/14.3/14.3.SLDPRT】，单击【打开】按钮，在图形
区域中显示出模型，如图 14-53 所示。

2）选择【工具】|【FloXpress】菜单命令，弹出【检查几何体】属性管理器，如图 14-54 所示。

3）在【流体体积】选项组中，单击【查看流体体积】按钮，绘图区将高亮度显示出流体的分布，并显示出最小的流道的尺寸，如图 14-55 所示。

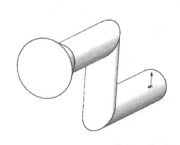

图 14-53　打开模型

图 14-54　【检查几何体】属性管理器

2. 选择流体

单击 ⊕（下一步）按钮，如图 14-56 所示，提示用户选择具体的流体，在本例中选择【水】。

图 14-55　显示流体体积

图 14-56　选择流体类型

3. 设定流量入口条件

1）单击 ⊕（下一步）按钮，弹出【流量入口】属性管理器。

2）在【入口】选项组中，选择【压力】按钮，在 🔲（要应用入口边界条件的面）选择框中选择绘图区中和流体相接触的端盖的内侧面，**P**（环境压力）设置为【301325Pa】，如图 14-57 所示。

4. 设定流量出口条件

1）单击 ⊕（下一步）按钮，弹出【流量出口】属性管理器。

2）在【出口】选项组中，选择【压力】按钮，在 🔲（要应用出口边界条件的面）中选择绘图区中和流体相接触的端盖的内侧面，在 **P**（环境压力）中保持默认的设置，如图 14-58 所示。

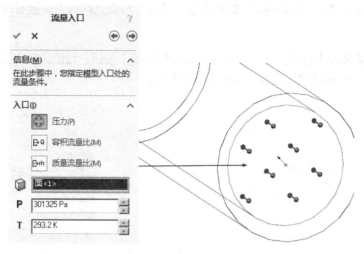

图 14-57　设置流量入口条件

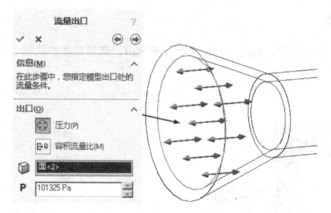

图 14-58　设置流量出口条件

5. 求解模型

1）单击 ⊕（下一步）按钮，如图 14-59 所示，弹出【解出】属性管理器。

2）在【解出】属性管理器中，单击 ▷ 按钮，开始流体分析，屏幕上显示出运行状态及分析信息，如图 14-60 所示。

6. 查看结果

1）运行分析完成，显示【观阅结果】属性管理器，如图 14-61 所示。

2）绘图区中将显示出流体的速度分布，为了显示清晰，可以将管路零件隐藏，如图 14-62 所示。

3）在【图解设定】选项组中，单击【滚珠】按钮，绘图区中的流体将以滚珠形式显示出来，如图 14-63 所示。

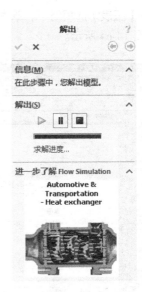

图 14-60　求解进度

图 14-59　【解出】属性管理器

图 14-61　【观阅结果】属性管理器

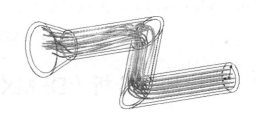

图 14-62　显示轨迹图

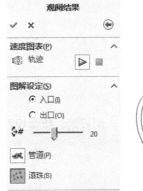

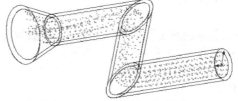

图 14-63　以滚珠形式显示轨迹图

4）在【报表】选项组中，单击【生成报表】按钮，有关流体分析的结果将以 Word 形式显示出来，如图 14-64 所示。

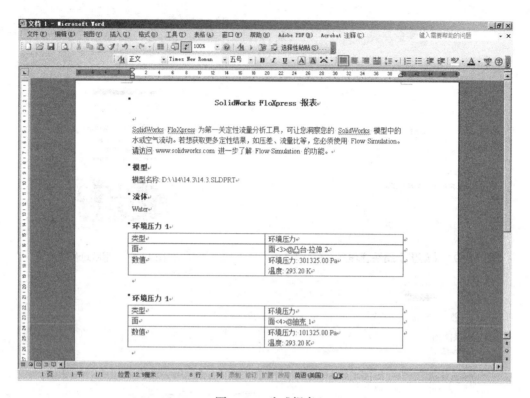

图 14-64　生成报表

14.4　数控加工分析（DFMXpress）

DFMXpress 是一种用于核准 SolidWorks 零件可制造性的分析工具。使用 DFMXpress 识别可能导致加工问题或增加生产成本的设计区域，其主要内容如下。

- 规则说明。
- 配置规则。
- 核准零件。

14.4.1　规则说明

数控加工模块包括的加工规则有钻孔规则、碾磨规则、车削规则、钣金规则和标准孔大小，分别介绍如下。

1. 钻孔规则

- 孔直径：具有较小直径（小于 3.0 mm）或深度-直径比率较高（大于 2.75）的孔较难加工，不推荐进行常规批量生产。

- 平底孔：盲孔应为锥底形状而非平底形状。
- 孔入口和出口曲面：钻孔的入口和出口曲面应与孔轴垂直。
- 孔与型腔相交：钻孔不应与型腔相交。
- 部分孔：当孔与特征边线相交时，至少 75% 的孔面积应位于材料之内。
- 线性和角度公差：公差不应过紧。

2. 碾磨规则

- 深容套和槽缝：既深又狭窄的槽缝很难加工。
- 尖内角：尖内角无法通过传统碾磨工艺加工，需要采用如电火花加工（EDM）之类的非传统加工工艺。
- 外边线上的圆角：对于外部边角，倒角优先于圆角。

3. 车削规则

- 最小边角半径（针对车削零件）：避免尖内角。
- 镗孔空隙（针对车削零件）：为盲镗孔的底部提供刀具空隙。

4. 钣金规则

- 孔直径：避免设计孔很小的零件，小钻头容易断裂。
- 孔到边线距离：如果孔离零件边线或折弯太近，边线可能会扭曲。
- 孔间距：如果孔彼此太近，材料可能会扭曲。
- 弯曲半径：如果弯曲太严重，材料可能会断裂。

5. 标准孔大小

- 为孔使用标准钻头和冲孔大小，不常见的孔直径会增加制造成本。
- DFMXpress 从 SolidWorks Toolbox 创建一标准孔大小列表，可以配置 DFMXpress 所识别的标准孔大小。

14.4.2 配置规则

配置规则的属性设置界面如图 14-65 所示。

其中各选项含义如下。

1）【制造过程】选项组：指定为之设定规则参数的制造过程，选取如下一项。

- 【仅限碾磨/钻孔】：铣削和钻孔的规则。
- 【以碾磨钻孔进行车削】：铣削和钻孔规则以及车削零件的其他规则。
- 【钣金】：钣金零件的规则。
- 【注射成型】：注射成型模具的规则。

2）【规则参数】选项组：列举制造过程中选择项的具体参数。

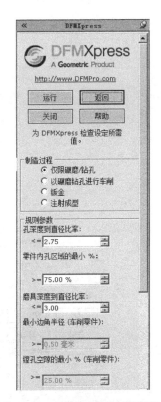

图 14-65 配置规则属性设置界面

14.4.3 数控加工分析范例

1）启动中文版 SolidWorks 软件，单击【标准】工具栏中的 ❏【打开】按钮，弹出【打开】对话框，在配套光盘中选择【第 14 章/范例文件/14.4/14.4.SLDPRT】，单击【打开】按钮，在图形区域中显示出模型，如图 14-66 所示。

2）启动 DFMXpress，单击【工具】|【DFMXpress】菜单命令，如图 14-67 所示。

3）弹出【DFMXpress】任务窗格，如图 14-68 所示。

4）根据零件的形状，设定检查规则，单击【设定…】按钮，弹出设定属性界面，设置相应的数据如图 14-69 所示。

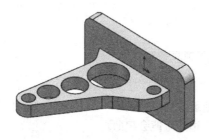

图 14-66　打开模型

图 14-67　启动菜单

图 14-68　启动界面

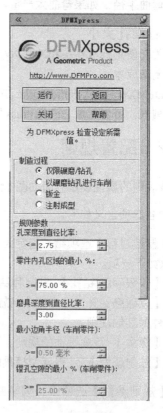

图 14-69　设定界面

5）单击【返回】按钮，完成属性设置。单击【运行】按钮，进行可制造性分析，结果将自动显示出来，如图 14-70 所示，其中【失败的规则】中的将显示成红色，【通过的规则】中的将显示成绿色。

6）单击失败规则下的【实例[3]】，屏幕上将自动出现提示，提示具体失败原因为"外边线上的圆角-实例[3]"，绘图区中将高亮显示该实例对应的特征，如图 14-71 所示。

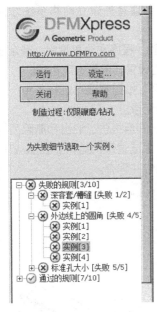

图 14-70 运行结果

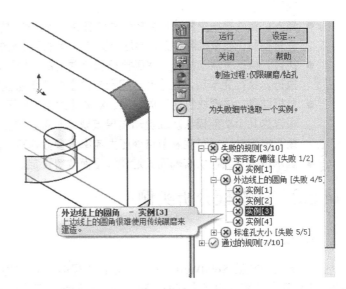

图 14-71 失败实例

14.5 注塑模分析（Plastics）

14.5.1 SolidWorks Plastics 简介

SolidWorks Plastics 模块可以优化塑料零件和零件设计。设计塑料零件时，可以利用 SolidWorks Plastics Professional 优化壁厚和铸模零件的质量。可以利用 SolidWorks Plastics Premium 分析注射模具流道系统，并优化模具尺寸和布局，从而减少或消除返工的需求。

SolidWorks Plastics 模块还可以分析塑料零件的可制造性，提早识别设计中的潜在缺陷，并在 3D 模型中直观显示结果以架起塑料零件设计和模具制作之间的桥梁，便于零件设计师、模具设计师和模具制作者使用。

SolidWorks Plastics 模块中向导式的分析可以优化注塑模具的设计，在分析过程中分成多个模块，有网格、输入、执行、分析结果和现实设定，使用者只需跟着这几个模块顺序运行下来就可以优化注塑模具的设计，在设计的过程中，提示框等的帮助也给设计者带来了便利。

SolidWorks Plastics 模块设计了一个早期的错误检测，这个功能可以降低成本和减少返工，为设计者减少了大量工作，降低了出错的概率。

14.5.2　SolidWorks Plastics 组成

SolidWorks Plastics 包含了以下几大模块。

- 网格系统：网格系统有 Solid 和 Shell 两种，可通过手动和自动两种方式建立。选择自动建立网格可自动生成零件的网格系统，手动建立需对网格尺寸和局部精度等进行设置后再进行网格化。该模块是进行其他模块功能的前提，必须首先建立网格系统才能执行。

- 输入：输入模块中需输入分析过程的各种信息，有材料、机器、程序和边界设定。选定零件材料后，设置机器参数，然后对流动或者保压设定进行属性设置，最后选定边界。

- 执行：执行有流动执行、保压执行和流动+保压执行 3 种类型，根据需要可选择其中一种执行，执行完毕后，在【开启记录文件】中可查看执行过程记录。

- 分析结果：该模块包括流动结果、X-Y 曲线图、摘要&报告、开启报告、汇出和删除所有报告这几个功能模块。在流动结果模块汇总可观看流动图形生成过程的结果，在 X-Y 曲线图模块对话框可观看节点处压力流率等参数，可以生成报告并保存。

- 显示设定：该模块有剖面设定和等位面位置设定。

14.5.3　注塑模分析实例

1. 建立网格

1）启动中文版 SolidWorks 软件，单击【标准】工具栏中的 【打开】按钮，弹出【打开】对话框，在配套光盘中选择【第 14 章/范例文件/14.5/零件 1.SLDPRT】，单击【打开】按钮，在图形区域中显示出模型，如图 14-72 所示。

2）建立网格。单击 【Plastics Manager】标签，如图 14-73 所示。

3）右键单击【Solid】图标，在菜单中选择【手动】命令，如图 14-74 所示。

图 14-72　打开零件

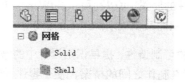

图 14-73　展开【Plastic Manager】标签

图 14-74　选择手动建立网格

4）弹出种类属性设置界面，在该界面中单击 【下一步】按钮，如图 14-75 所示。

5）弹出种类属性设置界面，在该界面中，选择【模穴】选项，如图 14-76 所示。

6）单击 【下一步】按钮，弹出曲面网格属性设置界面，在【三角网格尺寸】中输入【1.50004932】，单击【网格化】按钮，如图 14-77 所示。

7）单击【下一步】按钮，弹出网格摘要属性设置界面，如图 14-78 所示。

图 14-75　实体化属性设置　　　　　　图 14-76　选择【模穴】选项

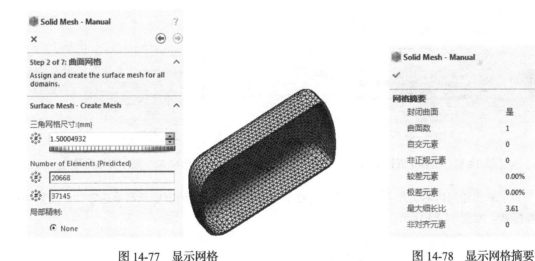

图 14-77　显示网格　　　　　　　　图 14-78　显示网格摘要

8）单击【确定】按钮，弹出编辑属性设置界面，显示网格的信息，如图 14-79 所示。

9）单击【下一步】按钮，弹出实体网格类型属性设置界面，如图 14-80 所示。

10）单击【下一步】按钮，弹出四面体网格属性设置界面，选择【混种】选项，如图 14-81 所示。

11）单击【转换】按钮，单击【下一步】按钮，弹出实体化种类属性设置界面，如图 14-82 所示。

图 14-79　编辑属性设置界面

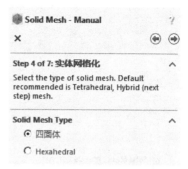

图 14-80　显示网格种类

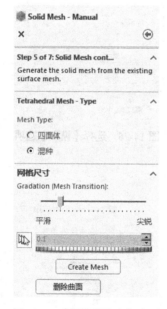

图 14-81　选择【混种】选项

图 14-82　显示实体化种类

12）单击绘图区右上角【确定】按钮，在界面的右上角会显示出显示网格后零件的元素和材料等信息，如图 14-83 所示。

图 14-83　元素和材料等参数

13）单击 ✖【取消】按钮后，【FeatureManager 设计树】中显示如图 14-84 所示。

14）右键单击【观察实体网格】图标，从菜单中选择【开启】命令，如图 14-85 所示。

15）可以观察该零件的网格，如图 14-86 所示。

图 14-84　Feature Manager
　　　　　设计树

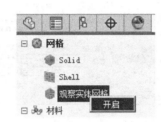

图 14-85　启动观察实体网格

图 14-86　观察实体网格

2. 选择塑料

1）右键单击【材料】选项中的 💡【选择塑料】图标，在快捷菜单中选择【开启资料库】命令，如图 14-87 所示。

2）在左侧的【Plastics 数据库】列表中选择【53PBT+PET】材料，如图 14-88 所示。

3）在【选择塑料】对话框的右侧，能显示所选塑料的黏度系数、比容、比热等参数，图 14-89 显示了 PBT+PET 塑料在不同剪切率下的黏度系数，单击【确定】按钮。

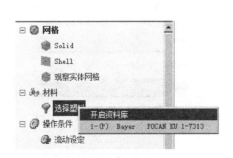

图 14-87　开启资料库

图 14-88　选择塑料

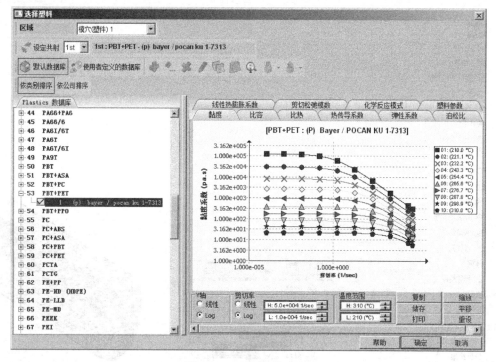

图 14-89　显示黏度系数

3. 程序

1）流动设定。右键单击【流动设定】图标，在弹出的菜单中选择【开启设定】命令，弹出【流动设定】属性管理器，在【操作条件】选项组中可以设定熔胶温度和模面温度，如图 14-90 所示，单击 ✅【确定】按钮完成设置。

2）保压设定。右键单击【保压设定】图标，在弹出的菜单中选择【开启设定】命令，弹出【保压设定】属性管理器，在【操作条件】选项中勾选【残余应力计算选项】这两个选项，如图 14-91 所示，单击 ✅【确定】按钮完成设置。

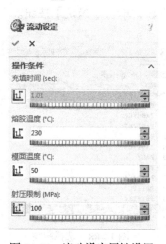

图 14-90　流动设定属性设置

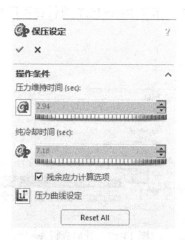

图 14-91　保压设定属性设置

4. 边界设定

1）选择浇口。右键单击 【浇口选择】图标，在弹出的菜单中选择【开启设定】命令，弹出【浇口选择】属性管理器，在下拉菜单中选择【进浇点（点）】选项，右键单击属性管理器左下角的 【增加浇口】按钮，在齿轮上选择一点，在界面中会显示该点的坐标，如图 14-92 所示。

2）其余设置，如直径、型态、材料射出范围等如图 14-93 所示，单击 【确定】按钮完成设置。

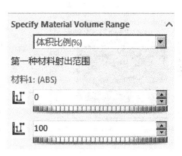

图 14-92　选择进浇点　　　　　　　　　　图 14-93　设置浇点

5. 执行

1）选择流动执行，右键单击【流动】图标，在弹出的菜单中选择【执行】命令，会弹出一个【Analysis Manager】对话框，勾选【显示日志】、【显示部分结果】和【完成后自动关闭】这 3 个选项，对话框中会显示进度，如图 14-94 所示。

图 14-94　【Analysis Manager】对话框

2）分析完成后，弹出一个【结果建议】对话框，如图 14-95 所示。

3）在界面左端出现的【分析结果】属性管理器中显示了分析结果，如图 14-96 所示。

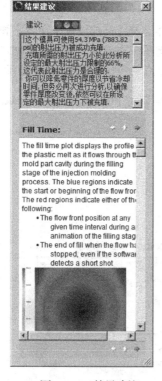

图 14-95　结果建议

图 14-96　显示分析结果

4）在【分析结果】属性管理器中，单击◉【播放】按钮，可重新播放分析的过程，如图 14-97 所示。

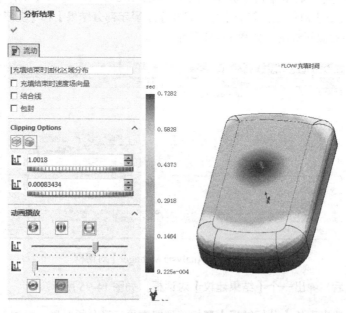

图 14-97　重新播放分析过程

5)此时在【执行】图标中的【开启执行记录文件】下出现了一个流动保压记录,右键单击并选择快捷菜单中的【开启】命令,在浏览器上打开记录,如图 14-98 所示。

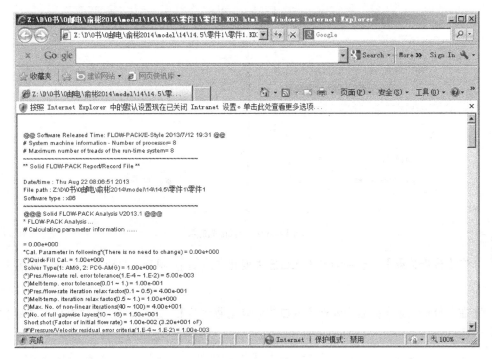

图 14-98 打开记录

6. 分析结果

1)流动结果。右键单击【流动结果】图标,在弹出的快捷菜单中选择【读取流动分析】命令,此时可以重新观看分析结果,如图 14-99 所示。

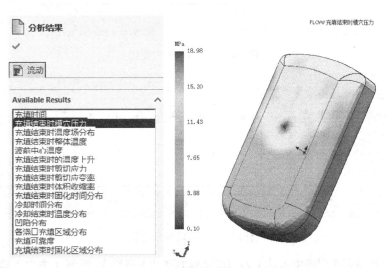

图 14-99 重新观阅分析结果

2）右键单击【X-Y 曲线图】图标，在弹出的菜单中选择【读取轮廓线】命令，弹出【X-Y 曲线图】属性管理器，单击 【增加观测点】按钮，单击零件上的点，增加观测点，如图 14-100 所示。

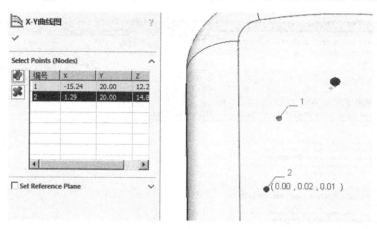

图 14-100 增加观测点

3）在【分析结果】列表中勾选【入口压力变化曲线图】，观测入口压力的变化，如图 14-101 所示。

4）在【分析结果】列表中勾选【入口流率变化曲线图】，观测入口流率的变化，如图 14-102 所示。

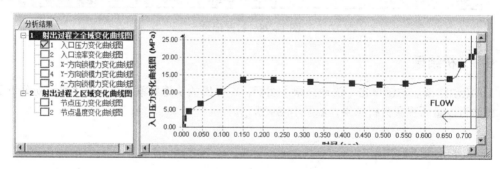

图 14-101 入口压力变化

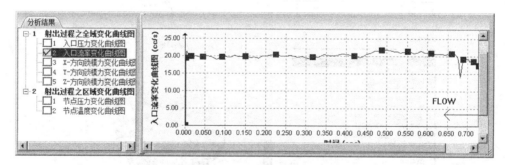

图 14-102 入口流率变化

5）在【分析结果】列表中勾选【X-方向锁模力变化曲线图】，观测 X 方向锁模力的变化，如图 14-103 所示。

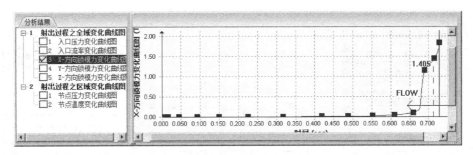

图 14-103　X 方向锁模力变化

6）在【分析结果】列表中勾选【Y-方向锁模力变化曲线图】，观测 Y 方向锁模力的变化，如图 14-104 所示。

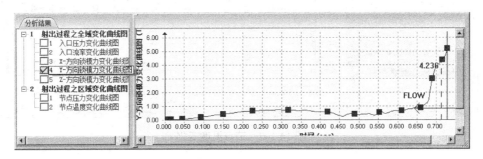

图 14-104　Y 方向锁模力变化

7）在【分析结果】列表中勾选【Z-方向锁模力变化曲线图】，观测 Z 方向锁模力的变化，如图 14-105 所示。

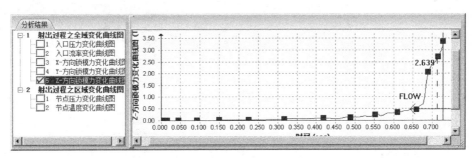

图 14-105　Z 方向锁模力变化

8）在【分析结果】列表中勾选【节点压力变化曲线图】，观测节点压力的变化，如图 14-106 所示。

9）在【分析结果】列表中勾选【节点温度变化曲线图】，观测节点温度的变化，如图 14-107 所示。

10）摘要报告。右键单击【摘要报告】图标，在弹出的快捷菜单中选择【产生】命令，如图 14-108 所示。

11）产生的摘要如图 14-109 所示。

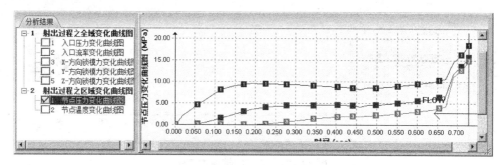

图 14-106　节点压力变化

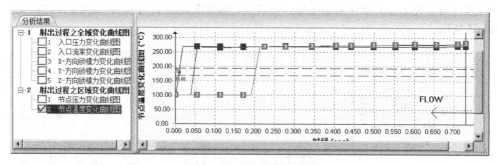

图 14-107　节点温度变化

图 14-108　产生摘要报告　　　　　　　　　　图 14-109　产生的摘要

12）单击 ✅【确定】按钮后，弹出【报告产生器】对话框，封面信息如图 14-110 所示。

13）产生图形信息如图 14-111 所示。

图 14-110 封面信息

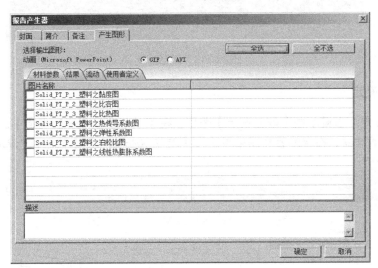

图 14-111 产生图形信息

14）单击【确定】按钮，完成报告。右键单击【汇出】图标，在弹出的菜单中选择【汇出】命令，如图 14-112 所示，弹出【汇出】属性管理器，勾选【脱模前残余应力】选项。

15）弹出一个提示对话框，如图 14-113 所示，单击【是】按钮。

图 14-112 选择【汇出】命令

图 14-113 提示框

16）选择合适的路径，如图 14-114 所示，单击【保存】按钮。

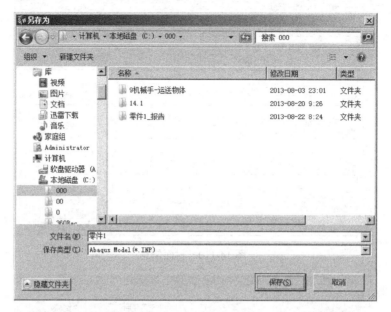

图 14-114　保存报告

7. 显示设定

1）剖面设定。右键单击【剖面设定】图标，在菜单中选择【开启设定】命令，弹出【剖面设定】属性管理器，在属性管理器中单击 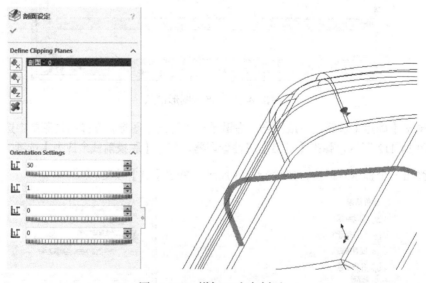【增加 X 方向剖面】按钮，选择图 14-115 所示的剖面。

图 14-115　增加 X 方向剖面

2）以同样的方式增加 Y 方向的剖面，如图 14-116 所示。

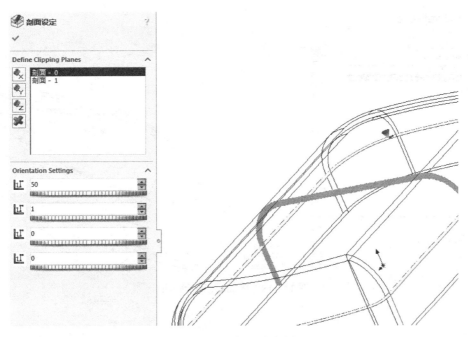

图 14-116　增加 Y 方向剖面

3）等位面显示设定。右键单击【设定等位面显示方式】图标，在快捷菜单中选择【开启设定】命令，弹出【设定等位面显示方式】属性管理器，单击 【增加等位面】按钮，增加一个等位面，等位面-0，如图 14-117 所示。

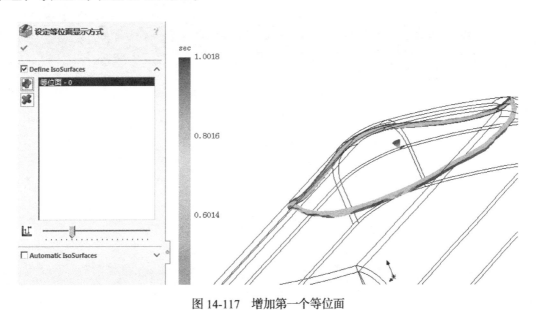

图 14-117　增加第一个等位面

4）拖动 小滑块至合适位置，单击 【增加等位面】按钮，增加第二个等位面，如图 14-118 所示。

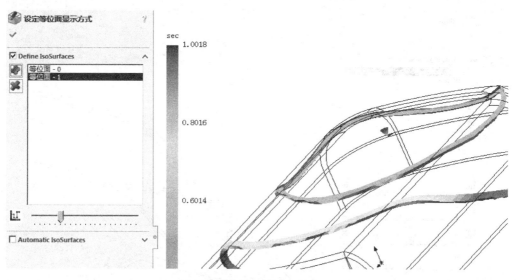

图 14-118　增加第二个等位面

第 15 章
标准零件库

SolidWorks Toolbox 插件包括标准零件库、凸轮设计、凹槽设计和其他设计工具。利用 Toolbox 插件可以选择具体的标准和想插入的零件类型，然后将零部件拖动到具体的装配体。也可自定义 Toolbox 零件库，使之包括一定的标准，或包括最常引用的零件。本章主要介绍 SolidWorks Toolbox 插件简介、凹槽零件的生成、凸轮零件的生成以及其他工具。

重点与难点

- Toolbox 概述
- 凹槽的生成
- 凸轮的生成
- 其他工具

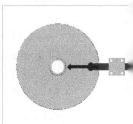

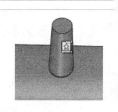

15.1 SolidWorks Toolbox 概述

15.1.1 Toolbox 概述

SolidWorks Toolbox 库包含所支持标准的主零件文件的文件夹。在 SolidWorks 中使用新的零部件大小时，Toolbox 会根据用户参数设置更新主零件文件以记录配置信息。

SolidWorks Toolbox 支持的国际标准包括 ANSI、AS、BSI、CISC、DIN、GB、ISO、IS、JIS 和 KS。Toolbox 包括轴承、螺栓、凸轮、齿轮、钻模套管、螺母、销钉、扣环、螺钉、链轮、结构形状（包括铝和钢）、正时带轮和垫圈等五金件。

在 Toolbox 中所提供的扣件为近似形状，不包括精确的螺纹细节，因此不适合于某些分析，如应力分析。Toolbox 的齿轮为机械设计展示所用，它们并不是为制造使用的真实渐开线齿轮。此外，Toolbox 提供数种工程设计工具。
- 决定横梁的应力和偏转的横梁计算器。
- 决定轴承的能力和寿命的轴承计算器。
- 将标准凹槽添加到圆柱零件的凹槽。
- 作为草图添加到零件的结构钢横断面。

15.1.2 SolidWorks Toolbox 管理

SolidWorks Toolbox 包括标准零件库，与 SolidWorks 合为一体。作为 Toolbox 管理员，可将 Toolbox 零部件放置在具体的网络位置中，并精简 Toolbox，只包括与具体的产品相关的零件。也可控制对 Toolbox 库的访问，以防止用户更改 Toolbox 零部件，还可以指定如何处理零部件文件，并给 Toolbox 零部件指派零件号和其他自定义属性。SolidWorks Toolbox 管理的内容如下。

1. 管理 Toolbox

Toolbox 管理员在 SolidWorks 设计库中管理可重新使用的 CAD 文件。作为管理员应熟悉机构所需的标准以及用户常需的那些零部件，如螺母和螺栓。此外，管理员应知道每种 Toolbox 零部件类型所需的零件号、说明及材料。

2. 放置 Toolbox 文件夹

Toolbox 文件夹是 Toolbox 零部件的中央位置，Toolbox 文件夹必须可以为所有用户进行访问。作为 Toolbox 管理员，应决定将 Toolbox 文件夹定位在网络上什么位置，可在安装 Toolbox 时设定 Toolbox 文件夹位置。

3. 精简 Toolbox

根据默认，Toolbox 包括 12 种标准的 2 000 多种不同大小零部件类型以及其他业界特定内容，从而产生上百万种零部件。作为 Toolbox 管理员，可以过滤默认的 Toolbox 服务内容，这样 Toolbox 用户可只访问机构所需的那些零部件。削减 Toolbox 的大小可使之更有效，用户可花费更少时间搜索零部件或决定使用哪些零部件。

4．指定零部件文件类型

作为 Toolbox 管理员，可决定 Toolbox 零部件文件的不同大小。

- 作为单一零件文件的配置。
- 作为每个大小的单独零件文件。

5．指派零件号

作为 Toolbox 管理员，可在用户参考引用前给 Toolbox 零部件指派零件号和其他自定义属性（如材料），从而使装配体设计和生成材料明细表更有效。当事先指派零件号和属性时，用户不必在每次参考引用 Toolbox 零部件时都进行此操作。

15.1.3　安装 Toolbox

1．安装 Toolbox

可随同 SolidWorks Premium 或 SolidWorks Professional 安装 SolidWorks Toolbox，推荐将 Toolbox 数据安装到共享的网络位置或安装到 SolidWorks Enterprise PDM 库中。通过使用公用位置，所有 SoldWorks 用户共享一致的零部件信息。

2．启动 Toolbox 插件

一旦完成安装，必须激活 SolidWorks Toolbox 插件。Toolbox 包括以下两个插件。

- SolidWorks Toolbox 装载钢梁计算器、轴承计算器，以及生成凸轮、凹槽和结构钢所用的工具。
- SolidWorks Toolbox Browser 装入 Toolbox 配置工具和 Toolbox 设计库任务窗格，可在设计库任务窗格中访问 Toolbox 零部件。

激活 Toolbox 插件的步骤如下。

1）在 SolidWorks 菜单中单击【工具】|【插件】按钮。

2）在【插件】对话框中的【活动插件】和【启动】下选择【SolidWorks Toolbox】或者【SolidWorks Toolbox Browser】，也可以两者都选择。

3）单击【确定】按钮。

15.1.4　配置 Toolbox

1．配置 Toolbox

Toolbox 管理员使用 Toolbox 配置工具来选择并自定义五金件，并设置用户优先参数和权限。最佳做法是在使用 Toolbox 前对其进行配置。配置 Toolbox 的步骤如下。

1）从 Windows 中单击【开始】|【所有程序】|【SolidWorks 版本】|【SolidWorks 工具】|【Toolbox 设定】命令，或在 SolidWorks 中单击【工具】|【选项】菜单命令，在弹出的【系统选项】对话框中选择【异型孔向导/Toolbox】选项，并单击【配置】按钮。

2）如果 Toolbox 受 Enterprise PDM 管理，在提示时单击【是】按钮以检出 Toolbox 数据库。

3）要选择标准五金件，单击选取五金件。要简化 Toolbox 配置，只选取使用的标准和器件。

4）要选择大小和其他值，定义自定义属性，并添加零件号，然后单击【自定义五金件】按钮。要减少配置数，选择每个标准和自定义属性，然后取消选择未使用的大小和数值。

5）要设定 Toolbox 用户首选项，单击【用户设定】按钮。

6）要以密码保护 Toolbox 不受未授权访问并为 Toolbox 功能设定权限，单击【权限】按钮。

7）要指定默认智能扣件、异型孔向导孔以及其他扣件优先设定，单击【智能扣件】按钮。

8）单击 📳【保存】按钮。

9）单击 ✖【关闭】按钮。

2. 选取五金件

在 SolidWorks 中单击【工具】|【选项】菜单命令，在弹出的对话框中选择【异形孔向导/Toolbox】选项，单击【配置】按钮，然后在弹出的窗口中单击【选取五金件】。使用左窗格或单击右窗格中的文件夹导览来选取五金件。

（1）左窗格

在 Toolbox 标准下，左窗格列出标准、类别和类型，如图 15-1 所示。

（2）右窗格

要移除某项，取消勾选复选框。一旦取消勾选某项，此项将在左窗格和右窗格中禁用，除非将之重新勾选。要打开标准、类别或类型，单击右窗格中的文件夹。

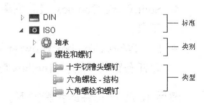

图 15-1　标准、类别和类型

3. 自定义五金件

使用【自定义五金件】页选择零部件大小，输入属性值并输入零件号。

4. 智能扣件

使用【智能扣件】页为使用异型孔和非异型孔的扣件设置默认值和设定。在 SolidWorks 中，单击【工具】|【选项】菜单命令，在弹出的对话框中选择【异形孔向导孔/Toolbox】选项，单击【配置】按钮，然后在弹出的窗口中单击【智能扣件】按钮。

（1）螺垫大小

根据智能扣件的大小，从以下选项中选择以限制可用的螺垫类型。

● 【完全相配】：将可用类型限制到与扣件大小完全匹配的螺垫。

- 【大于公差】：将可用类型限制到在输入的公差内与扣件大小匹配的孔直径。
- 【无限制】：使所有螺垫类型都可使用。

（2）自动扣件更改

当硬件层叠变化时，可使扣件的长度变化；当扣件大小变化时，可以使层叠硬件大小变化。更改扣件长度以确保启用最少螺纹线，调整扣件长度以满足螺纹线需求。

- 【螺纹线超越螺母】：增加扣件长度以确保指定螺纹线数量超越螺母。
- 【直径进入螺纹孔的倍数】：根据扣件直径的倍数设置扣件啮合螺纹孔的最小长度。

（3）默认扣件

可以指定默认的智能扣件零部件，以用于不同的标准和孔类型。

- 【与异形孔向导孔合用的扣件】：为异形孔向导孔的每个孔标准指定默认扣件。
- 【与非异形孔向导孔合用的扣件】：为非异形孔向导孔指定默认的孔标准和扣件。

15.1.5　生成零件

从 Toolbox 零部件中生成零件的操作步骤如下。

1）在 📇【设计库】任务窗格中，在【Toolbox】下展开标准 | 类别 | 零部件的类型，可用的零部件的图像和说明出现在任务窗格中。

2）右键单击零部件，然后在弹出的快捷菜单中选择【生成零件】命令。

3）在属性管理器中指定属性值。

4）单击 ✔【确定】按钮。

15.1.6　将零件添加到装配体

将 Toolbox 零部件插入到装配体中的操作步骤如下。

1）打开装配体。

2）在 📇【设计库】任务窗格中，在 👕【Toolbox】下展开标准 | 类别 | 零部件的类型，可用零部件的图像和说明出现在任务窗格中。

3）执行以下操作之一。

- 将零部件拖动到装配体中。如果将零部件丢放在合适的特征旁边，SmartMate 将在装配体中定位零件。
- 右键单击零部件，然后单击插入装配体，预选孔的圆形边线。

4）在属性管理器中指定属性值。

5）单击 ✔【确定】按钮，零件出现在装配体中。

15.1.7　管理员操纵 Toolbox

Toolbox 管理员自定义 Toolbox 以确保其用户可连贯并有效地将 Toolbox 零部件包括在其设计

中。Toolbox 管理员可以执行以下操作。

1. 设置 Toolbox 位置

在安装 Toolbox 时指定 Toolbox 文件夹位置。将文件夹放置在可为所有 Toolbox 用户进行访问的共享位置。

2. 应用 Toolbox 设定

要打开 Toolbox 设定，在计算机【开始】菜单中的【所有程序】列表中单击【SolidWorks 版本】|【SolidWorks 工具】|【Toolbox 设定】命令。

3. 过滤 Toolbox 标准和零部件

在 Toolbox 设定的五金件中过滤默认的 Toolbox 标准零部件。

4. 指定零件号和其他自定义属性

在 Toolbox 设定的【自定义五金件】页中为选定的 Toolbox 零部件指定零件号和其他自定义属性。

5. 定义 Toolbox 零部件文件类型

在 Toolbox 的【用户设定】项中定义 Toolbox 零部件文件类型。

6. 设定权限

在 Toolbox 设定的【权限】页面中指定访问管理任务的权限，如果在安装后移动 Toolbox 库，还必须设定某些操作系统特定的访问权限。

7. 设置智能扣件

在 Toolbox 设定的【智能扣件】页指定智能扣件选项。

15.1.8　能够自动调整大小的 Toolbox 零部件（智能零件）

某些 Toolbox 零部件会适应它们被拖放到的几何体的大小，以下 Toolbox 零部件支持自动调整大小。

- 螺栓和螺钉。
- 螺母。
- 扣环。
- 销钉。
- 垫圈。
- 轴承。
- 型密封圈。
- 齿轮。

使用 Toolbox 自带的智能零件的基本操作包括如下情形。

1）选择要在其中放置该零部件的孔。将该智能零部件拖动至孔的附近，这时会显示精确的预览，如图 15-2 所示。

2）在属性管理器中设定以下选项。

● 调整属性中的值。

● 在选项中选择自动调整到配合几何体的大小。

3）拖动智能零部件到孔中并将之放置，如图 15-3 所示。

4）单击 ✔【确定】按钮。

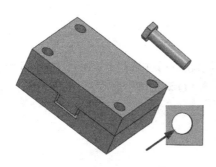

图 15-2　螺钉与孔的预览

图 15-3　螺钉与孔的配合

15.2　凹槽

Toolbox 中的凹槽插件可将工业标准 O-环和固定环凹槽添加到圆柱模型中。O-环凹槽如图 15-4 所示，固定环凹槽如图 15-5 所示。

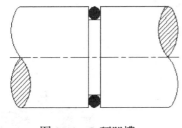

图 15-4　O-环凹槽

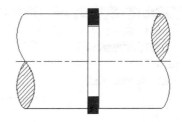

图 15-5　固定环凹槽

15.2.1　生成凹槽

生成凹槽的基本步骤如下。

1）在零件上选择一个想要放置凹槽的圆柱面。通过预选圆柱面，Toolbox 为凹槽决定直径并建议合适的凹槽大小。

2）在【Toolbox】工具栏中单击 🖼【凹槽】按钮，或单击【Toolbox】|【凹槽】命令。

3）在【凹槽】对话框中进行如下设置。

● 要生成 O-环凹槽，单击【O-环凹槽】选项卡。

● 要生成固定环凹槽，单击【固定环凹槽】选项卡。

4）对话框左上部的列表框中选择一标准、凹槽类型及可用的凹槽大小，与此同时【属性】及【数值】列会更新。

5）单击【生成】按钮。

6）要添加更多的凹槽，在模型上选择一新的位置，然后重复步骤4）和步骤5）的操作。

7）单击【完成】按钮。

15.2.2　O-环凹槽属性设置

【O-环凹槽】选项卡可选择并生成标准 O-环凹槽。在【Toolbox】工具栏中单击 ▓【凹槽】按钮，或单击【Toolbox】|【凹槽】命令，在【凹槽】对话框中单击【O-环凹槽】选项卡，如图 15-6 所示。

1）凹槽选择：从左上角中的列表中选择一个凹槽。

● 【标准】：指定凹槽的标准。

● 【类型】：指定凹槽的类型。

● 【大小】：指定凹槽的大小。

● 【草图】：显示选定凹槽类型的草图。

2）【属性】：选定凹槽的只读属性。

● 【说明】：描述凹槽。

● 【所选直径】：显示选定圆柱面的直径，或无选定的直径。

● 【配合直径】：显示完成密封的非凹槽配合零件直径的参考数值。

● 【凹槽直径】（A）、【宽度】（B）、【半径】（C）如图 15-7 所示。

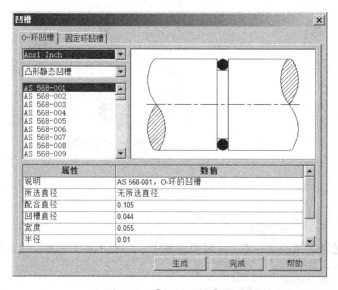

图 15-6　【O-环凹槽】选项卡

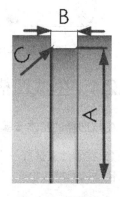

图 15-7　凹槽尺寸

15.2.3　固定环凹槽属性设置

在【Toolbox】工具栏中单击🔳【凹槽】按钮，或单击【Toolbox】|【凹槽】命令。在【凹槽】对话框中单击【固定环凹槽】选项卡，如图 15-8 所示。

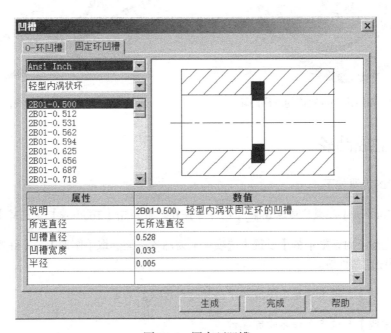

图 15-8　固定环凹槽

1）凹槽选择：从左上角中的列表选择一个凹槽。
- 【标准】：指定凹槽的标准。
- 【类型】：指定凹槽的类型。
- 【大小】：指定凹槽的大小。
- 【草图】：显示选定凹槽类型的草图。

2）【属性】：选定凹槽的只读属性。
- 【说明】：描述凹槽。
- 【所选直径】：显示选定圆柱面的直径，或无选定的直径。
- 【凹槽直径】(A)、【凹槽宽度】(B)、【半径】(C) 如图 15-9 所示。

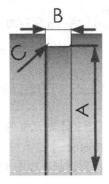

图 15-9　凹槽尺寸

15.3　凸轮

Toolbox 中的凸轮模块可以生成带完全定义运动路径和推杆类型的凸轮。可以随运动类型选择圆形或线性凸轮，圆形凸轮如图 15-10 所示，线性凸轮如图 15-11 所示。

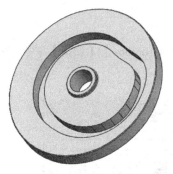

图 15-10　带给定深度轨迹的圆形凸轮

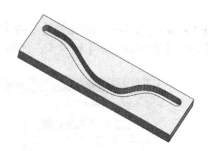

图 15-11　带贯穿轨迹的线性凸轮

15.3.1　生成凸轮

生成凸轮的步骤如下。

1）在【Toolbox】工具栏中单击◎【凸轮】按钮，或单击【Toolbox】|【凸轮】命令。

2）在【凸轮】对话框中的【设置】选项卡上为凸轮类型选取【圆形】或【线性】，然后为选定的凸轮类型设定属性值。

3）在【运动】选项卡上至少生成一个凸轮运动定义。

4）在【生成】选项卡上设定生成属性。

5）单击【生成】按钮。Toolbox 生成的新凸轮为新的 SolidWorks 零件文档。

6）将凸轮保存为常用项。

7）单击【完成】按钮。

15.3.2　凸轮属性的设置

【凸轮】对话框的【设置】选项卡指定有关诸如单位、凸轮类型以及推杆类型的基本信息。在【Toolbox】工具栏中单击◎【凸轮】按钮，或单击【Toolbox】|【凸轮】命令，弹出【凸轮-圆形】对话框，如图 15-12 所示。

对于圆形凸轮，其中属性设置包括如下选项。

1）【单位】：指定属性单位，选择【英寸】或【公制】。

2）【凸轮类型】：指定凸轮类型，选择【圆形】或【线性】。

3）【推杆类型】：指定推杆类型，包括如下选项。
- 【平移】：沿通过凸轮旋转中心的直线移动，如图 15-13 所示。
- 【左等距】或【右等距】：穿过不通过凸轮旋转中心的直线而移动，如图 15-14 所示。

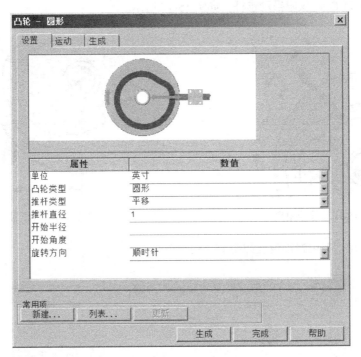

图 15-12　凸轮属性设置

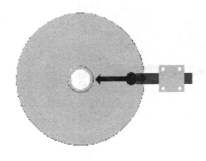

图 15-13　平移

图 15-14　左等距或右等距

● 【左摆动】或【右摆动】：沿枢轴点摆动，如图 15-15 所示。

4）【推杆直径】：指定推杆直径，此与凸轮上切除的凹槽直径相等。

5）【开始半径】：指定凸轮旋转中心到推杆中心的距离。

6）【开始角度】：指定推杆和水平直线通过凸轮中心的角度。

7）【旋转方向】：指定旋转方向，选择【顺时针】或【逆时针】。

8）【等距距离】（A）和【等距角度】（B）：仅限等距推杆，如图 15-16 所示。

图 15-15　左摆动或右摆动

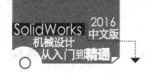

9)【臂长度】(C)：仅限摆动推杆，如图 15-17 所示。

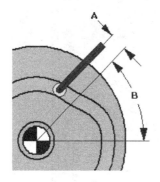

图 15-16　等距距离

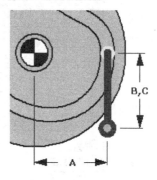

图 15-17　臂枢轴长度

对于线性凸轮，其中属性设置如图 15-18 所示。

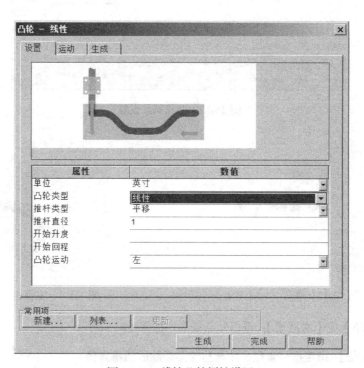

图 15-18　线性凸轮属性设置

1)【推杆类型】：指定推杆类型。可以选取以下选项。

● 【平移】：与凸轮的运动垂直而运动，如图 15-19 所示。

● 【倾斜】：与凸轮的运动成一定角度（不是垂直）而运动，如图 15-20 所示。

● 【摆动拖尾或摆动引导】：绕枢轴点摆动，如图 15-21 所示。

2)【推杆直径】：指定推杆直径，此与凸轮上切除的凹槽直径相等。

3)【开始升度】：指定凸轮基体角落到推杆中心的竖直距离。

4）【开始回程】：指定凸轮基体角落到推杆中心的水平距离。

5）【凸轮运动】：指定凸轮运动方向，选择【左】或【右】。

6）【推杆角度】：仅限倾斜推杆。指定推杆与凸轮运动垂直的直线之间的角度，必须是+/−45°，如图 15-22 所示。

7）【臂长度】（C）：仅限摆动推杆，如图 15-23 所示。

图 15-19　平移运动

图 15-20　倾斜运动

图 15-21　摆动拖尾或摆动引导

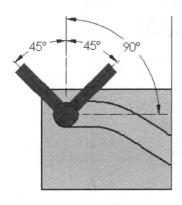

图 15-22　推杆角度

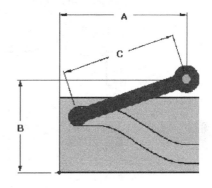

图 15-23　臂枢轴长度

15.3.3　凸轮运动的设置

【凸轮-圆形】对话框中的【运动】选项卡用来指定推杆如何绕凸轮运动。在【Toolbox】工具栏中单击 ◎【凸轮】按钮，或单击【Toolbox】|【凸轮】命令。在【凸轮-圆形】对话框中单击【运动】选项卡，如图 15-24 所示。

1）开始参数：显示【设置】选项卡中的只读数值。

● 【开始半径】：仅限圆形凸轮。

● 【开始角度】：仅限圆形凸轮。

● 【开始升度】：仅限线性凸轮。

● 【开始回程】：仅限线性凸轮。

2）运动参数：在添加新的圆形凸轮运动定义时从运动生成细节属性管理器设定参数。

- 【运动类型】：指定运动类型。
- 【结束半径】：仅限圆形凸轮。指定运动定义完成时从凸轮旋转中心到推杆中心的距离。
- 【度运动】：仅限圆形凸轮。指定凸轮旋转通过此运动定义的距离。
- 【结束升度】：仅限线性凸轮。指定运动定义完成时凸轮基体角落到推杆中心的竖直距离。
- 【行程距离】：仅限线性凸轮。指定凸轮通过此运动定义的距离。
- 【总运动】：在角度运动列（圆形凸轮）或行程距离列（线性凸轮）中显示数值总和。

3）运动定义管理：使用以下按钮管理运动定义。

- 【添加】：将一运动定义添加到其他运动定义后。
- 【插入】：将一运动定义插入到现有运动定义之前。
- 【编辑】：修改现有的运动定义。
- 【移除】：删除一个或多个运动定义。
- 【移除所有】：删除所有运动定义。

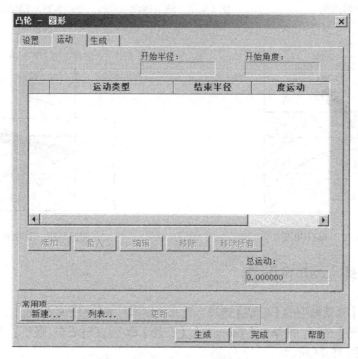

图 15-24　凸轮运动设置

15.3.4　凸轮生成的设置

【凸轮-圆形】对话框的【生成】选项卡为凸轮指定数值，如坯件厚度和毂直径。在【Toolbox】工具栏中单击◎【凸轮】按钮，或单击【Toolbox】|【凸轮】命令。在【凸轮-圆形】对话框中单击【生成】选项卡，如图 15-25 所示。

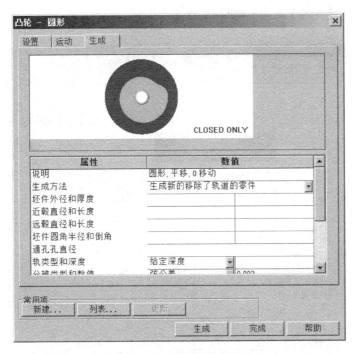

图 15-25　凸轮生成设置

- 【说明】(只读)：显示凸轮类型和运动定义数。
- 【生成方法】：选择生成凸轮的方法。
- 【坯件外径和厚度】：指定圆形凸轮的外径和凸轮盘的厚度。
- 【近毂直径和长度】：指定孔的直径和从凸轮曲面至凸轮近端毂顶的距离。近端为凸轮从待给定深度轨迹曲面的凸轮切除的位置。
- 【远毂直径和长度】：指定孔的直径和从凸轮曲面至凸轮远端毂顶的距离。远端为凸轮从待给定深度轨迹曲面的凸轮切除的反面。
- 【坯件圆角半径和倒角】：指定毂和凸轮曲面之间的圆角半径和毂顶面的倒角值。
- 【通孔孔直径】：指定穿过毂的孔的直径。
- 【轨类型和深度】：指定轨类型和深度。
- 【分辨类型和数值】：指定分辨类型和数值。
- 【轨道曲面】：指定凸轮轨迹如何生成。根据轨类型而选择内部、外部或者两者，如图 15-26 所示。

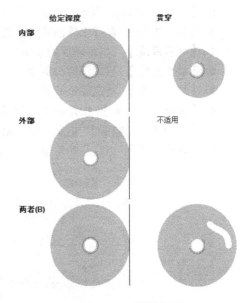

图 15-26　轨道曲面

- 【圆弧】：使用一系列相切圆弧而生成凸轮轨。当取消选择此复选框时，凸轮轨道使用一系列直线而生成。

对于线性凸轮，【生成】选项卡如图 15-27 所示。

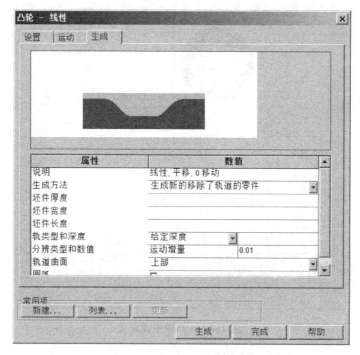

图 15-27　线性凸轮生成设置

- 【说明】(只读)：显示凸轮类型和运动定义数。
- 【生成方法】：选择生成凸轮的方法。
- 【坯件厚度】：指定坯件的厚度。
- 【坯件宽度】：指定坯件的宽度。
- 【坯件长度】：指定坯件的长度。
- 【轨类型和深度】：指定轨类型和深度。
- 【分辨类型和数值】：指定每个运动定义的最大运动增量。
- 【轨道曲面】：指定凸轮轨迹如何生成，如图 15-28 所示。

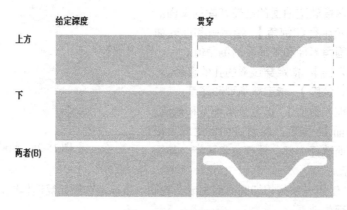

图 15-28　轨道曲面

● 【圆弧】：使用一系列相切圆弧而生成凸轮轨。

15.3.5　收藏凸轮

（1）生成收藏凸轮

生成收藏凸轮的步骤如下。

1）在【Toolbox】工具栏中单击◎【凸轮】按钮，或单击【Toolbox】|【凸轮】命令。

2）在【凸轮】对话框中的【设置】、【运动】及【生成】选项卡上设定所需的选项和参数。

3）在【常用项】下单击【新建】按钮。

4）在【新的最常用名称】对话框中输入常用名称。

5）为了避免在使用常用项时提示保存更改，需要选取模板。

6）单击【确定】按钮。

（2）使用收藏凸轮

使用收藏凸轮的步骤如下。

1）在【Toolbox】工具栏中单击◎【凸轮】按钮，或单击【Toolbox】|【凸轮】命令。

2）在【凸轮】对话框中，在【常用项】选项组下单击【列表】按钮。

3）在【最常用的】对话框中选取一常用项，然后单击 装入 【装入】按钮。

4）修改【设置】、【运动】以及【生成】选项卡上的凸轮数据。

5）单击【生成】按钮，Toolbox 生成的新凸轮为新的 SolidWorks 零件文档。

6）单击【完成】按钮。

7）如果在生成凸轮之前修改了凸轮数据而且常用项不是模板，在提示时单击【是】按钮以更新常用项。

（3）编辑收藏凸轮

编辑收藏凸轮的步骤如下。

1）在【Toolbox】工具栏中单击◎【凸轮】按钮，或单击【Toolbox】|【凸轮】命令。

2）在【凸轮】对话框中，在【常用项】选项组下单击【列表】按钮。

3）在【最常用的】对话框中选取一收藏项，然后单击【编辑】按钮。

4）在【新的最常用名称】对话框中编辑常用的名称、模板或者两者，然后单击【确定】按钮。

5）单击【完成】按钮完成设置。

15.4 其他工具

15.4.1 钢梁计算器

钢梁计算器模块可对结构钢截面处进行挠度和应力计算。计算的步骤如下。

1）在【Toolbox】工具栏中单击 【钢梁计算器】按钮，或单击【Toolbox】|【钢梁计算器】命令。

2）在【钢梁计算器】对话框中选取一个载荷类型。

3）在【计算类型】下选择【挠度】或【应力】，【输入】区域显示选择项的属性。

4）选择一个横梁。

5）选择一基准轴来决定惯性动量或剖面模量的数值。

6）除要计算的属性之外，为剩余的属性输入数值，然后单击 解出... 【解出】按钮。例如，如果在计算挠度，确定所有属性都有数值，除了挠度之外。

7）单击【完成】按钮。

要显示【钢梁计算器】对话框，在【Toolbox】工具栏中单击 【钢梁计算器】按钮，或单击【Toolbox】|【钢梁计算器】命令，弹出【钢梁计算器】对话框，如图 15-29 所示。

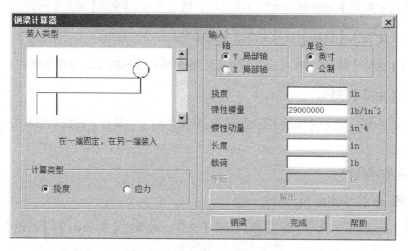

图 15-29 【钢梁计算器】对话框

（1）【装入类型】选项组

● 【装入类型】：指定载荷类型。使用预览窗口右侧的滚动条来选择一载荷类型，如图 15-30 所示。

● 【计算类型】：指定计算类型。可以单击【挠度】或【应力】单选按钮，【输入】区域进行更新以显示适当的属性。

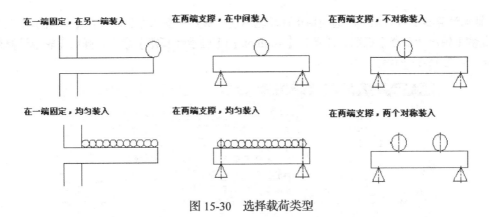

图 15-30　选择载荷类型

（2）【输入】选项组

单击【钢梁】按钮，从【结构钢】对话框中选取一个横梁。某些输入值在选取一个横梁时会自动更新。

- 【轴】：为惯性动量或剖面模量决定数值。
- 【单位】：指定属性单位，可以选择【英寸】或【公制】。
- 【挠度】：仅限挠度计算。
- 【弹性模量】：仅限挠度计算。
- 【惯性动量】：仅限挠度计算。
- 【长度】：钢梁长度。
- 【载荷】：钢梁的载荷。
- 【等距】：载荷偏移的距离。

15.4.2　轴承计算器

轴承计算器模块可计算轴承能力额定和基本寿命值。计算的步骤如下。

1）在【Toolbox】工具栏中单击 ![icon] 【轴承计算器】按钮，或单击【Toolbox】|【轴承计算器】命令。

2）在【轴承计算器】对话框中的左下侧列表框中选择一标准、轴承类型及可用的轴承。

3）选择测量单位。

4）在【可靠性】下选取一个非故障额定。

5）在【能力】下选择【计算】来决定能力。

6）对于对等载荷，为载荷输入组合的径向和冲击载荷的载荷值。

7）为【速度】输入每分钟转数。【速度】只为计算小时寿命所需。

8）单击【求解寿命】按钮，轴承计算器计算旋转寿命（百万次旋转）和小时寿命。

9）单击【完成】按钮。

【轴承计算器】对话框中的选项用于计算轴承能力级别和基本寿命值。在【Toolbox】工具栏中单击 【轴承计算器】按钮，或单击【Toolbox】|【轴承计算器】命令，弹出【轴承计算器】对话框，如图 15-31 所示。

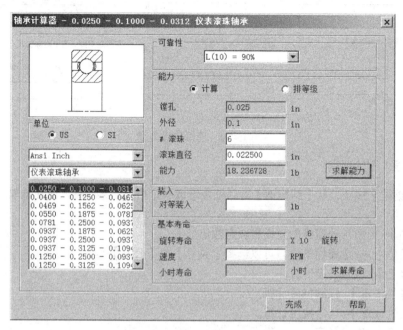

图 15-31 【轴承计算器】对话框

1)【轴承类型】选项组包括如下选项。

● 【草图】：显示选定轴承类型的草图。

● 仪表滚珠轴承 ▼【轴承类型】：指定轴承的类型。

● 【轴承】：指定轴承的型号。

2)【单位】选项组用于指定属性单位。选择【US】（美国）或【SI】（公制）。

3)【可靠性】选项组为选定的轴承指定所需要的非故障率。此选项组用于计算基本寿命。

4)【能力】选项组指定如何决定能力。单击【计算】单选按钮，让轴承计算器计算能力。

● 【镗孔】：指定镗孔大小。

● 【外径】：指定外直径。

● 【滚珠】：仅限滚珠轴承，指定滚珠数。

● 【滚珠直径】：仅限滚珠轴承，指定滚珠直径。

● 【能力】：指定能力，输入数值。如果选定了【计算】，单击【求解能力】按钮。

● 【求解能力】：计算能力。

5)【载入】选项组中的【对等载入】选项用于为轴承指定组合的径向和轴向载荷。

6）【基本寿命】选项组包括如下选项。

● 【旋转寿命】：指定轴承百万次旋转的寿命。

● 【速度】：指定每分钟旋转的速度。

● 【小时寿命】：指定轴承的小时寿命。

● 【求解寿命】：计算旋转寿命，并在指定了速度时计算小时寿命。

15.4.3　结构钢

结构钢模块可将结构钢横梁的横断面草图插入到零件中。草图尺寸标注完整，以与工业标准大小相配。可在 SolidWorks 中拉伸草图来生成钢梁。欲将结构钢梁草图添加到零件中，需要进行如下操作。

1）确认目前没有编辑草图，然后在零件中选择一基准面或平面。

2）单击【Toolbox】|【结构钢】命令。

3）在【结构钢】对话框中的左上侧列表框中选择一标准、钢梁类型及可用的横断面。

4）单击【生成】按钮将结构钢的横断面草图添加到零件中。如果不在步骤 1）中选择一基准面或平面，草图将出现在前视基准面中。

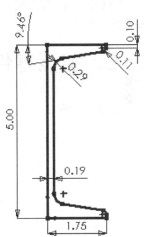

5）单击【完成】按钮。

6）若想准确找出横断面，右键单击新草图，在弹出的快捷菜单中选择【编辑草图】命令，然后添加尺寸或几何关系来放置草图，如图 15-32 所示。

图 15-32　添加尺寸或几何关系

【结构钢】对话框可让选取的横断面草图插入到零件中的结构钢横梁中。在【Toolbox】工具栏中单击【结构钢】按钮，或单击【Toolbox】|【结构钢】命令，【结构钢】对话框如图 15-33 所示。

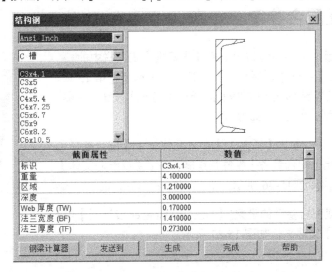

图 15-33　【结构钢】对话框

1）载荷类型选项组包括如下选项。

● 【标准】：指定横梁的标准。

● 【横梁类型】：指定横梁类型。

● 【横断面】：指定截面尺寸。

● 【草图】：显示选定横梁类型的横断面。

2）【截面属性】选项组用于显示选定横梁的截面属性和只读数值。

3）【钢梁计算器】：显示钢梁计算器以帮助决定选取哪个横梁。

4）【发送到】：将结构钢属性发送到打印机或文本文件。

5）【生成】：将结构钢构件的横断面草图添加到零件。如果未选定基准面或平面，草图会出现在前视基准面上。

15.5　智能零件范例

本范例以图 15-34 所示的销与销孔配合来说明智能零部件的制作和简单应用。

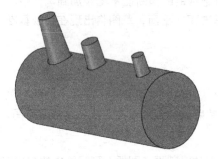

图 15-34　智能零部件实例

15.5.1　设置配合参考

1）启动中文版 SolidWorks 软件，单击【标准】工具栏中的  【打开】按钮，弹出【打开】对话框，在配套光盘中选择【第 15 章/范例文件/制作智能零部件/销.SLDPRT】，单击【打开】按钮，在图形区域中显示出模型，如图 15-35 所示。

2）设置配合参考。单击【插入】|【参考几何体】|【配合参考】菜单命令，系统弹出【配合参考】属性管理器，在【主要参考实体】中选择销的圆锥面，如图 15-36 所示。

3）单击 ✓ 完成配合参考的设置。【FeatureManager 设计树】中将显示【配合参考】文件夹，如图 15-37 所示。

图 15-35　打开零件模型

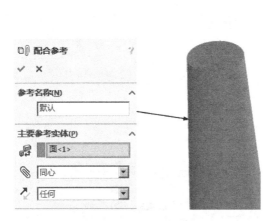

图 15-36 【配合参考】属性管理器

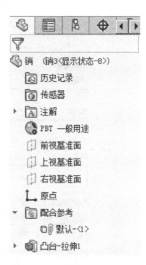

图 15-37 配合参考

15.5.2 添加配置

1）在【ConfigurationManager】中【配置】列表下右键单击【销配置】，在快捷菜单中选择【添加配置】命令，如图 15-38 所示。

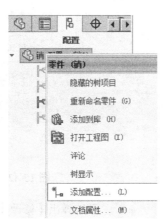

图 15-38 选择【添加配置】命令

2）系统弹出【添加配置】属性管理器，设置【配置名称】为【销 1】，在【高级选项】下勾选【压缩特征】，如图 15-39 所示。

3）单击 ✅。接着以相同方式继续添加配置，将【配置名称】分别设为【销 2】、【销 3】。

4）展开【ConfigurationManager】中的【配置】列表下的【销配置】，结果如图 15-40 所示。

5）在【默认】配置下，双击销零件模型，其基本尺寸显示如图 15-41 所示。

6）双击配置【销 2】，或者右键单击配置【销 2】，在快捷菜单中选择【显示配置】，如图 15-42 所示。

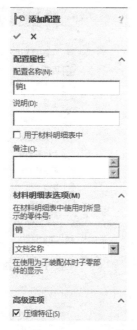

图 15-39 【添加配置】属性管理器

图 15-40 显示【配置】

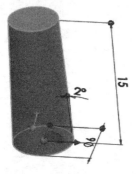

图 15-41 销基本尺寸

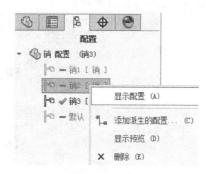

图 15-42 选择【显示配置】

7）双击销零件模型，双击尺寸"φ6"，系统弹出【修改】对话框，将【6】修改为【8】，如图 15-43 所示。

8）单击【8】右边的按钮，在其下拉列表中选择【此配置】，接着单击【以当前的数值重建模型】按钮，如图 15-44 所示。

图 15-43 【修改】对话框

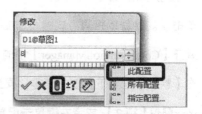

图 15-44 配置与重建模

9）单击 ✅ 按钮。继续修改销模型的长度尺寸，双击尺寸"15"，系统弹出【修改】对话框，将【15】修改为【20】，如图 15-45 所示。

10）单击【20】右边的按钮 🔣 ，在其下拉列表中选择【此配置】，接着单击 🔘 【以当前的数值重建模型】按钮。单击 ✅ 按钮。继续修改销模型的角度尺寸，双击尺寸"2"，系统弹出【修改】对话框，将【2】修改为【1.5】，如图 15-46 所示。

图 15-45　【修改】对话框

图 15-46　【修改】对话框

11）单击【1.5】右边的按钮 🔣 ，在其下拉列表中选择【此配置】，接着单击 🔘 【以当前的数值重建模型】按钮。修改配置完成后模型及基本尺寸如图 15-47 所示。

12）双击配置【销 3】，或者右键单击配置【销 3】，在快捷菜单中选择【显示配置】，如图 15-48 所示。

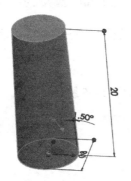

图 15-47　销 2 基本尺寸

图 15-48　选择【显示配置】

13）双击销零件模型，双击尺寸"φ6"，系统弹出【修改】对话框，将【6】修改为【10】，如图 15-49 所示。

14）单击【10】右边的按钮 🔣 ，在其下拉列表中选择【此配置】，接着单击 🔘 【以当前的数值重建模型】按钮。单击 ✅ 按钮。继续修改销模型的长度尺寸，双击尺寸"20"，系统弹出【修改】对话框，将【20】修改为【30】，如图 15-50 所示。

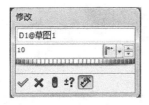

图 15-49　【修改】对话框

图 15-50　【修改】对话框

15）单击【30】右边的按钮，在其下拉列表中选择【此配置】，接着单击【以当前的数值重建模型】按钮。

16）单击按钮。继续修改销模型的角度尺寸，双击尺寸"2"，系统弹出【修改】对话框，将【2】修改为【3】，如图 15-51 所示。

17）单击【3】右边的按钮，在其下拉列表中选择【此配置】，接着单击【以当前的数值重建模型】按钮。修改配置完成后模型及基本尺寸如图 15-52 所示。

15-51 【修改】对话框

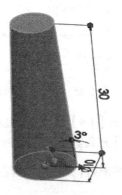

图 15-52 销 3 基本尺寸

18）右键单击销零件，在系统弹出的快捷菜单中选择【配置特征】，如图 15-53 所示。

19）系统弹出【修改配置】对话框，结果如图 15-54 所示。

20）单击【所有参数】按钮，查看所设置的参数，结果如图 15-55 所示。

15-53 选择【配置特征】

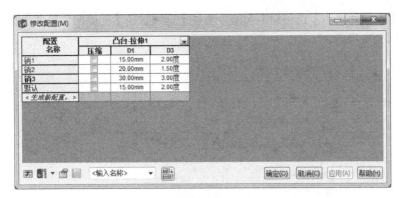

图 15-54 【修改配置】对话框

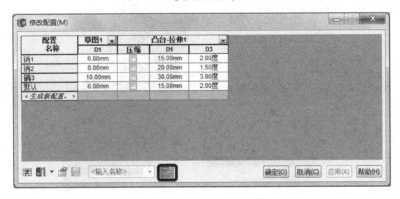

图 15-55　显示所有参数

21）单击【确定】，双击【默认】配置。单击 🖫【保存】按钮，单击绘图区域右上角 ⊠【关闭】按钮，退出模型零件的特征配置。

15.5.3　制作智能零部件

1）新建一个装配体文件，将销放入装配体中，该装配体如图 15-56 所示。

2）单击【视图】|【隐藏／显示】|【临时轴】菜单命令，选择【工具】|【制作智能零部件】菜单命令，系统弹出【智能零部件】属性管理器，在 🖫【使成智能的零部件】选择框中选择销，如图 15-57 所示。

图 15-56　打开销

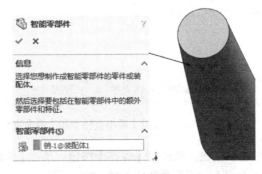

图 15-57　选择销

3）在【自动调整大小】选项组中勾选【直径】选项，在【同心配合参考】选项中选择销的临时轴，如图 15-58 所示。

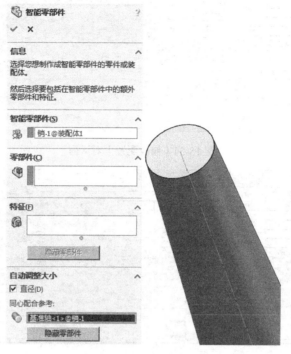

15-58 选择参考轴

4）单击【配置器表】按钮，系统弹出【配置器表】对话框，在配置表中设定【最小直径】和【最大直径】。单击【最小直径】和【最大直径】下的空白单元格，设定参数，结果如图 15-59 所示。

5）单击【确定】，此时装配体中【FeatureManager 设计树】中的销零件图标出现星星的标记，如图 15-60 所示。

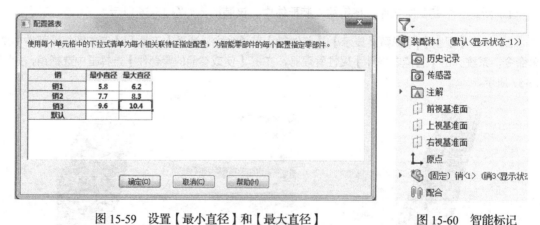

图 15-59　设置【最小直径】和【最大直径】　　　　　图 15-60　智能标记

6）单击 ✅ 按钮。单击 💾【保存】按钮。单击【文件】|【打包】菜单命令，选择一个路径，将制作完成的装配体进行保存，如图 15-61 所示。

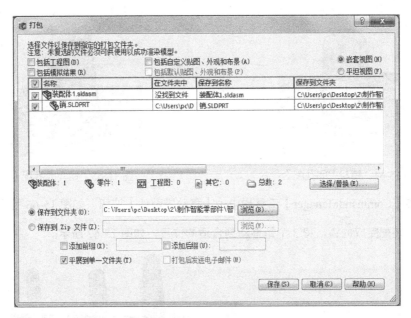

图 15-61 保存装配体

7）单击【保存】按钮，将该装配体及零件进行保存。

15.5.4 应用智能零部件

1）新建一个装配体文件，插入【轴】零件，如图 15-62 所示。

2）单击【装配体】工具栏中的 【插入零部件】按钮。系统弹出【插入零部件】属性管理器，在【要插入的零件/装配体】下单击【浏览】按钮，系统弹出【打开】对话框，选择【第 15章/范例文件/应用智能零部件/销.SLDPRT】。

3）单击【打开】按钮，将【销】的配合参考面拖到轴的小孔中，效果如图 15-63 所示。

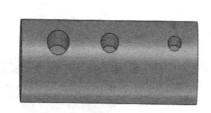

图 15-62 打开装配体

图 15-63 小孔与销轴配合

4）以同样的方式为轴的中间孔添加销，根据孔的直径大小，销会自动改变大小进行配合，如图 15-64 所示。

5）以同样的方式为轴的大孔添加销，根据孔的直径大小，销会自动改变大小进行配合，如图 15-65 所示。

图 15-64　销与中间孔配合

图 15-65　销与大孔配合

6）单击【CommandManager】工具栏中的【移动零部件】按钮，如图 15-66 所示。

7）单击装配完成的销，将 3 个销移动到合适的位置，如图 15-67 所示。

图 15-66　选择【移动零部件】

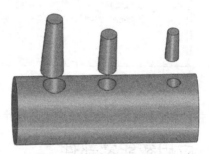

图 15-67　移动三个销至合适位置

8）选择小孔上方的销，单击【CommandManager】工具栏中的【配合】按钮，弹出【配合】属性管理器，选择销的底面和孔的底面，配合关系选择为【重合】，如图 15-68 所示。

9）单击✅【确定】按钮后，如图 15-69 所示。

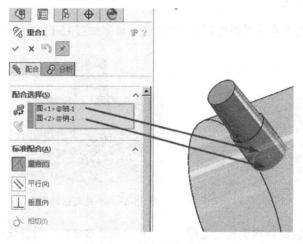

图 15-68　销与销孔配合

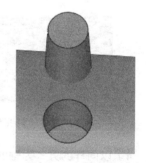

图 15-69　完成重合配合

10）选择销的圆锥面和孔的圆柱面，配合关系选择为【同轴心】，如图 15-70 所示。

11）单击 ✅【确定】按钮后，如图 15-71 所示。

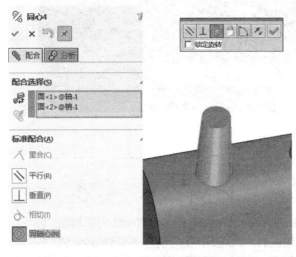

图 15-70　销与孔配合　　　　　　　　　图 15-71　完成同轴心配合

12）以同样的方式完成其余两个销与孔的配合，完成后如图 15-72 所示。

13）在系统的左端【FeatureManager 设计树】中，3 个销都显示有智能特征，如图 15-73 所示。

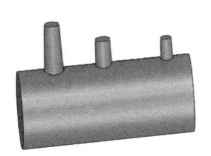

图 15-72　完成配合　　　　　　　　　　图 15-73　智能特征标记

第 16 章
特征识别

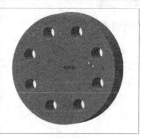

SolidWorks 的特征识别插件 FeatureWorks 可以对输入实体进行特征识别。识别的特征与使用 SolidWorks 软件生成的特征相同,可以编辑所识别特征的定义来改变其参数。对于基于草图的特征,在识别特征后,就可从 SolidWorks 特征管理器设计树编辑草图以更改特征的几何形状。本章主要介绍 FeatureWorks 选项设置、FeatureWorks 识别类型、识别不同的实体和诊断错误信息。

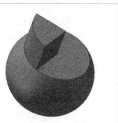

重点与难点

- 选项设置
- 识别类型
- 识别不同实体
- 诊断错误信息

16.1　FeatureWorks 选项设置

可使用 FeatureWorks PropertyManager 来设定大部分 FeatureWorks 识别选项。

16.1.1　FeatureWorks 选项

允许自定义 FeatureWorks 的选项，以及设定默认的参数。

单击 【FeatureWorks 选项】（【FeatureWorks】工具栏），或单击【插入】|【FeatureWorks】|【选项】命令，选项对话框将出现，如图 16-1 所示。

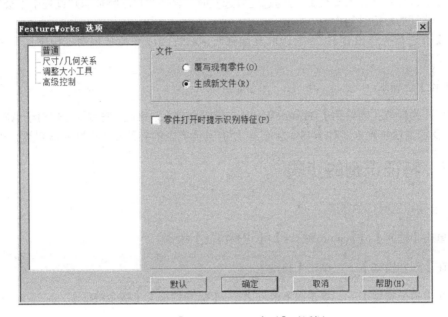

图 16-1　【FeatureWorks 选项】对话框

其中的选项含义如下。

（1）【普通】选项卡

- 【覆写现有零件】：在现有的零件文件中生成新特征，并且替换原来的输入实体。
- 【生成新文件】：在新的零件文件中生成新特征。
- 【零件打开时提示识别特征】：勾选此选项时，当在 SolidWorks 零件文件中打开来自另一系统的零件作为输入实体时，将自动开始特征识别。

（2）【尺寸/几何关系】选项卡

- 【启用草图自动标注尺寸】：自动将尺寸添加到识别的特征。
- 【模式】：将尺寸标注方案设定为基准线、链或尺寸链。
- 【放置】：设定尺寸的水平和垂直放置方式。
- 【几何关系】：给草图添加约束。

（3）【调整大小工具】选项卡

● 【识别顺序】：设定调整大小工具识别特征的顺序。

● 【在使用编辑特征时自动识别子特征】：在使用编辑特征识别输入实体上的面时，识别面的子特征。

（4）【高级控制】选项卡

1）【诊断】选项组。

● 【允许失败的特征生成】：允许软件生成有重建模型错误的特征。

● 【进行实体区别检查】：在特征识别后比较原始的输入实体及新的实体。

2）【性能】选项组。

● 【不进行特征侵入检查】：当勾选此复选框时，软件在自动特征识别过程中不会对侵入另一特征的特征进行检查。

● 【不进行实体检查】：当勾选此复选框时，软件可以在特征识别过程中周期性地检查实体。

3）【孔】选项组。

【识别孔为异型孔向导孔】：FeatureWorks 支持识别柱孔、锥孔、螺纹孔（仅对于 ANSI Metric 标准）以及管道螺纹孔（仅对于 ISO 标准）。所有其他类型的异型孔将识别为旧制类型孔。

16.1.2 特征识别的步骤

（1）自动识别特征的步骤

1）单击【插入】|【FeatureWorks】|【识别特征】命令。

2）在【识别模式】下，单击【自动】。

3）在【特征类型】下，单击以下选项之一：【标准特征】、【钣金特征】。

4）单击 以自动识别所选特征。

5）单击 来识别特征，特征出现在 SolidWorks 特征管理器设计树中。

（2）交互识别特征的步骤

1）单击【插入】|【FeatureWorks】|【识别特征】命令。

2）在【识别模式】下，单击【交互】。

3）在【特征类型】下，单击以下选项之一：【标准特征】、【钣金特征】。

4）在【交互特征】下，选择特征类型。

5）在【所选实体】 下，从图形区域选择想识别的几何体。

6）如果识别成功，在图形区域内，特征会从输入的实体中移出。

7）单击 ✔ 来完成特征识别并生成新的特征。

16.1.3　中级阶段属性管理器

使用中级阶段属性管理器来查找阵列并组合或重新识别特征。在【FeatureWorks】属性管理器中单击 ➲ 以显示中级阶段属性管理器，如图 16-2 所示。

其中选项含义如下。

（1）【识别的特征】选项组

- 识别的特征列表：根据【FeatureWorks】属性管理器中的选择内容来显示识别的特征。
- 【查找阵列】：打开阵列识别属性管理器。
- 【组合特征】：从识别的特征列表中选取要组合的特征，然后单击【组合特征】。

（2）【重新识别】选项组

在使用【FeatureWorks】属性管理器识别了特征之后，可将之重新识别为不同的特征。

- 重新识别的特征列表：为重新识别显示交替特征类型。
- 【重新识别】：单击以重新识别特征为交替特征。

图 16-2　中级阶段属性管理器

16.2　FeatureWorks 识别类型

FeatureWorks 插件可以将导入到 SolidWorks 中实体识别成特征。FeatureWorks 可以识别以下特征。

- 拉伸或旋转特征。
- 线性或圆形的边线上的倒角。
- 线性或圆形边线上的等半径或变半径圆角。
- 筋：平行于草图而拉伸、垂直于草图而拉伸的筋。
- 拔模特征。
- 孔：可使用自动或交互特征识别来识别孔，包括简单孔、简单钻孔、螺纹孔、螺纹钻孔、锥孔、锥形钻孔和柱孔。
- 放样：交互识别基体放样。
- 壳体。
- 扫描：交互识别基体扫描。
- 特征阵列：线性、圆周、矩形及镜向。
- 钣金特征：基体法兰、边线法兰、绘制的折弯、褶边法兰以及斜接法兰。
- 草图阵列：可使用交互识别来从随意生成的类似特征中生成草图阵列。
- 多体零件：一次选择一个实体来识别多体零件。

FeatureWorks 可以自动将其识别的尺寸添加到特征上。其支持基准线、更改和尺寸链尺寸标注方案，并可识别同轴心和其他几何关系。

16.2.1 自动/交互的特征识别

1）自动特征辨认：FeatureWorks 软件尝试自动识别并高亮显示尽可能多的特征。这种方法的好处是加速特征的识别，因为不必选取面或特征。

2）交互特征识别：选择特征类型和构成所要识别特征的实体。这种方法的好处是可以控制所识别的特征。例如，可以决定要将圆柱切除识别为拉伸、旋转或孔。

16.2.2 交互特征识别类型

1. 标准特征的识别

（1）特征类型：凸台拉伸或切除拉伸

● 对于选择对象为面时，需要选择的对象为：代表特征草图的模型面。对于所有拉伸，FeatureWorks 会识别给定深度终止条件。对于切除拉伸，FeatureWorks 也会识别完全贯穿和成形到一面，如图 16-3 所示。

● 对于选择对象为边线或环，需要选择的对象为：代表特征草图的一组边线或环，如图 16-4 所示。

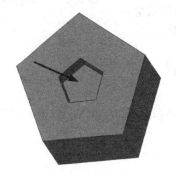　　　　

图 16-3　面的选择　　　　　　　图 16-4　边线或环的选择

（2）特征类型：凸台旋转或切除旋转

需要选择的对象：代表旋转特征草图的一组面，如图 16-5 所示。

（3）特征类型：倒角

需要选择的对象：代表倒角面的模型面，如图 16-6 所示。

（4）特征类型：拔模

需要选择的对象：拔模面和代表中性面的面，如图 16-7 所示。

（5）特征类型：圆角/圆化

需要选择的对象：代表圆角面的模型面。选择一变半径圆角，如图 16-8 和图 16-9 所示。

（6）特征类型：孔

需要选择的对象：代表孔特征草图的一组面。FeatureWorks 识别这些终止条件：给定深度、完全贯穿和成形到一面。FeatureWorks 也在使用调整大小工具时识别这些终止条件，如图 16-10 所示选择箭头所示的面。

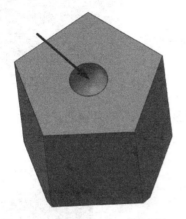

图 16-5　面的选择

图 16-6　面的选择

图 16-7　面的选择

图 16-8　等半径

图 16-9　变半径

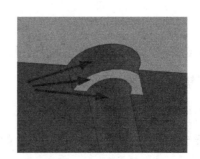

图 16-10　选择面

（7）特征类型：基体-放样

需要选择的对象：端面 1 和端面 2，如图 16-11 所示。

（8）特征类型：筋

需要选择的对象：对于筋独特的面，如图 16-12 所示。

（9）特征类型：抽壳

需要选择的对象：抽壳特征顶端的面。只有具有统一厚度的抽壳特征才可被识别，如图 16-13 所示。

（10）特征类型：基体-扫描

需要选择的对象：选择端面 1，然后选择端面 2，如图 16-14 所示。

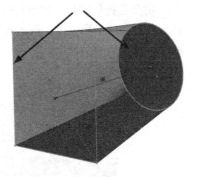

图 16-11　选择面 1 和面 2

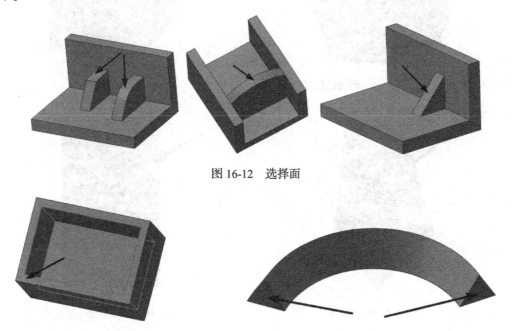

图 16-12　选择面

图 16-13　选择面　　　　图 16-14　选择面

（11）特征类型：体积特征

需要选择的对象：代表加厚曲面的模型面，如图 16-15 所示。

2. 钣金特征类型

（1）特征类型：基体法兰

需要选择的对象：任何基体法兰面，如图 16-16 所示。

（2）特征类型：绘制的折弯

需要选择的对象：零件折弯所沿的固定面，如图 16-17 所示。尖角折弯不能被识别。

（3）特征类型：褶边

需要选择的对象：褶边面或折弯面，如图 16-18 所示。

图 16-15　选择面

图 16-16　选择面

图 16-17　选择固定面

图 16-18　选择面

（4）特征类型：边线法兰

需要选择的对象：任何边线法兰面，如图 16-19 所示。

（5）特征类型：斜接法兰

需要选择的对象：斜接法兰与固定面相遇的内部或外部法兰面，如图 16-20 所示。

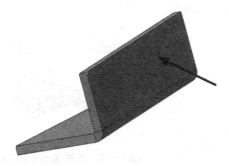

图 16-19　选择面

图 16-20　选择面

16.2.3 逐步识别

逐步识别可以识别零件的某些输入实体特征。逐步识别输入的实体特征的步骤如下。

1）打开带输入的实体特征的零件。

2）单击【插入】|【FeatureWorks】|【识别特征】命令。

3）在【FeatureWorks】属性管理器中，选择要识别的特征，然后单击 按钮。

4）单击 按钮，识别的特征出现在 SolidWorks 特征管理器设计树中。

5）保存该零件。

16.3 识别不同实体

SolidWorks 可以对一些实体特征进行识别，包括放样特征、阵列特征和扫描特征等。

16.3.1 放样特征识别

1. 放样特征

FeatureWorks 可以交互识别基体放样。FeatureWorks 识别有两个或多个相似或完全不同的基体放样，轮廓可以平行，也可以不平行。

不支持的放样实体如下。

1）终止条件垂直于轮廓和方向向量。

2）引导线。

3）轮廓连接线。

4）轮廓样条曲线。

2. 交互识别放样特征的步骤

1）打开模型。

2）单击【插入】|【FeatureWorks】|【识别特征】命令。

3）在属性管理器中，进行以下设置。

● 为【识别模式】选择【交互】选项。

● 为【特征类型】选择【标准特征】选项。

4）在【交互特征】下，进行以下设置。

● 选择【特征类型】下的【基体-放样】选项。

● 选择 【端面 1】和 【端面 2】的面，如图 16-21 所示。

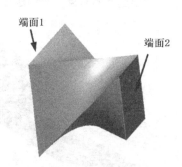

图 16-21 选择端面 1 和端面 2

5）单击【识别】按钮。

6）单击 ✔ 按钮。

16.3.2　阵列特征识别

1. 识别阵列

该应用程序可识别以下类型阵列：线性阵列，如图 16-22 所示；圆周阵列，如图 16-23 所示；填充阵列，如图 16-24 所示；镜向，如图 16-25 所示。

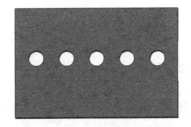

图 16-22　线性阵列

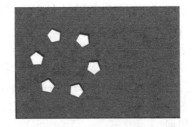

图 16-23　圆周阵列

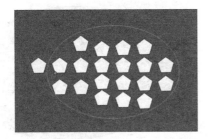

图 16-24　矩形

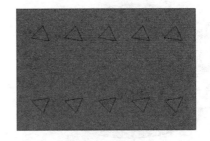

图 16-25　镜向

识别阵列的步骤如下。

1）单击插入 |【FeatureWorks】|【识别特征】命令。

2）在【FeatureWorks】属性管理器中，选择识别模式和特征类型。

3）选择自动特征或交互特征选项。

4）单击 以显示中级阶段属性管理器。

5）单击【查找阵列】按钮。

6）在阵列识别属性管理器中，选择阵列识别模式和阵列类型。

7）单击 按钮，属性管理器会报告所找到的阵列数量。

8）单击【确定】按钮，然后单击 ✔ 按钮，将阵列添加到特征管理器设计树中，可以识别的圆周阵列如图 16-26 所示。

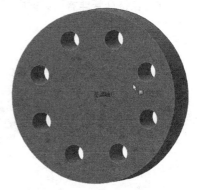

图 16-26　识别圆周阵列

2. 识别镜向阵列

可以使用自动或交互模式识别镜向阵列，FeatureWorks 自动选择镜向基准面。

识别镜向阵列的步骤如下。

1）在【FeatureWorks】属性管理器中选取一个识别模式、特征类型，然后单击【为镜向阵列识别特征按钮。

2）在中级阶段属性管理器中的【识别的特征】下单击【查找阵列】按钮。

3）在阵列识别属性管理器中进行以下操作。

- 选取一个阵列识别模式。
- 选择阵列类型中的镜向。
- 在阵列特征下为源特征选取一个特征，如图 16-27 所示。
- 为镜向特征选取另一个特征，如图 16-28 所示。
- 单击 ➡ 按钮，属性管理器报告出发现的镜向数量，FeatureWorks 为每个单独特征计算镜向。

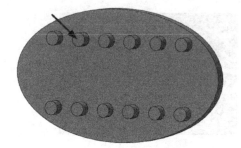

图 16-27　选取一个特征

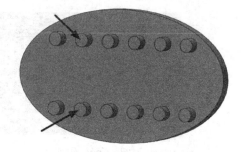

图 16-28　选取另一个特征

4）单击【确定】按钮关闭该属性管理器。

5）单击 ✔ 按钮。

6）在特征管理器设计树中，选择镜向特征以在图形区域高亮显示它们，如图 16-29 所示。

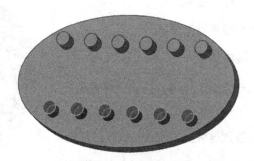

图 16-29　镜向特征的识别

16.3.3　扫描特征识别

可使用交互特征识别来识别以轮廓和路径所生成的基体扫描特征。

可识别这些类型的基体扫描特征：方形轮廓，如图 16-30 所示；半圆轮廓，如图 16-31 所示；带内部循环的扫描，如图 16-32 所示。

图 16-30　方形轮廓　　　　　图 16-31　半圆轮廓　　　　　图 16-32　带内部循环的扫描

不可识别这些类型的基体扫描特征：凸台扫描特征(添加到基体特征的扫描特征)，如图 16-33 所示；切除-扫描特征，如图 16-34 所示。

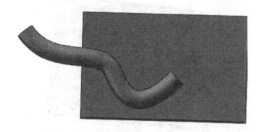 

图 16-33　添加到基体特征的扫描特征　　　　　　图 16-34　切除-扫描特征

16.4　诊断错误信息

在进行交互识别时，如果软件未能识别出特征，则会显示详细的错误信息，说明失败的原因并推荐可能的解决办法。同时，该信息还含有帮助主题的链接。

16.4.1　拉伸的错误诊断

出现以下情况，将提示拉伸识别错误。

1.　拉伸-非平面

所选面必须为平面。要使 FeatureWorks 能够识别凸台拉伸或切除拉伸，所选面必须为平面，所选面也可以是近似处理为平面的样条曲线面，球面、圆柱面和圆锥面都不是有效的拉伸面。球面如图 16-35 所示，圆柱面如图 16-36 所示，圆锥面如图 16-37 所示。

图 16-35　球面

图 16-36　圆柱面

图 16-37　圆锥面

2. 拉伸-非共平面

所选面必须为共平面，如果选择的面是平行的，但不是共平面，尝试使用成形到面。如图 16-38 所示，所选面是平行的，但不是共平面。

3. 拉伸-嵌套面

特征包含嵌套面或内部环。所选面具有多种可能的草图组合，因此存在多种可能的拉伸，如图 16-39 所示。

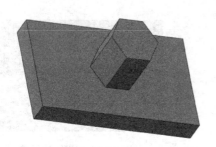

图 16-38　非共平面

图 16-39　拉伸-嵌套面

4. 拉伸-自相交草图

当拉伸轮廓的草图自相交叉时，将无法识别该拉伸，如图 16-40 所示。

5. 拉伸-无效的边线

FeatureWorks 无法识别从所选边线开始的拉伸特征，如图 16-41 所示。

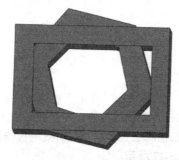

图 16-40　拉伸-自相交草图

图 16-41　拉伸-无效的边线

16.4.2　旋转的错误诊断

出现以下情况，将提示旋转识别错误。

1. 旋转-面不形成旋转

单一旋转实体不能从所选面生成，如图 16-42 所示。

2. 旋转-无共同轴

旋转面不共享共同轴，如图 16-43 所示。旋转面需要共享一个共同轴。

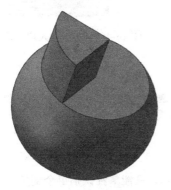

图 16-42　旋转-面不形成旋转　　　　　图 16-43　旋转-无共同轴

16.4.3　倒角的错误诊断

出现以下情况，将提示倒角识别错误。

1. 倒角-宽度比率

倒角面相对于相邻面太大。当倒角的宽度比该倒角最窄支撑面的宽度大 1 000 倍以上时，就会出现此错误。

2. 倒角-宽度

倒角的宽度太大而无法识别。FeatureWorks 只能识别宽度不超过上限的倒角。方倒角是指角度设定为 45° 的倒角。

3. 倒角-支撑面角度

支撑面之间的角度太大。当两个支撑面之间的角度太大时，倒角面看起来就像是另一个支撑面，而不像倒角。当支撑面之间的角度超过 137° 时，就会显示错误信息，如图 16-44 所示。

4. 倒角-边线角度

倒角边线角度是指倒角面与支撑面之间的角度。当倒角

图 16-44　倒角-支撑面角度

边线角度太大或太小时，倒角面看起来就像是支撑面的一部分。当该角度太平（小于 6°）或太陡（大于 89°）时，就会显示错误信息。最小边线角度如图 16-45 所示，最大边线角度如图 16-46 所示。

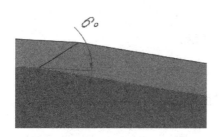

图 16-45　倒角-最小边线角度

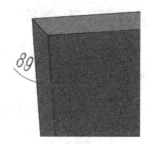

图 16-46　倒角-最大边线角度

5. 倒角-直倒角

倒角面不能消除相邻面。如果倒角的宽度占据了基体零件几何体，以至于倒角面替换了其中一个支撑面，就会形成直倒角，如图 16-47 所示。

6. 倒角-多个

FeatureWorks 无法同时识别多个倒角，如图 16-48 所示，只能单独识别每个倒角。

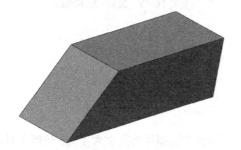

图 16-47　直倒角

图 16-48　倒角-多个

7. 倒角-顶点

FeatureWorks 无法识别顶点倒角，如图 16-49 所示。

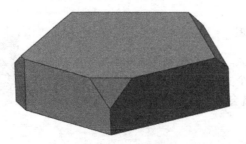

图 16-49　倒角-顶点

16.4.4 圆角的错误诊断

出现以下情况，将提示圆角识别错误。

1. 圆角-相切

圆角几何体必须平滑地合并到相邻面。部分孔看起来与圆角类似，但软件不会将其识别为圆角，如图 16-50 和图 16-51 所示。

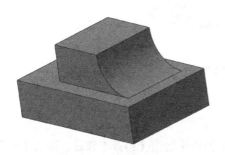

图 16-50　圆角

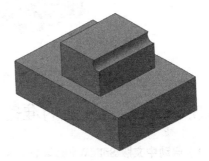

图 16-51　孔的一部分

2. 圆角-支撑面半径

圆角面的半径与相邻面相同。如果支撑面与圆角面的曲率半径相同，该圆角实际上就是个分割面，如图 16-52 所示。

3. 圆角-大半径

圆角面的半径太大，FeatureWorks 无法识别半径大于 490 m 的圆角。

4. 圆角-顶点

FeatureWorks 无法识别顶点圆角，如图 16-53 所示。

图 16-52　圆角-支撑面半径

图 16-53　圆角-顶点

16.5　减速器箱体特征识别范例

本节以减速器箱体为例，如图 16-54 所示，来说明 SolidWorks 软件中的特征识别功能。

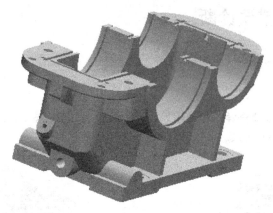

图 16-54 零件模型

16.5.1 识别特征前的准备工作

1）启动中文版 SolidWorks 软件，单击【标准】工具栏中的 【打开】按钮，弹出【打开】对话框，将打开的文件类型选择为 ".x_b" 文件，在配套光盘中选择【第 16 章/范例文件/箱体.x_b】，单击【打开】按钮，如图 16-55 所示。

2）单击【打开】按钮，系统弹出【输入诊断】对话框，单击【否】按钮，如图 16-56 所示。

图 16-55 【打开】对话框

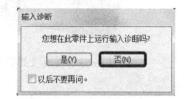

图 16-56 【输入诊断】对话框

3）零件在特征管理器设计树中显示为【输入 1】，如图 16-57 所示。

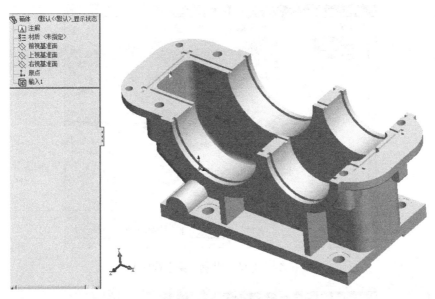

图 16-57　输入 1

4）单击【插入】|【FeatureWorks】|【选项】菜单命令，弹出【FeatureWorks 选项】对话框。

5）单击【普通】选项卡，在【文件】选项组中选择【覆写现有零件】选项，如图 16-58 所示。

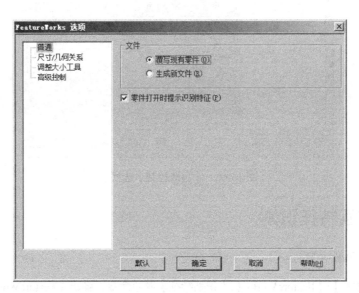

图 16-58　【普通】选项卡

6）单击【尺寸/几何关系】选项卡，勾选【给草图添加约束】选项，如图 16-59 所示。

7）单击【高级控制】选项卡，在【诊断】选项组中勾选【允许失败的特征生成】选项；在【性能】选项组中取消选择【不进行特征侵入检查】和【不进行实体检查】，其他设置如图 16-60 所示。单击【确定】按钮完成 FeatureWorks 选项的设置。

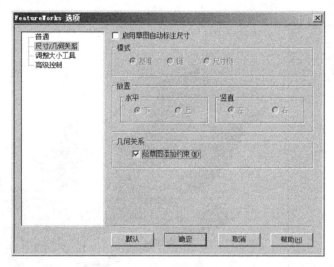

图 16-59　【尺寸/几何关系】选项卡

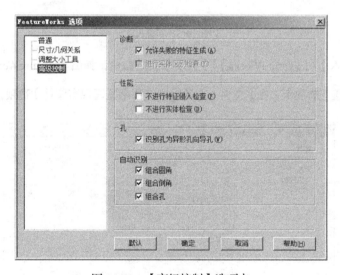

图 16-60　【高级控制】选项卡

16.5.2　交互特征识别

（1）识别圆角/倒角特征

1）单击【插入】|【FeatureWorks】|【识别特征】菜单命令，弹出【FeatureWorks】属性管理器。

2）在【识别模式】选项组中，选择【自动】选项；在【特征类型】选项组中，选择【标准特征】选项；在【自动特征】选项组中勾选【圆角/倒角】选项，如图 16-61 所示。

3）单击 （下一步）按钮，系统自动识别，结果如图 16-62 所示。在【识别的特征】中显示所有识别的结果，单击某一特征后，在图形区域中相应的圆角会高亮显示，如选中【圆角 1】后，在零件模型中显示相应的圆角面。

图 16-61　【FeatureWorks】
属性管理器

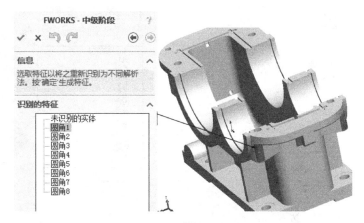

图 16-62　识别结果

4）单击 ⬅ （上一步）按钮，系统弹出一提示对话框，如图 16-63 所示，单击【确定】按钮。

5）FeatureWorks 识别后的特征将会从模型中消失，结果如图 16-64 所示。

图 16-63　提示对话框

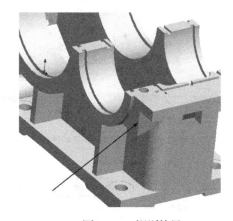

图 16-64　识别结果

（2）识别孔特征

1）在【识别模式】选项组中，选择【自动】选项；在【特征类型】选项组中，选择【标准特征】选项；在【自动特征】中勾选【孔】选项，如图 16-65 所示。

2）单击 ➡ （下一步）按钮，系统自动识别，结果如图 16-66 所示。在【识别的特征】中显示所有识别的结果，单击某一特征后，在图形区域中相应的孔特征会高亮显示，如选中【孔 2】后，在零件模型中显示相应的孔。

图 16-65 【FeatureWorks】管理器

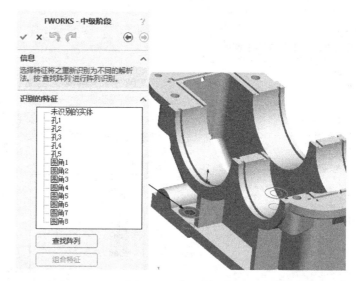

图 16-66 识别结果

3）单击 ⊜（上一步）按钮，系统弹出一提示对话框，如图 16-67 所示，单击【确定】按钮。

4）FeatureWorks 识别的孔特征将会从模型中消失，结果如图 16-68 所示。

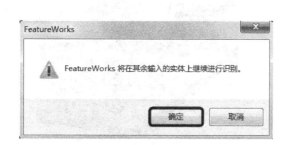

图 16-67 提示对话框

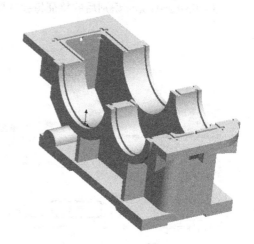

图 16-68 识别结果

（3）识别筋特征

1）在【识别模式】选项组中，选择【自动】选项；在【特征类型】选项组中，选择【标准特征】选项；在【自动特征】中勾选【筋】选项，如图 16-69 所示。

2）单击 ⊜（下一步）按钮，系统自动识别，结果如图 16-70 所示，在【识别的特征】中显示所有识别的结果，按住 Ctrl 键后选中【筋 1】和【筋 2】，在零件模型中显示相应的筋特征。

图 16-69　【FeatureWorks】属性管理器

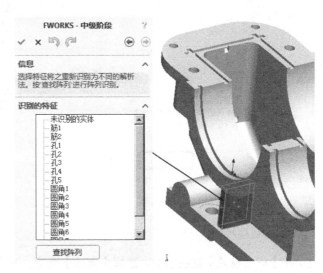

图 16-70　识别结果

3）单击【识别的特征】中的【孔 1】，在【重新识别】选项组中选择【切除-拉伸】，单击【重新识别】按钮，在【识别的特征】中便出现识别切除-拉伸的结果，如图 16-71 所示。

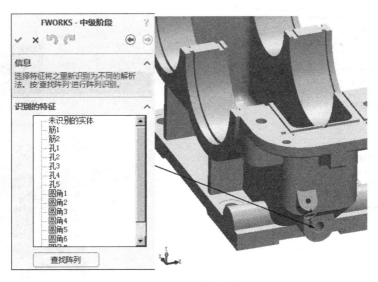

图 16-71　重新识别

4）单击 （上一步）按钮，系统弹出一提示对话框，如图 16-72 所示，单击【确定】按钮。

5）FeatureWorks 识别的这些特征将会从模型中消失，结果如图 16-73 所示。

图 16-72　提示对话框

图 16-73　识别结果

（4）识别拔模特征

1）在【识别模式】选项组中，选择【自动】选项；在【特征类型】选项组中，选择【标准特征】选项；在【自动特征】中勾选【拔模】选项，如图 16-74 所示。

2）单击 （下一步）按钮，系统自动识别，结果如图 16-75 所示，在【识别的特征】中显示所有识别的结果，选中【拔模 1】后，在零件模型中高亮显示相应的拔模特征。

图 16-74　【FeatureWorks】属性管理器

图 16-75　识别结果

3）单击 （上一步）按钮，系统弹出一提示对话框，如图 16-76 所示，单击【确定】按钮。

4）FeatureWorks 识别的拔模特征将会从模型中消失，结果如图 16-77 所示。

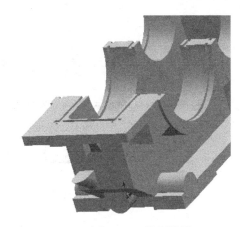

图 16-76　提示对话框　　　　　　　　　　　图 16-77　识别结果

（5）识别拉伸特征

1）在【识别模式】选项组中，选择【自动】选项；在【特征类型】选项组中，选择【标准特征】选项；在【自动特征】中勾选【拉伸】选项，如图 16-78 所示。

2）单击 （下一步）按钮，系统自动识别，结果如图 16-79 所示，在【识别的特征】中显示所有识别的结果，选中【凸台-拉伸 3】后，在零件模型中显示相应的拉伸特征。

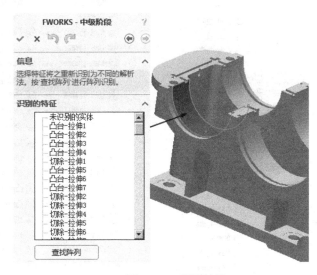

图 16-78　【FeatureWorks】属性管理器　　　　图 16-79　识别结果

3）单击 （上一步）按钮，系统弹出一提示对话框，如图 16-80 所示，单击【确定】按钮。

4）FeatureWorks 识别的拉伸特征将会从模型中消失，结果如图 16-81 所示。

5）单击属性管理器中的 按钮，完成特征识别。零件将自动重建，在特征管理器设计树中显示零件模型的所有特征，如图 16-82 所示。

图 16-80 提示对话框

图 16-81 识别结果

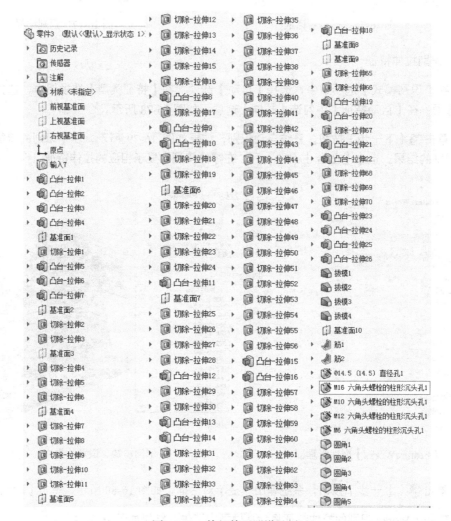

图 16-82 特征管理器设计树

第 17 章
二次开发

开发者和用户能够通过使用 Visual Basic、Visual C++、Delphi 以及任何一种支持 ActiveX Automation 技术的工具，对 SolidWorks 进行二次开发，全面扩展 SolidWorks 的功能或将其功能集成到客户应用程序中，以实现 SolidWorks 的完全客户化。本章主要介绍二次开发的基础知识以及二次开发的实例。

重点与难点

- 二次开发体系
- 二次开发接口及函数
- 二次开发方法
- 二次开发工具

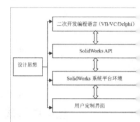

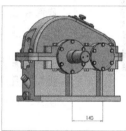

17.1 SolidWorks 二次开发概述

SolidWorks 应用程序设计界面（API）是与 SolidWorks 软件相关的 COM 程序设计界面。此 API 中包含了上千种可以在 Visual Basic（VB）、Visual Basic for Applications（VBA）、VB.NET、C++、C#或 SolidWorks 宏文件中调用的功能。这些函数使程序设计员可以直接使用 SolidWorks 的功能。

17.1.1 SolidWorks 二次开发体系

SolidWoks 是一套完全基于 Windows 的三维设计软件，采用了与 Unigraphics 相同的先进的底层图形核心 Parasolid。它基于特征的参数化、变量化设计技术，使其操作方便，简单易学。此外，它还为用户提供了采用标准 Windows "对象链接与嵌入（OLE）"技术和"组件对象模型（COM）"技术的应用程序接口，有利于二次开发技术的实现，开发者和用户能够通过使用 Visual Basic、Visual C++、Delphi 以及任何一种支持 ActiveX Automation 技术的工具，对 SolidWorks 进行二次开发，全面扩展 SolidWorks 的功能或将其功能集成到客户应用程序中，以实现 SolidWorks 的完全客户化。

目前，主流的 CAD 软件都提供了用户定制功能和二次开发工具，通过 CAD 软件的二次开发工具可以将通用的商业化的 CAD 软件本地化、个性化，即以 CAD 系统为基础平台，在应用开发软件和编程接口的基础上，可以根据自身需要研制开发符合相关标准和适合企业实际应用的用户化、专业化、知识化、集成化软件，以进一步提高产品研发效率。

把用户设计思想转化为特定的新功能模块需要以下几个基本要素，这些要素构成了 SolidWorks 软件二次开发平台的基本体系，如图 17-1 所示。

1）通用 CAD 软件（SolidWorks）——管理层。通用 CAD 软件是整个二次开发的基础，在二次开发结构中属于管理层。它负责用户界面定制、图形显示、数据管理、流程控制、消息分发等。

2）编程开发环境——开发层。开发语言包括了计算机高级语言（C/C++等）和通用集成开发环境（VB/VC/Delphi）。通用集成开发环境具有功能

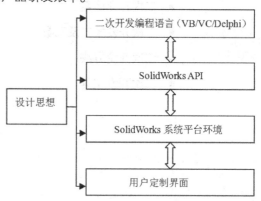

图 17-1 SolidWorks 二次开发体系图

强大、使用简单、效率高等特点，是目前比较流行的二次开发环境。在二次开发结构中，编程环境属于开发层，主要任务包括程序源代码的编辑、修改、编译、调试和优化等。

3）应用程序编程接口（Application Programming Interface，API）——支持层。编程开发环境仅提供了一般性的语言支持，在二次开发过程中，还需要提供相应的 API 支持。API 的作用是建立开发程序与原软件程序的连接，使两者无缝集成。API 属于支持层，它是开发程序与 CAD 软件之间进行连接、通信的通道。

4）设计思路——知识层。开发者在原有 CAD 软件基础上，只有将其设计思路和二次开发工具方法结合起来，才能使定制发挥最大的作用。

17.1.2　SolidWorks 的二次开发接口

SolidWorks 的软件开发商为方便各类用户对其进行二次开发，提供了 API，它是一个基于 OLE Automation 的编程接口，此接口为用户提供了自由、开放、功能完整的开发工具，其中包含了数以百计的功能函数，这些函数提供了程序员直接访问 SolidWorks 的能力。API 中的函数可以被 Visual Basic、C/C++、VBA、SolidWorks 宏文件以及其他支持 OLE 的开发程序调用，从而可以扩展 SolidWorks 的功能。

17.1.3　SolidWorks API 函数

为了方便用户进行二次开发，SolidWorks 提供了几百个 API 函数，这些函数是 SolidWorks 的基于 OLE 或 COM 开发技术的接口，它是 SolidWorks 对象的方法或属性，用户可以使用 VB/VBA/VC/Delphi 等高级语言对这些对象属性的设置和方法的调用，实现在设计者自己开发的程序中对 SolidWorks 进行各种操作，建立满足用户需要的定制的 SolidWorks 软件系统。图 17-2 所示为 SolidWorks 对象模型的层次结构图，它是一种树形结构模型图，根为 SolidWorks 对象，SolidWorks 中的其他对象都是它的子对象。不管使用什么编程语言对 SolidWorks 进行二次开发，都需要通过调用 SolidWorks 的对象体系来实现，SolidWorks API 将 SolidWorks 的各种建模功能封装在对象之中供编程调用，每个对象一般包括以下几个内容。

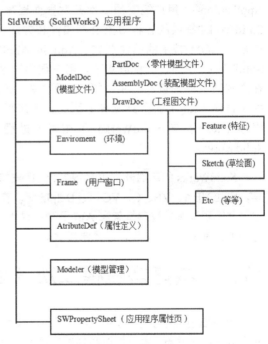

图 17-2　SolidWorks 对象模型层次体系

1）对象的类型。

2）对象的属性。

3）对象的方法。

17.1.4　SolidWorks 二次开发方法

基于 SolidWorks 的二次开发方法有两种：一种是编程法，另一种是尺寸驱动法。

编程法是将设计过程的所有关系式都包括在应用程序中，程序按照建模过程顺序地执行，这种方法每参数化或更新一次模型都需要从头至尾执行一次应用程序代码。

尺寸驱动法是在保持模型结构不变的前提下，将模型中的尺寸视为变量，在应用程序中通过给这些变量赋值，就可以同步更新模型中相对应的尺寸值，最终获得一系列尺寸不同而结构相同的模型，形成零部件系列库。这种方法不需要重复建模过程，只是在基础模型基础上修改若干个尺寸就可以达到参数化模型的目的。

以上两种方法都可以借助宏录制方法简化编程过程，但是简化程度不同。编程法需要将建模的整个过程录制下来，然后修改录制的代码，将有关的常量变换成变量。但是在宏录制过程中并不是所有的操作过程的代码都能被记录，如果有遗漏的过程就需要设计者自己去利用 SolidWorks API 函数补充相应的代码。尺寸驱动法并不需要整个建模过程的代码，它只在建模完成后录制修改模型尺寸时的宏代码，这样涉及的 API 函数大大减少。两者的开发本质不同，从开发效率和可靠性看，尺寸驱动法显然简单易掌握，实用性和操作性更强。

17.1.5 SolidWorks 二次开发工具

SolidWorks 二次开发有两种形式：第一种是基于 OLE 技术的独立应用程序（Standalone Application），用户编制的二次开发界面程序作为一个独立应用程序（.exe），通过 API 调用 SolidWorks 提供的各种对象及其属性和方法，从而实现对 SolidWorks 的操作和控制；第二种是基于 COM 技术的插件形式（Add in Application），用户程序作为一个插件（.dll）集成到 SolidWorks 中去，这种形式下，用户程序同 SolidWorks 程序运行在同一进程，而且用户可以在主程序中添加自己的菜单栏、工具栏等，效率高，使用户程序和 SolidWorks 有机融为一体。插件程序（.dll）的出错或者不稳定会直接影响到 SolidWorks 程序的正常运行，而独立应用程序（.exe）与 SolidWorks 不在同一进程空间运行，因此用户程序的异常不会影响到 SolidWorks。

SolidWorks 的二次开发工具很多，任何支持 OLE 和 COM 技术的编程语言都可以作为开发工具，比如 VBA、VB、C、VC++、Delphi 等。在众多的二次开发工具中，最简单的是 VBA，常用宏录制得到基本的程序框架和 API 函数；易学易用的是 VB，常用于生成.exe 文件；VC++语言功能强大，常生成.dll 文件，但是难度大。

17.2 减速器建模二次开发范例

上节简要介绍了 SolidWorks 二次开发基本原理、开发方法和开发工具，并且比较了两种二次开发方法的优缺点，本节将以减速器实体模型为开发对象，利用 OLE 技术在尺寸驱动法基础上使用 VB.NET 开发软件对 SolidWorks 进行二次开发。

用户在进行本范例练习时，计算机上需要先安装 VB.NET 才能正常操作。

17.2.1 建立基础模型

尺寸驱动法需要在基础模型上进行相应的尺寸参数化，因此首先需要建立减速器装配体的实体模型作为二次开发的基础，在 SolidWorks 环境中建立的模型如图 17-3 所示。模型在本书的配套光盘"第 17 章/范例文件"文件夹中。

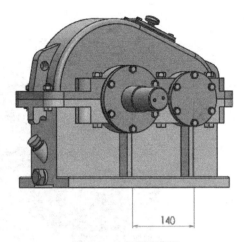

图 17-3 减速器模型

17.2.2 VB.NET 二次开发界面

1）本范例在 VB.NET 中先建立软件界面，在界面中放入文本框，通过 SolidWorks API 函数将文本框与模型的参数尺寸相关联，使得在文本框中输入数值，即可驱动 SolidWorks 改变模型的形状。在 VB.NET 环境中开发的【重建零件】界面如图 17-4 所示。

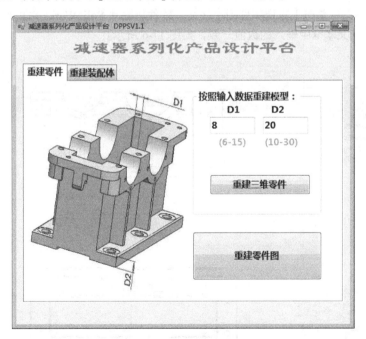

图 17-4 【重建零件】界面

2）在界面的【D1】和【D2】文本框中，分别输入【8】和【20】，单击【重建三维零件】按钮，软件将驱动 SolidWorks 对模型进行重建，重建后的模型尺寸将和文本框中输入的数值一致，如图 17-5 所示。

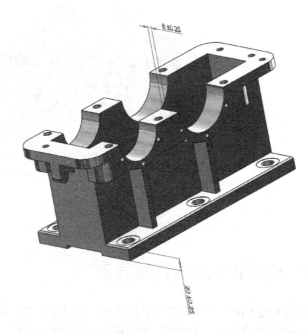

图 17-5　改变尺寸后的模型

3）在软件界面中单击【重建零件图】按钮，软件将驱动 SolidWorks 对模型进行重建，重建后的零件图尺寸和文本框中输入的数值一致，如图 17-6 所示。

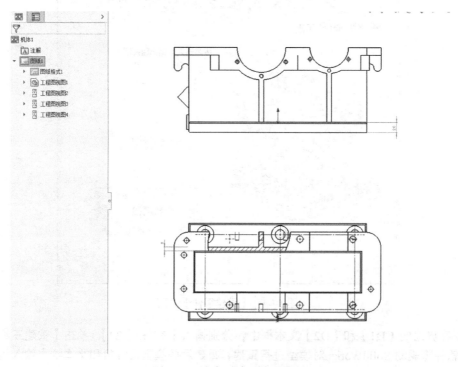

图 17-6　改变尺寸后的工程图

4）单击软件界面的【重建装配体】标签，进入重建装配体模块。在文本框中输入数值，可以改变装配体的中心距，如图 17-7 所示。

图 17-7　【重建装配体】界面

5）在界面的【D3】文本框中输入【140】，单击【重建装配体模型】按钮，软件将驱动 SolidWorks 对装配体进行重建，重建后的装配体尺寸将和文本框中输入的数值一致，如图 17-8 所示。

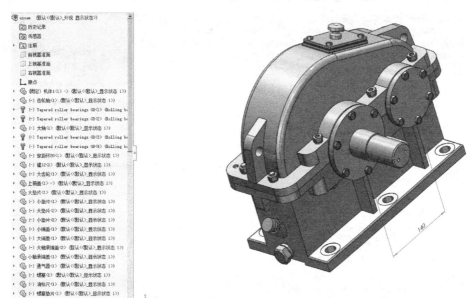

图 17-8　改变尺寸后的模型

6）在软件界面中单击【重建装配图】按钮，软件将驱动 SolidWorks 对装配图进行重建，重建后的装配图尺寸和文本框中输入的数值一致，如图 17-9 所示。

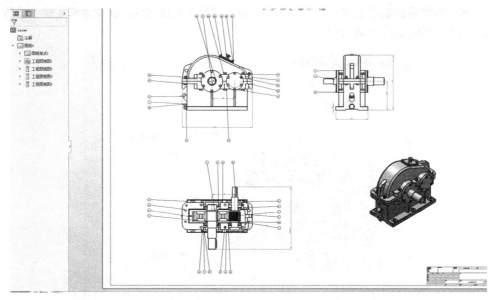

图 17-9　改变尺寸后的工程图

17.2.3　VB.NET 应用程序代码

VB.NET 二次开发前界面作用是输入变量值和提示信息，尺寸更新和模型重建这些功能需要在后面板的代码区域来实现，VB.NET 代码区如图 17-10 所示。代码在本书的配套光盘"范例\17\VB 程序"文件夹中，需要启动 VB.NET 才可看到代码内容。

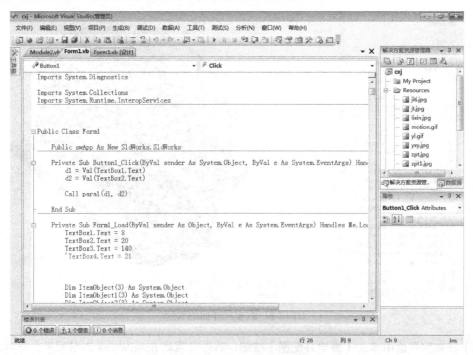

图 17-10　VB.NET 程序代码

1)【重建三维零件】按钮代码如下。

```
Private Sub Button1_Click(ByVal sender As System.Object, ByVal e As System.EventArgs)
Handles Button1.Click
    d1 = Val(TextBox1.Text)
    d2 = Val(TextBox2.Text)
    Call para1(d1, d2)
    End Sub
```

2)【重建零件图】按钮代码如下。

```
Private Sub Button2_Click(ByVal sender As System.Object, ByVal e As System.EventArgs)
Handles Button2.Click
    Dim SwApp As Object, assembly As Object
    SwApp = CreateObject("sldworks.application")
    SwApp.Visible = True
    SwApp.CloseDoc("C:\0\model\机体1.sldprt")
    assembly = SwApp.OpenDoc("C:\0\model\机体1.slddrw", swDocumentTypes_e.swDocDRAWING)
    assembly = SwApp.ActiveDoc
    assembly.Save()
    End Sub
```

3)【重建装配体模型】按钮代码如下。

```
Private Sub Button5_Click(ByVal sender As System.Object, ByVal e As System.EventArgs)
Handles Button5.Click
    d3 = Val(TextBox3.Text)
    d4 = Val(TextBox3.Text)
    Call para2(d3, d4)
    Call para4()
    Exit Sub
    End Sub
```

4)【重建装配图】按钮代码如下。

```
Private Sub Button6_Click(ByVal sender As System.Object, ByVal e As System.EventArgs)
Handles Button6.Click
    Call para5()
    End Sub
```

5) 类模块代码如下。

```
Public d1 As Integer
Public d2 As Integer
Public d3 As Integer
Public d4 As Integer
Public d5 As Integer
Dim SwApp As SldWorks.SldWorks
Dim swModel As SldWorks.ModelDoc2
```

```
        Dim swModelDocExt As SldWorks.ModelDocExtension
        Dim swMotionMgr As SwMotionStudy.MotionStudyManager
        Dim swMotionStudy1 As SwMotionStudy.MotionStudy
        Dim swSaveAVIData As SwMotionStudy.AVIParameter
        Dim boolstatus As Boolean
        Dim errors As Integer
        Dim warnings As Integer
        Sub para1(ByVal d1 As Integer, ByVal d2 As Integer)
        Dim SwApp As Object, Part As Object ', assembly As Object
        Dim docName As String
        SwApp = CreateObject("sldworks.application")
        SwApp.Visible = True
        SwApp.CloseDoc("C:\0\model\assem.sldasm")
        SwApp.CloseDoc("C:\0\model\机体1.sldprt")
        SwApp.CloseDoc("C:\0\model\机体1.slddrw")
        docName = "C:\0\model\机体1.sldprt"
        Part = SwApp.OpenDoc6(docName, swDocumentTypes_e.swDocPART, swOpenDocOptions_
e.swOpenDocOptions_Silent, "", errors, warnings)
        Part = SwApp.ActiveDoc
        Part.Parameter("D1@切除-拉伸1").SystemValue = d1 / 1000
        Part.Parameter("D1@切除-拉伸10").SystemValue = d1 / 1000
        Part.Parameter("D2@草图1").SystemValue = d2 / 1000
        Part.EditRebuild()
        Part.Save()
        SwApp.CloseDoc(docName)
        Part = SwApp.OpenDoc(docName, swDocumentTypes_e.swDocPART)
        Part = SwApp.ActiveDoc
        End Sub
        Sub para2(ByVal d3 As Integer, ByVal d4 As Integer)
        Dim SwApp As Object, Part As Object ', assembly As Object
        SwApp = CreateObject("sldworks.application")
        SwApp.Visible = True
        SwApp.CloseDoc("C:\0\model\assem.sldasm")
        SwApp.CloseDoc("C:\0\model\assem.slddrw")
        SwApp.CloseDoc("C:\0\model\上箱盖.sldprt")
        Part = SwApp.OpenDoc("C:\0\model\上箱盖.sldprt", swDocumentTypes_e.swDocPART)
        Part = SwApp.ActiveDoc
        Part.Parameter("D4@草图6").SystemValue = d3 / 1000
        Part.Parameter("D3@草图9").SystemValue = d3 / 1000
        Part.EditRebuild()
        Part.Save()
        SwApp.CloseDoc("C:\0\model\上箱盖.sldprt")
```

```
SwApp.CloseDoc("C:\0\model\机体 1.sldprt")
Part = SwApp.OpenDoc("C:\0\model\机体 1.sldprt", swDocumentTypes_e.swDocPART)
Part = SwApp.ActiveDoc
Part.Parameter("D2@草图 10").SystemValue = d3 / 1000
Part.EditRebuild()
Part.Save()
SwApp.CloseDoc("C:\0\model\机体 1.sldprt")
SwApp.CloseDoc("C:\0\model\大齿轮.sldprt")
Part = SwApp.OpenDoc("C:\0\model\大齿轮.sldprt", swDocumentTypes_e.swDocPART)
Part = SwApp.ActiveDoc
Part.Parameter("D1@草图 1").SystemValue = (d3 + 80) / 1000
Part.EditRebuild()
Part.Save()
SwApp.CloseDoc("C:\0\model\大齿轮.sldprt")
End Sub


Sub para4()
 Dim SwApp As Object, assembly As Object
 SwApp = CreateObject("sldworks.application")
 SwApp.Visible = True
 SwApp.CloseDoc("C:\0\model\assem.sldasm")
 assembly = SwApp.OpenDoc("C:\0\model\assem.sldasm", swDocumentTypes_e.swDocASSEMBLY)
 assembly = SwApp.ActiveDoc
 assembly.Save()
 End Sub
Sub para5()
 Dim SwApp As Object, assembly As Object
 SwApp = CreateObject("sldworks.application")
 SwApp.Visible = True
 SwApp.CloseDoc("C:\0\model\assem.slddrw")
 assembly = SwApp.OpenDoc("C:\0\model\assem.slddrw", swDocumentTypes_e.swDocDRAWING)
 assembly = SwApp.ActiveDoc
 assembly.Save()
End Sub
```

第 18 章
渲染输出

SolidWorks 中的插件 PhotoView 360 可以对三维模型进行光线投影处理，并可形成十分逼真的渲染效果图。渲染的图像包括模型中的外观、光源、布景及贴图。本章主要介绍编辑布景、设置光源、添加外观、添加贴图以及图像输出。

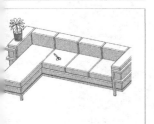

重点与难点

- 布景与光源
- 外观与贴图
- 输出图像

18.1　布景

布景是由环绕 SolidWorks 模型的虚拟框或者球形组成的，可以调整布景壁的大小和位置。此外，可以为每个布景壁切换显示状态和反射度，并将背景添加到布景。

选择【PhotoView 360】|【编辑布景】菜单命令，弹出【编辑布景】属性管理器，如图 18-1 所示。

1.【基本】选项卡

（1）【背景】选项组

随布景使用背景图像，这样在模型背后可以看见背景图像。

- 【背景类型】：包括以下几项。
  - 【无】：将背景设定到白色。
  - 【颜色】：将背景设定到单一颜色。
  - 【梯度】：将背景设定到由顶部渐变颜色和底部渐变颜色所定义的颜色范围。
  - 【图像】：将背景设定到选择的图像。
  - 【使用环境】：移除背景，从而使环境可见。
- ✐【背景颜色】：将背景设定到单一颜色。
- 【保留背景】：在【背景类型】是【颜色】、【梯度】或【图像】时可供使用。

（2）【环境】选项组

选取任何球状映射为布景环境的图像。

（3）【楼板】选项组

- 【楼板反射度】：在楼板上显示模型反射。
- 【楼板阴影】：在楼板上显示模型所投射的阴影。
- 【将楼板与此对齐】：将楼板与基准面对齐。
- ↗【反转楼板方向】：绕楼板移动虚拟天花板 180°。
- 【楼板等距】：将模型高度设定到楼板之上或之下。
- ↗【反转等距方向】：交换楼板和模型的位置。

2.【高级】选项卡

【高级】选项卡如图 18-2 所示。

（1）【楼板大小/旋转】选项组

- 【固定高宽比例】：当更改宽度或高度时均匀缩放楼板。
- 【自动调整楼板大小】：根据模型的边界框调整楼板大小。
- 【宽度】和【深度】：调整楼板的宽度和深度。
- 【高宽比例】（只读）：显示当前的高宽比例。
- 【旋转】：相对环境旋转楼板。

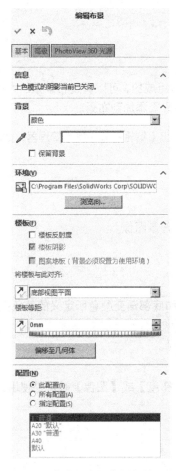

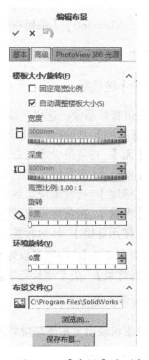

图 18-1 【编辑布景】属性管理器　　　　图 18-2 【高级】选项卡

（2）【环境旋转】选项组

环境旋转相对于模型水平旋转环境，影响到光源、反射及背景的可见部分。

（3）【布景文件】选项组

- 【浏览】：选取另一布景文件进行使用。
- 【保存布景】：将当前布景保存到文件，会提示将保存了布景的文件夹在任务窗格中保持可见。

18.2 光源

SolidWorks 提供 3 种光源类型，即线光源、点光源和聚光源。

18.2.1 线光源

在管理区域中，展开 ⚫（DisplayManager）文件夹，单击▦（查看布景、光源和相机）

按钮，用鼠标右键单击【SolidWorks 光源】图标并选择快捷菜单中的【添加线光源】命令，如图 18-3 所示。弹出【线光源】属性管理器（根据生成的线光源，数字顺序排序），如图 18-4 所示。

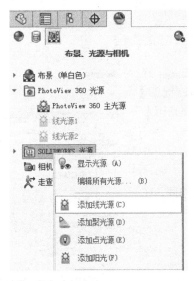

图 18-3　选择【添加线光源】命令

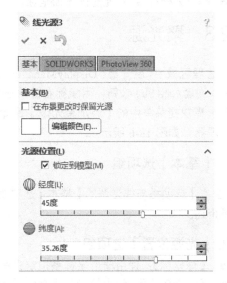

图 18-4　【线光源】属性管理器

1.【基本】选项组

- 【在布景更改时保留光源】：在布景变化后，保留模型中的光源。
- 【编辑颜色】：显示颜色调色板。

2.【光源位置】选项组

- 【锁定到模型】：勾选此选项，相对于模型的光源位置被保留。
- 【经度】：光源的经度坐标。
- 【纬度】：光源的纬度坐标。

18.2.2　点光源

在管理区域中，展开（DisplayManager）文件夹，单击（查看布景、光源和相机）按钮，用鼠标右键单击【SolidWorks 光源】图标并选择快捷菜单中的【添加点光源】命令，弹出【点光源】属性管理器，如图 18-5 所示。

1）【基本】选项组与线光源的【基本】选项组属性设置相同，在此不再赘述。

2）【光源位置】选项组各选项含义如下。

- 【球坐标】：使用球形坐标系指定光源的位置。
- 【笛卡尔式】：使用笛卡尔式坐标系指定光源的位置。

图 18-5　【点光源】属性管理器

● 【锁定到模型】：勾选此选项，相对于模型的光源位置被保留。
● ⌇x（X 坐标）：点光源的 x 轴坐标。
● ⌇Y（Y 坐标）：点光源的 y 轴坐标。
● ⌇z（Z 坐标）：点光源的 z 轴坐标。

18.2.3 聚光源

在管理区域中，展开 ⊚（DisplayManager）文件夹，单击 ▨（查看布景、光源和相机）按钮，用鼠标右键单击【SolidWorks 光源】图标并选择快捷菜单中的【添加聚光源】命令，弹出【聚光源】属性管理器，如图 18-6 所示。

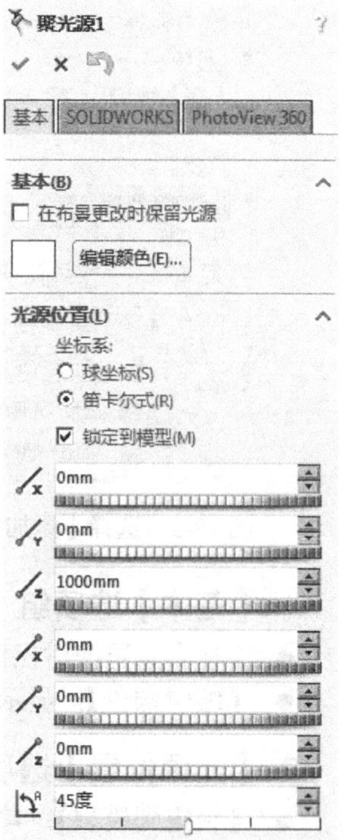

1.【基本】选项组

【基本】选项组与线光源的【基本】选项组属性设置相同，在此不再赘述。

2.【光源位置】选项组

● 【球坐标】：使用球形坐标系指定光源的位置。
● 【笛卡尔式】：使用笛卡尔式坐标系指定光源的位置。
● 【锁定到模型】：勾选此选项，相对于模型的光源位置被保留。
● ⌇x（X 坐标）：聚光源在空间中的 x 轴坐标。
● ⌇Y（Y 坐标）：聚光源在空间中的 y 轴坐标。
● ⌇z（Z 坐标）：聚光源在空间中的 z 轴坐标。
● ⌇x（目标 X 坐标）：聚光源在模型上所投射到的点的 x 轴坐标。
● ⌇Y（目标 Y 坐标）：聚光源在模型上所投射到的点的 y 轴坐标。
● ⌇z（目标 Z 坐标）：聚光源在模型上所投射到的点的 z 轴坐标。
● ⌇（圆锥角）：指定光束传播的角度，较小的角度生成较窄的光束。

图 18-6 【聚光源】属性管理器

18.3 外观

外观是模型表面的材料属性，添加外观是使模型表面具有某种材料的表面属性。

单击【CommandManager】工具栏中的 ⊚（编辑外观）按钮（或者选择【PhotoView 360】|【编辑外观】菜单命令），弹出【颜色】属性管理器，如图 18-7 所示。

1.【颜色/图像】选项卡

（1）【所选几何体】选项组

- 【应用到零部件层】（仅用于装配体）：将颜色应用到零部件文件上。
- 【应用到零件文档层】：将颜色应用到零件文件上。
- ![icon] 、![icon] 、![icon] 、![icon] 、![icon] （过滤器）：可以帮助选择模型中的几何实体。
- 【移除外观】：单击该按钮可以从选择的对象上移除设置好的外观。

（2）【外观】选项组

- 【外观文件路径】：标识外观名称和位置。
- 【浏览】：单击以查找并选择外观。
- 【保存外观】：单击以保存外观的自定义复件。

（3）【颜色】选项组

可以添加颜色到所选实体的所选几何体中所列出的外观。

（4）【显示状态】选项组

- 【此显示状态】：所作的更改只反映在当前显示状态中。
- 【所有显示状态】：所作的更改反映在所有显示状态中。
- 【指定显示状态】：所作的更改只反映在所选的显示状态中。

2. 【照明度】选项卡

在【照明度】选项卡中，可以选择显示其照明属性的外观类型，如图 18-8 所示，根据所选择的类型，其属性设置发生改变。

图 18-7 【颜色】属性管理器

- 【动态帮助】：显示每个特性的弹出工具提示。
- 【漫射量】：控制面上的光线强度，值越高，面上显得越亮。
- 【光泽量】：控制高亮区，使面显得更为光亮。
- 【光泽颜色】：控制光泽零部件内反射高亮显示的颜色。
- 【光泽传播 / 模糊】：控制面上的反射模糊度，使面显得粗糙或光滑，值越高，高亮区越大越柔和。
- 【反射量】：以 0 到 1 的比例控制表面反射度。
- 【模糊反射度】：在面上启用反射模糊，模糊水平由光泽传播控制。
- 【透明量】：控制面上的光通透程度，该值降低，不透明度升高。
- 【发光强度】：设置光源发光的强度。

3. 【表面粗糙度】选项卡

在【表面粗糙度】选项卡中，可以选择表面粗糙度类型，如图 18-9 所示，根据所选择的类型，其属性设置发生改变。

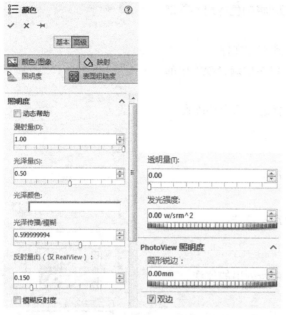

图 18-8　【照明度】选项卡

图 18-9　【表面粗糙度】选项卡

（1）【表面粗糙度】选项组

【表面粗糙度类型】下拉列表中，有以下类型选项：颜色、从文件、涂刷、喷砂、磨光、铸造、机加工、菱形防滑板、防滑板 1、防滑板 2、节状凸纹、酒窝形、链节、锻制、粗制 1、粗制 2、无。

（2）【PhotoView 表面粗糙度】选项组

- 【隆起映射】：模拟不平的表面。
- 【隆起强度】：设置模拟的高度。
- 【位移映射】：在物体的表面加纹理。
- 【位移距离】：设置纹理的距离。

18.4　贴图

贴图是在模型的表面附加某种平面图形，一般多用于商标和标志的制作。

选择【PhotoView 360】|【编辑贴图】菜单命令，弹出【贴图】属性管理器，如图 18-10 所示。

1.【图像】选项卡

- 【贴图预览】框：显示贴图预览。
- 【浏览】：单击此按钮，选择浏览图形文件。

2.【映射】选项卡

【映射】选项卡如图 18-11 所示。

（过滤器）：可以帮助选择模型中的几何实体。

图 18-10　【贴图】属性管理器

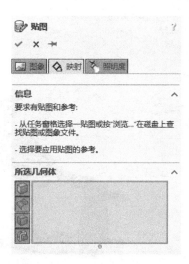

图 18-11　【映射】选项卡

3.【照明度】选项卡

【照明度】选项卡如图 18-12 所示。可以选择贴图对照明度的反应。

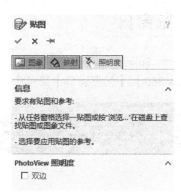

图 18-12　【照明度】选项卡

18.5　输出图像

PhotoView 能以逼真的外观、布景、光源等渲染 SolidWorks 模型，并提供直观显示渲染图像的多种方法。

18.5.1　PhotoView 整合预览

可在 SolidWorks 图形区域内预览当前模型的渲染。要开始预览，插入 PhotoView 插件后，单击【PhotoView 360】|【整合预览】菜单命令，显示界面如图 18-13 所示。

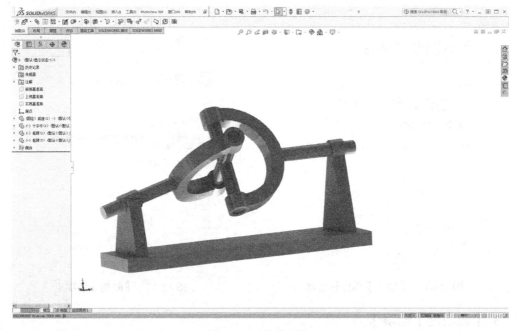

图 18-13　整合预览

18.5.2　PhotoView 预览窗口

　　PhotoView 预览窗口是独立于 SolidWorks 主窗口外的单独窗口。要显示该窗口，启动 PhotoView 插件，单击【PhotoView 360】|【预览窗口】菜单命令，显示界面如图 18-14 所示。

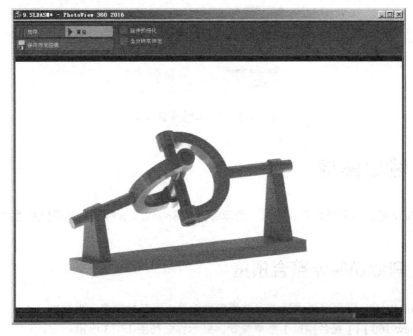

图 18-14　预览窗口

18.5.3　PhotoView 选项

　　PhotoView 选项管理器可以控制图片的渲染质量，包括输出图像品质和渲染品质。在插入了 PhotoView 360 后，单击【CommandManager】工具栏中的 🔧【选项】按钮以打开选项管理器，如图 18-15 所示。

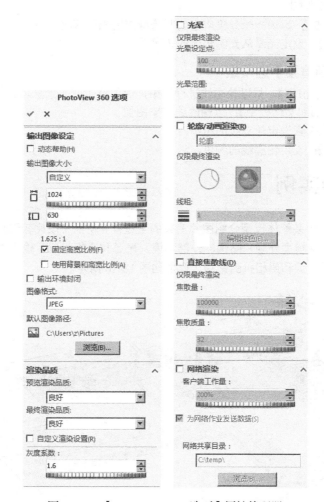

图 18-15　【PhotoView 360 选项】属性管理器

1.【输出图像设定】选项组

- 【动态帮助】：显示每个特性的弹出工具提示。
- 【输出图像大小】：将输出图像的大小设定到标准宽度和高度。
- ⬜【图像宽度】：以像素设定输出图像的宽度。
- ⬜【图像高度】：以像素设定输出图像的高度。
- 【固定高宽比例】：保留输出图像中宽度与高度的当前比率。
- 【使用背景和高宽比例】：将最终渲染的高宽比设定为背景图像的高宽比。
- 【图像格式】：为渲染的图像更改文件类型。
- 【默认图像路径】：为使用 Task Scheduler 所排定的渲染设定默认路径。

2.【渲染品质】选项组

● 【预览渲染品质】：为预览设定品质等级，高品质图像需要更多时间才能渲染。

● 【最终渲染品质】：为最终渲染设定品质等级。

● 【灰度系数】：设定灰度系数。

3.【光晕】选项组

● 【光晕设定点】：标识光晕效果应用的明暗度或发光度等级。

● 【光晕范围】：设定光晕从光源辐射的距离。

4.【轮廓/动画渲染】选项组

● ◯【只随轮廓渲染】：只以轮廓线进行渲染，保留背景或布景显示和景深设定。

● ◉【渲染轮廓和实体模型】：以轮廓线渲染图像。

● 【线粗】：以像素设定轮廓线的粗细。

● 【编辑线色】：设定轮廓线的颜色。

18.6 渲染实例

本范例通过对一个装配体模型介绍图片渲染的全过程，从而生成比较逼真的渲染图片。主要介绍了启动文件，设置模型外观、贴图、外部环境、光源和照相机以及输出图像的具体内容，详细介绍了参数变化对光源和照相机的影响，模型如图 18-16 所示。

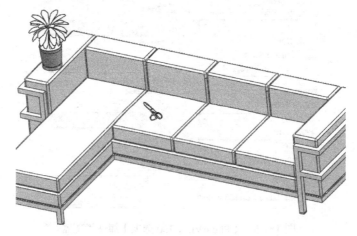

图 18-16 装配体模型

18.6.1 打开文件

1）启动 SolidWorks 2016，单击 📂（打开）按钮，弹出【打开 SolidWorks 文件】对话框，在文件夹中选择模型【装配体】，单击【打开】按钮，如图 18-17 所示。

2）由于在 SolidWorks 2016 中，PhotoView 360 是一个插件，因此在模型打开时需插入 PhotoView 360 才能进行渲染。选择【工具】|【插件】菜单命令，弹出【插件】对话框，勾选【PhotoView 360】前、后的复选框，如图 18-18 所示，启动 PhotoView 360 插件。

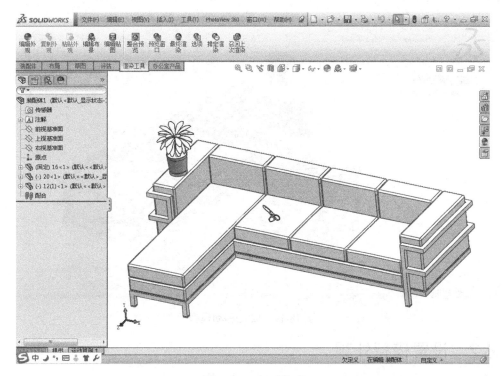

图 18-17 打开模型

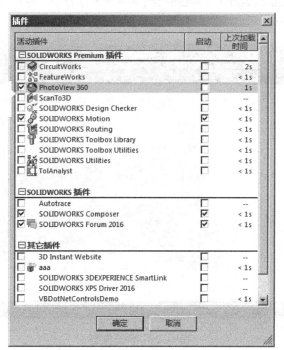

图 18-18 启动 PhotoView 360 插件

3）在视图窗口中单击右键，弹出快捷菜单，选取【放大或缩小】命令，放大图形；单击【平移】命令，将模型调整到恰当位置，如图 18-19 所示。

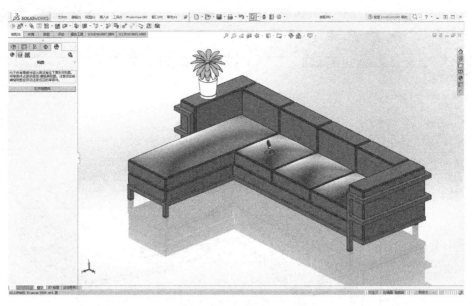

图 18-19　放大/移动模型

18.6.2　设置模型外观

1）单击【CommandManager】工具栏中的【预览窗口】按钮，弹出预览窗口，对渲染前的模型进行预览，如图 18-20 所示。

图 18-20　预览模型

2）选择【PhotoView 360】|【编辑外观】菜单命令，弹出【颜色】属性管理器及材料库，在【外观、布景和贴图】任务窗格中列举了各种类型的材料以及它们所附带的外观属性，如图 18-21 所示。

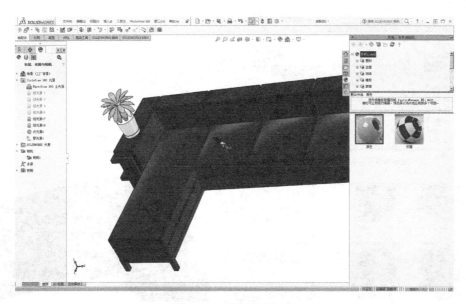

图 18-21　编辑外观界面

3）单击【CommandManager】工具栏中的 ⚫【编辑外观】按钮，弹出【颜色】属性管理器，选择【基本】选项卡，在【所选几何体】选项组中选择【应用到零件文档层】，单击【选择零件】按钮，在视图窗口中单击要选取的零件；在【颜色】选项组中选择【黄色】；在【外观、布景和贴图】任务窗格中，选取【有机】||【辅助部件】||【皮革】；在【颜色】属性管理器中单击 ✓【确定】按钮，完成对外观的设置，如图 18-22 所示。

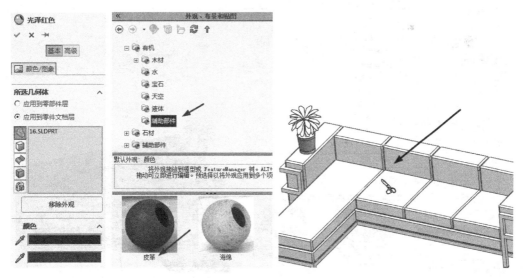

图 18-22　设置模型外观

4）单击【CommandManager】工具栏中的 ⚫【编辑外观】按钮，弹出【颜色】属性管理器，在【所选几何体】选项组中选择【应用到零件文档层】，单击【选择零件】按钮，在视图窗口中单击要选取的零件；在【外观、布景和贴图】任务窗格中，选取【塑料】||【高光泽】||【蓝色高光泽塑料】；在【颜色】属性管理器中单击 ✓【确定】按钮，完成对外观的设置，如图 18-23 所示。

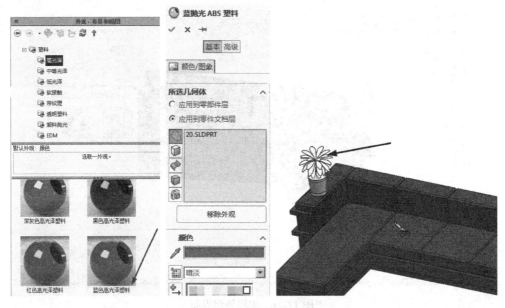

图 18-23　设置模型外观

5）单击【CommandManager】工具栏中的 ⬤【编辑外观】按钮，弹出【颜色】属性管理器，在【所选几何体】选项组中选择【应用到零件文档层】，单击【选择零件】按钮，在视图窗口中单击要选取的零件；在【外观、布景和贴图】任务窗格中，选取【金属】|【钢】|【抛光钢】；在【颜色】属性管理器中单击 ✔【确定】按钮，完成对外观的设置，如图 18-24 所示。

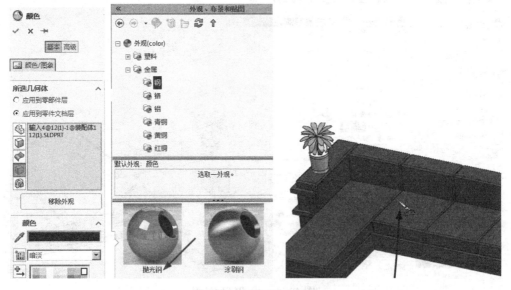

图 18-24　设置模型外观

18.6.3　设置模型贴图

1）单击【CommandManager】工具栏中的 ⬤【编辑贴图】按钮，在【外观、布景和贴图】

任务窗格中提供了一些预置的贴图，如图 18-25 所示。

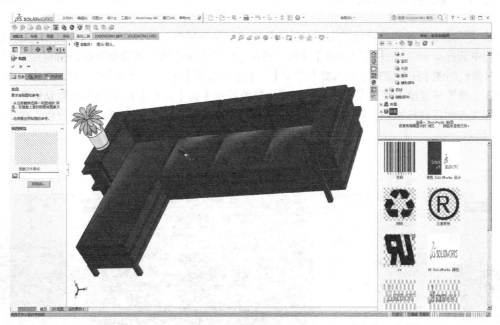

图 18-25 编辑贴图

2）在【外观、布景和贴图】任务窗格中的【贴图】中选择【改进的标志】；在【贴图】属性管理器 ◇【映射】选项卡中，在【所选几何体】选项组中选择 ◙【在零件文档层应用更改】，在视图窗口中单击要放置贴图的面；在【映射】选项组【映射类型】下拉列表中选择【标号】，设置【水平位置】为【−286.4855711mm】，【竖直位置】为【−13.09139751mm】；在【大小/方向】选项组中设置【宽度】为【382.94992316mm】，【高度】为【95.73748079mm】，单击 ✔【确定】按钮完成贴图设置，如图 18-26 所示。

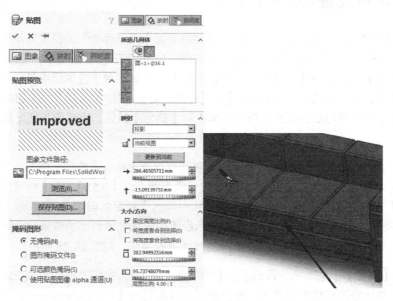

图 18-26 贴图设置

18.6.4 设置外部环境

应用环境会更改模型背后的布景，环境可影响到光源和阴影的效果。在【CommandManager】工具栏中选择 🌐 编辑布景(S) 【编辑布景】按钮，弹出【编辑布景】属性管理器及布景材料库。在【外观、布景和贴图】任务窗格中，选择【布景】|【演示布景】|【工厂背景】作为环境选项；在【编辑布景】属性管理器【高级】选项卡中设置【环境旋转】为【144度】，其他保持默认值不变，双击鼠标或者利用鼠标拖动，将布景放置到视图中，单击 ✓ 【确定】按钮完成布景设置，效果如图18-27所示。

图 18-27　编辑布景

18.6.5 设置光源与照相机

1）选择【视图】|【光源与相机】|【添加线光源】菜单命令，为视图添加线光源。在【线光源】属性管理器【基本】选项卡中勾选【在 SolidWorks 中打开】，设置 ⚫【环境光源】为【0.23】，⚫【明暗度】为【0.17】，⚫【光泽度】为【0.36】；在【光源位置】选项组中勾选【锁定到模型】，设置 ⚪【经度】为【43.2度】，⚫【纬度】为【−43.2度】，在绘图区中将显示出虚拟的线光源灯泡的位置，光照的效果出现在预览窗口中，单击 ✓ 【确定】按钮，完成添加线光源的操作，如图18-28所示。

2）继续为模型添加线光源。在【线光源】属性管理器【基本】选项卡中勾选【在 SolidWorks 中打开】，【编辑颜色】选择【绿色】，设置 ⚫【环境光源】为【0.55】，⚫【明暗度】为【0.41】，⚫【光泽度】为【0.63】；在【光源位置】选项组中勾选【锁定到模型】，设置 ⚪【经度】为【72度】，⚫【纬度】为【27度】，在绘图区中将显示出虚拟的线光源灯泡的位置，光照的效果出现在预览窗口中，单击 ✓ 【确定】按钮，完成添加线光源的操作，如图18-29所示。

3）选择【视图】|【光源与相机】|【添加点光源】，为视图添加点光源。为使添加的点光源更加清晰，将已添加的线光源关闭。单击视图窗口左侧 🌐【DisplayManager】下的 🔳【查看布

景、光源与相机】按钮，右键单击设置的【线光源 3】，在弹出的快捷菜单中选择【在 SolidWorks 中关闭】和【在 PhotoView 360 中关闭】命令，使之处于关闭状态。对【线光源 4】进行同样的操作。在【点光源】属性管理器【基本】选项卡中设置●【环境光源】为【0.24】，●【明暗度】为【0.3】，●【光泽度】为【0.3】；在【光源位置】选项组中选择【球坐标】，勾选【锁定到模型】，设置⊕【经度】为【-18 度】，●【纬度】为【10 度】，⚡【距离】为【1894mm】，在绘图区中将显示出虚拟的点光源位置，光照的效果出现在预览窗口中，单击✅【确定】按钮完成添加点光源的操作。在【CommandManager】工具栏中单击【最终渲染】按钮，查看点光源对模型的影响效果，如图 18-30 所示。

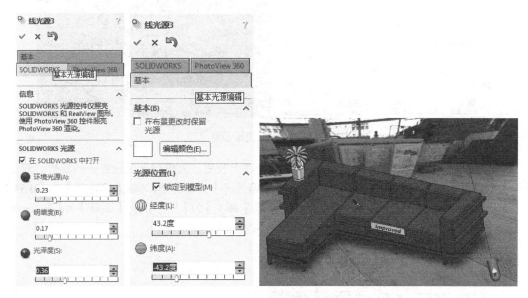

图 18-28　添加线光源

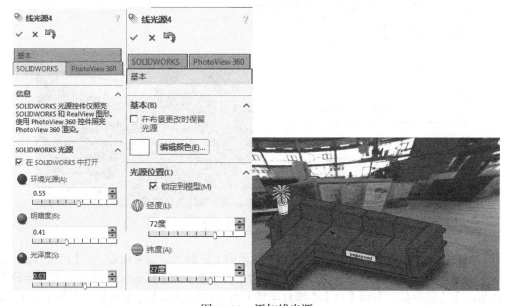

图 18-29　添加线光源

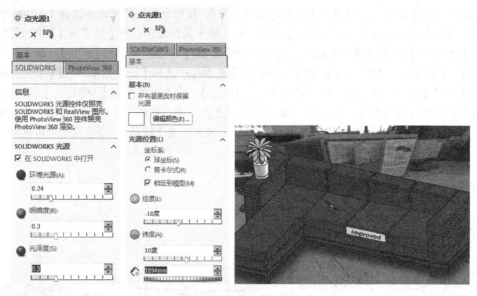

图 18-30　点光源预览

4）随着光源参数的变化，模型的背景光源会随之改变。为模型光源设置新的参数，双击设置的【点光源 1】，弹出属性管理器，设置 ●【环境光源】为【0.42】，●【明暗度】为【0.54】，●【光泽度】为【0.5】，◐【经度】为【−21 度】，●【纬度】为【5 度】，◣【距离】为【2630mm】，单击 ✔【确定】按钮完成点光源参数的设置，效果如图 18-31 所示。

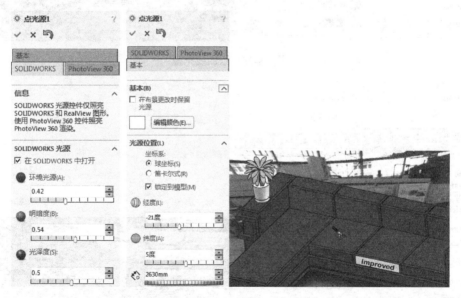

图 18-31　点光源预览

5）继续为模型设置点光源。双击设置的【点光源 1】，弹出属性管理器，在【PhotoView 360】选项卡中勾选【在 PhotoView 360 中打开】，设置【明暗度】为【11w/srm^2】，【点光源半径】为【256.00mm】，【阴影品质】为【15】，【雾灯半径】为【450.00mm】，【雾灯品质】为【10】，其他参数保持默认值，单击 ✔【确定】按钮完成点光源参数的设置，效果如图 18-32 所示。

图 18-32　点光源预览

6）改变点光源的参数，模型背景光源的变化。双击设置的【点光源 1】，弹出属性管理器，在【基本】选项卡中设置颜色为【蓝色】，●【环境光源】为【0.73】，●【明暗度】为【0.77】，●【光泽度】为【0.32】，在【光源位置】选项组中选择【笛卡尔式】，设置【／x】为【941mm】，【／y】为【−51mm】，【／z】为【2274mm】；在【PhotoView360】选项卡中勾选【在 PhotoView 360 中打开】，设置【明暗度】为【40w/srm^2】，【点光源半径】为【120.00mm】，【阴影品质】为【10】，【雾灯半径】为【58.00mm】，【雾灯品质】为【20】，单击 ✔【确定】按钮完成点光源参数的设置，效果如图 18-33 所示。

7）选择【视图】|【光源与相机】|【添加聚光源】菜单命令，为视图添加聚光源。为使添加的聚光源更加清晰，将点光源关闭。单击视图窗口左侧 ◉【DisplayManager】下的 ▦ 查看【布景、光源与相机】按钮，右键单击设置的【点光源 1】，在弹出的快捷菜单中选择【在 SolidWorks 中关闭】和【在 PhotoView 360 中关闭】，使之处于关闭状态。在【聚光源】属性管理器【基本】选项卡中设置颜色为【黄色】，●【环境光源】为【0.42】，●【明暗度】为【0.31】，●【光泽度】为【0.63】；在【光源位置】选项组中选择【笛卡尔式】，设置【／x】为【42mm】，【／y】为【158mm】，【／z】为【867mm】，【／x】为【−108mm】，【／y】为【−51mm】，【／z】为【2275mm】，【◣】为【8 度】，在绘图区中将显示出虚拟的聚光源位置，光照的效果出现在预览窗口中，单击 ✔【确定】按钮完成添加聚光源的操作，如图 18-34 所示。

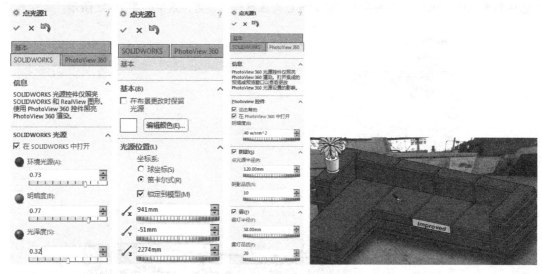

图 18-33 点光源预览

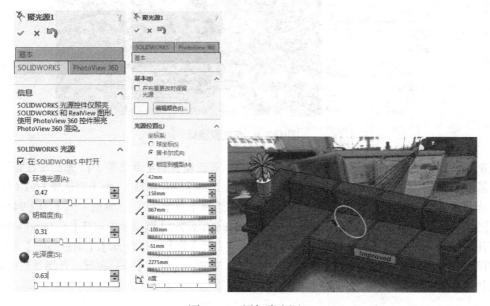

图 18-34 添加聚光源

8）选择【视图】|【光源与相机】|【添加相机】菜单命令，为视图添加相机，如图 18-35 所示。

9）在【相机】属性管理器中，设置【相机类型】为【对准目标】，勾选【锁定除编辑外的相机位置】，【相机位置】选择【球型】，设置【🔭】为【7603.9mm】，【📷】为【−64.8 度】，【θ】【视图角度】为【28.25 度】，【ℓ】【视图矩形的距离】为【4967mm】，【h】【视图矩形的高度】为【2500mm】，【高宽比例（宽度：高度）】为【11：8.5】，【d】【到准确对焦基准面的距离】为【7644mm】，【f】【对焦基准面到失焦的大致距离】为【764mm】，单击 ✓【确定】按钮完成添加相机，如图 18-36 所示。

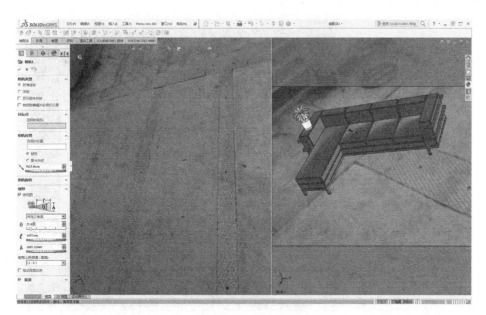

图 18-35　添加相机

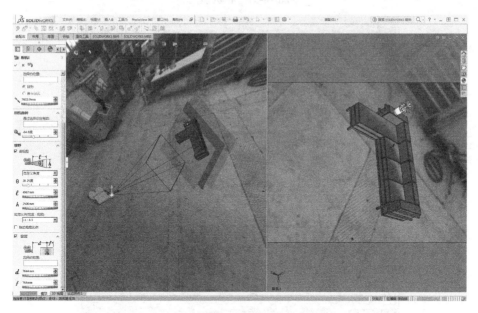

图 18-36　添加相机

10）单击 【DisplayManager】下的 【查看布景、光源与相机】按钮，右键单击设置的【相机 1】，在快捷菜单中勾选【相机视图】选项，在【CommandManager】工具栏中单击【最终渲染】按钮，对效果进行查看，如图 18-37 所示。

11）单击 【DisplayManager】下的 【查看布景、光源与相机】按钮，右键单击设置的【相机 1】，在快捷菜单中勾选【相机视图】按钮，在【CommandManager】工具栏中单击【最终渲染】按钮，对效果进行查看，如图 18-38 所示。

图 18-37　相机预览

图 18-38　相机预览

18.6.6　输出图像

1）准备输出结果图像，首先需要对输出进行必要的设置。在【CommandManager】工具栏中单击【选项】按钮，弹出属性管理器，设置【输出图像大小】为【720×540（4:3）】，【宽度】为【720】，【高度】为【540】，【图像格式】为【JPEG】，【预览渲染品质】为【最大】，【最终渲染品质】为【最佳】，【灰度系数】为【5.7】，【光晕设定点】为【50】，【光晕范围】为【25】，【轮廓/

动画渲染】为【轮廓】,【线粗】为【6】,【编辑线色】为【绿色】,【焦散量】为【100000】,【焦散质量】为【32】,单击 ✓ 【确定】按钮完成设置,如图 18-39 所示。

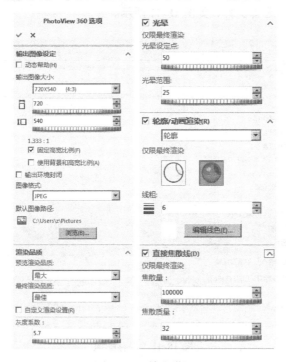

图 18-39 输出设置

2）在【CommandManager】工具栏中单击 最终渲染(F)【最终渲染】按钮,在完成所有设置后对图像进行预览,得到最终效果,如图 18-40 所示。

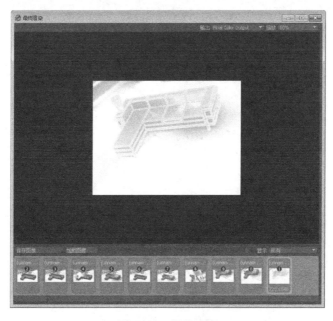

图 18-40 最终渲染

3）在【最终渲染】窗口中单击【保存图像】按钮，在弹出的对话框中设置【文件名】为【装配体渲染】，选择【保存类型】为【JPEG*.JPG】，其他的设置保持默认值不变，单击【保存】按钮，则渲染效果将保存成图像文件，如图 18-41 所示。

图 18-41　保存图像

至此，模型渲染过程全部完成，得到图像结果后，可以通过图像浏览器直接查看。